智能电网技术与装备丛书

分布式发电集群并网消纳专题

可再生能源发电并网技术与装备

Technology and Equipment for Grid Connection of Renewable Energy Generation

吴 鸣等 著

科 学 出 版 社

北 京

内 容 简 介

本书围绕大规模分布式电源接入给电网带来的挑战，系统介绍分布式电源并网技术与装备，总结分布式电源并网技术与装备及发展情况，分析分布式电源接入对电网带来的影响，重点研究分布式电源灵活并网技术、高效率高功率密度并网技术、即插即用智能测控保护技术等方面的内容，并结合团队最新研究成果，给出相应的装置和系统解决方案。

本书可作为电气及相关专业的本科生和研究生参考用书，也可供从事分布式电源并网研究的专业人员和管理人员参考。

图书在版编目(CIP)数据

可再生能源发电并网技术与装备=Technology and Equipment for Grid Connection of Renewable Energy Generation / 吴鸣等著. —北京：科学出版社，2020.6

(智能电网技术与装备丛书)

ISBN 978-7-03-064008-6

Ⅰ. ①可… Ⅱ. ①吴… Ⅲ. ①再生能源-发电 Ⅳ. ①TM619

中国版本图书馆CIP数据核字(2019)第291087号

责任编辑：范运年 / 责任校对：王萌萌
责任印制：吴兆东 / 封面设计：蓝正设计

科学出版社 出版
北京东黄城根北街16号
邮政编码：100717
http://www.sciencep.com
北京建宏印刷有限公司 印刷
科学出版社发行 各地新华书店经销
*
2020年6月第 一 版 开本：720×1000 1/16
2023年1月第三次印刷 印张：19 1/2
字数：388 000

定价：168.00 元

(如有印装质量问题，我社负责调换)

“智能电网技术与装备丛书”编委会

“分布式发电集群并网消纳专题”编写组

组　　长： 盛万兴(中国电力科学研究院有限公司)

成　　员： 吴　鸣(中国电力科学研究院有限公司)

郭　力(天津大学)

吴文传(清华大学)

顾　伟(东南大学)

潘　静(国网安徽省电力有限公司)

季　宇(中国电力科学研究院有限公司)

寇凌峰(中国电力科学研究院有限公司)

“智能电网技术与装备丛书”序

国家重点研发计划由原来的“国家重点基础研究发展计划”(973 计划)、“国家高技术研究发展计划”(863 计划)、国家科技支撑计划、国际科技合作与交流专项、产业技术研究与开发基金和公益性行业科研专项等整合而成，是针对事关国计民生的重大社会公益性研究的计划。国家重点研发计划事关产业核心竞争力、整体自主创新能力和国家安全的战略性、基础性、前瞻性重大科学问题、重大共性关键技术和产品，为我国国民经济和社会发展主要领域提供持续性的支撑和引领。

“智能电网技术与装备”重点专项是国家重点研发计划第一批启动的重点专项，是国家创新驱动发展战略的重要组成部分。该专项通过各项目的实施和研究，持续推动智能电网领域技术创新，支撑能源结构清洁化转型和能源消费革命。该专项从基础研究、重大共性关键技术研究到典型应用示范，全链条创新设计、一体化组织实施，实现智能电网关键装备国产化。

“十三五”期间，智能电网专项重点研究大规模可再生能源并网消纳、大电网柔性互联、大规模用户供需互动用电、多能源互补的分布式供能与微网等关键技术，并对智能电网涉及到的大规模长寿命低成本储能、高压大功率电力电子器件、先进电工材料以及能源互联网理论等基础理论与材料等开展基础研究，专项还部署了部分重大示范工程。“十三五”期间专项任务部署中基础理论研究项目占 24%；共性关键技术项目占 54%；应用示范任务项目占 22%。

“智能电网技术与装备”重点专项实施总体进展顺利，突破了一批事关产业核心竞争力的重大共性关键技术，研发了一批具有整体自主创新能力的装备，形成了一批应用示范带动和世界领先的技术成果。预期通过专项实施，可显著提升我国智能电网技术和装备的水平。

基于加强推广专项成果的良好愿景，工业和信息化部产业发展促进中心与科学出版社联合策划以智能电网专项优秀科技成果为基础，组织出版“智能电网技术与装备丛书”，丛书为承担重点专项的各位专家和工作人员提供一个展示的平台。出版著作是一个非常艰苦的过程，耗人、耗时，通常是几年磨一剑，在此感谢承担“智能电网技术与装备”重点专项的所有参与人员和为丛书出版做出贡献的作者和工作人员。我们期望将这套丛书做成智能电网领域权威的出版物！

我相信这套丛书的出版，将是我国智能电网领域技术发展的重要标志，不仅能使更多的电力行业从业人员学习和借鉴，也能促使更多的读者了解我国智能电网技术的发展和成就，共同推动我国智能电网领域的进步和发展。

刘建明

2019-8-30

前　言

能源短缺、环境污染和气候变暖已经成为影响甚至制约当今人类社会进步的严重问题，作为应对上述问题的有效手段，绿色、清洁的可再生能源利用受到各国的广泛关注。伴随我国在清洁能源、节能减排、光伏扶贫等相关政策的大力推动，分布式光伏、风电等可再生能源装机近年呈现爆发式增长。从 2014 年到 2019 年，我国分布式电源装机容量从 0.21 亿 kW 增长到 1.6 亿 kW，约占全国同期总装机的 10%，电网已接纳数百万个分布式电源。如此大规模分布式电源接入，极大地增加了电网复杂性和管控难度。

如何保障分布式发电规模有序、安全可靠、灵活高效地接入电网，实现分布式电源与电网友好协调与高效消纳，已成为能源与电网领域的重大科学命题，这一重大科学命题主要包含了分布式电源的优化规划、并网运行控制与能量调度等多方面问题。本书重点关注分布式电源并网技术与装备的发展，主要包括灵活并网技术、高效高功率密度并网装备、即插即用智能测控保护等方面。通过上述技术的研究与应用，使分布式电源能够以灵活、友好、可靠、高效、智能的姿态融入电网，有助于实现电网对所接入大规模分布式电源的监控和能量调度，在提高电网稳定性的同时进一步提升对分布式电源的接纳和消纳能力。

本书共 7 章。第 1 章概述分布式电源发展现状及分布式电源快速发展带来的挑战，介绍本书主要内容；第 2 章分析分布式电源并网技术与装备的发展情况；第 3 章从对电网潮流和电压分布、电能质量、继电保护、供电可靠性及配电自动化等方面分析分布式电源接入的影响；第 4 章结合技术发展现状和并网影响，研究分布式电源灵活并网控制技术与装备；第 5 章深入探讨并网变流器的高效率高功率密度关键技术；第 6 章研究面向规模化分布式电源并网的即插即用智能测控保护；第 7 章总结，分析未来技术发展。参加本书撰写的有吴鸣、宋振浩、刘邦银、张大海、张颖、师长立、王亚维、徐军、孙丽敬、吕志鹏、季宇、杨子龙、郑楠、寇凌峰、倪平浩，全书由吴鸣负责统稿。

本书所论述的分布式电源并网与智能测控保护技术及装备研究，是基于作者与团队多年来对分布式电源接入电网问题的研究与思考，并结合国家重点研发计划“分布式可再生能源发电集群并网消纳关键技术及示范应用”的科研攻关和工程实践经验，同时参考了国内外一些专家学者和研究机构的研究成果。在本书写作过程中，相关专家刘建明、韦巍、李崇坚、王成山等给予了悉心指导，项目团队及合作单位的领导和专家盛万兴、苏剑、刘海涛、侯义明、王一波、原熙博、李鹏、颜湘武、李浩昱、王哲等给予了多方面的支持和鼓励，同事及研究生牛耕、于辉、李蕊、熊雄、屈小云、张海、徐毅虎、丁保迪、蔺圣杰、刘国宇、庞成明、于洪雨、胡转娣、刘晓娟、徐斌、丁津津、骆晨、王昕扬、朱金炜、李其琪、李广玮、赵坤、关永晟等也做了相关工作，在此对他们的辛勤付出一并表示衷心的感谢。

由于作者学识水平有限，书中不妥之处在所难免，恳请广大读者给予批评指正。

吴　鸣

2019年12月

目　　录

第1章　概　　述

1.1　分布式电源并网带来的挑战

电力能源是国民经济的一项重要基础产业，也是国民经济发展的先行产业。世界各国的发展表明，国民经济每增长1%，电力工业要至少相应增长1.3%～1.5%才能提供足够的动力。随着我国经济社会的平稳持续发展，电力能源的需求日益增大。在这一过程中，电力供应的一些矛盾和问题也越来越凸显，国内煤电运送紧张局面反复出现，西南水电、内蒙古和西北电力外送“瓶颈”问题日益突出；与此同时，生态和环境保护形势日趋严峻，应对气候变化的压力越来越大，我国正在加快能源结构调整，在节能环保意识的驱动下，孕育并出现了以可再生能源和智能电网为标志的新一轮能源技术革命[1]。

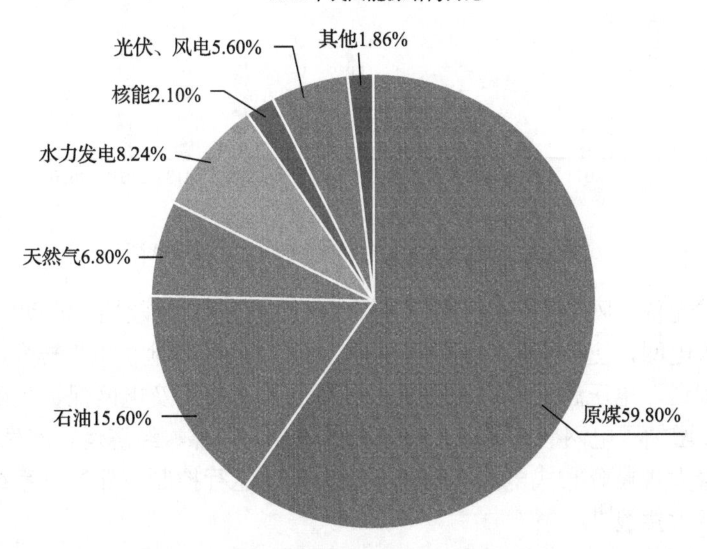

图1.1　2018年我国能源结构占比示意图

开发利用太阳能、风能等为代表的可再生能源已成为当今世界发展低碳经济、建设生态文明、实现可持续发展的普遍共识。近十年来，我国不同类型能源占比呈现不同趋势，其中原煤、原油生产占比持续下降，原煤2018年占比较2011年下降9.5%，占比为59.8%，原油2018年占比较2009年下降2.2%，占比为15.6%[2]。

光伏、风电、水电等可再生能源生产合计占接近20%。2018年我国能源结构占比如图1.1所示。截至2019年底，我国可再生能源发电装机达到7.94亿kW，可再生能源发电装机约占全部电力装机的39.5%，未来这一比例将持续提升。在此基础上，2019年可再生能源发电量达2.04亿kW·h，占全部发电量的比重为27.9%。

我国幅员辽阔，80%以上的太阳能、风能和水能分布在西部地区，依托资源条件及开发政策，呈现出集中度高、规模大、增速快的发展局面，受消纳和外送压力的制约，集中发电开发已接近发展极限；同时，70%以上的电力消费集中在中东部地区，与能源集中地呈逆向分布。受输电线路容量限制及相关政策影响，近年来分布式电源发展迅猛，并将在今后相当一段时间内保持快速发展。从目前发展规模看，到2020年，分布式电源装机规模要超过1.8亿kW，接近全国发电总装机的10%，预计到2030年，这一比例将达到20%以上，2011～2020年我国分布式电源装机规模发展趋势如图1.2所示。

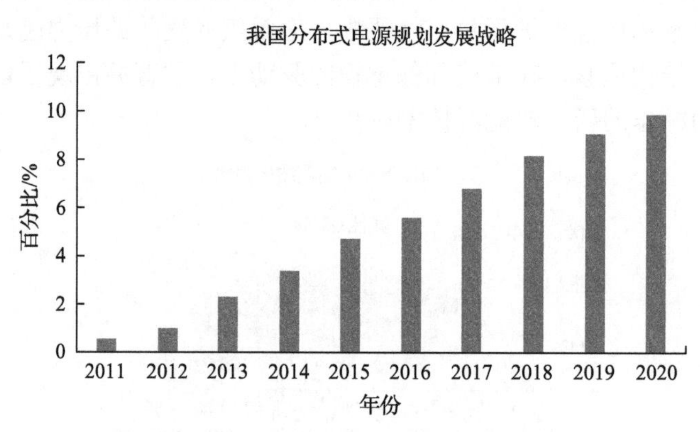

图1.2 我国分布式电源装机规模发展示意图

分布式光伏、风电等分布式电源出力具有随机性、间歇性、波动性等特点[3]。大规模接入电网，使电网从“集中式供电”到“集中+就地供电”转变，会导致大规模功率倒送、电压越限、电能质量差、变流器防孤岛及电网保护失效等一系列问题，大大增加了电网管控难度，对电网的安全、可靠、经济运行产生重大影响。电网面临着大规模分布式电源并网在规划设计、运行控制与保护、系统调控等方面带来的巨大挑战[4]。

规划设计方面，点多面广且类型、容量各异的分布式电源无序接入，“多类型-多时间尺度”分布式电源规划优化计算规模巨大，规划指标评估手段不完善，使得现有规划设计方法难以满足大规模分布式电源接入的需求[5]。

运行控制与保护方面，目前变流器设计仅实现自身并网控制性能，惯性小，控制鲁棒性差，几乎与电网无互动，不能支撑电网稳定运行。大规模并网会产生电能质量恶化等一系列问题，甚至改变电网运行状态；同时，电网管控手段不足，现有测控保护技术难以支撑高渗透率分布式电源安全、高效并网[6]。

系统调控方面，分布式电源出力具有强不确定性，调度难度大，集中调控方式时延明显、计算复杂，大规模接入导致电网消纳能力不足。同时，局部地区大规模电源并网具有跨电压等级外送需求，目前，系统调控手段不健全，现有调控技术难以实现能量优化调度[7]。

分布式电源规模化发展带来的多方面挑战，如果不能有效应对，将对电网的安全稳定造成严重影响，也将影响能源互联网战略目标的实现。

1.2 本书主要内容

分布式电源按照并网接口类型可分为旋转电机类型分布式电源(包括同步电机类型和感应电机类型)和变流器类型分布式电源，根据可再生能源的发电属性，本书重点关注变流器类型分布式电源，也就是基于电力电子器件的分布式电源并网技术和装备。

本书专注于分布式电源并网技术与装备，分别从并网技术、并网装备及测控保护三个方面剖析大规模分布式电源并网给电网带来的挑战，重点研究分布式电源并网关键技术及装备和智能测控保护技术，具体内容如下。

在分布式电源并网技术方面，现有并网控制技术能够实现分布式电源以多种运行方式并网，保证分布式电源电能的高效稳定输出。从单个分布式发电系统来看，光伏、风电分布式电源单机并网技术已基本成熟，但随着分布式电源大规模接入，导致电网供电模式改变。考虑到光伏、风电等分布式电源出力的不确定性，大规模发展将会影响电网安全稳定运行。现有并网控制技术仅考虑如何实现分布式发电系统自身稳定运行，已不能完全满足规模化发展的要求。作为未来电力系统发电单元的重要元素，应能够主动参与电网调节，实现电网与分布式电源的相互支撑[8]，需要在现有并网技术基本基础上进行探索，寻求更为灵活的并网控制技术。如何突破现有并网技术瓶颈，实现分布式电源与电网友好互动，降低分布式电源对电网安全优质运行的负面影响，提高电网对分布式电源的接纳能力，是本书的首要研究重点。

在分布式电源并网装备方面，研究人员和装备制造商为进一步优化并网装备深入研究开发，主要体现在优化并网装备的拓扑结构，提高装备的功率密度，降低装备在电能转换过程中的损耗，提高并网装备的发电效率等方面。然而，并网装备的高功率密度和高发电效率的统一是目前面临的一大难题，宽禁带半导体开关器件的诞生为满足该需求提供了良好的途径，其开关损耗、开关频率与工作温度等指标与传统硅器件相比有显著的优势[9]。通过提高宽禁带半导体器件的开关频率，有助于降低并网装备中磁性元件的体积，并能输出高质量电能，同时其较高的耐热能力可大幅度减小散热器体积，对并网装备功率密度及转换效率有显著的提升效果。如何实现宽禁带半导体开关器件在分布式电源并网装备中的应用，是本书另一研究重点。

在分布式电源并网管控方面，随着传感技术、测控保护技术的发展，灵敏度高、测量数据全、响应速度快、适用于多场景的测控保护装置涌现而出，其在电网的应用提升了电力系统智能化水平，极大推进了我国智能电网发展[10]。如果考虑将分布式电源通过测控保护装置纳入电网统一管理，能有效规避大规模分布式电源接入带来的潜在风险。由于现有测控保护装置缺少信息汇总和利用区域信息进行控制和保护功能，所以将所有接入中低压电网分布式电源纳入电网管理系统，测控保护装置需求量巨大，不利于节约成本，并会极大增加管理系统的复杂度。同时，分布式电源的有源特性和出力的强不确定性，多类型分布式电源并网装备不同运行约束条件和负荷变化的多时间尺度性，都使电网在对点多面广分布式电源管控方面存在较大困难。因此，如何实现大规模分布式电源的有效管控，也是本书研究的重点之一，同时还是工程实践的一大难点。

围绕上述大规模分布式电源并网在并网技术与装备方面给电网带来的挑战，本书总结目前分布式电源并网技术与装备及发展情况，详细分析分布式电源接入对电网影响，从灵活并网技术、高效高功率密度并网装备、即插即用智能测控保护技术三个方面，结合团队最新研究成果，论述技术和装备层面的解决方案，最后进行总结并对未来发展进行展望。

参考文献

[1] 刘振亚. 中国电力与能源[M]. 北京：中国电力出版社, 2012.

[2] 能源情报研究中心. 中国能源大数据报告(2019)[R]. (2019-05-16) [2019-08-20].

[3] 崔凯, 孔祥玉, 金强, 等. 考虑分布式电源出力间歇性的微电网可靠性评估[J]. 电力系统及其自动化学报, 2018, 30(9): 97-102.

[4] 佚名. 电网智能化 分布式电源并网遇挑战[J]. 电源世界, 2013, (3): 4-6.

[5] 孙惠娟, 刘君, 彭春华.基于分类概率综合多场景分析的分布式电源多目标规划[J]. 电力自动化设备, 2018, 38(12): 39-45.

[6] 沈诞煜, 赵晋斌, 李吉祥, 等. 分布式电源并网惯性功率补偿研究[J]. 电力系统保护与控制: 1-8[2019-08-20]. https://doi.org/10.19783/j.cnki.pspc.181176.

[7] 刘海波, 李鹏, 顾伟, 等. 区域分布式电源集群监控系统[J]. 电力系统自动化, 2018, 42(8): 163-169.

[8] 董逸超, 王守相, 闫秉科. 配电网分布式电源接纳能力评估方法与提升技术研究综述[J]. 电网技术, 2019, 43(7): 2258-2266.

[9] 郑壬举. SiC MOSFET 功率模块中压测试平台研制及其应用[D]. 杭州：浙江大学, 2019.

[10] 张高航, 李凤婷, 周强, 等. 考虑风电并网友好性的日前分层调度计划模型[J]. 电力系统保护与控制, 2019, 47(6): 118-124.

第 2 章　分布式电源并网技术与装备

分布式电源并网技术是指分布式电源接入配电网及保证含分布式电源的配电网安全可靠运行、电能质量合格的技术措施；并网装备是实现分布式电源与电网连接的核心接口，本章主要介绍分布式电源并网技术与并网装备及其发展情况。

2.1　分布式电源并网技术

随着大量分布式电源及各类并网装置接入电网，电网的环境越来越复杂，这就对并网变流器的控制技术提出了更高的要求，需采用更为先进的控制技术，快速有效地应对与解决并网运行中存在的各种问题，保证并网设备安全可靠运行。研究分布式电源并网技术具有重要的现实意义，不仅可以提高并网效率、优化电能质量，还可以提高电网的可靠性和稳定性。为了更好地探索和优化分布式电源并网技术，本节首先分析典型并网控制技术，在此基础上探索更为先进的并网控制技术。

2.1.1　分布式电源并网控制技术

并网变流器的控制方式多种多样，其中开环控制难以使变流器达到输出稳定、动态响应快、输出波形质量高等要求，单闭环控制虽能实现输出稳定，但仍存在输出波形畸变严重等问题，而双环控制可以实现变流器运行可靠性高、动态响应快、输出波形质量优等。双环控制也是目前应用较为广泛的一种并网控制方式，因此主要从双环控制的角度分析变流器的控制技术，其控制系统典型结构如图 2.1 所示。

图 2.1 中，U_{in} 为直流侧电压；e_{abc}、i_{abc} 与 U_{gabc} 分别为三相变流器的输出电压、输出电流及交流电网侧电压；f_s 与 θ_s 分别为接入并网点处频率和电压相角；P_{out} 与 Q_{out} 分别为变流器输出的瞬时功率。

在双环控制系统中，外环控制器主要用于体现不同的控制目的，同时产生内环控制指令，一般动态响应较慢。内环控制器主要进行精细的调节，与变流器的自身稳定性、电能质量等输出性能紧密相关，一般动态响应较快。当输出精度、响应速度等要求不高时，可简化控制内环，单独采用外环对变流器控制，输出的电能质量和控制速度一般不理想。根据坐标系选取的不同，内环控制器可以分为 dq 旋转坐标系下的控制、$\alpha\beta$ 静止坐标系下的控制、abc 自然坐标系下的控制。

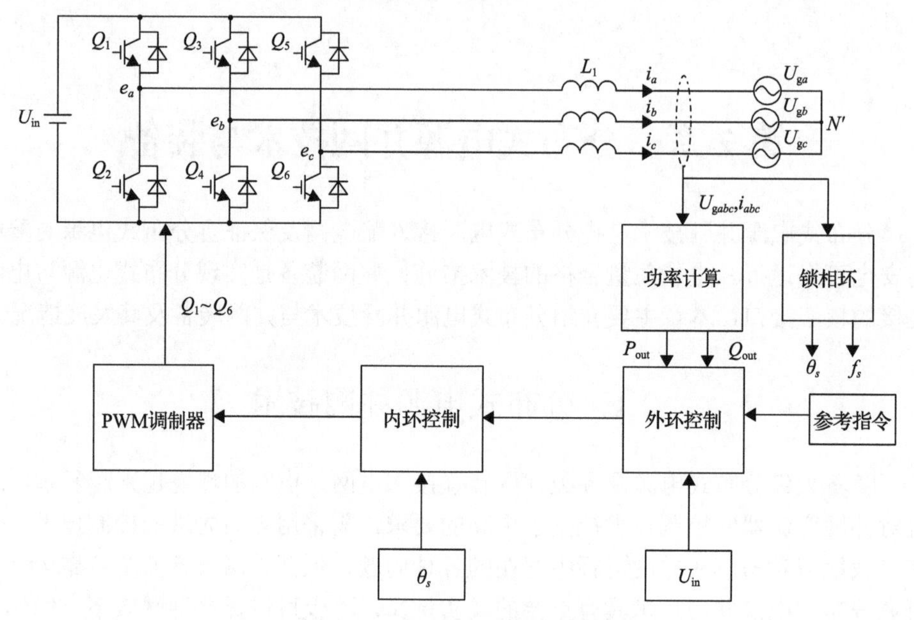

图 2.1　变流器控制系统典型结构

为了拓展变流器特殊功能，也存在多环控制需求，如虚拟同步发电机控制模型为多环控制，除电压电流双闭环外，还包括有功环和无功环控制，但是多环控制从其控制结构及实现的功能方面也可归为双环控制。

由于分布式电源的类型及并网控制目的不同，并网变流器也需要采取不同的控制方法，这种控制方法的不同主要体现在变流器的外环控制。本节主要介绍分布式电源并网变流器的三种典型控制方法[1,2]，即恒功率控制，又称 *PQ* 控制；恒压/恒频控制，又称 *V/f* 控制；下垂控制，又称 Droop 控制。

1. 恒功率控制

PQ 控制的原理是设定固定的有功功率和无功功率作为参考值，无差控制器使变流器的输出有功和无功能够和参考值保持一致，即当并网变流器所连接交流网络系统的频率和电压在允许范围内变化时，分布式电源输出的有功功率和无功功率保持不变，恒功率控制的实质是将有功功率和无功功率解耦后分别进行控制，该控制原理如图 2.2 所示。

分布式电源系统的初始运行点为 A，输出的有功功率和无功功率分别为给定的参考值 P_{ref} 与 Q_{ref} 时，系统频率为 f_0，分布式电源所接交流母线处的电压为 U_0。有功功率控制器调整频率下垂特性曲线，在频率允许的变化范围内（$f_{min} \leqslant f \leqslant f_{max}$），使分布式电源输出的有功功率维持在给定的参考值；无功功率控制器调整电压下垂特性曲线，在电压允许的变化范围内（$U_{min} \leqslant U \leqslant U_{max}$），输出的无功功率维持在给定的参考值。

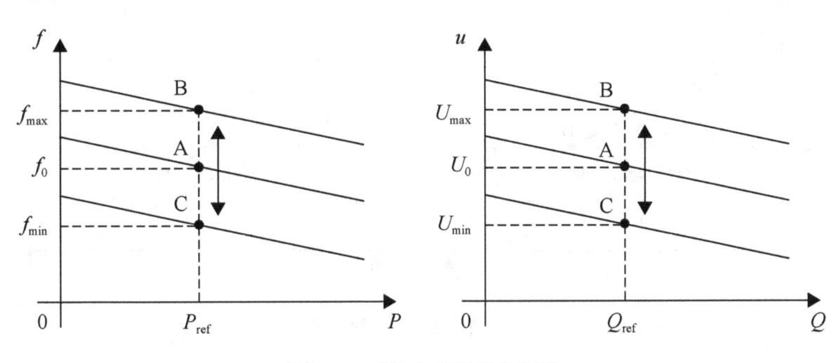

图 2.2　恒功率控制原理

该控制方式控制目标单一、明确，能够实现分布式电源的最大化利用，被广泛应用于分布式电源并网运行过程中，然而，采用该种控制方式的分布式电源并不能维持系统的频率和电压，如果系统孤岛运行，则系统中必须有能够维持频率和电压的分布式电源，如果是与常规电网并网运行，则由常规电网维持电压和频率。在实际应用中，电网电压不平衡等实际因素将会影响 *PQ* 控制策略的稳定性，针对该问题，相关学者提出一种改进的 *PQ* 控制策略[3]，在原有 *PQ* 控制基础上加入电压补偿控制器，能够有效抑制电网电压不平衡产生的干扰，保证并网装置的稳定运行。同时，基于 *PQ* 控制，文献[4]提出了一种在原有的 *PQ* 控制策略的基础上叠加前馈负序电压控制环抵消电网电压负序分量，从而达到三相平衡，通过改进开关函数调制法降低三次谐波分量输出。文献[5]结合微电网电压前馈和电容电流反馈提出了基于 PVPI 控制的新型 *PQ* 控制策略，抑制输出功率波动和改善输出电流质量。文献[6]提出并设计了两级式三相单 L 滤波光伏并网发电系统，建立了后级系统的电流内环、电压外环双环控制模型，直流侧采用直接功率控制，实现单位功率因数并网和电流对称、无超调并网，所设计的电压外环也能满足直流链电压稳定的控制目标。

2. 恒压恒频控制

V/*f* 控制的原理是设定并网变流器的电压参考值 U_{ref} 和频率参考值 f_{ref}，控制目标为保证变流器输出端口电压和频率与参考值一致。采用该控制模式的分布式电源可独立带负荷运行，而且输出电压和频率不随负荷的变化而变化。以独立运行的微电网为应用场景，采用该控制模式的分布式电源可作为支撑系统电压和频率的主电源，维持独立微电网处于正常电压和频率范围内，因此，采用恒压/恒频控制的分布式电源实质上等同于一个电压源，其输出功率由系统中负荷和其他分布式电源输出功率决定，该控制原理如图 2.3 所示。

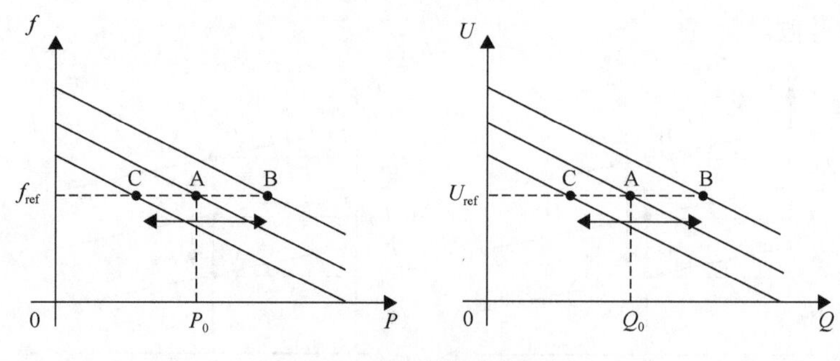

图 2.3　恒压恒频控制原理

图 2.3 中，分布式电源系统的初始运行点为A，系统输出频率为f_{ref}，分布式电源所接交流母线处的电压为 U_{ref}，分布式电源输出的有功功率和无功功率分别为 P_0 与 Q_0。频率控制器通过调节分布式电源输出的有功功率，使频率维持在给定的参考值；电压调节器调节分布式电源输出的无功功率，使电压维持在给定的参考值。

该种控制方式主要应用于分布式电源提供电压和频率支撑工况下，比如微电网孤岛运行模式，相当于常规电力系统中的平衡节点。目前关于 V/f 控制方面的研究较多，文献[7]提出一种新型三相恒压恒频 SVPWM 逆变电源闭环控制策略，简化控制结构并同时保持良好的控制性能；文献[8]提出了一种基于相位同步的控制器状态跟随平滑切换控制策略，有效抑制了微电网储能变流器平滑切换过程中电压波动以及降低冲击电流。

3. 下垂控制

下垂控制的原理是鉴于滤波器和变压器的应用使分布式电源的等效输出阻抗呈感性，注入交流网络的有功功率和电压相角呈线性关系，而无功功率和电压幅值成线性关系，利用该特点，通过模拟发电机组“功频静特性”对变流器进行控制。存在两种基本的下垂控制方法：①通过调节输出的功率控制电压频率和幅值；②通过调节电压频率和幅值控制输出的功率，其控制原理如图 2.4 所示。

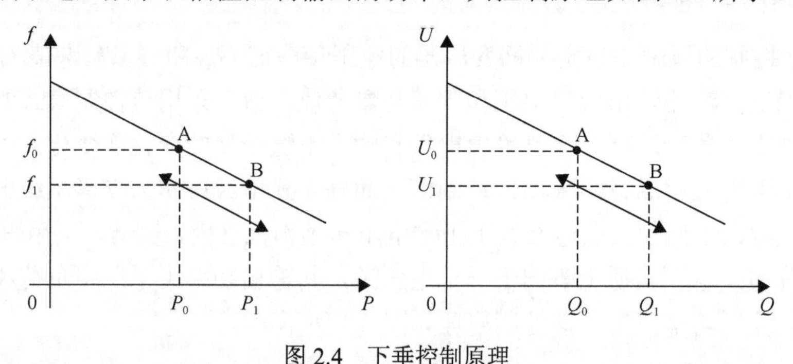

图 2.4　下垂控制原理

以控制方法①为例，图 2.4 中，当变流器输出的有功功率和无功功率分别为 P_1 和 Q_1 时，变流器频率参考值 f_{ref} 和电压幅值参考值 U_{ref} 分别为 f_1 和 U_1，意味着系统到达稳态时输出电压频率和幅值为 f_1 和 U_1，当变流器输出的有功功率和无功功率分别为 P_0 和 Q_0 时，变流器频率参考值 f_{ref} 和电压幅值参考值 U_{ref} 分别为 f_0 和 U_0。

采用该控制模式的分布式电源可以带负载独立运行，其输出电压和频率由负载情况决定，也可以并网运行，此时由于系统电压幅值和频率由电网决定，根据图 2.4 所示，变流器并网运行时应根据相应的电网电压幅值和频率输出相应的有功功率和无功功率。下垂控制应用在微电网中，存在着动态调节速度慢、分布式电源功率分配不均、频率电压无法稳定等弊端。文献[9]提出一种分段动态自适应下垂控制策略，通过分段下垂控制增大下垂系数，以提升系统动态响应速度，通过动态下垂控制调节下垂系数，以改善功率分配效果。通过自适应下垂控制平移下垂曲线，以维持频率和电压稳定。文献[10]利用谐波线性化方法建立了下垂控制三相并网变流器含功率外环和相角扰动时的完整序阻抗模型，提出采用虚拟阻抗的方法来提高互联系统相位裕度，改善系统鲁棒稳定性。

2.1.2　分布式电源并网技术发展

上述典型控制方法能够使分布式电源以不同运行方式并网，且在一定程度上能实现了分布式电源并网系统稳定运行。随着分布式可再生能源渗透率的不断提高，电网供电模式由单一供电转变为多点供电，传统配电网向有源配电网转化，配电网电力电子化的趋势愈发明显。作为发电单元，分布式电源并网系统只考虑自身运行方式，已不能满足当前电网要求，应具备与发电机相类似的惯量和阻尼特性、自适应性、灵活性等特性，因此发展更为先进的并网关键技术成为迫切需求。近年来，比较受关注的分布式电源并网技术有虚拟同步发电机技术、分布式逆变系统自适应技术、“即插即用”技术等。

1. 虚拟同步发电机技术

虚拟同步发电机技术(virtual synchronous generator，VSG)是通过模拟同步电机的本体模型、频率调整、电压调整和惯性阻尼特性，使含有电力电子接口(变流器)的电源，从运行机制及外特性上与常规同步机相似，从而参与电网调整和阻尼振荡，其原理图如图 2.5 所示。

关于虚拟同步发电机技术，国内外许多学者进行了深入的研究，提出了不同的方案。比利时鲁汶大学提出了电流源型 VSG(current-controlled VSG，CVSG)的控制方案[11]，依据同步发电机的数学模型及运行外特性来改变自身的输出电流、输出功率。选取合理的控制算法，使分布式电源具备频率调节的功能，但是没有

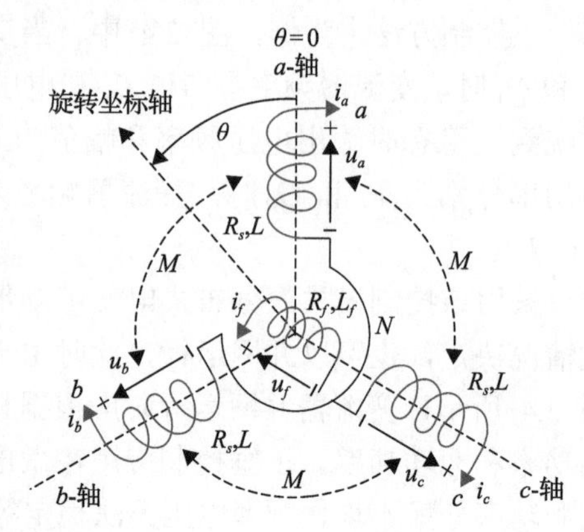

(a) 常规同步发电机

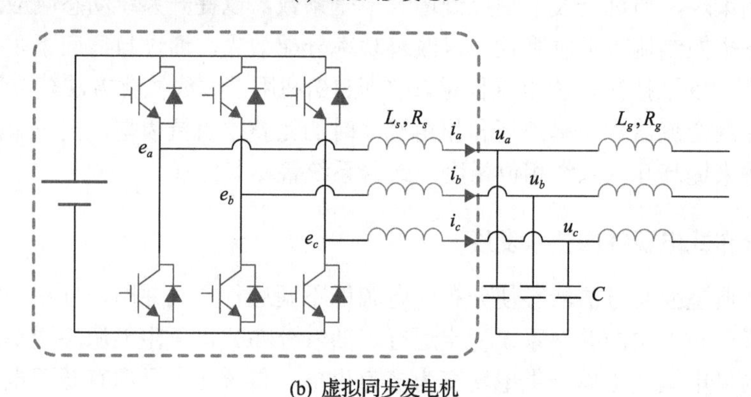

(b) 虚拟同步发电机

图 2.5　虚拟同步发电机技术原理

兼顾孤岛运行时的控制性能。德国劳克斯塔尔工业大学的研究人员提出了建立定子侧的电气方程及转子运动方程来对变流器进行控制的 VISMA(virtual synchronous machine)方案[12,13]，按照变流器的输出特性划分，具有两种控制方案：一种是通过感应电动势和输出电压计算获得给定电流指令在输出特性上属于 CVSG，虽然电流源型 VISMA 模拟了同步发电机的定子电气方程，但仍无法提供电压支撑，无法适应孤岛运行模式；另一种是检测并网电流和感应电动势获得桥臂侧电压指令后，相应控制电压，在输出特性上属于 VVSG(Voltage-Controlled VSG)，电压源型 VISMA 控制方案可提供电压支撑，满足孤岛运行条件，但由于同步电抗的压降根据检测的并网电流计算得到，计算过程中存在微分运算，可能导致其输出电压存在谐波放大的问题。钟庆昌教授提出了 Synchronverter 方案[14]，根据同步发电机的电磁暂态关系实现了同步变流器对传统同步发电机进行模拟。与 CVSG 和 VISMA 控制方案的相比，Synchronverter 方案能够对同步发电机的暂态特性更加准确地模拟，Synchronverter 采用主电路中的滤波电抗模拟同步发电机的同步电抗，但二者在数值上和物理意义都存在较大的差别，加之系统非线性、LC 滤波器等参数变化，会影响其输出控制性能。

从各国学者对 VSG 的研究可以看出，对于 VSG 本体的建模[15,16]，各类方案工作原理类似，均通过模拟同步发电机的运动方程、一次调频控制及一次调压控制，使 VSG 具有与同步发电机相媲美的外特性，其拓扑架构如图 2.6 所示。

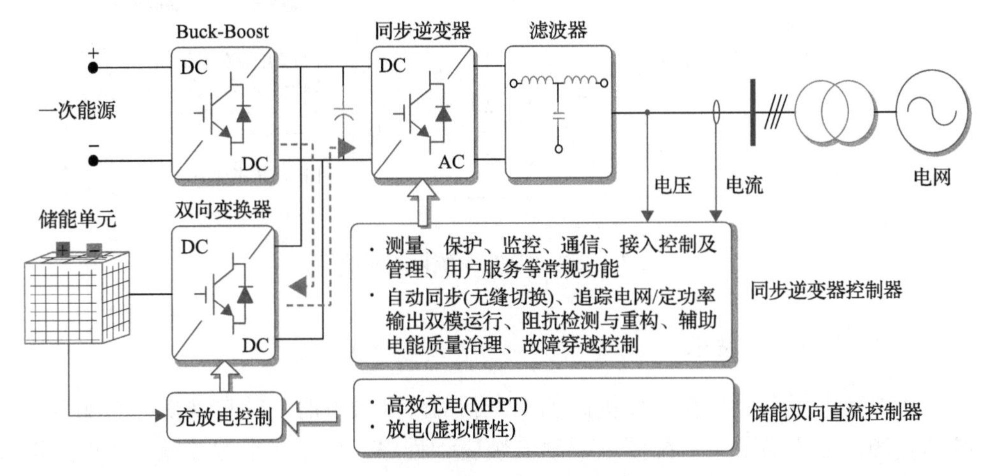

图 2.6　虚拟同步发电机拓扑

中国电力科学研究院微电网研究团队从理论到方法，从样机开发到实验验证，从单机并网到多机协调控制，全方位地开展虚拟同步机技术研究，取得了一系列具有自主知识产权的创新成果，率先成功自主研制了世界首套“50kW 虚拟同步发电机”并网装备，并实现了工程化应用。

2. 分布式逆变系统自适应技术

自适应技术是指根据控制对象本身参数或周围环境的变化，自动调整控制器参数以获得满意性能的自动控制技术。传统分布式逆变系统目的在于将分布式电源接入电网，只需完成向电网注入指令功率的正弦基波电流，但是随着分布式电源的渗透率越来越高，其对电网的影响越来越大，迫切需要并网逆变系统具备自适应功能，能够根据不同状态因素主动调节自身运行特性，以实现与电网形成良性互动的有机体。

为了使逆变系统接入电网具备自适应的能力，需配置输出阻抗自适应重塑、电能质量主动治理及与电网自适应同步控制等先进控制策略。由于这些控制策略的实现，只需在并网变流器进行控制技术优化与升级即可，与传统并网变流器相比，在硬件上并无过多的差异。得益于灵活的数字控制策略，分布式逆变系统具有实现诸多电网自适应功能的能力，如图 2.7 所示。

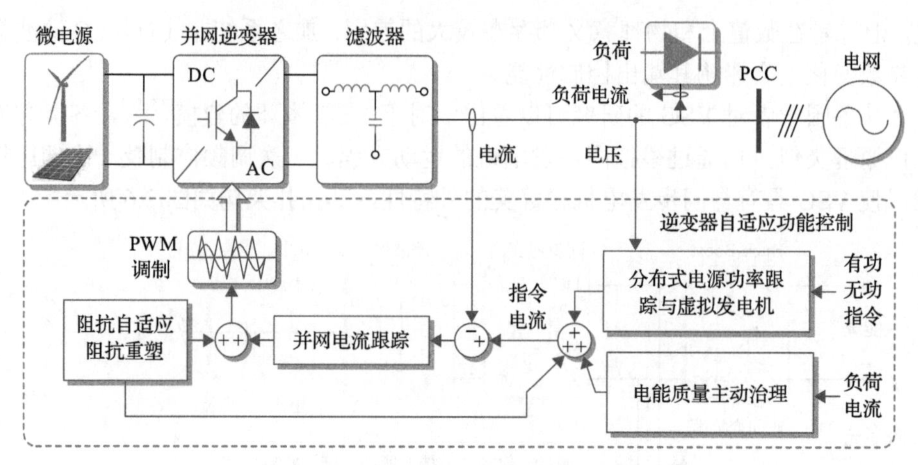

图 2.7　分布式逆变系统自适应功能

3. “即插即用”技术

“即插即用”原指在计算机添加一个新的外部设备时，能自动侦测与配置系统的资源，而不需要重新配置或手动安装驱动程序。分布式电源领域的“即插即用”功能是在美国电气可靠性技术解决方案协会(the Consortium for Electric Reliability Technology Solutions，CERTS)提出微电网框架同时被提出的，具体体现在功率变换装备和监控系统两个方面：在功率变换装备方面的即插即用，是指其具有较强鲁棒性，可适应多种电网工况，同时在接入过程中对电网无冲击，且能够主动参与电网调节，对电网起支撑作用；在监控系统方面的即插即用，是指装备可以从物理上接入测控系统网络，同时监控中心可以自动识别新接入的设备，并可以对新设备加以管理。监控中心要实现的基本功能包括如下部分：自动识别新添加的设备；确定新设备功能和服务；创建完整的设备配置信息，获取设备当前的运行数据；合理控制设备的工作状态。

分布式电源“即插即用”概念类似于计算机“即插即用”概念的移用，如果把上层系统管理单元比作计算机的底层 BIOS 系统处理外接设备，分布式电源就类似于即插即用的外接设备。随着未来分布式电源的多样化，其并网接口必然需要实现通用化和标准化，这不但有利于分布式电源大规模接入，还可以避免厂家和用户不正确的接入方式，有利于“即插即用”等功能的实现。

当有新设备接入到网络时，监控中心可以自动识别新接入的设备并对其进行管理，而不需要更改调度系统的应用程序，既减轻了系统编码的复杂性，使其更容易维护，又提高了系统的灵活性，使系统趋向智能化，在测控系统应用方面具有重要的意义，基于“即插即用”的电网安全运行智能控制系统如图 2.8 所示。

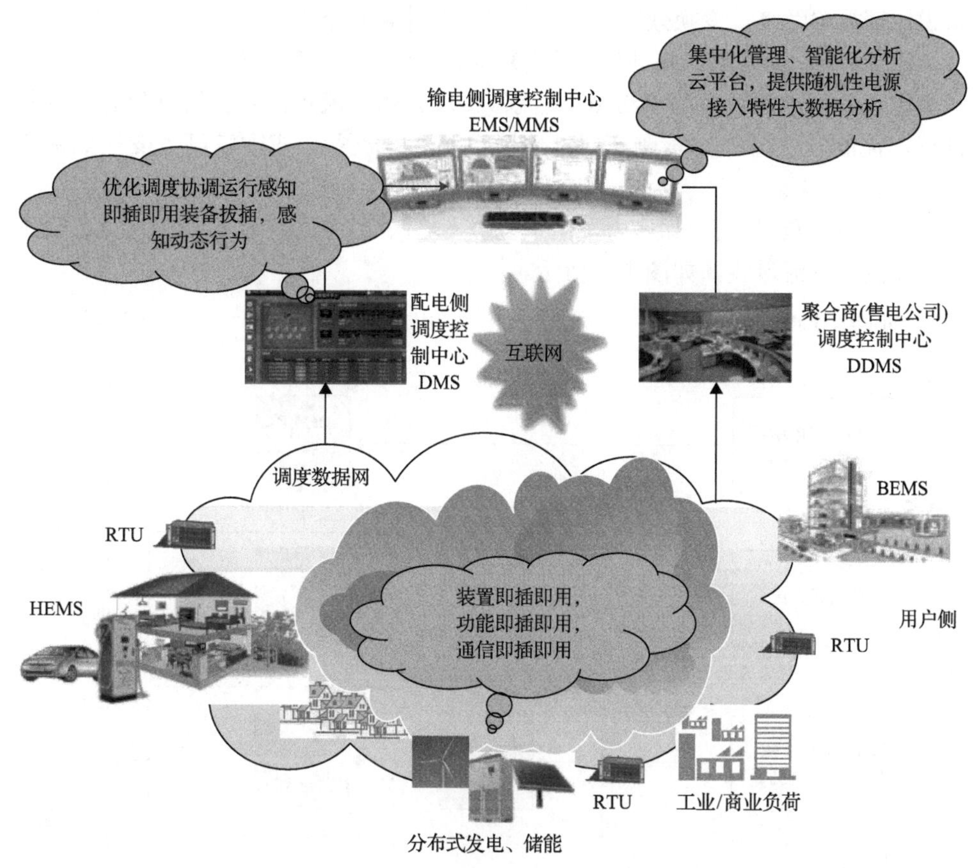

图 2.8　基于“即插即用”的智能管控系统

2.2　分布式电源并网装备

分布式电源并网装备是分布式电源并网发电的重要接口，随着分布式电源的发展，并网装备在电网中的数量越来越多。为了实现分布式电源高效率、高质量并网，在结构、功能、效率等方面迫切需求更加先进的并网装备。

分布式电源按其直接输出的电能形式分为交流型和直流型两类，交流型分布式电源包括风力发电、飞轮储能等，直流型分布式电源包括光伏、燃料电池系统等，各种类型的分布式电源一般都需要通过并网变流器并网。按照能量变换的级数，并网变流器拓扑结构可以分为单级式拓扑和两级式拓扑，如图 2.9 所示。

图 2.9 中①为单级式拓扑结构，只存在一个 DC/AC 变流器，同时完成最大功率点跟踪和并网逆变的控制任务，另外，储能电池系统可通过双向 DC/AC 变流器实现储能电池的充放电。由于其只有一个能量变换环节，所以这种拓扑结构相对

来说比较简单经济，变换效率高，但是控制算法较复杂。

图 2.9 中②为两级式拓扑结构，利用前级 DC/DC 变换器跟踪光伏最大功率点和稳定直流侧电压，后级 DC/AC 变流器实现并网电流控制，各级有独立的控制目标，控制算法简单易实现，但是使用的元器件较多，成本较高，变换效率有所降低。

交流型分布式电源(如风力发电系统、飞轮储能)并网，通过 AC/DC/AC 变流器直接接入交流母线，如图中③所示。

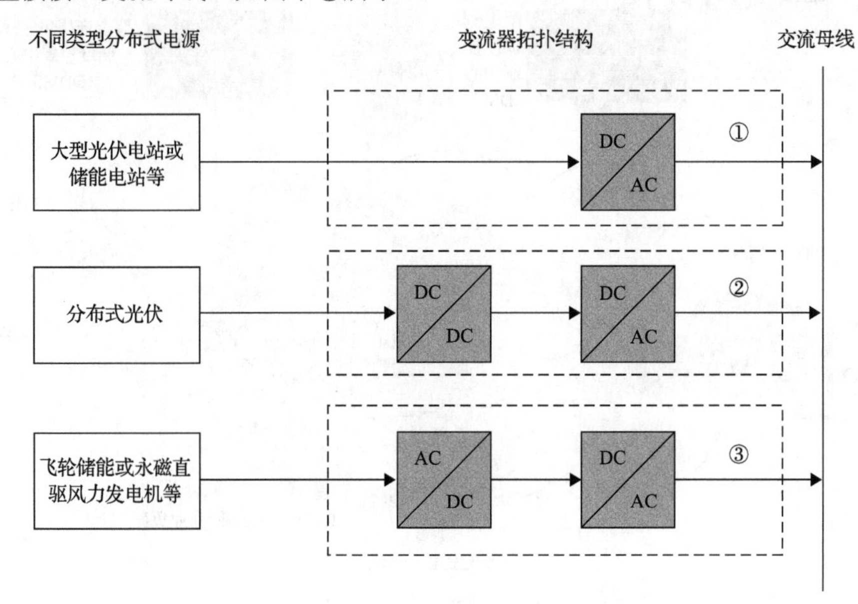

图 2.9　分布式电源并网变流器典型拓扑架构

2.2.1　并网变流器拓扑结构

DC/AC 变流器是分布式电源并网的核心功率接口，其主要目标是控制直流侧电压和交流侧输出电流。根据接入电网的方式划分，DC/AC 变流器可分为单相结构和三相结构，单相结构主要应用于家用小功率系统，一般小于 8kW，例如分布式屋顶光伏等，其拓扑主要包括单相全桥和单相半桥结构，而三相结构主要应用于大功率并网系统。

根据变流器的电平数划分，DC/AC 变流器主要拓扑有两电平结构和多电平结构两大类，其中两电平拓扑结构简单且控制技术成熟。相比于两电平结构，多电平变流器，一般结构是由几个电平台阶合成阶梯波以逼近正弦输出，具有高品质的输出性能、开关损耗小、谐波含量低、电磁干扰小等优势，但控制算法相对复杂。

目前研究较多的多电平变流器拓扑有二极管钳位型(neutral point clamped，NPC)[20]，飞跨电容型(flying capacitor，FC)[21]，H 桥级联型(cascaded H-bridge，CHB)[22]，模块化多电平型(modular multilevel converter，MMC)[23]和三电平 T 型[24]等新型拓扑。

1)传统两电平拓扑

目前比较流行的两电平逆变器是两电平电压型三相逆变器，其主电路结构为桥式拓扑，如图 2.10 所示，每个桥臂上下两个开关管不能同时导通，且任意时刻都有三个开关管同时导通。当 S_{a1} 导通 S_{a2} 关断时，节点输出电压为 $\frac{U_{dc}}{2}$，当 S_{a1} 关断 S_{a2} 导通时，节点输出电压为 $-\frac{U_{dc}}{2}$。因此，每相输出电压有两个电平，其他两相情况相同。

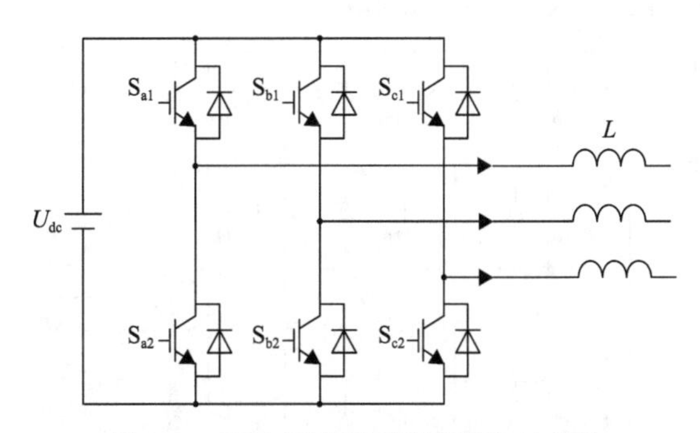

图 2.10　两电平电压型逆变器拓扑结构

2)传统多电平拓扑结构

Nabae 等最早提出了中点钳位型多电平逆变器，其电路拓扑结构如图 2.11 所示[25]。该拓扑结构包括两个串联的电容 C_1、C_2，两电容之间的点称为中点 Z，通

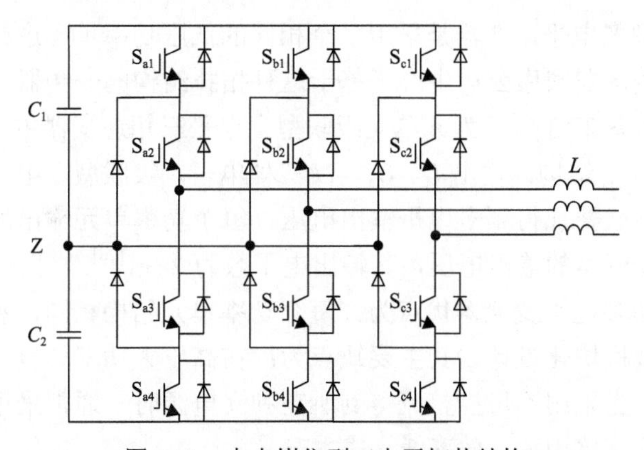

图 2.11　中点钳位型三电平拓扑结构

过中点钳位和串联直流电容器来产生三种电平。该结构主要优点为：输出功率较大，结构简单，动态响应快，其主要缺点为：采用该结构的变流器通常是采用的三电平结构，因为随着输出电平数的增加，除所需大量钳位二极管外，还要考虑拓扑结构中因充放电差异而造成的电容均衡问题，同时其控制算法也变得非常复杂，限制了其在高压大功率场合的应用。

飞跨电容型多电平电路拓扑结构最早是由 Meynard 等提出[25]。图 2.12 所示为三电平飞跨电容型逆变器拓扑结构，该拓扑结构中每个桥臂包含四个开关器件，四个反并联二极管及一个电容，以 A 相为例，开关 S_{a1} 与 S_{a4}，开关 S_{a2} 与 S_{a3} 工作状态互补，通过调整不同开关状态，实现该拓扑输出三种不同电平。其优点为：与二极管钳位型多电平拓扑结构相比，该结构合成电平的灵活性和自由度较高，对功率器件的保护能力较强，其主要缺点为：该结构需要电容数量较多，在电容维护方面存在诸多问题，大大增加系统成本。

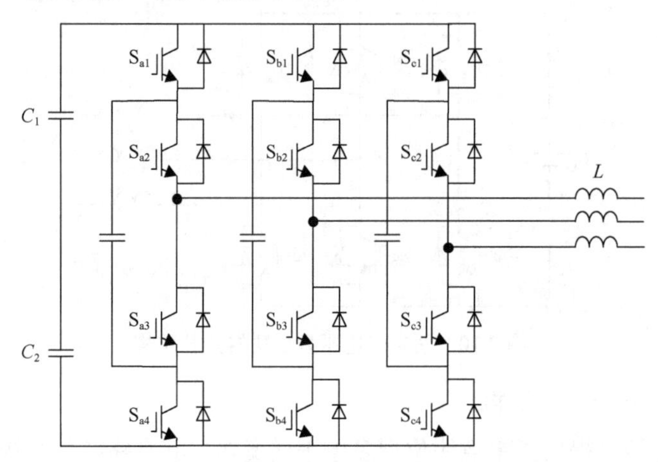

图 2.12　飞跨电容型三电平拓扑结构图

H 桥级联型多电平逆变器是采用多个相同的低压功率单元进行级联，从而实现高压输出。美国罗宾康公司生产了基于这种拓扑结构的变频器，命名为无谐波完美变频器。如图 2.13 所示为 n 单元级联型多电平三相逆变器主电路结构图，每个功率单元为 H 桥结构，输出 U、0、$-U$ 三种电平，级联型多电平三相逆变器通过将功率单元串联叠加得到多电平输出电压，每个功率单元输出通过串联方式叠加得到多电平变流器的输出电压，其输出电平数为 $2n+1$[26]。

H 桥级联型多电平变流器优点为：每个功率单元结构相同，易于向高压等级拓展，易于实现模块化设计，其主要缺点为：在高压大功率场合，所需要的独立电源数目较多，当采用不可控整流得到所需独立电源时，通常采用变压器的多重化技术，导致系统体积大，效率低，成本高。

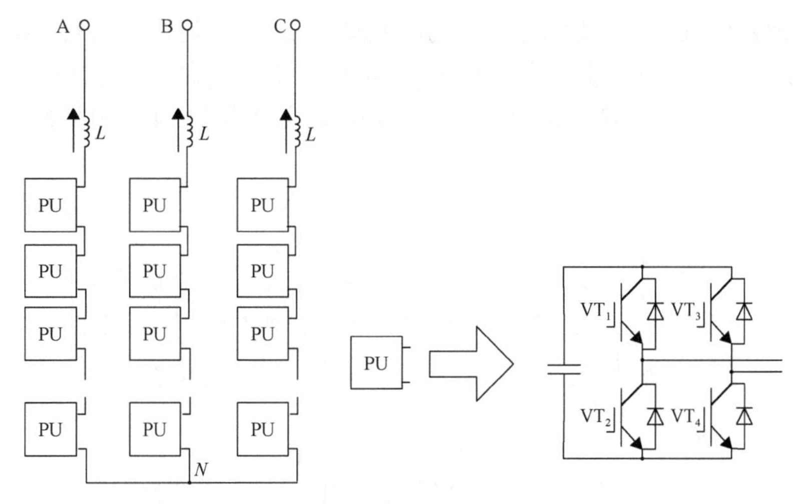

图 2.13　传统 H 桥级联型逆变器拓扑结构

3）混合级联型多电平拓扑结构

混合级联型多电平拓扑结构可分为由相同传统多电平单元构成的混合级联型和由不同传统多电平单元构成的混合级联型。文献[27]提出了由二极管钳位型多电平拓扑结构互相级联，但各单元直流母线电压取不同比值的混合级联多电平拓扑，如图 2.14 所示，其分析原理与传统级联型多电平拓扑结构类似，分别分析单个单元输出电平，然后将级联后的单元拓扑输出电平叠加获得系统输出电平。

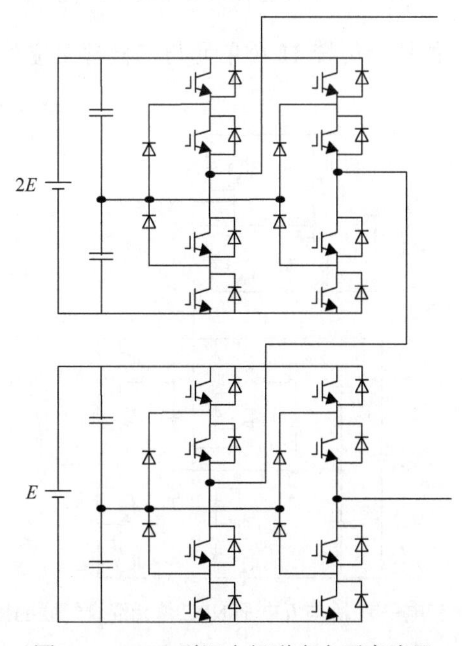

图 2.14　NPC 型混合级联多电平变流器

文献[28]给出了直流母线电压分别取 $E,2E,\cdots,2^{n-1}E$ 的混合 H 桥级联型多电平拓扑，如图 2.15 所示，其输出相电压最大电平数可达 $m=2^{n+1}-1$。文献[29]提出了直流母线电压采用 $E,3E,\cdots,3^{n-1}E$ 的级联结构，则变流器输出单相电平数达到最大值 $m=3^n$。

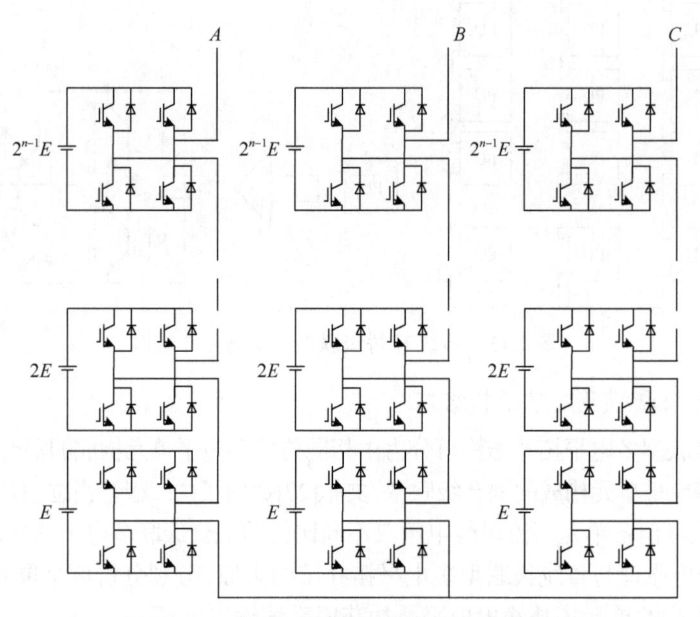

图 2.15　2^n 型混合 H 桥级联型多电平拓扑

文献[30]提出了一种基于传统 H 桥单元与二极管钳位单元级联构成的多电平拓扑，如图 2.16 所示。

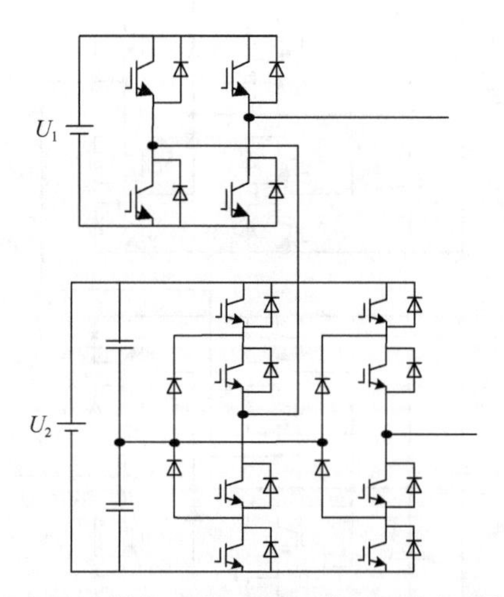

图 2.16　三电平 H 桥与五电平 NPC 单元混合级联的拓扑结构

不同传统多电平单元构成的混合级联型拓扑也可由 H 桥单元、飞跨电容单元和二极管钳位单元相互混合级联构成，根据各单元直流母线电压、单元个数不同，可构成多种混合级联多电平拓扑结构。

混合级联 H 桥多电平变流器是在传统级联多电平变流器基础上的一种改进，其拓扑结构中，独立电源采用不同直流母线电压，变流器输出电压通过不同电压等级功率单元的输出进行叠加获得。表 2.1 给出了混合级联多电平拓扑结构与其他多电平拓扑结构的比较。从表 2.1 中看出，输出相同电平数时，混合级联多电平拓扑结构所需原件最少，当利用相同元件时，混合多电平拓扑结构输出电平数最多，从而其输出波形具有更好的频谱特性。

表 2.1　多电平逆变器拓扑结构比较

拓扑结构(单相直流电源数为 n)	开关器件数/个	直流侧电源数/个	相电压输出电平数
飞跨电容型	$6n$	N	$n+1$
二极管钳位型	$6n$	$3n-2$	$n+1$
传统 H 桥级联型	$12n$	$3n$	$2n+1$
混合 H 桥级联型	$12n$	$3n$	$2^{n+1}-1$

2.2.2　并网变流器装备现状

光伏、风电、储能是分布式电源的 3 种典型类型，本节分别对光伏、风电、储能 3 种分布式电源类型并网装备进行分析。

1. 光伏发电并网装备

光伏(photovoltaic，PV)发电是可再生能源发电最常用的形式之一[17]。图 2.17 为一个典型的光伏发电并网系统的框图，分布式电源的直流输出端接入并网逆变器的直流端，在控制器的作用下由 DC/DC、DC/AC 变换电路和滤波网络将直流能量转变为交流能量注入电网。该典型系统框图适用于单相两线、三线系统，也适用于三相三线或三相四线系统。其中，并网逆变器的直流电压变换环节不是必需的，对于输出电压较高的分布式电源组件可直接通过 DC/AC 变换后接入电网。为了满足电磁兼容的需求，并网逆变器的直流和交流侧还配置有直流和交流电磁干扰(electromagnetic interference，EMI)滤波器模块[18]。

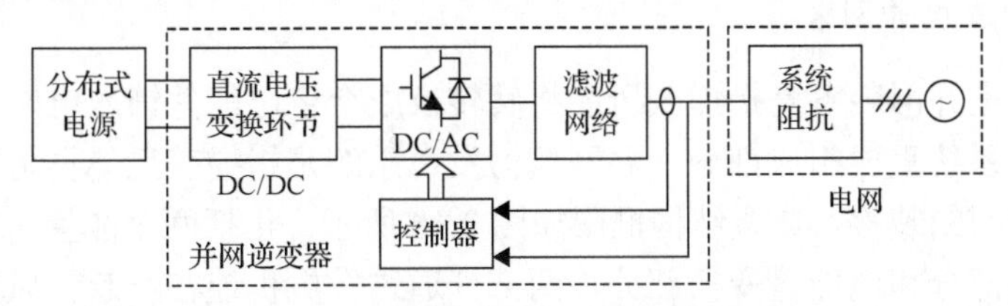

图 2.17　典型分布式电源并网框图

根据逆变系统方案的不同，光伏并网发电系统通常有集中式并网逆变、组串式并网逆变、集散式并网逆变和集成式并网逆变四种结构[19]。第一种方案主要应用于大型光伏发电站，后面三种方案多应用于分布式并网发电系统中，其各自的特点如下。

1) 集中式并网逆变

集中式并网逆变结构主要由光伏阵列、并网逆变器和直流母线构成，是光伏发电最早采用的逆变形式。其拓扑结构是所有光伏器件通过串并联的方式构成一个光伏阵列，然后通过一个并网逆变器集中进行能量转换，将能量传输到电网中。该并网方案输出功率大，可达兆瓦级，因此主要应用于大型光伏发电站等大功率场合。

2) 组串式并网逆变

组串式并网逆变结构是基于模块化概念，将多个光伏组件串联成一列组成光伏组串，然后每个(或几个)光伏组串通过一个逆变器并网，逆变器的DC/DC分组实现最大功率跟踪，再共用逆变器并网。该方案的优点实现多路最大功率跟踪，将几组光伏组串并联在一起，使系统不受模块差异和遮影的影响，减少光伏组件最佳工作点和逆变器不匹配的情况，增加了发电量。

3) 集散式并网逆变

集散式并网逆变结构结合了集中式并网逆变和组串式并网逆变的优点，将每个特性不同的光伏组串接入单独的DC/DC变换器，实现最大功率跟踪、直流升压后汇集，通过一个并网逆变器接入电网。该方案先分组完成最大功率跟踪，因此降低了不同组串之间的相互影响，提高了系统效率，增加发电量。

4) 集成式并网逆变

集成式并网逆变是指把每个光伏组件和并网逆变器相连，集成在一个光伏发电模块上。由于集成式并网逆变器体积小重量轻，又被称为微型逆变器。该方案的优点是效率高，灵活性高，安全可靠，但受结构的限制，输出功率较低，一般为50～400W，而且对工艺要求较高，在同等功率下，集成式逆变器的成本要高于其他结构的逆变器。

2. 风力发电并网装备

风力发电并网装备是指捕获风能将其转换成合格电能并馈入电网的装置，属于风力发电系统重要组成部分，并网风力发电系统是指捕获风能再将其转换成电能并馈入电网的装置，典型结构框图如图2.18所示，包括两个能量转换部分：机械能量变换部分和电能量变换部分，两部分通过发电机连在一起。风以一定的速度和攻角流过桨叶，使风轮转动，获得的机械功率经过传动链传递到发电机的轴上；发电机将机械能转化为电能，电能经过并网装置变换处理后再经变压器并入电网。

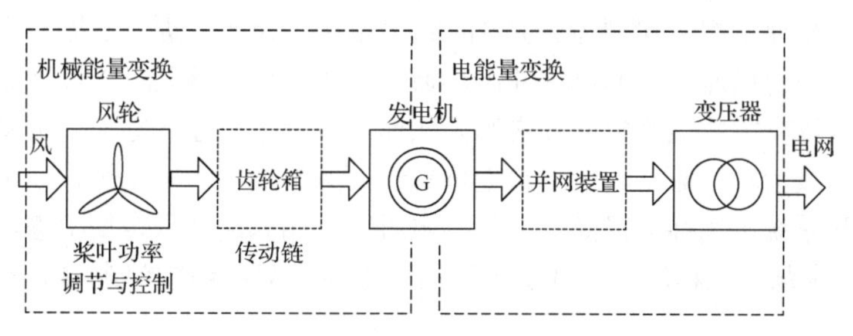

图 2.18　并网风力发电系统典型结构框图

并网风力发电系统分类方式很多，根据风力机转速的不同，可分为定速、有限变速和变转速；根据传动链的类型，可分为多级齿轮箱驱动、单级齿轮箱驱动和直驱式；根据风力机的功率调节方式可分为定桨距失速调节、变桨距调节和主动失速调节；根据发电机的类型可分为笼形感应电机(squirrel-cage induction generator，SCIG)、绕线式感应电机(wound rotor induction generator，WRIG)、电励磁同步电机(electrically excited synchronous generator，EESG)、永磁同步电机(permanent magnet synchronous generator，PMSG)及各种新型电机等；根据风力机能量馈入电网的方式，可分为直接并网、部分功率变流并网和全功率变流并网，这些分类方式灵活组合，使并网风力发电系统的类型在理论上具有很多种变化。

随着风电机组单机容量不断提高，大型风电机组对系统运行可靠性、发电质量及风能利用效率等提出了更高的要求，相应的风力发电并网系统经历了从定速到变速、由定桨到变桨的发展过程。目前典型风力并网发电系统大致有以下几种。

(1)直接并网定速笼形感应电机风力发电系统。系统结构如图 2.19(a)所示，采用多级齿轮箱驱动笼型感应发电机，定子侧直接并入电网，只能在同步转速以上作发电机运行，运行转差率的范围通常小于 1%，需加入电容器进行无功补偿，并通过软起动器来减小对电网的冲击。传统风力发电机多采用这种形式，后来还形成了两种速度的变极结构。这种类型风电机组具有结构简单、成本低廉等显著优点，同时也有着机械应力大、功率因数低、受电网影响大、风能利用率低等缺点。

(2)有限变速绕线式感应电机风力发电系统。系统结构如图 2.19(b)所示，定子直接并网，转子外接可变电阻组成，仍只能在同步转速以上作发电机运行，发电机的转差率可增大至 10%，能实现有限变速运行，提高输出功率，同时采用变桨距调节和转子电流控制，可以提高动态性能，维持输出功率恒定，减小阵风对电网的扰动。

(3)变速恒频有刷双馈感应电机(doubly-fed induction generato，DFIG)部分功

率并网风力发电系统。系统结构如图 2.19(c)所示，定子直接并网，转子采用绕线式结构，并通过部分功率变流器接入电网。转子变流器控制转子频率和转速，能实现较宽的变速范围，典型为±30%的同步转速，因此，进一步提高了风能利用率，减小了因为风速变化的机械冲击。通过转子侧变流器还可以实现无功功率补偿、进行电压支撑并减小电网冲击等。然而，双馈电机在实际应用中暴露以下缺点：仍需多级齿轮箱驱动，齿轮箱造价昂贵，且漏油、需定期维护，不利于能量转换效率和系统可靠性的提高；另外，电机中碳刷和滑环须定期检修，后期维护工作量大，也从很大程度上降低了机组的可靠性；故障穿越控制策略较为复杂等。

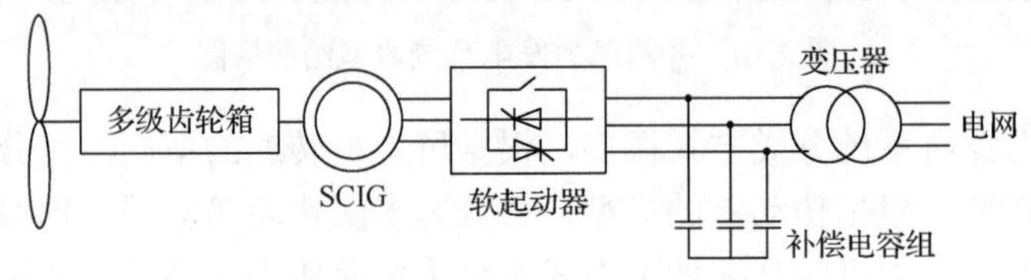

(a) 直接并网定速笼形感应电机风力发电系统

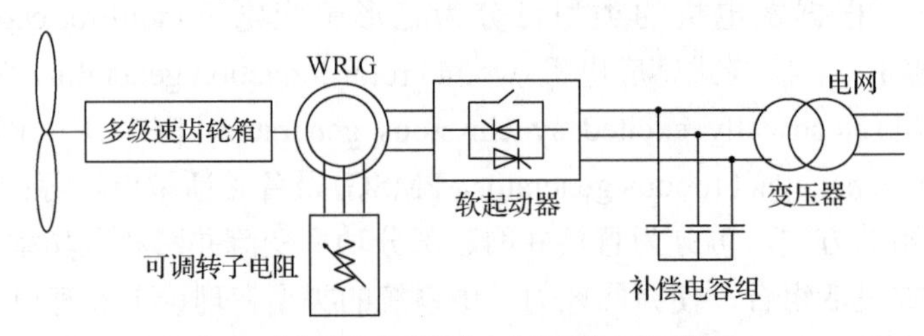

(b) 有限变速绕线式感应电机风力发电系统

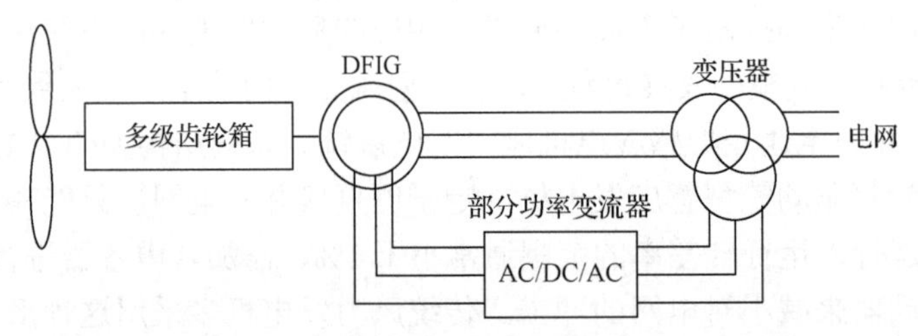

(c) 变速恒频有刷双馈感应电机部分功率并网风力发电系统

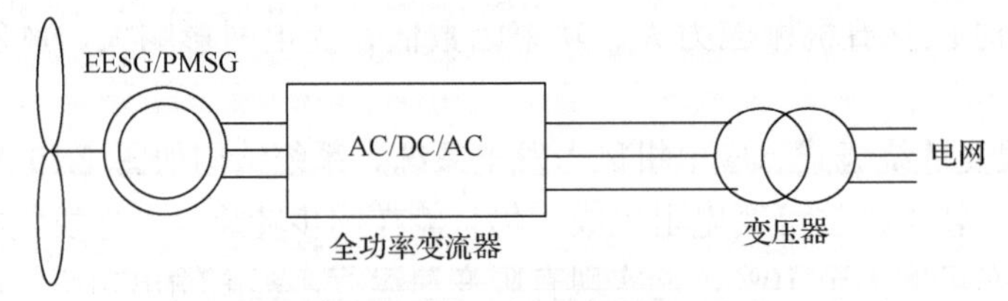

(d) 变速恒频直驱型全功率变流风力发电系统

图 2.19　典型风力发电并网系统

(4)变速恒频直驱型全功率变流风力发电系统。系统结构如图 2.19(d)所示，转子与风力机直接相连，省去齿轮箱，提高了风力发电机的传动效率和可靠性，降低了设备的维护量。机侧采用主动整流的全功率变流器，如图 2.20 所示，采用背靠背(back-to-back)双 PWM 结构，即网侧和机侧变流器由结构相同的三相电压型 PWM 变流器构成。由于采用 PWM 变流器，机侧变流器可以通过高性能的矢量控制或直接转矩控制来实现直驱永磁风力发电机的最大转矩、最小损耗等控制目标，系统控制方法灵活，可以有针对性地提高系统的运行特性。但同时也将引入变流器驱动电机系统的负面效应，需采取相应措施(如 d*u*/d*t* 滤波器)予以克服。全功率变流并网技术的引入可对输出能量进行更加灵活自如地控制，提高风力发电系统稳定性和综合功效，不但可按照要求随时调控风力发电系统输出功率的大小，控制并网功率质量，甚至还可人为调节输出的有功或无功功率，如可将并网变流器作为无功补偿器，实现对电网功率因数补偿、电网电压支撑等，发电机和电网不存在直接耦合，故障穿越实现相对容易。

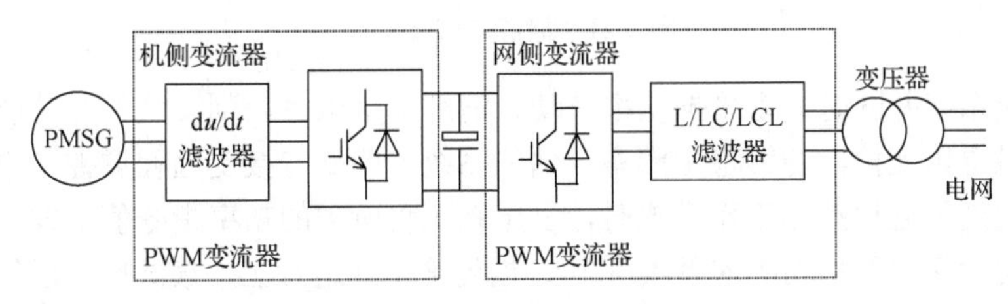

图 2.20　全功率变流器拓扑结构示意图

目前，直接并网定速笼形感应电机风力发电系统和有限变速绕线式感应电机风力发电系统在市场只占有较少的份额，兆瓦级风力发电系统仍然以变速恒频有刷双馈感应电机部分功率并网风力发电系统为主，变速恒频直驱型全功率变流风力发电系统也在不断发展占领风电市场。另外，还有一些混合半直驱的风力发电系统和新型的风力发电机在不断涌现。

3. 储能并网装备

在电能的存储方面，按照储存介质和所发生的状态变化进行分类，储能一般可以分为物理储能和化学储能。物理储能主要包括抽水储能、压缩空气储能、飞轮储能和电磁储能(超导线圈和超级电容器等)；化学储能主要包括铅酸电池、液流储能电池、锂离子电池和钠基电池等。根据各种应用场合对储能功率和储能容量要求的不同，每种储能都有其适宜的应用场景。

根据储能的接口特性，储能并网装备一般可分为 AC-DC-AC 和 DC-AC(DC-DC-AC)两类，如飞轮储能采用 AC-DC-AC 结构并网，化学电池储能则一般采用 DC-AC 结构并网，如图 2.21 所示。

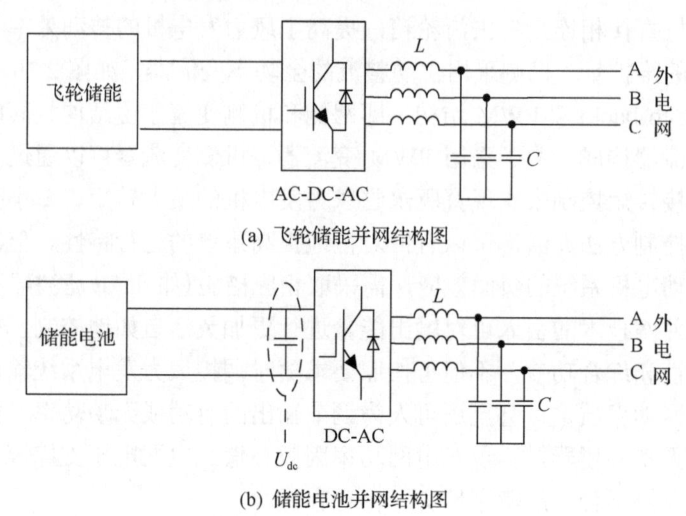

(a) 飞轮储能并网结构图

(b) 储能电池并网结构图

图 2.21　储能并网结构图

储能系统并网时具备平抑功率波动、消纳多余电量、削峰填谷等功能；离网时可提供电压支撑，能够稳定频率。储能系统一般既能接受远程调控，也能本地运行。当处于远程控制工作模式时，上层系统将所需的功率指令值下发，变流器控制有功功率和无功功率的吸收/输出；当处于本地运行工作模式时，运行方式可以根据电网需要进行有功/无功调节。

在离网状态下，储能与光伏、风电等分布式电源构成微电网，其一般作为微电网内的主电源，提供电压/频率支撑。储能系统作为主电源时，储能系统变流器的控制策略可采用恒压恒频(V/f)、下垂控制(Droop)等。

2.2.3　分布式电源并网装备发展

目前，常规分布式电源并网装备能够将对应分布式电源转换为合格电能并入电网，且具备较高可靠性，但是随着分布式电源的规模化发展，研制低成本、低功耗、高可靠、高智能的分布式电源并网装备成为重要需求。为满足该需求，大量新型并网装备涌现而出，在斩波电路环节、逆变环节、滤波环节都存在一些不同于传统并网装备的发展。

一些新型并网装备的斩波电路环节结构如图 2.22 所示。传统并网变流器的斩波电路环节主要为 Boost 电路，将分布式电源的直流输出电压经过泵升后接到 DC-AC 变换环节，以满足并网条件。然而，由于 Boost 电路的电压抬升能力有限，并网变流器所能接纳的分布式电源直流电压变化范围一般比较窄。近年来，各种具有升压功能的高增益斩波电路得到广泛研究，同时，为了消除光伏电池板可能存在的泄漏电流对人身安全的危害，一些高频链隔离的斩波电路环节也引起了关注。

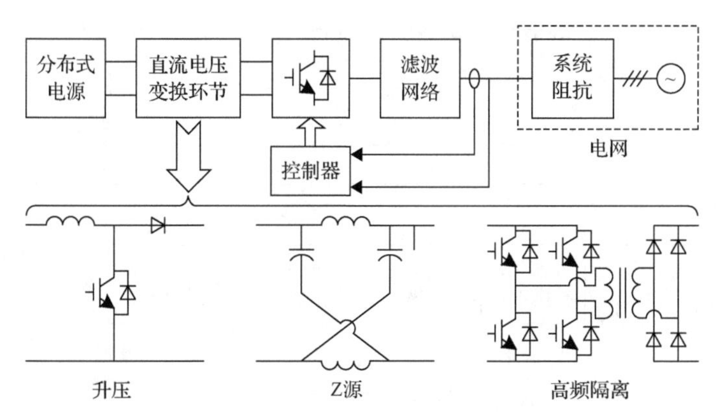

图 2.22　基于斩波电路环节的新型并网装备

逆变环节一些新型并网逆变器的结构如图 2.23 所示。为了满足一些特殊的功能，电流源型、多电平中点钳位(neutral point clamped，NPC)的变流器拓扑也开始出现在小功率的并网变流器中，这些拓扑可有效提高并网变流器的运行性能。

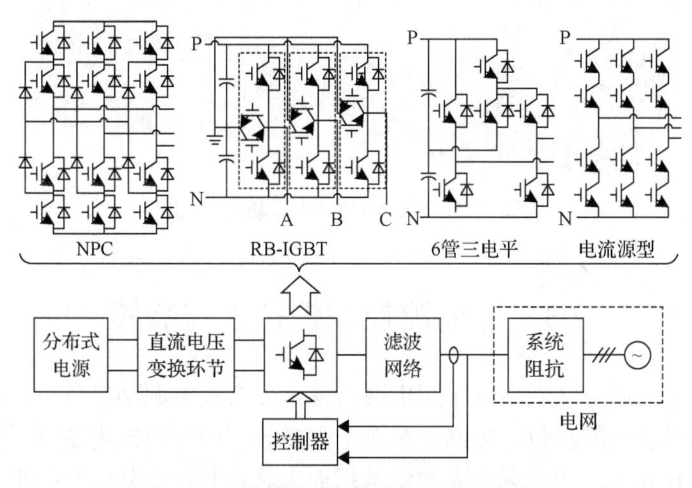

图 2.23　基于新型拓扑结构的并网变流器

滤波环节常见的滤波网络主要类型有 L 型、LC 型、LCL 型和 LLCL 型，如图 2.24 所示，不同类型滤波网络具有不同高频衰减性能。新型并网装备基于传统滤波网络，优化各部分参数，在提升滤波性能的同时，降低系统体积，提高变流器效率。

随着 SiC、GaN 等宽禁带半导体器件的不断发展，变流器功率器件的选择也可以进一步优化，SiC MOSFET 模块实物如图 2.25 所示。具有更小通态电阻、更高开关速度的宽禁带半导体器件在提高并网变流器的开关频率和效率方面发挥重大作用，将对未来体积小、重量轻、效率高的新型并网装备提供可靠保障[30]。

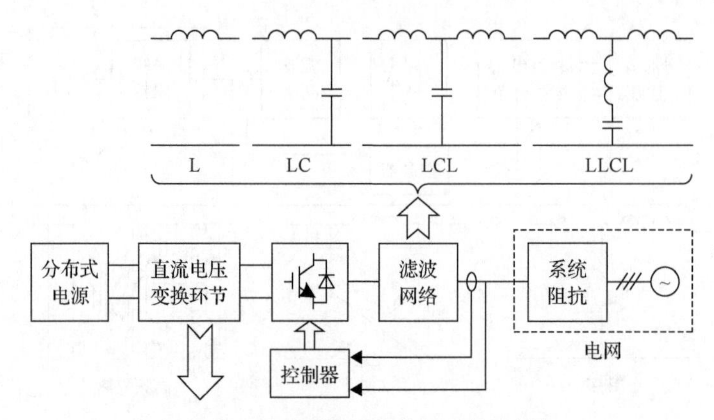

图 2.24　基于滤波网络的新型并网装备

图 2.25　SiC MOSFET 模块实物图

2.3　智能测控保护技术与装置

分布式电源通常接入中低压配电网，单个分布式电源功率较小，但是数量激增后会影响系统电能质量。电网公司对于点多面广的分布式电源难以进行有效监控[31]，通常仅仅通过电表采集发电量数据而未具备其他有效的管控手段，因此迫切需求测控保护装置能够接入多类型分布式电源并网装备，对运行数据进行实时监测，在此基础上实现对所接入的多类型分布式电源进行有效控制和保护，并与电网运行相互协调，主动参与电网的控制和保护。

2.3.1　传统测控保护装置

随着智能电网发展，现代测控技术在追求仪表智能化的同时，还对其稳定性、可靠性和适应性要求不断提高，相应的技术指标与功能也在不断提升。测控仪器仪表单元微小型化、智能化日趋明显，伴随着诸多类型测控保护装置涌现而出，目前电力系统具有代表性的测控装置如下[32]。

1. 智能电表

智能电表是利用计算机技术、通信技术等，形成以智能芯片为核心，具有电功率计量、计时、计费、用电管理等功能的电度表，如图 2.26 所示。智能电表不仅体积小，能测量、记录、显示当前电压、电流、功率、功率因数等运行参数，而且具有远传控制(远程抄表、远程断送电)、复费率、反窃电等功能。由于采用了电子集成电路设计，再加上具有远传通信功能，可与上位机通信并采用软件进行控制，与感应式电表相比，智能电表不管在性能上还是操作功能上都具有较大优势，广泛应用于用户、分布式发电、储能等各类型电力电量采集。

2. 单元式测控装置

单元式测控装置是一种可完成对单个对象(如进线单元、重要馈线单元)测控和管理功能的终端设备，如图 2.27 所示，适用于 50～60Hz 单/三相交直流低压配电网络，满足多种数据测量及控制。单元式测控装置主要通过 RS485 通信，支持 MODBUS RTU、Profibus-DP 通信规约，具备便捷的“四遥”及其管理功能和过压/欠压保护、谐波保护、过流/欠流保护，包含电流、电压、频率、功率、功率因数、电能等测量数据，广泛应用于分布式电力系统监控、无人值守变电站、变电站综合自动化系统等。

图 2.26　智能电表图

图 2.27　单元式测控装置图

3. 数字式保护测控装置

数字式保护测控装置是集保护、测量、监视、控制、人机接口、通信等多种功能于一体的数字式多功能测控装置，如图 2.28 所示。数字式保护测控装置适用于非直接接地电网的各类电器设备和线路的主保护或后备保护，通常采用数字式保护测控装置就能满足变电站要求的保护和自动化功能，电流保护、重合闸、低频减载保护、低频解列保护、电压保护、小电流接地保护减少了维护工作量和备品备件。

4. 微机自动化保护测控装置

微机自动化保护测控装置是集继电保护功能、测控功能、通信功能等多种功能为一体的电力自动化设备，如图 2.29 所示。微机自动化保护测控装置适用于35kV 及以下电压等级中性点直接接地、不接地、经电阻或消弧线圈接地的配电网络和变电站，提供对输电线路、变压器、电容器和电动机等主设备的保护、控制、测量及监视。装置采用单元化的设计，既能方便地就地分布安装，也可集中组屏。装置具有现场总线通信接口，可与计算机后台系统共同组成变电站综合自动化系统。

图 2.28 数字式保护测控装置图

图 2.29 微机自动化保护测控装置

根据对实际应用场景的现场调研，以及对多类型测控保护装置的对比分析，目前现有的测控保护装置多属于信息采集设备，且只具有单机测控和保护的特性[33,34]，缺少信息汇总和利用区域信息进行控制和区域性保护功能。

2.3.2 智能测控保护装置

在大规模分布式电源发展的背景下，现有测控保护装置无法满足对多类型大规模分布式电源接入需求，本书研究智能测控保护技术，开发智能测控保护装置，主要实现对多路分布式电源并网实时监控和快速防孤岛保护。

智能测控保护装置应具备能可靠适应多类型并网设备接入、多网络通信协议自识别等特点，且能够实现对所接入并网装备的快速防孤岛、将监测信息对上层系统可靠上传及控制指令分配快速下发等功能，如图 2.30 所示。在技术与装备设计上需要分别重点关注以下方面。

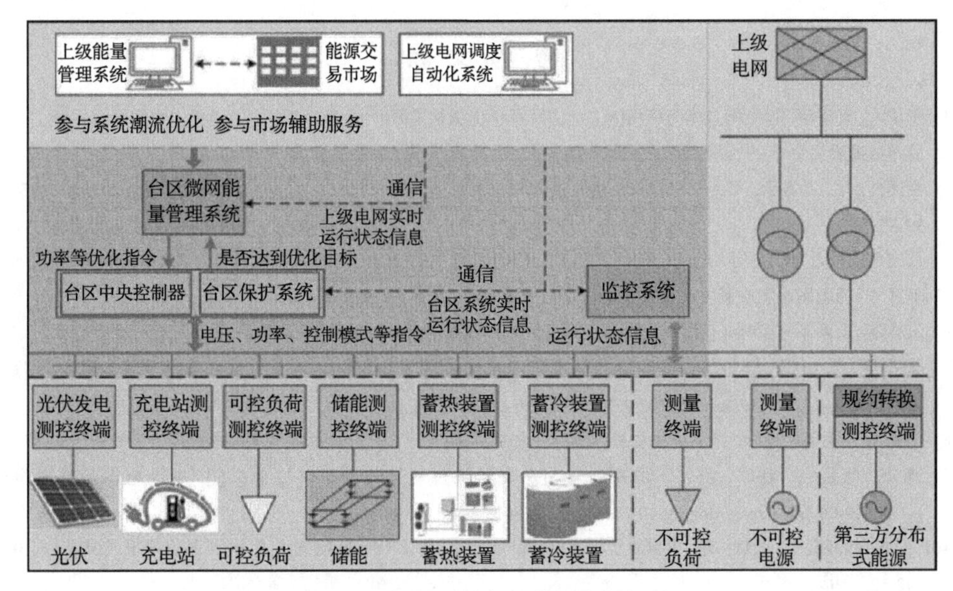

图 2.30　智能测控保护装置应用场景

1. 智能测控保护技术

(1)为实现测控装置对分布式电源运行数据的实时采集，需研究与不同类型分布式电源变流器快速通信及相关规约转换技术。

(2)为实现测控装置的即插即用，需研究含统一信息物理模型的二次设备的自描述和自动识别技术。

(3)为实现区域内分布式电源优化调度，需研究不同类型分布式电源功率协调控制和能量优化技术。

(4)为实现区域内分布式电源孤岛状态的准确快速检测，需研究高可靠性的系统级远程孤岛检测技术方法。

2. 智能测控保护装置

(1)多种形式通信接口设计(可识别光纤、以太网、485 总线及多种无线通信模块的灵活接口)。

(2)多通信协议的转换(包括 IEC60870-5-104 规约、IEC60870-5-101 规约、Modbus、自定义问答式规约等)。

(3)多路控制信号接入(为实现对多路不同类型分布式电源监控，需支持多路接入)。

(4)多类型数据量测与采集(电压、电流、有功功率、无功功率、分布式电源工作状态、储能荷电状态、电能质量等)。

参考文献

[1] 王成山, 许洪华. 微电网技术与应用[M]. 北京: 科学出版社, 2016.

[2] 能源情报研究中心. 中国能源大数据报告[R]. 北京: 中电传媒, 2019.

[3] 金鹏, 艾欣, 孙英云, 等. 平抑功率脉动的微电网 PQ 控制策略优化设计[J]. 电力系统自动化, 2013, 37(13): 30-35+131.

[4] 吕志鹏, 罗安, 荣飞, 等. 电网电压不平衡条件下微网 PQ 控制策略研究[J]. 电力电子技术, 2010, 44(6): 71-74.

[5] 李彦林. 微电网电能质量主动控制策略研究[D]. 哈尔滨: 哈尔滨工业大学, 2014.

[6] 张林强. 电网不平衡时光伏逆变器控制技术研究[D]. 重庆: 重庆大学, 2013.

[7] 朱作滨, 黄绍平, 李振兴. 微网储能变流器平滑切换控制方法的研究[J]. 电力系统及其自动化学报: 1-7[2019-06-17]. https: //doi.org/10.19635/j.cnki.csu-epsa.000209.

[8] 杨海柱, 岳刚伟, 康乐. 微网分段动态自适应下垂控制策略研究[J]. 电力系统保护与控制, 2019, 47(8): 80-87.

[9] 陈杰, 闫震宇, 赵冰, 等. 下垂控制三相逆变器阻抗建模与并网特性分析[J]. 中国电机工程学报: 1-12[2019-06-14]. https: //doi.org/10.13334/j.0258-8013.pcsee.181408.

[10] 张波, 颜湘武, 黄毅斌, 等. 虚拟同步机多机并联稳定控制及其惯量匹配方法[J]. 电工技术学报, 2017, 32(10): 42-52.

[11] 郭力, 王蔚, 刘文建, 等. 风柴储海水淡化独立微电网系统能量管理方法[J]. 电工技术学报, 2014, 29(2): 113-121.

[12] 李东东, 朱钱唯, 程云志, 等. 基于自适应惯量阻尼综合控制算法的虚拟同步发电机控制策略[J]. 电力自动化设备, 2017, 37(11): 72-77.

[13] 黄林彬, 辛焕海, 黄伟, 等. 含虚拟惯量的电力系统频率响应特性定量分析方法[J]. 电力系统自动化, 2018(3): 1-8.

[14] Zhong Q C, Weiss G.Synchronverters: Inverters that mimic synchronous generators.industrial electronics[J]. IEEE Transactions onEnergy Conversion, 2011, 1(58): 1259-1267.

[15] 杨向真, 苏建徽, 丁明, 等. 微电网孤岛运行时的频率控制策略[J]. 电网技术, 2010, 34(1): 164-168.

[16] 吕志鹏, 盛万兴, 刘海涛, 等. 虚拟同步机技术在电力系统中的应用与挑战[J]. 中国电机工程学报, 2017, 37(2): 349-360.

[17] 王志冰, 于坤山, 周孝信. H 桥级联多电平变流器的直流母线电压平衡控制策略[J]. 中国电机工程学报, 2012, 32(6): 56-63.

[18] 许赟, 邹云屏, 丁凯. 一种改进型级联多电平拓扑及其频谱分析[J]. 电工技术学报, 2011, 26(4): 77-85.

[19] 姚钢, 方瑞丰, 李东东, 等. 链式静止同步补偿器的直流电容电压平衡控制策略[J]. 电力系统保护与控制, 2015, 43(18): 23-30.

[20] 卓放, 胡军飞, 王兆安. 采用多重化主电路实现的大功率有源电力滤波器[J]. 电网技术, 2000(8): 5-7.

[21] 连建阳, 谢川, 陈国柱. 三相四线级联 DSTATCOM 高性能控制新策略[J]. 电力自动化备, 2011, 31(1): 55-59.

[22] 关振宏, 孙晓玲, 黄济荣. 级联多电平高压变频器脉宽调制方法的分析[J]. 电气传动自动化, 2004(1): 21-23+62.

[23] 孙醒涛. 混合不对称多电平逆变器拓扑及控制策略研究[D]. 哈尔滨: 哈尔滨工业大学, 2009.

[24] 张云. 非对称混合多电平逆变器调制策略及功率均衡控制研究[D]. 哈尔滨: 哈尔滨工业大学, 2010.

[25] 成佳富, 何志兴, 周钦贤, 等. LC 耦合式级联 STATCOM 及其控制策略[J]. 电力自动化设备, 2018, 38(10): 127-132+139.

[26] 丁凯, 邹云屏, 王展, 等. 一种适用于高压大功率的新型混合二极管钳位级联多电平逆变器[J]. 中国电机工程学报, 2004, 24(9): 62-67.

[27] 许湘莲. 基于级联多电平逆变器的及其控制策略研究[D]. 武汉: 华中科技大学, 2006.

[28] 单庆晓, 李永东, 潘孟春. 级联型逆变器的新进展[J]. 电工技术学报, 2004, 19(2): 1-9.

[29] 叶满园, 康力璇, 潘涛, 等. 混合 H 桥级联逆变器的改进混合调制策略[J]. 电力电子技术, 2019, 53(8): 103-106.

[30] Rudnick H, Dixon J, Moran L. Delivering clean and pure power[J]. IEEE Power and Energy Magazine, 2003, 1(5): 32-40.

[31] 曾正, 赵荣祥, 汤胜清, 等. 可再生能源分散接入用先进并网逆变器研究综述[J]. 中国电机工程学报, 2013, 33(24): 1-12.

[32] 刘皓明, 陆丹, 杨波, 等. 可平抑高渗透分布式光伏发电功率波动的储能电站调度策略[J]. 高电压技术, 2015, 41(10): 3213-3223.

[33] 马霖, 张世荣. 分时电价/阶梯电价下家庭并网光伏发电系统运行优化调度[J]. 电网技术, 2016, 40(3): 819-825.

[34] Emiliano D A, Sairaj V D, Brian B J, et al. Decentralized optimal dispatch of photovoltaic inverters in residential distribution systems[J]. IEEE Transactions on Energy Conversion, 2014, 29(4): 957-967.

第 3 章　分布式电源接入对电网影响

传统的配电网是一个向用户分配电力、功率单向流动的无源网络。大规模分布式电源接入，配电网成为一个功率双向流动的有源网络，带来了潮流方向不确定、电压波动、电能质量变差、继电保护失效等问题，同时也对供电可靠性及配电自动化等产生影响。本章针对分布式电源接入对电网带来的影响进行具体论述和分析。

3.1　分布式电源接入对潮流和电压分布影响

传统配电网的典型特征之一是集中式供电，由上级输电系统提供电源向周围的用电系统辐射供电，其电压分布与功率潮流方向如图 3.1 所示。

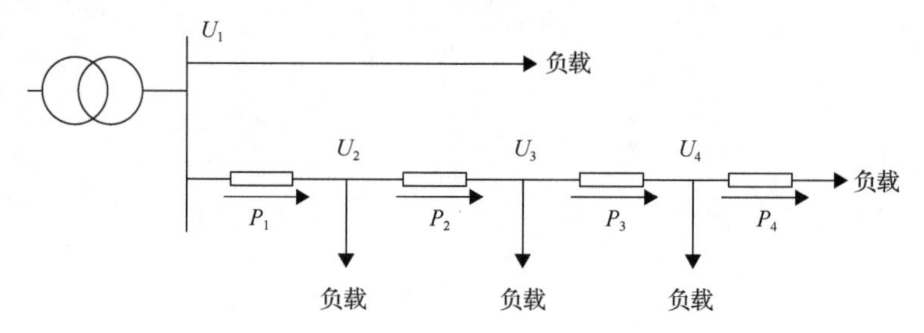

图 3.1　传统配电系统的电压分布与潮流方向

由于线路阻抗的存在，电压从首端不断衰减，越靠近线路首端则电压越高，越靠近线路末端则电压越低，即 $U_1>U_2>U_3>U_4$。构建传统配电网的供电模型如图 3.2 所示，线路阻抗主要由线路电阻 R 和线路电抗 X 组成。在输电网中，线路电抗 X 远远大于线路电阻 R，因此可将线路电压差计算公式(3.1)进一步简化，即忽略 $P{\cdot}R$ 项，将线路首末两端电压差近似为与线路中流过的无功功率 Q 成正比。而在中低压配电网中 R 和 X 一般相差不多，线路电阻 R 不可以忽略，此时线路上流过的有功功率 P 和无功功率 Q 都会对电压造成影响。

$$U_1-U_2\approx\Delta U=\frac{P\cdot R+Q\cdot X}{U_{\mathrm{N}}}\tag{3.1}$$

式中，P 为线路流过的有功功率；Q 为线路流过的无功功率；X、R 分别为线路电抗和线路电阻；U_{N} 为 U_1 的标称电压。

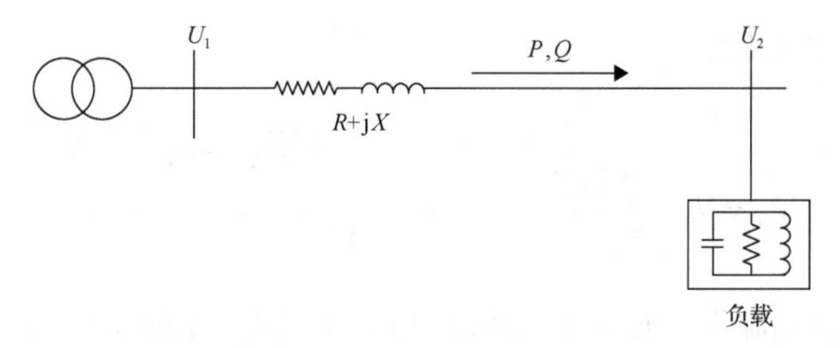

图 3.2　传统配电网供电模型

馈线线路的节点电压模型如图 3.3 所示，设馈线上有 N 个节点，设第 $i(i=1, 2,\cdots,N)$个节点的负荷为 P_i+Q_{ij}，并入第 i 个节点的分布式电源的容量为 $P_{\mathrm{DG}i}$，线路的首端电压为 U_0，第 i 个节点的电压为 U_i，设第 m–1 个节点与第 m 个节点之间的阻抗为 $Z_m=R_m+\mathrm{j}X_m$。

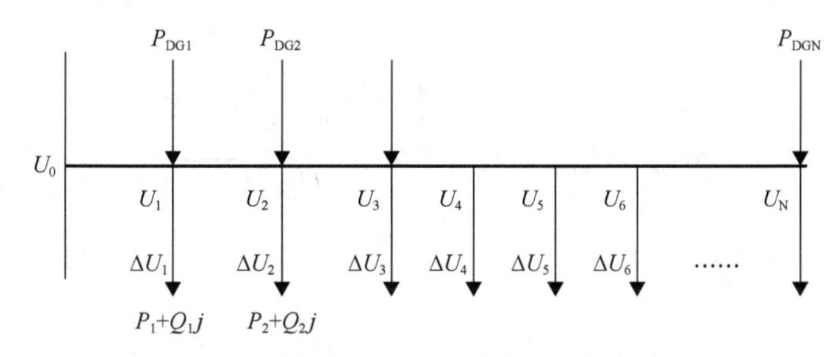

图 3.3　馈线节点电压图

当不考虑分布式电源接入时，第 m–1 个节点与第 m 个节点之间的电压差为

$$\Delta U_m = U_{m-1} - U_m = \frac{\sum_{i=m}^{N} P_i \cdot R_m + \sum_{i=m}^{N} Q_i \cdot X_m}{U_{m-1}} \tag{3.2}$$

节点 m 处的电压为

$$U_m = U_0 - \sum_{j=1}^{m} \frac{\sum_{i=j}^{N} P_i \cdot R_j + \sum_{i=j}^{N} Q_i \cdot X_j}{U_{j-1}} \tag{3.3}$$

若在节点 k 处接入分布式电源，接入点前的节点 m–1 与节点 m 电压差为

$$\Delta U_m = U_{m-1} - U_m = \frac{\left(\sum_{i=m}^{N} P_i - P_{\mathrm{DGk}}\right) \cdot R_m + \left(\sum_{i=m}^{N} Q_i - Q_{\mathrm{DGk}}\right) \cdot X_m}{U_{m-1}} \tag{3.4}$$

节点 m 的电压为

$$U_m = U_0 - \sum_{j=1}^{m} \frac{\left(\sum_{i=j}^{N} P_i - P_{\mathrm{DGk}}\right) \cdot R_j + \left(\sum_{i=j}^{N} Q_i - Q_{\mathrm{DGk}}\right) \cdot X_j}{U_{j-1}} \tag{3.5}$$

当分布式电源作为电源接入到电网时，传统单一电源辐射式供电的格局将被打破，分布式电源会向配电网注入有功功率和无功功率，当分布式电源的接入容量小于接入点下游负载时，线路潮流方向并不改变，电压沿馈线衰减；当接入点容量大于接入点下游负载时，将出现双向潮流，节点 m 的电压大于节点 m–1 的电压。

同样若在节点 k 处接入分布式电源，则接入点后的节点 m–1 与节点 m 电压差为

$$\Delta U_m = U_{m-1} - U_m = \frac{\sum_{i=m}^{N} P_i \cdot R_m + \sum_{i=m}^{N} Q_i \cdot X_m}{U_{m-1}} \tag{3.6}$$

节点 m 的电压为

$$U_m = U_0 - \sum_{j=1}^{k} \frac{\left(\sum_{i=1}^{N} P_i - P_{\mathrm{DGk}}\right) \cdot R_j + \left(\sum_{i=1}^{N} Q_i - Q_{\mathrm{DGk}}\right) \cdot X_j}{U_{j-1}} - \sum_{j=k+1}^{m} \frac{\sum_{i=k+1}^{N} P_i \cdot R_j + \sum_{i=k+1}^{N} Q_i \cdot X_j}{U_{j-1}} \tag{3.7}$$

由式(3.6)和式(3.7)得，分布式电源接入电网节点 k 处后的节点 m 比节点 m–1 的电压小。分布式电源接入单个节点后，公共耦合点(point of commoncoupling，PCC)处电压升高，随着分布式电源并网功率 P_{DGK} 增大，线路每个节点电压都会增大。但由于分布式电源接入节点位置和容量不同，从线路始端到末端节点的电压分布可能出现以下几种情况：一是电压沿线路逐渐降低；二是电压随馈线方向先下降后上升，而后再下降；三是沿馈线方向节点电压先上升而后降低；四是电压沿馈线方向一直上升。

以第四种情况为例进行说明，假设一条线路中含有大量分布式电源，其中多数工作在“余量上网”模式，如图 3.4 所示，则会造成电压分布的彻底改变，使线路末端电压高于首端，称为电压翘尾。而传统电力系统中，线路首端一般就相对额定电压高出 10%左右，加入分布式电源后线路末端及靠近末端的电压就会超过电压允许上限。

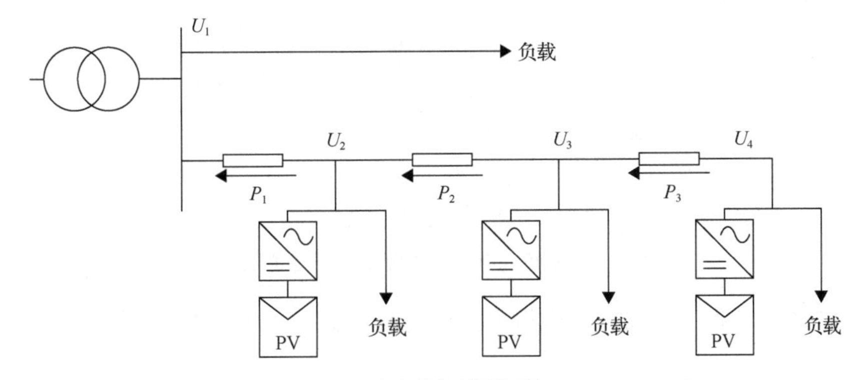

图 3.4　大量分布式电源造成电压越限

综上分析可知，当分布式电源接入配电网时，线路产生的电压差将会降低，随着接入容量的增大，越接近线路末端，线路电压差将越小。在一定程度上分布式电源接入对馈线电压的稳定有辅助作用。然而，如果分布式电源接入容量过大，则可能改变馈线上潮流分布的单向性，导致末端节点电压高于首端节点电压，此时会影响馈线电压调节设备的正常工作，造成配电网尤其是末端电压越限。

3.2　分布式电源接入对电能质量的影响

分布式电源接入电网的影响是多方面的，如分布式电源出力具有随机性、间歇性特点，易造成电压波动和闪变；分布式电源采用大量电力电子变流器并网，易对电网造成谐波污染；分布式电源单相并网易引起三相不平衡等。其中，电压波动和闪变、三相不平衡等问题可分别通过改善变流器控制策略和优化规划设计进行改善，而谐波问题是分布式电源接入对电能质量影响的一个重要方面。随着电力系统中冲击性、非线性负荷不断增多，使电网谐波问题日益严重，导致低压配电网成为谐波污染的“重灾区”。大规模分布式电源接入，使配电网的谐波污染进一步恶化。基于计算机系统和电子装置等敏感性负荷对电能质量的稳态指标要求严格，越来越严重的谐波污染与越来越高的电能质量要求形成日趋尖锐的矛盾。本节重点针对分布式电源接入所导致的谐波问题进行分析。

3.2.1　等值电路模型

在配电网的计算分析中，可以用阻抗的形式表示配电网的电力元件，包括配电变压器、配电线路、负荷、分布式电源等。分布式电源到变电站母线之间的所有负荷和线路用 Z_{eq} 表示，假设配电网中无背景谐波，分布式电源是唯一的谐波源 U_{sh}，分布式电源接入配电网的等值电路模型如图 3.5 所示。

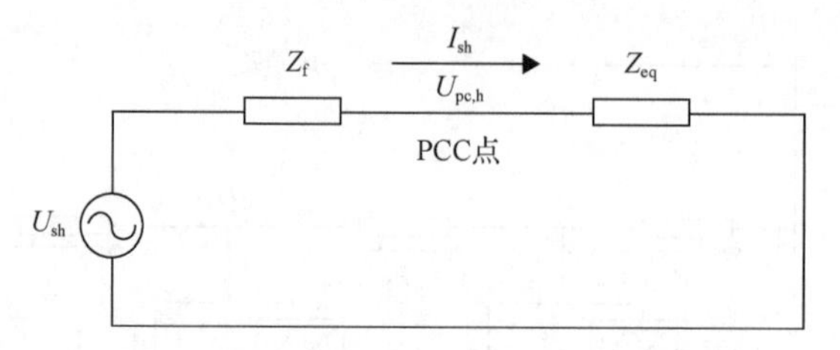

图 3.5　分布式电源接入配电网的等值电路

由图 3.5 可得，分布式电源输出电压谐波 U_{sh} 为

$$U_{sh}=U_{pc,h}+I_{sh}Z_f^h=(Z_f^h+Z_{eq}^h)I_{sh} \tag{3.8}$$

式中，U_{sh} 为分布式电源的输出谐波电压；$U_{pc,h}$ 为并网点(又称公共耦合点)的谐波电压；I_{sh} 为分布式电源输出的谐波电流；Z_f^h 为分布式电源逆变器输出到并网点的等效谐波阻抗；Z_{eq}^h 为分布式电源外部网络的等效谐波阻抗。

3.2.2　分布式电源并网位置对谐波畸变率的影响

由式(3.8)可得分布式电源并网点的谐波电压 $U_{pc,h}$:

$$U_{pc,h}=\frac{Z_{eq}^h}{Z_f^h+Z_{eq}^h}U_{sh} \tag{3.9}$$

由于 U_{sh} 和等效谐波阻抗 Z_f^h 是定值，所以分布式电源并网点的谐波电压只取决于外部电网的等效阻抗 Z_{eq}^h。在放射状的链式网络中，越接近线路的末端，分布式电源与变电站母线之间的距离就越远，外部电网的等效谐波阻抗 Z_{eq}^h 也就越大，因此，在线路末端，并网点的谐波电压应该最大。

电压谐波畸变率 THDU 可表示为

$$\text{THDU}=\sqrt{\sum\nolimits_{h=2}^{\infty}(U^h)^2}\Big/U^1\times 100\% \tag{3.10}$$

式中，THDU 为电压谐波畸变率；U^h 为 h 次谐波电压；U^1 为并网点基波电压。

由式(3.10)可知，并网点的电压谐波畸变率 THDU 取决于 U^h 和 U^1 的值。以并网点为参考点，由于分布式电源本身就是一个谐波源，所以并网点处谐波电压 U^h 最大。在并网点的上游，离并网点越远，电气距离增加，其基波电压的值增大，而谐波电压值会相应减少，因此，从并网点到其上游之间的谐波含有率逐渐减低；而在并网点的下游，距离并网点越远，基波电压 U^1 越小。由于 U^h 也随着电气距离的增加而减小，谐波电压畸变率会随着基波电压和谐波电压下降幅度的不同，呈现不同的变化趋势。一般情况下，由于二者均出现下降，谐波电压畸变率 THDU 基本保持不变，此种情况对应实际线路中从并网点到线路末端负荷的线路。

由图 3.5 可得分布式电源输出谐波电流 I_{sh} 为

$$I_{\text{sh}} = U_{\text{sh}} / (Z_f^h + Z_{\text{eq}}^h) \tag{3.11}$$

根据式(3.8)可知，在谐波电压 U_{sh} 和分布式电源内阻 Z_f^h 一定的情况下，谐波电流的变化取决于外部电路等效阻抗 Z_{eq}^h。如果 Z_{eq}^h 变大，I_{sh} 就会变小，即如果并网点位于线路末端，Z_{eq}^h 比较大的时候，由分布式电源输出的谐波电流应该会偏小；而并网点越接近线路的首端，外部电网的等效谐波阻抗 Z_{eq}^h 越小，分布式电源输出的谐波电流会比较大。从这个角度来说，分布式电源接入首端，可能会导致谐波电流超出标准。

根据式(3.11)可得，在 U_{sh} 和 Z_f^h 一定的情况下，Z_{eq}^h 越大，分布式电源输出谐波电流 I_{sh} 应越小，即越靠近链式网络的馈线末端，分布式电源输出的谐波电流应该会越小。为了验证上述结论，构建 IEEE14 节点配电网络拓扑结构图，如图 3.6 所示，分别在 1、2、5、7 节点接入分布式电源，结果如图 3.7、图 3.8 所示。图 3.7 的纵坐标表示分布式电源分别接入 1、2、5、7 节点时分布式电源的输出基波电流幅值，图 3.8 的纵坐标表示分布式电源接入分别接入 1、2、5、7 节点时，分布式电源输出谐波电流的谐波畸变率。

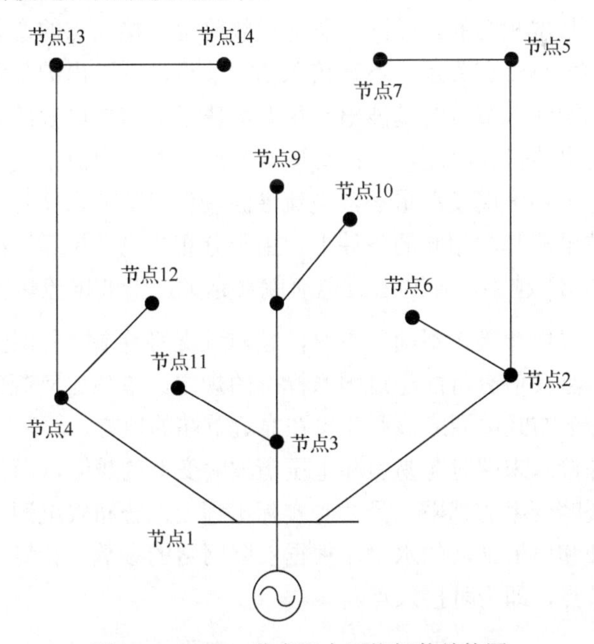

图 3.6　IEEE14 节点配电网络拓扑结构图

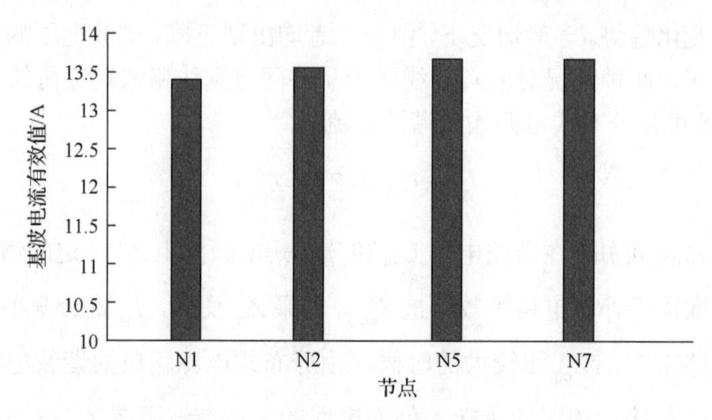

图 3.7　DG 注入基波电流有效值

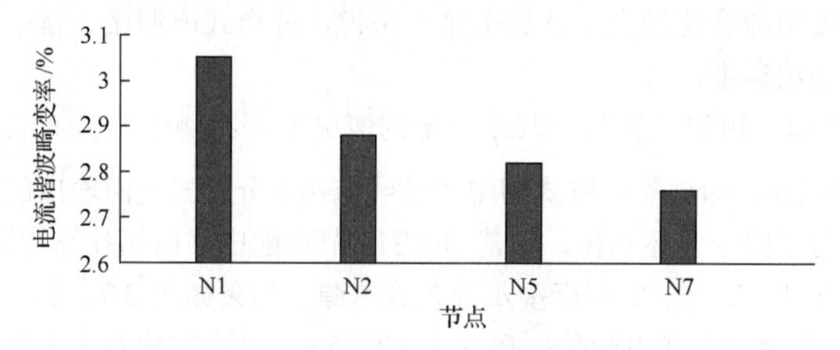

图 3.8　各节点注入电流谐波畸变率

由图 3.7 和图 3.8 可得，①分布式电源输出的基波电流有效值变化不大，各节点的基波电流是基本相等的。在同一条配电线路上，接入点的位置与分布式电源输出基波电流的大小没有关系，不管接入哪个节点，其输出的基波电流是基本相等的。分布式电源注入节点的基波电流主要取决于分布式电源的容量，分布式电源容量越大，输出的基波电流越大；②接入节点 1 时，电流谐波畸变率最大，接入节点 7 时，电流谐波畸变率最小，电流谐波畸变率随节点序号递减。在分布式电源输出的基波电流基本相同的条件下，由于分布式电源越靠近线路首端，外电路等效谐波阻抗 Z_{eq}^h 越小，各次谐波电流就会越大，谐波电流畸变率就会越高。所以，同一分布式电源接入不同节点时，越靠近支路首端，并网点的输出电流谐波畸变率越高，且其值有可能超过国家标准的规定。单从如何避免谐波电流超标这个角度来说，分布式电源应该避免接在靠近首端的地方。

分布式电源接入末端时容易引起电压谐波畸变率的越限，而接入首端时，容易引起电流谐波畸变率的越限。具体到实际工程上，分布式电源的接入位置要综合考虑电压谐波和电流谐波的水平，根据实际网络的参数，计算出满足电流和电压标准的所有节点，即为可接入点。

3.2.3　分布式电源容量对谐波畸变率的影响

随着分布式电源容量的增大，输出的谐波电流也会增大，同时，因为分布式电源的接入，基波电压的大小也会改变，所以其整个系统的谐波潮流会重新分布。为更好的体现电压谐波畸变率沿支路分布的规律，在 simulink 中搭建 10 节点的链式网络进行仿真，模型如图 3.9 所示。

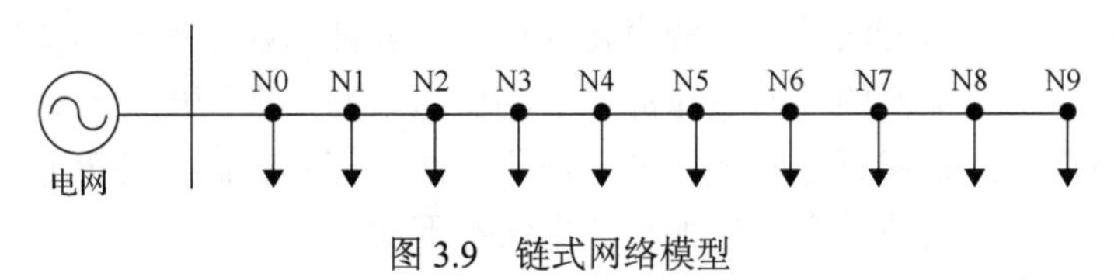

图 3.9　链式网络模型

在节点 N5 处接入不同容量的分布式电源，制定如表 3.1 所示的 4 种接入方案，记录每种接入方案下各个节点的电压谐波畸变率，通过比较多种情况下分布式电源并网点的电压谐波畸变率的变化规律，说明分布式电源的容量对并网点谐波电压畸变率的影响。

表 3.1　分布式电源接入方案

方案序号	装机容量	并网点
1	250kW	N5
2	500kW	N5
3	750kW	N5
4	1MW	N5

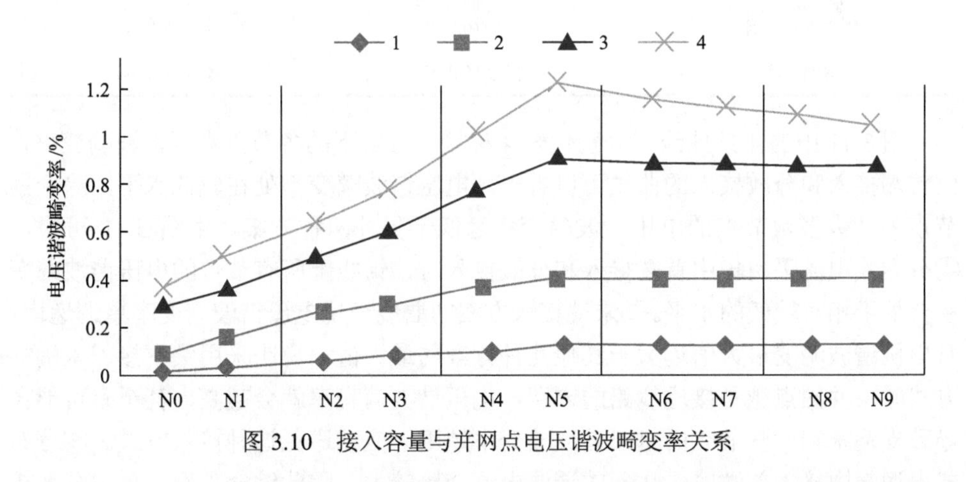

图 3.10　接入容量与并网点电压谐波畸变率关系

图 3.10 中共 4 条曲线，每条曲线对应一种接入方案下各节点的电压谐波畸变率。由图 3.10 可得，①各条曲线没有任何交叉，各节点的电压谐波畸变率与该节

点接入的分布式电源容量呈正相关。因此，当接入的分布式电源除容量外的其他运行状况相同的情况下，分布式电源接入容量越大，并网点谐波电压畸变率越高。这是因为接入系统的分布式电源的容量越大，注入并网点的谐波电流就会越大，支路电流中的谐波成分就越多，对应的谐波电压的谐波成分也就越多，基波电压变化幅度不大，电压谐波畸变率也就越大，甚至可能会超过相关的国家标准。为了防止并网点电压谐波畸变率超标，有必要对分布式电源的容量进行限制。②单条曲线的各节点电压谐波畸变率的变化规律再次验证，在含有分布式电源的配电网支路上，分布式电源的并网点谐波电压畸变率最高，在变电站母线到分布式电源之间的线路上，越靠近分布式电源，电压谐波畸变率越高；在分布式电源到线路末端之间，电压谐波畸变率的大小基本保持不变。

3.2.4 分布式电源接入方式对谐波畸变率的影响

在分布式电源的总装机容量确定的情况下，会有多种接入方式，可以将所有的容量配置在同一个地方，也可以沿配电线路的沿线分布，不同的分布方式对配电网的谐波水平也有不同的影响。将固定容量的分布式电源分为集中接入和分散接入两种接入方式进行研究，以对比不同接入方式下配电网的谐波水平。采用链式网络模型，采用如表 3.2 中所示的 4 种接入方案。

表 3.2 分布式电源接入方案

接入方式	装机容量	接入节点
集中接入首端	总容量 100kW	接入节点 N0
集中接入中间	总容量 100kW	接入节点 N5
集中接入末端	总容量 100kW	接入节点 N9
分两部分接入	总容量 100kW	接入 N3、N7

图 3.11 中的 4 条曲线，分别代表 4 种接入方案下的各节点电压谐波畸变率，由首端接入和分散接入的曲线可以看出，电压谐波畸变率处在较低水平，除个别节点外，大多数节点的电压谐波畸变率远低于另外两种方案。由图 3.11 可得，①分布式电源采用集中首端接入和分散接入时，馈线上所有节点的电压谐波畸变率会处于相对较低的水平。②末端接入方案的曲线呈现电压谐波畸变率单调递增，且电压谐波畸变最大值远大于其他几种方案的最大值。说明采用集中接入末端的方式时，并网点越是接近线路的末端，电压谐波畸变率就会越高，甚至有可能会导致支路末端一些节点的电压谐波畸变率越限，应该避免这种接入方式。③分布式电源集中接入首端时，注入的谐波电流会比较大，因此综合来看，采用分散接入和集中接入中间这两种接入方案比较合适。

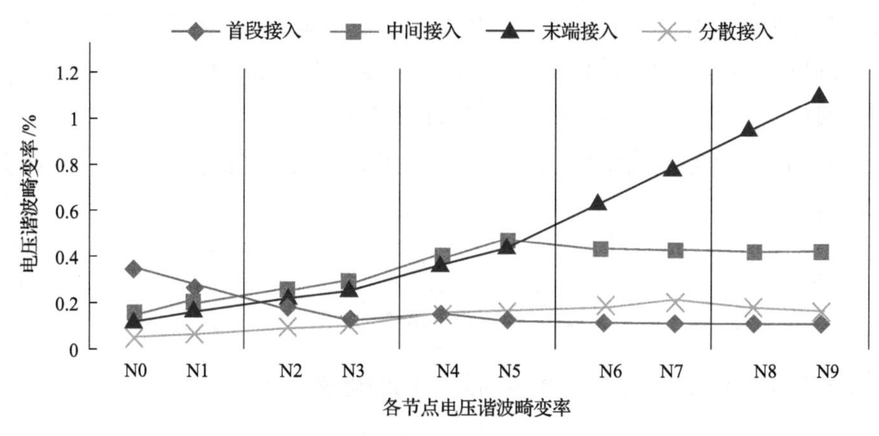

图 3.11　分布式电源的接入方案

综合考虑，采用分散接入和集中接入两种接入方案相对比较合适。具体到实际工程中，分布式电源的接入位置需综合考虑各因素，根据实际电网参数和负荷分布，优化配置分布式电源的接入点和接入容量。

3.3　分布式电源接入对继电保护的影响

分布式电源接入配电网，会改变配电网的潮流方向，可能会引起继电保护装置的失效、误动或拒动。继电保护装置是电网短路故障的重要设施，电网的短路状态会因为分布式电源的接入而发生改变，从而导致继电保护灵敏度和范围的改变，由此造成各线路之间的保护配合复杂化。

3.3.1　分布式电源对电网短路电流的影响

图 3.12 为含 DG 配电网的区内故障等效电路图，其中，E_s 为公用电网的等效电源，DG 位于母线 B 处，故障点 f_1 位于保护 1 和 2 的下游。Z_s 为系统阻抗，Z_{AB} 为母线 A 和 B 之间的线路阻抗，Z_{Bf1} 为母线 B 到故障点 f_1 处的线路阻抗。由叠加

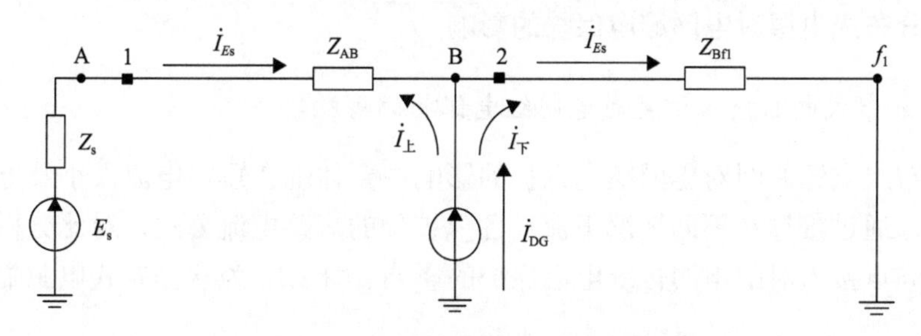

图 3.12　含 DG 配电网的故障等效电路图

原理，故障发生时流过保护的故障电流是由系统电源 E_s 与 DG 共同作用产生的。系统电源单独作用下流过保护 1、2 的电流为 $\dot{I}_{Es}$；DG 给线路提供的电流为 $\dot{I}_{DG}$，其中流向上游的电流为 $\dot{I}_{上}$，流向下游线路电流为 $\dot{I}_{下}$。

当无 DG 接入线路且短路点 f_1 处发生故障时，短路电流仅由系统电源提供，其大小为

$$\dot{I}_{Es}=\frac{\dot{E}_s}{Z_s+Z_{AB}+Z_{Bf1}} \tag{3.12}$$

DG 接入配电网后，DG 提供流向系统侧的电流为

$$\dot{I}_{上}=\frac{Z_{Bf1}}{Z_s+Z_{AB}+Z_{Bf1}}\dot{I}_{DG} \tag{3.13}$$

此时，保护 1 所测量的电流 $\dot{I}_1$ 将是系统电源与 DG 共同提供的电流叠加

$$\dot{I}_1=\dot{I}_{Es}-\dot{I}_{上} \tag{3.14}$$

$\dot{I}_{上}$ 与 $\dot{I}_{Es}$ 方向相反，因此叠加结果使保护 1 测量得到的短路电流会减小，从而降低了保护的灵敏性，缩小了保护范围。

而对于保护 2 来说，未接入 DG 时，f_1 点发生故障，测量得到的短路电流也为 $\dot{I}_{Es}$。接入 DG 后，DG 提供流向下游的电流 $\dot{I}_{下}$ 为

$$\dot{I}_{下}=\frac{Z_s+Z_{AB}}{Z_s+Z_{AB}+Z_{Bf1}}\dot{I}_{DG} \tag{3.15}$$

此时，在保护 2 处所测短路电流 $\dot{I}_2=\dot{I}_{Es}+\dot{I}_{下}$，为系统电源与 DG 提供的电流之和，因此保护 2 测量到的短路电流会增大，从而增加保护的灵敏性与保护范围。

3.3.2 分布式电源对电网继电保护的影响

1. 分布式电源接入位置对电网继电保护的影响

分布式电源并网对电网继电保护的影响主要体现在短路电流大小及方向的改变，可以通过推导在不同情况下流过各保护处的短路电流公式，对比分析分布式电源不同点接入对配电网传统电流保护的影响。图 3.13 为含分布式电源配电网的结构图。

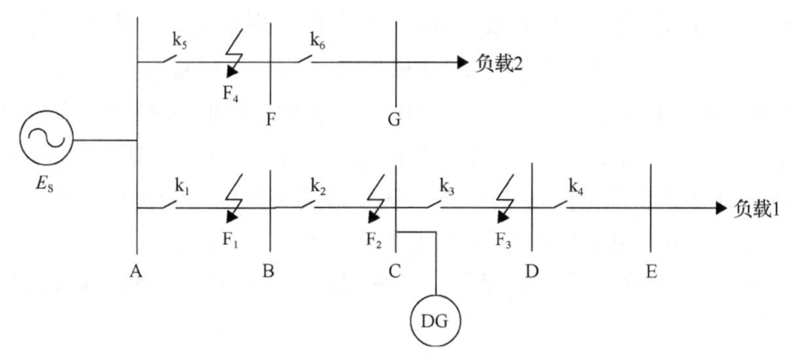

图 3.13 含分布式电源配电网的示意图

设在图 3.13 中，E_s 和 E_{DG} 分别为系统电源和分布式电源；Z_s 和 Z_{DG} 为系统电源和分布式电源的等效阻抗；Z_{AB}、Z_{BC}、Z_{CD}、Z_{DE}、Z_{AF} 分别为线路 AB、BC、CD、DE、AF 的线路阻抗；∂ 、β、γ、δ 分别表示线路 AB、BC、CD、AF 中为各自母线到该线路短路点距离百分比。

1) 分布式电源接入馈线末端 E 处

(1) 上游区域 F_1 点发生短路故障。上游区域 F_1 点发生短路故障时的等值电路如图 3.14 所示。

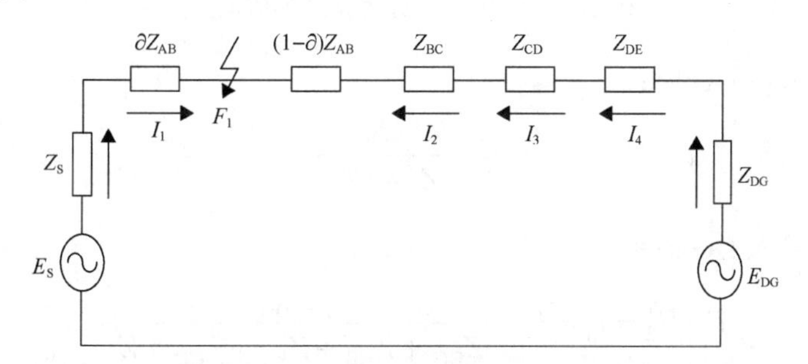

图 3.14 故障点 F_1 处短路的等值电路图

配电网未接 DG 时：

$$I_1 = \frac{E_s}{Z_s + \partial Z_{AB}} \tag{3.16}$$

$$I_2 = I_3 = I_4 \approx 0 \tag{3.17}$$

配电网接入 DG 时：

$$I_1' = \frac{E_s}{Z_s + \partial Z_{AB}} \tag{3.18}$$

$$I_2' = I_3' = I_4' = \frac{E_{DG}}{(1-\partial)Z_{AB} + Z_{BC} + Z_{CD} + Z_{DE} + Z_{DG}} \tag{3.19}$$

对比式(3.16)和式(3.18)可知，$I_1' = I_1$，此时，保护 1 可以正常动作，满足保护选择性的要求。同时为了防止影响其他线路的运行，希望保护对 B 侧也可以动作，将故障线路 AB 隔离，但在传统保护中，保护 1 对侧 B 处并没有安装保护装置。同时按照选择性要求，需要保护 2 优先于保护 3 动作。但从式(3.19)可知，通过保护 2 和保护 3 的故障电流一样，从分布式电源侧来看保护 3 会优先保护 2 动作。因此，传统的电流保护难以满足选择性要求。

(2)相邻线路 F_4 处发生短路故障。相邻线路 F_4 点发生短路故障时的等值电路如图 3.15 所示。

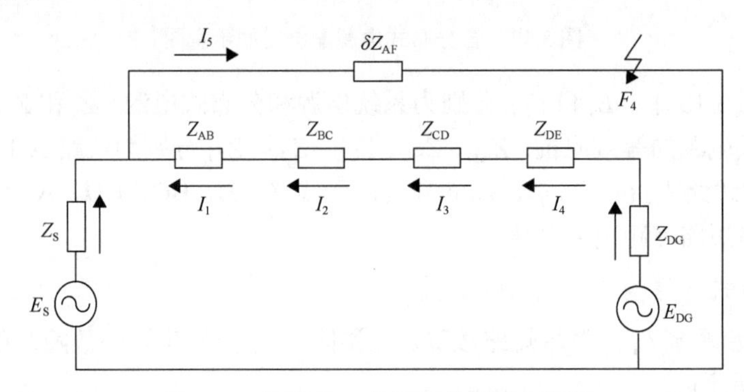

图 3.15　故障点 F_4 处短路的等值电路图

配电网未接 DG 时：

$$I_5 = \frac{E_s}{Z_s + \partial Z_{AF}} \tag{3.20}$$

配电网接入 DG 时：

$$I_1' = I_2' = I_3' = I_4' \approx \frac{E_{DG}}{Z_{DG} + Z_{AB} + Z_{BC} + Z_{CD} + Z_{DE}} \tag{3.21}$$

$$I_5' \approx \frac{E_s}{Z_s} + \frac{E_{DG}}{Z_{DG} + Z_{AB} + Z_{BC} + Z_{CD} + Z_{DE}} \tag{3.22}$$

根据电流保护选择性的要求，应由图 3.13 中 k_5 动作切除故障线路 AF，但由于传统保护并未安装方向元件，无法检测出由 DG 提供的流入图 3.13 中保护 1、2、3、4 处的反向故障电流，有可能造成保护装置误动。同时，根据传统三段式电流保护的整定原则，保护 1 处的电流动作值相对保护 2、3、4 处最低，因此保护 1 处误动的可能性最高。

从式(3.22)可知，保护 5 处的电流是由系统电源和分布式电源共同作用的，因此保护 5 处流过的短路电流与未接入 DG 时增大，保护 5 的保护范围有可能延伸到下一级线路 F 与 G 处，失去与保护 6 的配合，无法满足保护选择性的要求。

2) 分布式电源接入馈线中间母线 C 处

(1) 上游区域 F_2 点发生短路故障。上游区域 F_2 点发生短路故障时的等值电路如图 3.16 所示。

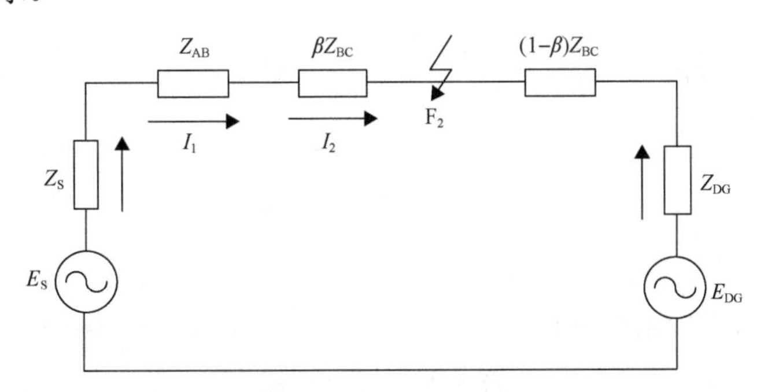

图 3.16 故障点 F_2 处短路的等值电路图

配电网未接 DG 时：

$$I_1 = I_2 = \frac{E_s}{Z_s + Z_{AB} + \beta Z_{BC}} \tag{3.23}$$

配电网接入 DG 时：

$$I_1' = I_2' = \frac{E_s}{Z_s + Z_{AB} + \beta Z_{BC}} \tag{3.24}$$

对比式 (3.23) 和式 (3.24) 可知，$I_1 = I_1' = I_2 = I_2'$，此时，当 F_2 点发生故障时，流过保护 1 处和保护 2 处的电流与未接 DG 时情况相同，保护均可正确动作，但是由于分布式电源仍向 F_2 点注入短路电流，故障点电弧难以熄灭，导致重合闸失败，使分布式电源和剩余线路构成孤岛系统。

(2) 下游区域 F_3 点发生短路故障。下游区域 F_3 点发生短路故障时，系统的等值电路如图 3.17 所示。

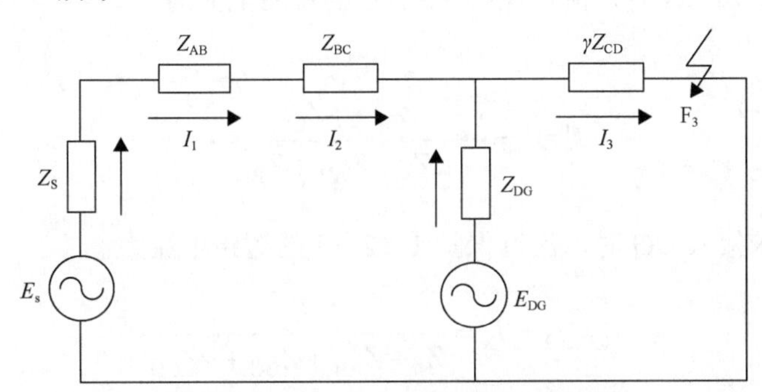

图 3.17 故障点 F_3 处短路的等值电路图

为了下文分析方便，此处利用开路电压法和电路的叠加原理[13]计算流过各保护处的短路电流，并将图 3.17 划分为由系统电源和分布式电源分别单独供电时的等值电路图 3.18。

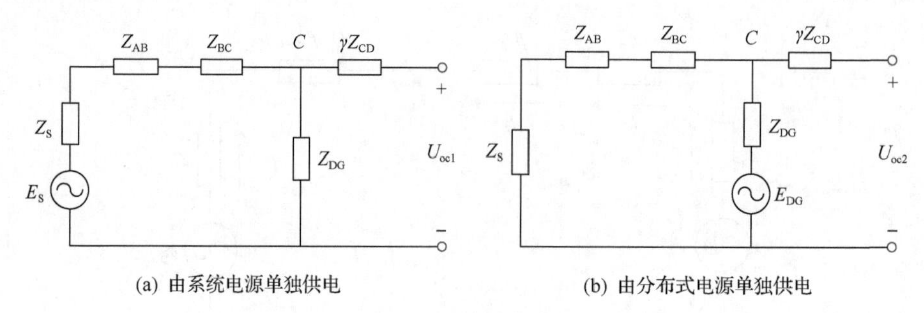

图 3.18　等值电路图

短路点 F_3 的开路电压为

$$\begin{aligned}U_{oc} &= U_{oc1} + U_{oc2} \\ &= \frac{E_s}{Z_s + Z_{AB} + Z_{BC} + Z_{DG}} Z_{DG} + \frac{E_{DG}}{Z_s + Z_{AB} + Z_{BC} + Z_{DG}} (Z_S + Z_{AB} + Z_{BC})\end{aligned} \tag{3.25}$$

母线处 C 点的等效阻抗为

$$Z_{eq} = \frac{Z_{DG}(Z_s + Z_{AB} + Z_{BC})}{Z_{DG} + Z_S + Z_{AB} + Z_{BC}} \tag{3.26}$$

流过保护 3 处的短路电流为

$$I_3' = \frac{U_{oc}}{Z_{eq} + \gamma Z_{CD}} \tag{3.27}$$

配电网接入 DG 时，流过保护 1、2 处的短路电流为

$$I_1' = I_2' = \frac{E_s - \dfrac{U_{oc}}{Z_{eq} + \gamma Z_{CD}} \cdot \gamma Z_{CD}}{Z_s + Z_{AB} + Z_{BC}} \tag{3.28}$$

配电网未接入 DG 时，流过保护 1、2、3 的短路电流为

$$I_1 = I_2 = I_3 = \frac{E_s}{Z_s + Z_{AB} + Z_{BC} + \gamma Z_{CD}} \tag{3.29}$$

假定配电网馈线上电压大小和相位近似一致，流过保护 1、2、3 处的电流可

简化为

$$I_1' = I_2' = \frac{E_s}{Z_s + Z_{AB} + Z_{BC} + \gamma Z_{CD}\left(1 + \dfrac{Z_s + Z_{AB} + Z_{BC}}{Z_{DG}}\right)} \tag{3.30}$$

$$I_3' = \frac{E_s}{\dfrac{Z_s + Z_{AB} + Z_{BC}}{\left(1 + \dfrac{Z_s + Z_{AB} + Z_{BC}}{Z_{DG}}\right)} + \gamma Z_{CD}} \tag{3.31}$$

对比式(3.29)和式(3.30)可知$I_3' > I_3$，由此可知，分布式电源接入对流过下游保护的短路电流起到助增作用，增大了保护 3 的保护范围。从式(3.29)和式(3.31)可知，$I_1' = I_2' < I_1 = I_2$。由此可得，分布式电源的接入对流过上游保护的短路电流起到汲取作用，使保护 1 和保护 2 的灵敏度降低，有可能引起保护的拒动作。

(3) 相邻线路 F_4 点发生短路故障。相邻线路 F_4 点发生短路故障时，系统的等值电路如图 3.19 所示。

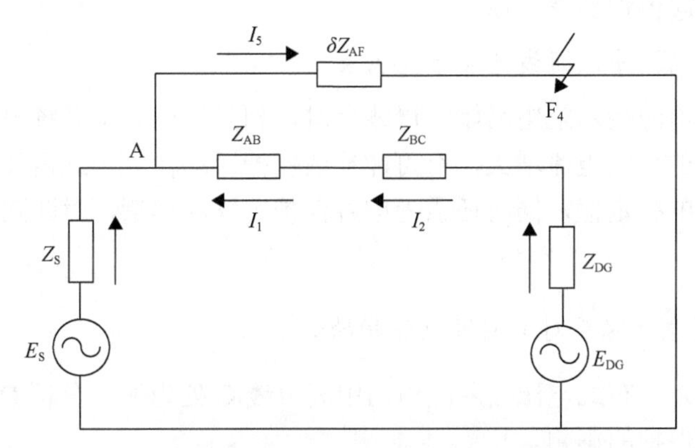

图 3.19　故障点 F_4 处短路的等值电路图

利用开路电压法和电路的叠加原理计算流过各保护处的短路电流，开路点的电压为

$$U_{oc} = \frac{E_s(Z_{DG} + Z_{AB} + Z_{BC}) + E_{DG} Z_s}{Z_s + Z_{AB} + Z_{BC} + Z_{DG}} \tag{3.32}$$

节点 A 处的等效阻抗为

$$Z_{eq} = \frac{Z_s(Z_{DG} + Z_{AB} + Z_{BC})}{Z_s + Z_{DG} + Z_{AB} + Z_{BC}} \tag{3.33}$$

流过保护 5 处的短路电流为

$$I_5' = \frac{U_{oc}}{Z_{eq} + \delta Z_{AF}} \tag{3.34}$$

流过保护 1、2 处的短路电流为

$$I_1' = I_2' = \frac{E_{DG} - \dfrac{U_{oc}}{Z_{eq} + \delta Z_{AF}} \cdot \delta Z_{AF}}{Z_{DG} + Z_{AB} + Z_{BC}} \tag{3.35}$$

配电网未接入 DG 时，流过保护 5 的短路电流为

$$I_5 = \frac{E_s}{Z_s + \delta Z_{AF}} \tag{3.36}$$

假设 $E_S = E_{DG}$，易得 $I_5' > I_5$，流过保护 5 处的短路电流比未接入分布式电源时的电流大，增大了保护 5 处的保护范围，有可能将保护范围延伸到下一级线路 F 与 E 处，失去与保护 6 的配合。保护 1 和保护 2 流过由分布式电源提供的反向电流，可能引起保护的误动作。

3) 分布式电源接入馈线始端母线 A 处

当分布式电源接入配电网始端母线上时，相当于增大了系统电源的容量，使流过各保护处的短路电流增大，有可能导致保护误动作，因此需要重新整定各保护处不同阶段的整定值，同时还需考虑各保护装置的容量，对断路器等装置进行替换。

2. 分布式电源容量对电网继电保护的影响

本小节则以分布式电源接入配电网中间母线 C 处为例，分析 DG 并网容量的大小对配电网保护的影响。

(1) 下游区域 F_3 点发生故障。当分布式电源下游 F_3 点发生短路故障时，其等值电路如图 3.20 所示。

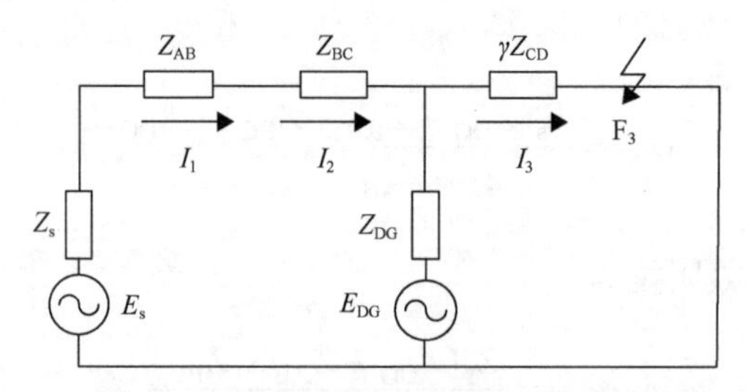

图 3.20　F_3 点故障时的故障附加状态电路图

流过 DG 下游保护 3 处的短路电流为

$$I_3=\frac{E_s}{\dfrac{(Z_s+Z_{AB}+Z_{BC})\cdot Z_{DG}}{Z_s+Z_{DG}+Z_{AB}+Z_{BC}}+\gamma Z_{CD}}=\frac{1}{\dfrac{1}{\dfrac{1}{Z_s+Z_{AB}+Z_{BC}}+\dfrac{1}{Z_{DG}}}+\gamma Z_{CD}} \tag{3.37}$$

流过 DG 上游保护 1、2 处的短路电流为

$$I_1=I_2=\frac{I_3 Z_{DG}}{Z_s+Z_{DG}+Z_{AB}+Z_{BC}}=\frac{E_s}{Z_s+Z_{AB}+Z_{BC}+\gamma Z_{CD}\cdot\left(1+\dfrac{Z_s+Z_{AB}+Z_{BC}}{Z_{DG}}\right)} \tag{3.38}$$

分布式电源的等效阻抗公式如式(3.39)所示:

$$Z_{DG}=x''_{DG}\frac{S_B}{S_{DG}} \tag{3.39}$$

式中，x''_{DG} 为 DG 的次暂态电抗(以 DG 额定值为基准值)；S_{DG} 为 DG 额定容量；S_B 为统一的容量基准值。

由式(3.39)可知，分布式电源的等效阻抗 Z_{DG} 和容量 S_{DG} 成反比关系，当分布式电源容量越大，其等效阻抗越小，流过下游保护 3 处的电流就越大，增大其保护范围；同时使流过上游保护 1 和保护 2 处的电流减小，灵敏度降低，有可能导致保护拒动作。

(2) 相邻馈线 F_4 点发生故障。当相邻馈线 F_4 点发生短路故障时，其短路故障附加状态电路如图 3.21 所示。

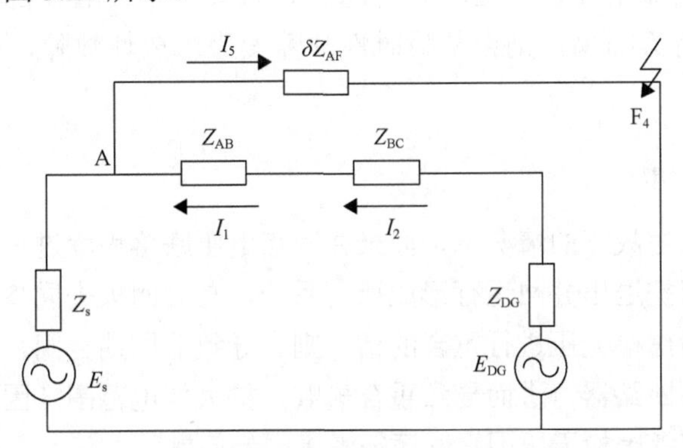

图 3.21　F_4 点故障时的故障附加状态电路图

流过相邻馈线保护 5 处的短路电流为

$$I_5 = \frac{E_s}{\dfrac{1}{\dfrac{1}{Z_s} + \dfrac{1}{Z_{AB} + Z_{BC} + Z_{DG}}} + \delta \cdot Z_{AF}} \tag{3.40}$$

随着分布式电源接入容量的增大，其等效阻抗减小，流过相邻馈线保护 5 处的电流增大，保护范围增大，有可能失去与下一级保护 6 的配合；当短路点到母线距离越近(即 δ 越小)时，流过保护 5 处的短路电流则会更大。

综上分析，分布式电源的规模化发展，导致电网由单电源辐射形结构转变为多源网络，传统继电保护设计规则已不能满足电网现状。本节主要从接入位置和容量两个方面分析分布式电源接入对继电保护的影响，分布式电源不同接入位置和容量对继电保护影响的性质不同，分布式电源可能会减小流过保护的短路电流而降低其灵敏度，使保护范围减小而发生拒动，也有可能会增大流过保护的短路电流，使保护范围增大而发生误动。

3.3.3 分布式电源对自动重合闸的影响

当分布式电源接入配电网，不仅影响原有继电保护的正确动作，同时也会影响原有自动重合闸装置的正常运行，降低供电可靠性。

1. 故障点电弧持续燃烧

当配电网某条馈线发生故障时，位于系统侧首端的保护能够无时限无选择性地动作，然后通过自动重合装置重合断路器。若是瞬时性故障，则线路恢复正常运行。但当分布式电源接入配电网，则可能会继续向故障点处注入短路电流，导致故障点处的电弧不能在一定时间内熄灭。如果分布式电源自身保护装置不能够在重合之前将其隔离，则会从瞬时性故障变为永久性故障，进一步扩大停电范围。

2. 非同期合闸

在配电网发生故障的情况下，如果并网点电压跌落程度过大时，分布式电源则会因其自身保护退出并网运行形成孤岛系统，与主网失去同步，存在较大的相角差。倘若仅考虑检无压进行重合的话，则会导致非同期合闸，在重合过程中产生冲击电流损坏断路器，进而导致重合失败，扩大停电范围。因此利用重合闸进行重合时不仅应考虑检无压因素，还需考虑同步问题。

3.4　分布式电源接入对可靠性和安全性的影响

在传统的电网结构中，当负荷点上游的供电线路发生故障，必然引起该负荷点的停电。分布式电源接入后，该负荷点还可以通过分布式电源继续维持供电，但因分布式电源接入电网方式及作为等效电源模式不同，其对供电可靠性的影响也不同，本节分别从分布式电源接入电网的方式和对运行维护等方面的影响进行阐述。

3.4.1　分布式电源不同接入方式对供电可靠性的影响

1. 分布式电源并入配电系统运行

分布式电源并入配电系统运行，共同为负荷供电，配电网的单方向辐射式网络就会转变为多电源网络，用户能够从不同方向获取电能，配电系统和分布式电源的互补支撑、互为补充、互为备用，提高了供电的可靠性。

分布式电源接入电网后，可能会产生一种新的运行方式——孤岛运行。“孤岛”是指包含分布式电源的独立供用电系统与电网分离后，仍然继续向所在的负荷供电。计划性孤岛运行时，利用孤岛最快最大限度地向孤岛内的负荷继续供电，通过对孤岛内的分布式电源和负荷及其他相关设备进行协调控制，保障孤岛电能质量，提高供电可靠性。

2. 配电系统成为分布式电源的备用电源

当分布式电源作为主电源为负荷进行供电时，电力负荷波动频繁且波动幅度较大，难以保证分布式电源满足连续波动负荷运行。如果配电系统作为分布式电源的备用电源，在分布式电源出现功率缺额时，备用电源为其补充功率缺额；当分布式电源出现功率盈余时，将多余的电能输送给系统。配电系统的支撑对分布式电源及波动负荷之间的平衡性就有很大的保证，用户的电能质量得到了很好保障。在这种分布式电源应用模式下，能够实现分布式电源的自发自用，在保障用户用电质量的前提下，投资者可以减少不必要投资，使其利益最大化，此种方式既确保了供电可靠性，又充分发挥了分布式电源的经济性。

3. 分布式电源成为配电系统的备用电源

当分布式电源为配电系统的备用电源时，正常情况下，系统电源向负荷供电，当电网出现故障时，通过开关的切换，利用分布式电源为负荷供电。当电网解除故障以后，再转由电网系统继续供电，从而保证用户正常用电，只要分布式电源供电系统控制合理，可以提高供电可靠性，但是这种运行方式的经济性能很差，只能在满足重要负荷需要时才能启用。大量的分布式电源投资，只能满足电网故障情况下少量负荷的高供电可靠性，在国内电力市场化的大环境下，因其性价不不高，此方案并不多见。

3.4.2 分布式电源对系统安全运行维护的影响

电网发生故障或检修时，分布式电源可能会进入非计划孤岛运行的状态，产生这种状态的原因可能是当个分布式电源的防孤岛的失效，或者是多个分布式电源的防孤岛彼此影响，也可能是分布式电源和负荷刚好处于动态平衡，如图 3.22 所示，无论何种原因进入非计划孤岛后，都会产生以下影响：

(1) 增加了电网检修作业全风险，可能会发生分布式电源向计划停电设备供电的情况，导致已停电设备带电，进而危及作业人员人身安全。

(2) 非计划孤岛运行中的电压和频率不受控制，供电质量难以保证。

(3) 电网恢复供电，电网电压与分布式电源的电压在相位上可能有较大差异，瞬间产生冲击电流，造成电网及并网设备损坏。

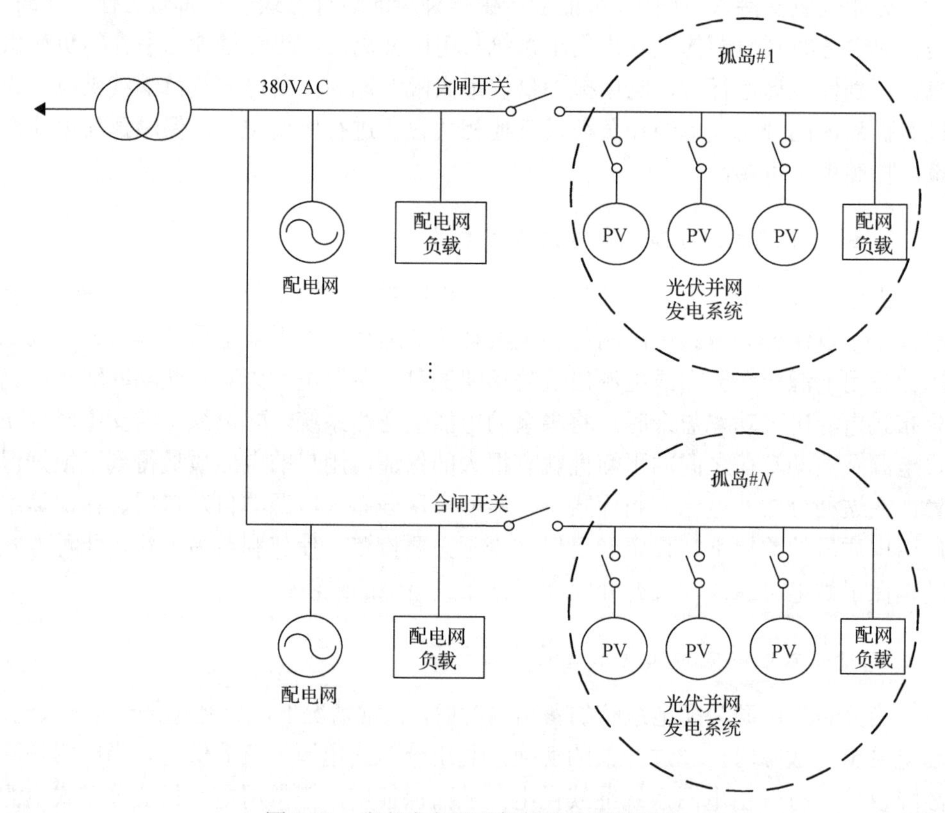

图 3.22 分布式电源引起的非计划性孤岛

3.5　分布式电源接入对配电自动化的影响

配电自动化系统采用的故障定位策略是依靠短路电流在配电网上的分布来进行故障定位，这也是目前配电自动化系统广泛采用的故障定位策略，对配电自动化终端要求不高，具有简单可靠的优点。由于分布式电源高渗透率接入，改变了配电网原有的单向供电模式，导致配电网短路电流发生明显变化，使配电自动化系统不能够正确做出判断而快速准确地隔离故障，甚至会发出错误指令而扩大故障范围。本节首先介绍配电自动化所采用的故障定位规则，在此基础上，重点分析分布式电源分别以馈线和专线方式接入对配电自动化的影响[13]。

3.5.1　配电自动化系统故障定位规则

传统的配电自动化系统故障定位通过区域短路信息接收进行判别，如果一个区域的一个端点上报了短路电流信息，并且该区域的其他所有端点均未上报短路电流信息，则故障在该区域内；若其他端点中至少有一个也上报了短路电流信息，则故障不在该区域内。

如图 3.23 所示，S 是变电站出线开关，A、B、C、D、E 是分段开关。当开关 C、D、E 所围的区域 λ(C,D,E)内发生故障时，开关 S、A 和 C 会经历短路电流并上报短路电流信息，其余节点不经历短路电流。对于区域 λ(S,A)，其端点(S、A)都上报了短路电流信息，因此依据传统故障定位规则，故障不在该区域中。对于区域 λ(A,B,C)，其有两个端点(A、C)上报了短路电流信息，因此依据传统故障定位规则，故障不在该区域中。对于区域 λ(C,D,E)，其端点 C 上报了短路电流信息，而所有其他端点均未上报短路电流信息，因此依据传统故障定位规则，故障就在该区域中。

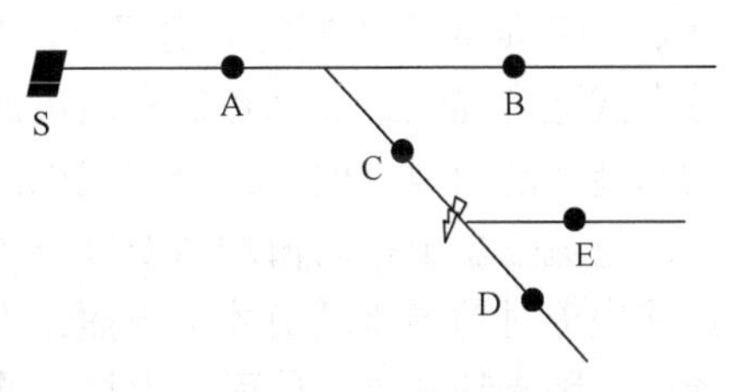

图 3.23　传统配电网故障定位规则示意图

3.5.2　馈线方式接入下 DG 对传统故障定位规则的影响

分布式电源以馈线方式接入，当某个区域发生故障时，主电源侧端点流过的短路电流将是主电源供出的短路电流与该区域内分布式电源供出的短路电流叠加量。若两者供出的短路电流相差较大，则可以通过设置短路电流上报阈值，使流过主电源供出的短路电流时超过该阈值而上报短路电流信息，而流过分布式电源供出的短路电流时未超过该阈值而不上报短路电流信息，避免短路电流信息的重报、误报，从而根据短路电流信息依靠传统故障定位规则就可以进行故障定位。

若主电源供出的短路电流与分布式电源供出的短路电流相当时，根据短路电流信息依靠传统故障定位规则进行故障定位会发生误判。

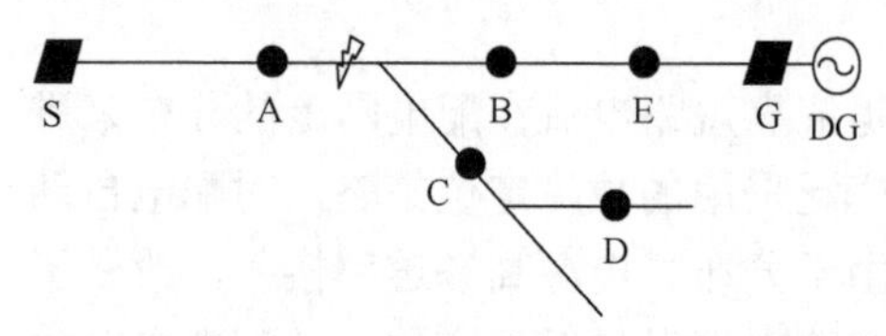

图 3.24　分布式电源馈线方式接入下的情形

例如，对于图 3.24 所示的情形，区域 λ(A,B,C)内部故障时，开关 S 和 A 流过主电源供出的短路电流，开关 B、E 和 G 流过 DG 供出的短路电流，若两者差别较大，则可以通过设置恰当的短路电流上报阈值，使只有 S 和 A 上报短路电流，依据传统故障定位规则可以正确判断出故障发生在区域 λ(A,B,C)内。

若主电源供出的短路电流与 DG 供出的短路电流差别不大，则难以设置出恰当的短路电流上报阈值，可能造成 S、A、B、E 和 G 均上报短路电流信息，依据传统故障定位规则无法正确地判断出故障区域。

3.5.3　专线方式接入下 DG 对传统故障定位规则的影响

分布式电源以专线方式接入，若“分布式电源并网点的短路电流与分布式电源额定电流之比不宜低于 10”（引自 Q/GDW 480-2010 分布式电源接入电网技术规定），在满足上述规定的情况下，因为由主电源流供给故障点的短路电流远大于分布式电源提供给故障点的短路电流，所以基于短路电流信息的传统故障定位规则都能实现故障定位，但分布式电源的公共连接点开关和出口开关处采集终端的短路电流信息上报阈值均需要根据主电源的短路电流设置，使流过主电源供出的短路电流时超过该阈值才上报短路电流信息，但是流过分布式电源供出的短路电流时，因未超过该阈值而不上报短路电流信息。

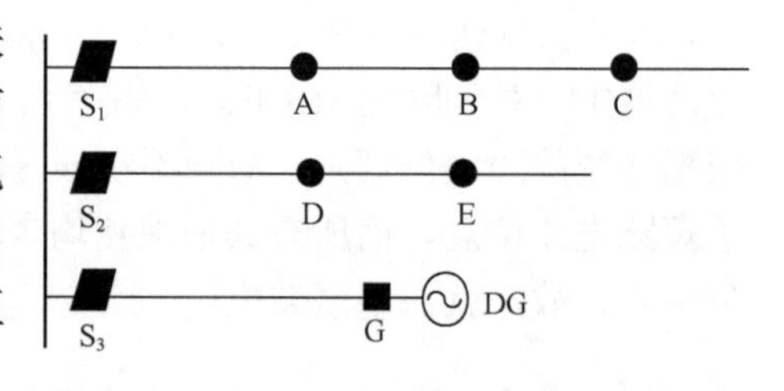

图 3.25　分布式电源专线方式接入下的情形

例如，对图 3.25 所示的情形，开关 S_1、S_2、A、B、C、D、E 上报短路电流信息的电流阈值均根据主电源的短路电流设置，分布式电源公共连接点开关 S_3 和出口开关 G 上报短路电流信息的电流阈值也根据主电源的短路电流设置。

当 DG 发生故障时，S_3 和 G 均流过来自主电源的短路电流，因此均上报短路电流信息，依据传统故障定位规则可判定是 DG 故障。

当 DG 与 S_3 之间的线路上发生故障时，只有 S_3 流过来自主电源的短路电流，因此 S_3 上报短路电流信息；G 只流过来自 DG 的短路电流，未超过其根据主电源的短路电流设置的电流阈值，则 G 不上报短路电流信息。因此依据传统故障定位规则可以判定是 G 与 S_3 之间馈线故障。

当母线所带某条馈线上，譬如 E 下游区域故障时，此时只有 S_2、D 和 E 流过来自主电源的短路电流，因此上报短路电流信息；而 S_3 和 G 只流过来自 DG 的短路电流，未超过其根据主电源的短路电流设置的电流阈值，则 S_3 和 G 不上报短路电流信息，因此依据传统故障定位规则可以判定是 E 下游区域故障。

对于多个 DG 接入母线的情形，由于非故障 DG 支路与来自主电源的短路电流相叠加，上述选择性更容易满足。

对于由于光照、风力等自然因素导致 DG 出力严重减少的情形，故障时流过 DG 出口开关的短路电流会更小，因此更加不会影响依据传统故障定位规则进行故障定位的准确性。

参 考 文 献

[1] EI-Khattam W, Salama M M. Distributed generation technologies, definitions and benefits[J]. Electric Power System Reasearch, 2004, 7(1): 119-128.

[2] Morren J, de Haan S W H. Short-circuit current of wind turbines with doubly fed induction generator[J]. Energy Conversion IEEE Transaction, 2007, 22(1): 174-180.

[3] 邱关源，罗先觉. 电路(第五版)[M]. 北京：高等教育出版社，2006.

[4] 朱林，付东，翟建伟，等. 分布式光伏电源对配电网节点电压的影响分析[J]. 电气自动化，2018, 40(6): 74-77.

[5] 史雷，赵滨滨，徐晓萌，等. 分布式电源对区域配电网合理线损标杆计算的影响[J]. 电力系统及其自动化学报，2018, 30(10): 132-138.

[6] 柳水莲，周浩洁，吴任博. 分布式电源对配电网继电保护的影响[J]. 自动化与仪器仪表，2018(7): 9-11.

[7] 谭瑾，刘国峰，郝丽丽，等. 分布式电源并网对配电网电压的影响研究[J]. 电气应用，2018, 37(6): 12-17+24.

[8] 王朝珲. 含分布式电源的配电网继电保护研究[D]. 西安：西安理工大学，2017.

[9] 程孟增，张明理，梁毅，等. 电压约束条件下分布式光伏接入低压配电网特性研究[J]. 电气应用，2018, 37(1): 28-35.

[10] 何洛滨. 含分布式电源的配电网可靠性建模与供电可靠性研究[D]. 北京：北京交通大学，2018.

[11] 马晖军. 分布式光伏接入配电网的电压稳定性研究[D]. 北京：华北电力大学(北京)，2017.

[12] 闫英. 计及分布式电源的配电网供电可靠性评估[D]. 北京：华北电力大学(北京)，2017.

[13] 苏剑. 分布式电源与微电网并网技术[M]. 北京：中国电力出版社，2015.

第4章　分布式电源的灵活并网控制技术

大规模分布式电源并网给配电网带来电能质量恶化等诸多影响。为了实现分布式电源高效灵活并网，并使其能辅助地向电网提供一些共性问题的解决方案，提高电网的运行性能，电能质量治理、模块化多机并联、分散自治运行、与电网灵活互动是分布式电源并网技术亟待攻克的四大关键问题。围绕上述问题，本章论述并网逆变调控一体机、光储一体机、模块化储能变流器、虚拟同步发电机技术及装置，以期实现分布式电源的灵活并网与能量层面的即插即用。

4.1　并网逆变调控一体化控制技术

并网逆变调控一体化控制技术有机融合了并网逆变、无功补偿、电压支撑、电能质量治理等，使并网逆变器在完成高效率并网前提条件下，能够有目标地、优化地参与电网电能质量治理，解决大规模分布式电源接入电网带来的电压越限、波形畸变等问题。采用这种技术的并网逆变器称为并网逆变调控一体机。

一方面，并网逆变器具有和电能质量治理装置基本一致的电路拓扑，在分布式电源并网的同时，具有电能质量治理的潜力；另一方面，为了适应可再生能源随机性和间歇性的特点，并网逆变器的容量与其相连的光伏、风机等发电单元容量相比，一般都留有一定的功率裕量。利用这些功率裕量来实现对电网电能质量的治理，可以大大提高并网逆变器的性价比，并降低电网内电能质量治理装置的投资和运行成本[1]。

图 4.1 为并网逆变调控一体机的关键技术示意图。与常规并网逆变器相比，并网逆变调控一体机主要在锁相技术、无功电压控制及电流控制技术方面进行改进。通过采用增强型同步锁相技术，并网逆变调控一体机对电网适应性更强、锁相更精准，以更好地实现并网逆变功能；通过综合考虑并网点电压及有功功率输出大小，并网逆变调控一体机能够动态实时地进行无功补偿，最大限度地实现对并网点电压的支撑；采用基于模型预测的电流控制技术，并网逆变调控一体机动态响应更快，电流控制更准确，能够一定程度上解决谐波较大等电能质量问题。

4.1.1　增强型同步锁相技术

锁相技术是并网逆变器接入电网、同步电网的首要关键技术，其性能直接决定了并网逆变器向电网输送电能的质量。由于数字锁相灵活、成本低，目前的逆变器大都采用数字锁相。三相并网逆变器经常使用同步旋转坐标系下锁相技术(synchronous reference frame phase locked-loop，SRF-PLL)，其基本原理框图如图 4.2 所示。

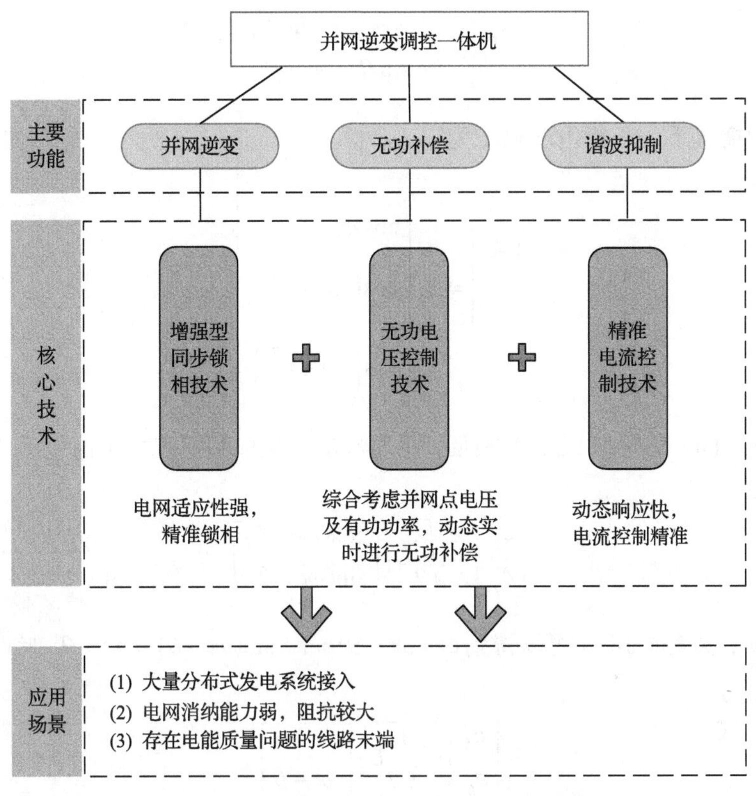

图 4.1　并网逆变调控一体化控制技术路线图

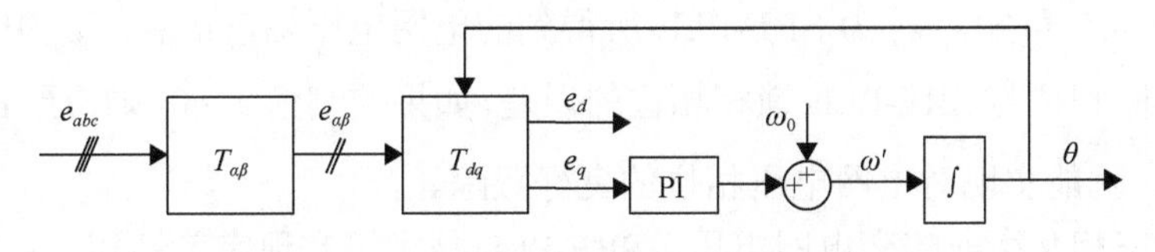

图 4.2　同步旋转坐标系锁相环基本框图

SRF-PLL 方法对三相电网电压先进行 Clark 变换，再进行 Park 变换，得到两相同步旋转坐标系下的 d 轴分量 e_d 和 q 轴分量 e_q，利用锁相环对 q 轴分量进行锁相。图 4.2 中将额定电网频率 ω_0 作为前馈项，目的是加速锁相环的同步拉入速度。其中，e_{abc} 为并网点三相电压；$e_{\alpha\beta}$ 为经过 Clark 变换的两相静止变量；$T_{\alpha\beta}$、T_{dq} 分别为 Clark 变换矩阵和 Park 变换矩阵，具体表达式分别为

$$T_{\alpha\beta}=\sqrt{\frac{2}{3}}\begin{bmatrix}1 & -\frac{1}{2} & -\frac{1}{2}\\ 0 & \frac{\sqrt{3}}{2} & -\frac{\sqrt{3}}{2}\end{bmatrix} \tag{4.1}$$

$$T_{dq}=\begin{bmatrix}\cos\theta & \sin\theta\\ -\sin\theta & \cos\theta\end{bmatrix} \tag{4.2}$$

理想情况下，三相电网电压为

$$\begin{bmatrix}e_a\\ e_b\\ e_c\end{bmatrix}=U_1\begin{bmatrix}\cos\omega t\\ \cos\left(\omega t-\frac{2\pi}{3}\right)\\ \cos\left(\omega t+\frac{2\pi}{3}\right)\end{bmatrix} \tag{4.3}$$

经过 Clark 变换和 Park 变换后，在同步旋转坐标系下三相电网电压的 d 轴、q 轴分量为

$$\begin{bmatrix}e_d\\ e_q\end{bmatrix}=\sqrt{\frac{3}{2}}U_1\begin{bmatrix}\cos(\omega t-\theta)\\ \sin(\omega t-\theta)\end{bmatrix} \tag{4.4}$$

当锁相误差很小时，可以得到 $\cos(\omega t-\theta)\approx 1$，$\sin(\omega t-\theta)\approx \omega t-\theta$，此时式(4.4)可以简化为

$$\begin{bmatrix}e_d\\ e_q\end{bmatrix}=\sqrt{\frac{3}{2}}U_1\begin{bmatrix}1\\ \omega t-\theta\end{bmatrix} \tag{4.5}$$

由式(4.5)可知，e_d 为 SRF-PLL 所得到的电网电压幅值信息，e_q 中含有电网电压的实际相位与 SRF-PLL 锁相相位的误差，如果控制使 e_q=0，则得到 $\omega t-\theta$=0，即 θ=ωt，就能实现对电网电压相位的良好跟踪。

针对三相平衡非畸变电网电压，SRF-PLL 技术可实现完美锁相。针对三相电网电压中仅含有高次谐波时，可通过降低控制器带宽来抑制这些谐波，此时，SRF-PLL 技术也可正确锁相。针对电网电压不平衡的情况，由于负序引起的二次谐波成分，降低带宽不可行，因为这会使锁相环的动态性变得非常慢，已有文献[2-5]提出了延迟信号对消法(delayed signal cancellation，DSC)，适合三相电网电压不平衡非畸变情况，所计算的正序和负序电压对电网电压的谐波比较敏感。由于分离正负序电压时要用到电网电压矢量 1/4 周期的延迟信号，DSC 对电网频率变化非常敏感。离散的卡尔曼滤波(distributed Kalman filter，DKF)通常仅应用在

单相电力系统中，近年来有研究提出，利用 DKF 来检测三相系统中基频正序电压向量[6-8]，通过调整卡尔曼滤波增益以抑制低次谐波或负序分量，但与前面所提的技术相比，响应较慢。

为了提升光伏逆变器的并网控制性能，从而有效支撑电网安全、可靠和经济运行，采用双同步坐标系的解耦软件锁相环(decoupled double synchronous reference frame softwarephase locked-loop，DDSRF-SPLL)方案，并对其进行改进，称为增强型解耦双同步坐标系锁相环(decoupled dual synchronous reference frame enhanced phase locked-loop，DDSRF-EPLL)。这种锁相环对电网电压的适应性好，鲁棒性强，动态响应快，不受异常电网电压的影响。整个锁相系统原理框图如图 4.3 所示。其中 e_{abc} 为并网点三相电压；$e_{\alpha\beta}$ 为经过 Clark 变换的两相静止变量；e_d^+、e_d^- 为经过 Park 旋转变换后的 d 轴正负序变量；e_q^+、e_q^- 为经过 Park 旋转变换后的 q 轴正负序变量；θ 为经过计算最终得到的相位角。

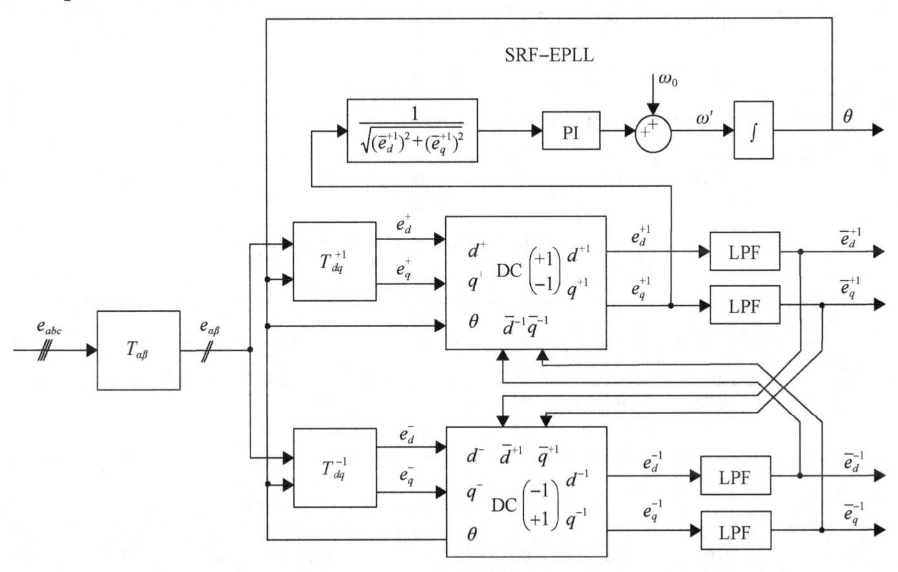

图 4.3　DDSRF-EPLL 的原理框图

DDSRF-EPLL 主要由三部分组成：解耦网络、低通滤波器(low pass filter，LPF)和 SRF-EPLL。其中，解耦网络和低通滤波器的主要作用分别是滤除基波负序成分和谐波成分，提高锁相环的锁相精度。跟 DDSRF-PLL 相比，最大的区别是 DDSRF-EPLL 锁相环的环路增益、阻尼系数和带宽与电网电压基波正序幅值无关，主要通过采用标幺值代替实际值来实现，因此其动态性能不再受电网电压基波正序幅值变化的影响，在不同的电网电压情况下的动态响应的一致性很好。

为了验证 DDSRF-EPLL 的有效性，针对从不平衡和畸变的输入信号中得到基频正序电压幅值和相位进行仿真验证。电网的基频为 50Hz，采样频率为 4kHz。

默认电压是 $e_d^{+1}=1\angle 0°\text{p.u.}$，基频电压中含有 6%的 5 次负序和 5%的 7 次正序谐波电压成分。如图 4.4、图 4.5 所示，分别为 A 相电压降至 0、以及 A、B 两相电压降至 0 的仿真结果。其中，四个子图形从上到下依次是：输入相电压 e_{abc}、基波

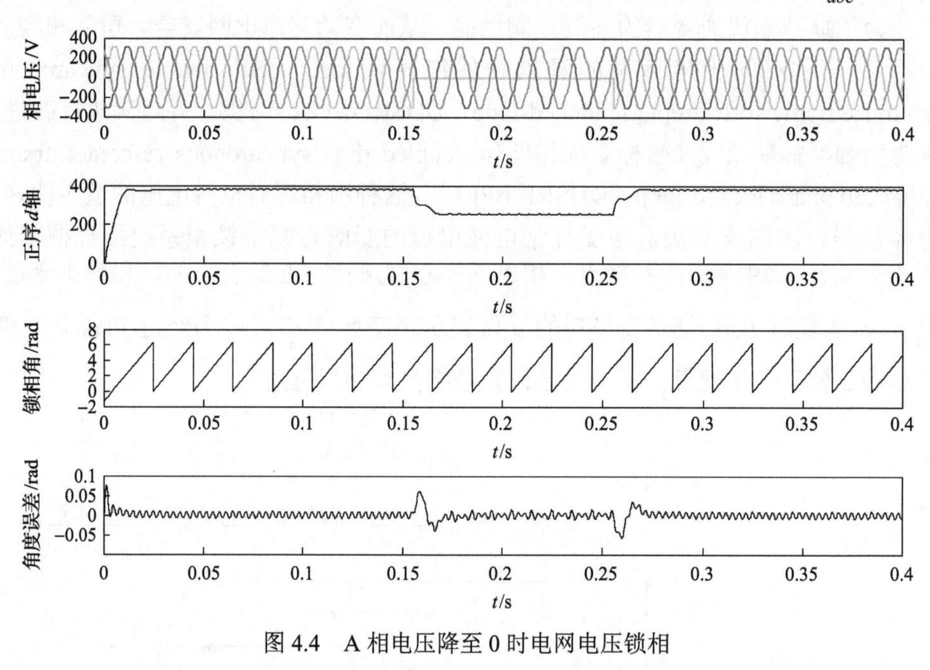

图 4.4　A 相电压降至 0 时电网电压锁相

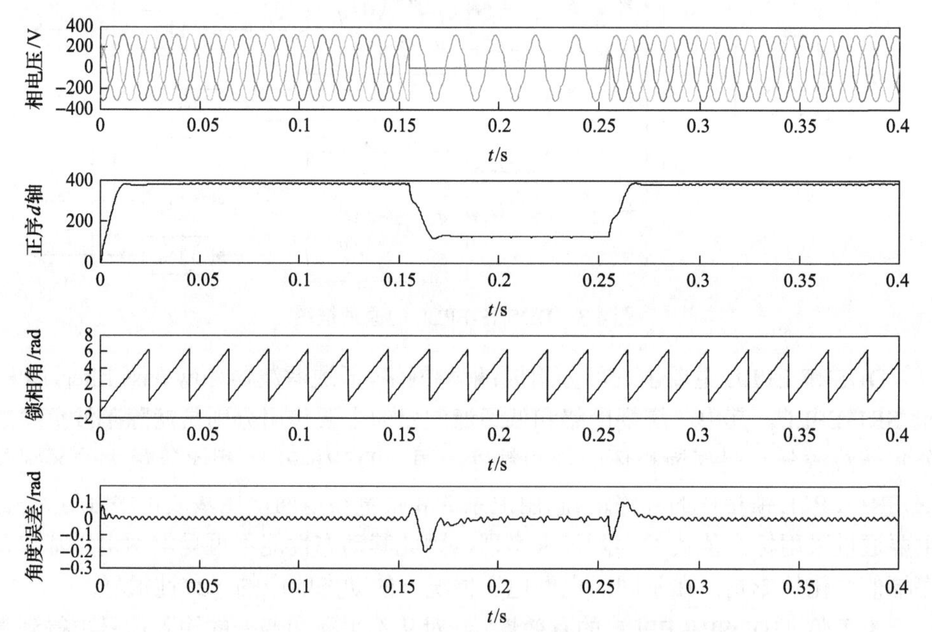

图 4.5　A、B 相电压降至 0 时电网电压锁相

正序电压向量的 d 轴分量 e_d^{+1}、基波正序电压向量的角度 θ^+ 及基波正序电压向量锁相角度误差 $\Delta\theta^+$ 。

从图 4.4 可以看到，在电网电压正常时，即使其含有较大的谐波成分，锁相环工作的也非常好，锁相误差基本为 0；在电压跌落至恢复正常过程中，锁相环对电网电压锁相较好，最大锁相误差仅为 0.06rad，即约为 3.44°。从图 4.5 可以看到，即使两相电压同时降至 0，锁相环工作良好，动态性也较好，最大锁相误差为 0.2rad，即约为 11.46°。因此，所提的锁相方案能够实现对电网电压相位快速准确锁定。

4.1.2　有功电流控制技术

变流器的控制技术随着接入需求变化在不断更新和升级，从传统的线性控制方法如 PI 控制、PR 控制，到近年来提出的各类新型方法，不同的方法具有各自不同的优劣性，在实际可再生能源发电系统中的适用场合也各不相同。

目前在光伏发电系统中，使用最为广泛的变流器控制方法仍然是传统的线性控制方法，这类方法具有技术成熟，原理简单，可靠性高等优点。其中，PI 控制能够实现对直流量的无稳态误差控制，因此变流器的 PI 控制常在 dq 旋转坐标系下进行，在实际使用过程中，为了改善控制性能，常将 PI 控制与其他控制技术相结合，例如 PI 控制与重复控制配合之后，动态性能和稳态精度都得到提高，从而有效抑制电流谐波，减小稳态误差。

与 PI 相比，PR 控制能够实现对基波频率下的交流量无稳态误差的控制，可以直接应用于变流器电压或电流等交流变量，但由于数字系统精度的限制，PR 控制实现难度更大，同时在电网频率偏移时，对谐波的抑制作用较差，所以 PR 控制在实际光伏发电系统和储能系统中的使用不及 PI 控制普遍。

在变流器的非线性控制方法中，滞环控制是发展较早、较为成熟的一类控制方法，滞环控制是利用电流瞬时值比较的方式实现的，无需调制过程，具有自动峰值限制能力，电流跟踪精度高、动态响应速度快等优点，同时不依赖负载参数，可以实现无条件稳定，但其缺点是开关频率不固定，滤波器的设计难度较大。

随着电力电子设备中的控制器运算能力的不断提高，很多新型控制方法相继提出，典型的包括模糊控制、神经网络控制、滑模控制、无差拍控制、模型预测控制(model predictive control，MPC)等。

模糊控制是一种不依赖于系统模型的控制方法，其操作工程主要通过操作经验和模糊规则，由于这一特点，当变流器的负载变化或环境干扰严重的情况下，模糊控制具有一定的优势。神经网络控制是一种模拟人类大脑进行问题分析和处理的非线性控制方法，最明显的优点是具有自学习能力，但缺点是所需的训练样本较难获取。无差拍控制是一种依赖于变流器离散时间模型的控制方法，直接根据采样值与参考值的偏差，利用离散时间模型计算下一步的开关控制量，从而使得下一步输出电压或电流的平均值等于参考值，无差拍控制一般都是与 SVPWM 相结合对变流器进行控制的。无差拍控制的优点是动态响应速度快，方法原理简单，在高频的电力电子变流器中，控制精度高，输出的谐波小，但缺点是对模型参数的依赖性很强，模型参数的误差会对最终的控制精度造成不良影响。

模型预测控制也是一种利用变流器离散模型进行控制的方法，在电力电子设备中的应用可以分为有限模式的 MPC 和连续模式的 MPC，其主要区别在于控制的过程是否需要调整过程，目前的研究成果大部分应用的是有限模式的控制方法，这种方法的最大优点是原理简单可靠，对于开关状态量不太多的拓扑结构能够快速稳定的进行控制，而且控制效果随着控制频率的提高会有明显的改善。但是由于每个开关周期内只有一种开关状态，导致误差无法消除，降低了控制的精度，另外，对于复杂的拓扑结构，当可选的开关状态数量增加后，每个控制周期的运算量会大幅度增加，限制了其适用范围。

为了解决目前基于模型预测控制的变流器控制方法的缺点，本节介绍一种利用变流器两相旋转坐标系下的连续模式模型预测控制方法。与传统的模型预测控制方法相比，本节控制方法具有以下优势：在每一个控制周期内，不再需要对所有的可选开关状态逐一比较，而直接根据代价函数求得最优控制输出量，加快了控制的速度；此控制方法能够与传统的各种调制方法相配合，其输出量作为调整的输入量，从而增加了每个控制周期的开关状态数，提高了控制精度；具有模型参数修正功能，在控制过程中，根据预测量与反馈量的差值进行修正，能够保证控制的准确度。

1. 电流环控制过程

本节控制方法利用的是两相旋转坐标系下的变流器数学模型，各控制变量都为直流量，负载电压、电流参考值等变量在一个工频周期内可以认为是恒定不变的，因此可以直接对其进行运算处理，减少了控制的计算量。首先给出控制的代价函数为

$$J = | i_{d\text{ref}} - i_d(k+1) | + | i_{q\text{ref}} - i_q(k+1) | \tag{4.6}$$

式中，$i_{d\text{ref}}$ 和 $i_{q\text{ref}}$ 分别为两相旋转坐标系下 d 轴和 q 轴的输出电流参考值。代价函数 J 越小，表示控制的准确度越高。定义控制的输出量(y_1、y_2)和控制量(u_1、u_2)分别为

$$y = \begin{bmatrix} i_d \\ i_q \end{bmatrix}, \quad u = \begin{bmatrix} S_d \\ S_q \end{bmatrix} \tag{4.7}$$

为了分析变流器在离散系统下的性质，对变流器两相旋转坐标系下的数学模型进行离散化，以差分代替微分，即

$$\begin{cases}\dfrac{\mathrm{d}i_d(k)}{\mathrm{d}t}\approx\dfrac{i_d(k+1)-i_d(k)}{T_\mathrm{s}}\\ \dfrac{\mathrm{d}i_q(k)}{\mathrm{d}t}\approx\dfrac{i_q(k+1)-i_q(k)}{T_\mathrm{s}}\end{cases}\tag{4.8}$$

可以得到

$$\begin{cases}L\dfrac{i_d(k+1)-i_d(k)}{T_\mathrm{s}}+Ri_d(k+1)=\omega Li_q(k+1)-e_d(k+1)+\dfrac{2}{3}U_\mathrm{DC}(k+1)S_d(k+1)\\ L\dfrac{i_q(k+1)-i_q(k)}{T_\mathrm{s}}+Ri_q(k+1)=-\omega Li_d(k+1)-e_q(k+1)+\dfrac{2}{3}U_\mathrm{DC}(k+1)S_q(k+1)\end{cases}\tag{4.9}$$

式中，T_s为控制步长；ω为系统的角频率，定义为$\omega=2\pi f$；$i_d(k)$和$i_q(k)$为变流器当前的输出电流分量，$i_d(k+1)$和$i_q(k+1)$为下一个控制周期的输出电流的预测量。以上各变量此时均为直流量，在控制过程中，可以认为直流母线电压和负载的反电势在两个周期之间是恒定不变的，即

$$\begin{cases}U_\mathrm{DC}(k+1)=U_\mathrm{DC}(k)\\ e_d(k+1)=e_d(k)\\ e_q(k+1)=e_q(k)\end{cases}\tag{4.10}$$

在控制过程中，最优的控制量S_d和S_q需要满足以下条件：在下一步操作之后，变流器输出的电流使得代价函数最小。最优的输出电流为

$$\begin{cases}i_d(k+1)=i_{d\mathrm{ref}}\\ i_q(k+1)=i_{q\mathrm{ref}}\end{cases}\tag{4.11}$$

根据式(4.9)可得，使代价函数最小的开关状态变量如式(4.12)所示。其中，模型参数L和R为预测量，在控制过程中被不断修正，而电压、电流等值可以采样获得，式(4.12)即为本方法的控制方程。之所以使用dq坐标系下的模型进行控制，正是考虑到此时各变量均为直流量，能够直接进行计算，不再需要对所有可选的开关状态进行评价，可以直接获得最优的开关状态，控制的运算量大幅减少。

$$\begin{cases}S_d(k+1)=\dfrac{e_d(k)+Ri_{d\mathrm{ref}}(k)-\omega Li_{q\mathrm{ref}}(k)+L\dfrac{i_{d\mathrm{ref}}(k)-i_d(k)}{T_\mathrm{s}}}{\dfrac{2}{3}U_\mathrm{DC}(k)}\\ S_q(k+1)=\dfrac{e_q(k)+Ri_{q\mathrm{ref}}(k)+\omega Li_{d\mathrm{ref}}(k)+L\dfrac{i_{q\mathrm{ref}}(k)-i_q(k)}{T_\mathrm{s}}}{\dfrac{2}{3}U_\mathrm{DC}(k)}\end{cases}\tag{4.12}$$

另外，传统的模型预测控制应用于变流器控制时，在所有可选开关状态之中选择相对最优的一个，并不能保证其控制误差为零，即不能使代价函数 $J=0$，而根据以上的分析可以看出，在本节控制方法中直接计算得到的控制状态能够使代价函数 $J=0$，通过调制实现最终的变流器控制，从而提高了控制精度。

2. 调制过程

本节控制方法的输出量为开关状态在 dq 坐标系下的分量，为了得到最终的开关控制指令，需要进行调制。在传统的模型预测控制变流器控制方法中，一个开关周期内只能选择一个开关状态，因此控制的误差不可避免，而通过调制，能够实现一个控制周期输出多个开关状态，提高了控制的精度。

与常用的 PI 等控制方法类似，目前常见的各类调制方法都可以应用于本控制中。以 SPWM 调制为例，与 PI 等方法不同的是，此时控制的输出量不是电压，而是开关状态 S_d 和 S_q。

三相开关变量 S_a、S_b、S_c 代表了三组桥臂的开关状态，当变流器交流电压输出为 PWM 波时，开关变量同样为占空比可变的脉冲波。对于三相电路中的 a 相，可知 $U_{aN}=S_a \cdot U_{DC}$，S_a 的波形也为正弦波的 PWM 波，设定导通时为 1，关断时为 0，可以等效为零序分量为 0.5 的正弦量，也正是如此，才能对开关量进行 Park 变换和 Clark 变换。

为了证明这一点，利用传统 PI 控制下的变流器仿真实验，截取了变流器输出交流电流情况下的开关量 S_a 的波形，并对其进行了低通滤波，波形如图 4.6 所示。由图可见，S_a 在的形为占空比变换的脉冲波，通过低通滤波后，波形为正弦波，这样便可以按照 PI 控制时对电压的调制的方法对 S_d 和 S_q 进行调制。调制的过程需要满足以下两点：①输出开关量在两相旋转坐标系下的值分别等于 S_d 和 S_q；②输出的开关量的零序分量等于 0.5。

首先对 S_d 和 S_q 进行 Park 反变换，将其转换为三相坐标系下的值，即 S_a、S_b 和 S_c。假设在某一开关周期内，载波的幅值为$[-M, M]$，而某一相的调制波的值为 A，如图 4.7 所示。

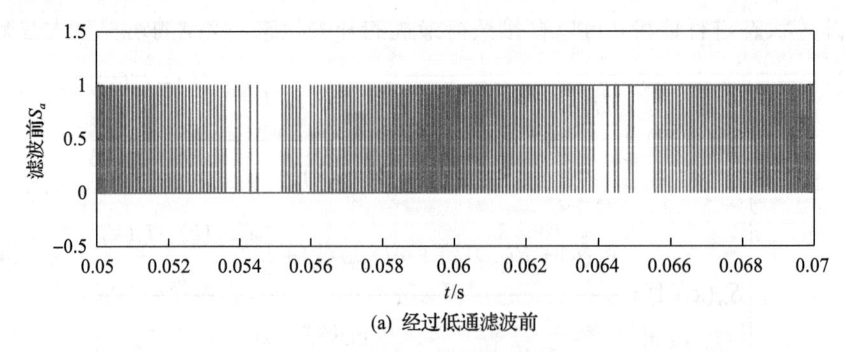

(a) 经过低通滤波前

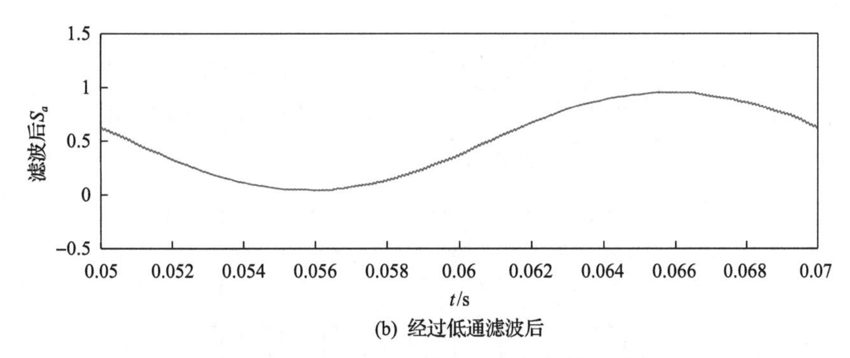

(b) 经过低通滤波后

图 4.6　变流器输出正弦电流时的开关量波形

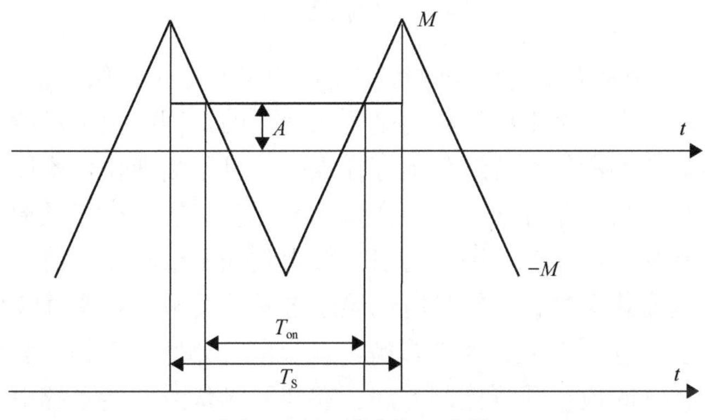

图 4.7　调制过程示意图

此时可以得到该周期内开关的占空比为

$$D=\frac{A+M}{2M}=\frac{A}{2M}+0.5 \tag{4.13}$$

由于要求输出的波形的零序分量为 0.5，所以 D 应该等于 A+0.5，M=0.5，载波的范围为[−0.5,0.5]。调制过程如图 4.8 所示。

3. 模型参数修正

在已有的基于模型预测控制的变流器控制方法中，通常使用已知的模型参数作为控制参数，在控制过程中不具备参数的校正功能，导致参数误差对控制准确度造成影响。为了提高控制的准确度，目前在一些电力电子设备的模型预测控制中使用了误差校准的算法，文献[9]使用了一种扰动观测器，减小误差等因素造成的误差，从而提高控制准确度。但这类方法都是通过附加的算法对误差进行消除，并不能从根本上解决由于模型参数误差降低控制精度的问题。

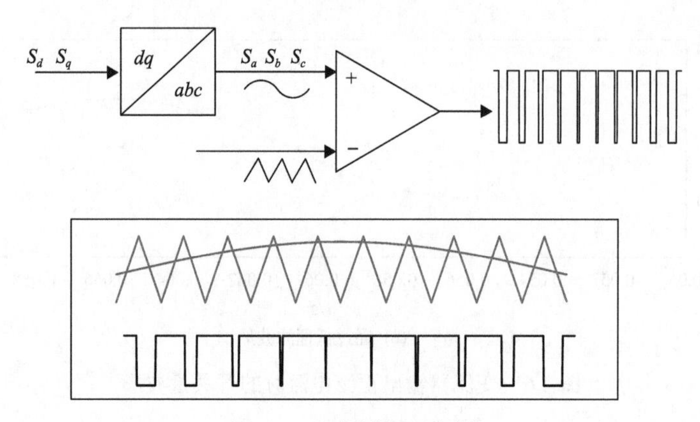

图 4.8　调制过程示意图

本节使用 dq 坐标系下的模型进行控制，为参数修正提供了条件。在 $\alpha\beta$ 坐标系下，所有交流量在一个工频周期内是不断变化的，同时由于只能选择一个开关状态，输出电流与参考值不可避免地存在误差，且不断变化，难以对模型参数进行修正。本节提出的控制方法中，各变量为直流量，在一个工频周期中电流参考值和负载电压等都为恒定值，因此可以直接得到输出值与参考值之间的误差，同时根据模型表达式获得参数误差与电流误差之间的关系，实现对参数的修正。

此控制方法中包括 L 和 R 两个参数，在控制开始时，根据经验给出预测值，此过程类似于传统的模型预测控制方法。在实际光伏或储能系统中，通常是多个变流器或变流器并联运行，因此阻抗值是不断变化的，不仅受本台变流器运行状态的影响，同时也受到其他并联变流器运行状态的影响，控制过程中需要不断对以上阻抗值进行修正，但是这一变化过程较为缓慢，参数修正并不需要很高的控制频率。

在变流器两相旋转坐标系下的模型表达式中，当输出电流稳定时，电流的微分项为 0，即

$$\begin{cases} L\dfrac{\mathrm{d}i_d}{\mathrm{d}t}=0 \\ L\dfrac{\mathrm{d}i_q}{\mathrm{d}t}=0 \end{cases} \tag{4.14}$$

此时，可以得到稳态的变流器 dq 坐标系下数学模型：

$$\begin{cases} Ri_d(k)=\omega Li_q(k)-e_d(k)+U_{\mathrm{DC}}S_d(k) \\ Ri_q(k)=-\omega Li_d(k)-e_q(k)+U_{\mathrm{DC}}S_q(k) \end{cases} \tag{4.15}$$

式(4.15)代表的是变流器的物理特性，无论变流器的运行状态如何，都满足式(4.15)，其中的电感 L 和电阻 R 表示的是系统的真实值。而其中的开关量 $S_d(k)$

和 $S_q(k)$是在第$(k-1)$步时计算得到的，取值不受第 k 步的状态及模型参数预测值影响，这两个开关状态的计算表达式为

$$\begin{cases} S_d(k)=\dfrac{e_d(k-1)+R_{\mathrm{P}}(k-1)i_{d\mathrm{ref}}-\omega L_{\mathrm{P}}(k-1)i_{q\mathrm{ref}}+L_{\mathrm{P}}(k-1)\dfrac{i_{d\mathrm{ref}}(k-1)-i_d(k-1)}{T_{\mathrm{s}}}}{U_{\mathrm{DC}}} \\ S_q(k)=\dfrac{e_q(k-1)+R_{\mathrm{P}}(k-1)i_{q\mathrm{ref}}+\omega L_{\mathrm{P}}(k-1)i_{d\mathrm{ref}}+L_{\mathrm{P}}(k-1)\dfrac{i_{q\mathrm{ref}}(k-1)-i_q(k-1)}{T_{\mathrm{s}}}}{U_{\mathrm{DC}}} \end{cases} \tag{4.16}$$

其中，$L_{\mathrm{P}}(k-1)$和 $R_{\mathrm{P}}(k-1)$为预测值，负载电压 e_d 和 e_q 的变化相对于控制频率来说很慢，可以认为 $e_d(k-1)=e_d(k)$，$e_q(k-1)=e_q(k)$，将式(4.16)代入上述变流器稳态数学模型表达式(4.15)中，可以得到

$$\begin{cases} Ri_d(k)=\omega Li_q(k)+R_{\mathrm{P}}(k-1)i_{d\mathrm{ref}}-\omega L_{\mathrm{P}}(k-1)i_{q\mathrm{ref}}+L_{\mathrm{P}}(k-1)\dfrac{i_{d\mathrm{ref}}-i_d(k-1)}{T_{\mathrm{s}}} \\ Ri_q(k)=-\omega Li_d(k)+R_{\mathrm{P}}(k-1)i_{q\mathrm{ref}}+\omega L_{\mathrm{P}}(k-1)i_{d\mathrm{ref}}+L_{\mathrm{P}}(k-1)\dfrac{i_{q\mathrm{ref}}-i_q(k-1)}{T_{\mathrm{s}}} \end{cases} \tag{4.17}$$

由式(4.17)可以看出，在控制过程中预测参数参与到了下一步开关状态的计算，从而实现了对下一步变流器运行状态的影响，因此在式(4.17)所代表的变流器离散模型中，既包括了参数的真实值，同时也包括了预测值。由于变流器的运行达到稳定状态，同时电流为直流量，于是 $i_d(k-1)=i_d(k)$，代入式(4.17)可以得到

$$\begin{cases} Ri_d(k)=\omega Li_q(k)+R_{\mathrm{P}}i_{d\mathrm{ref}}-\omega L_{\mathrm{P}}i_{q\mathrm{ref}}+L_{\mathrm{P}}\dfrac{i_{d\mathrm{ref}}-i_d(k)}{T_{\mathrm{s}}} \\ Ri_q(k)=-\omega Li_d(k)+R_{\mathrm{P}}i_{q\mathrm{ref}}+\omega L_{\mathrm{P}}i_{d\mathrm{ref}}+L_{\mathrm{P}}\dfrac{i_{q\mathrm{ref}}-i_q(k)}{T_{\mathrm{s}}} \end{cases} \tag{4.18}$$

求解该式，能够得到电感 L 和电流 i_d、i_q之间的关系：

$$L=\frac{\left[R_{\mathrm{P}}(k-1)+\dfrac{L_{\mathrm{P}}(k-1)}{T_{\mathrm{s}}}\right](i_d i_{q\mathrm{ref}}-i_q i_{d\mathrm{ref}})+\omega L_{\mathrm{P}}(k-1)(i_d i_{d\mathrm{ref}}+i_q i_{q\mathrm{ref}})}{\omega(i_d^2+i_q^2)} \tag{4.19}$$

由式(4.19)可见，测量得到变流器输出电流的实时值以后，能够直接计算得到此时系统的实际电路参数值，但是由于采样误差等原因，无法保证该计算值的准确度，所以采用逐步修正的方法，首先计算实际电感值与预测值之间的误差：

$$L-L_{\mathrm{P}}=\frac{\left(R_{\mathrm{P}}+\dfrac{L_{\mathrm{P}}}{T_{\mathrm{s}}}\right)(i_d i_{q\mathrm{ref}}-i_q i_{d\mathrm{ref}})+\omega L_{\mathrm{P}}(i_d i_{d\mathrm{ref}}+i_q i_{q\mathrm{ref}}-i_d^2-i_q^2)}{\omega(i_d^2+i_q^2)} \tag{4.20}$$

同理，可以计算得到实际的电阻值：

$$R=\frac{R_{\mathrm{P}}(i_d i_{d\mathrm{ref}}+i_q i_{q\mathrm{ref}})+\omega L_{\mathrm{P}}(i_q i_{d\mathrm{ref}}-i_d i_{q\mathrm{ref}})+\dfrac{L_{\mathrm{P}}}{T_{\mathrm{s}}}(i_q i_{q\mathrm{ref}}+i_d i_{d\mathrm{ref}}-i_d^2-i_q^2)}{i_d^2+i_q^2} \tag{4.21}$$

以及实际电阻值与预测值之间的误差：

$$R-R_{\mathrm{P}}=\frac{R_{\mathrm{P}}(i_d i_{d\mathrm{ref}}+i_q i_{q\mathrm{ref}})+\omega L_{\mathrm{P}}(i_q i_{d\mathrm{ref}}-i_d i_{q\mathrm{ref}})+\dfrac{L_{\mathrm{P}}}{T_{\mathrm{s}}}(i_q i_{q\mathrm{ref}}+i_d i_{d\mathrm{ref}}-i_d^2-i_q^2)-R_{\mathrm{P}}(i_d^2+i_q^2)}{i_d^2+i_q^2} \tag{4.22}$$

根据模型参数 L、R 的实际值与预测值之间的误差，能够对其进行修正，首先判断变流器输出电流的准确度是否满足以下要求：

$$\begin{cases}|i_d(k)-i_{d\mathrm{ref}}|<\delta_d\\|i_q(k)-i_{q\mathrm{ref}}|<\delta_q\end{cases} \tag{4.23}$$

其中，δ_d 和 δ_q 分别为电流 d 轴分量和 q 轴分量的允许最大误差。

当电流不能满足以上要求时，表示有必要对参数进行修正，但是为了避免变流器停机时出现参数修正混乱的情况，设定当变流器停机之后参数修正也随之暂停，直至变流器启动，电流足够大之后再继续进行修正，即参数修正算法的启动条件为

$$\begin{cases}|i_d(k)|\geqslant\Delta i_d\\|i_q(k)|\geqslant\Delta i_q\end{cases} \tag{4.24}$$

考虑到输出电流的测量误差，在此设置 Δi_d 和 Δi_q 作为允许的最小值，当输出电流小于这两个值时，认为变流器处于停机状态，此时停止参数修正。在变流器运行情况下，修正过程的表达式为

$$\begin{cases}L_{\mathrm{P}}(k)=L_{\mathrm{P}}(k-1)+L_0, & L-L_{\mathrm{P}}(k-1)>\varepsilon_{\mathrm{L}}\\L_{\mathrm{P}}(k)=L_{\mathrm{P}}(k-1)-L_0, & L-L_{\mathrm{P}}(k-1)<-\varepsilon_{\mathrm{L}}\\L_{\mathrm{P}}(k)=L_{\mathrm{P}}(k-1), & -\varepsilon_{\mathrm{L}}<L-L_{\mathrm{P}}(k-1)<\varepsilon_{\mathrm{L}}\end{cases} \tag{4.25}$$

$$\begin{cases}R_{\mathrm{P}}(k)=R_{\mathrm{P}}(k-1)+R_0, & R-R_{\mathrm{P}}(k-1)>\varepsilon_{\mathrm{R}}\\R_{\mathrm{P}}(k)=R_{\mathrm{P}}(k-1)-R_0, & R-R_{\mathrm{P}}(k-1)<-\varepsilon_{\mathrm{R}}\\R_{\mathrm{P}}(k)=R_{\mathrm{P}}(k-1), & -\varepsilon_{\mathrm{R}}<R-R_{\mathrm{P}}(k-1)<\varepsilon_{\mathrm{R}}\end{cases} \tag{4.26}$$

式(4.25)和式(4.26)中，L_0 和 R_0 分别为电感和电阻的单位修正量；ε_L 和 ε_R 分别为电感和电阻预测值的允许最大误差。当计算得到的参数实际值与预测值之间的误差足够小时，即使电路误差存在，依然不需要修正，因为在实际控制中，除了模型参数之外，还存在其他影响控制准确度的因素。

4.1.3　无功电压控制技术

传统的电压控制方法可以通过安装一些额外的电压控制设备，如动态电压恢复器、自动电压控制器、静止同步补偿器等来调整并网点电压，但这会增加系统的投资和维护成本，不能实现整个发电系统的经济高效运行。

本节考虑逆变器主动参与电网无功电压控制。常用的抑制电压升的本地无功功率控制策略包括固定功率因数法、有功功率-功率因数法($\cos\varphi(P)$ 方法)和稳态电压幅值-无功功率法($Q(U)$ 方法)，这些方法都是通过一个常数或者一阶分段函数来确定的，在逆变器控制器中实现起来简单，但是每种方法都存在不足之处。

采用固定功率因数法，逆变器吸收的无功功率与发出的有功功率成一定的比例，当发出的有功功率很小时，产生过电压的可能性很小，在这种情况下无功功率控制是没有必要的，还会导致额外的网络损耗。$\cos\varphi(P)$ 方法通过采用分段函数解决了固定功率因数法的不足。固定功率因数法和 $\cos\varphi(P)$ 方法都是根据测量的得到的有功功率值间接实现并网点电压支撑，都是假定电网电压升高与逆变器发出的有功功率有关，而没有考虑负荷的变化。当本地负荷需求很大，与逆变器输出的有功功率相当时，并网点电压不会超出限定值，这种情况下采用 $Q(U)$ 方法更合适。当采用 $Q(U)$ 方法时，变压器附近的逆变器吸收的无功功率可以忽略，因为这些点电压升高不明显，但其实当线路末端其他并网点电压超过限定值时，变压器附近的逆变器也应该帮助吸收一定的无功功率，这种情况下 $\cos\varphi(P)$ 方法更为合适。

由于现有技术存在的缺陷，本节提出一种新型的分布式发电系统并网点电压升抑制方法，其基本原理如图 4.9 所示。由并网点电压标幺值 U_m 确定逆变器功率因数的最小阈值 $\mathrm{PF_{min}}$，此最小值用来确定逆变器功率因数 PF 与输出有功功率 P_m 的一阶分段函数的斜率。当 $1.0\mathrm{p.u} < U_m \leqslant 1.05\mathrm{p.u}$ 时，逆变器功率因数的最小阈值 $\mathrm{PF_{min}} = 1.0$；当 $1.05\mathrm{p.u} < U_m \leqslant 1.08\mathrm{p.u}$ 时，逆变器功率因数的最小阈值 $\mathrm{PF_{min}} = 0.95$；当 $U_m > 1.08\mathrm{p.u}$ 时，逆变器功率因数的最小阈值 $\mathrm{PF_{min}} = 0.9$。然后根据输出有功功率的标幺值 P_m 的大小计算逆变器功率因数：当 $P_m \leqslant 0.5$ 时，逆变器功率因数取 $\mathrm{PF} = 1.0$；当 $0.5 < P_m \leqslant 1.0$ 时，逆变器功率因数取 $\mathrm{PF} = 1.0 - \dfrac{1.0 - \mathrm{PF_{min}}}{0.5} \times (P_m - 0.5)$，此一阶线性函数的斜率取决于以上计算得到的逆变器功率因数的最小阈值 $\mathrm{PF_{min}}$，$\mathrm{PF_{min}}$ 越小，斜率就越大；当 $P_m > 1.0$ 时，逆变器功率因数取 $\mathrm{PF} = \mathrm{PF_{min}}$。

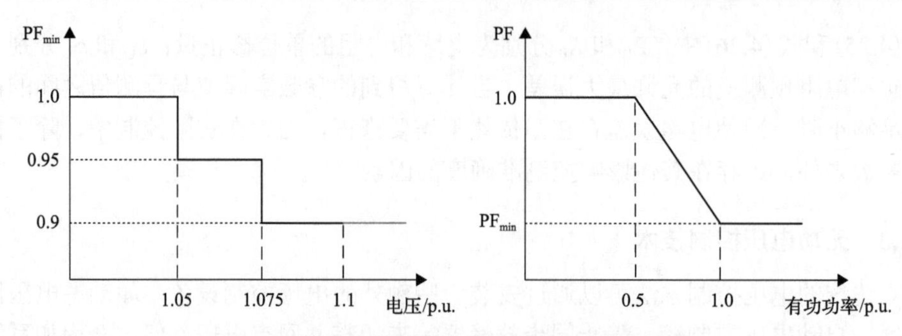

图 4.9　分布式发电系统并网点电压升抑制方法

此分布式发电系统并网点电压升抑制方法，一方面不需要安装额外的电压补偿设备，直接利用并网逆变器本身功率裕量对电压进行调节；另一方面，避免了常规无功功率控制方法仅根据一维变量并网点电压或输出有功功率确定无功功率补偿的缺陷，综合考虑并网点电压及输出有功功率，最终确定无功功率补偿值，动态实时地实现对分布式发电系统并网点电压的控制。

应用此无功电压控制技术，并网逆变调控一体机的控制结构框图如图 4.10 所示。采集直流侧电压、电流，经过最大功率跟踪算法得到有功电流给定值 i_{dref}，无功电流指令 i_{qref} 则是由本节的分布式发电系统并网点电压升抑制方法产生，d、q 轴分别进行 PI 控制，并进行坐标变化得到开关管驱动信号，以实现并网逆变调控功能。

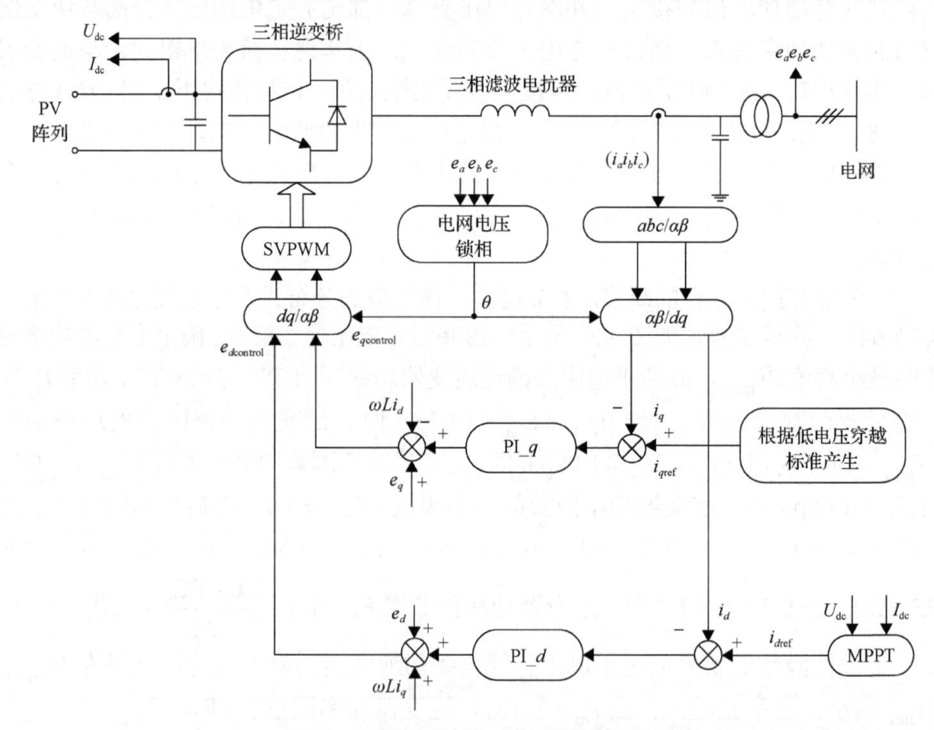

图 4.10　并网逆变调控一体机控制结构框图

4.1.4　并网逆变调控一体机研制与应用

1. 功能介绍

并网逆变调控一体机用于解决大规模分布式发电入电网带来的电能质量问题，提升了分布式电源并网装置的灵活性和友好性，其主要功能包括以下几点。

(1) 具有最大功率点跟踪(maximum power point tracking，MPPT)功能，且采用多路 MPPT，可以保证不同工况下组件方阵都具有较高利用率。

(2) 具有防孤岛保护、低电压穿越功能，以及完善的故障自检、保护、显示和记录功能。

(3) 具有功率调度功能，可以接受上级通信控制指令，实时调整输出的有功功率和无功功率大小。

(4) 采用基于连续集模型预测的电流控制技术，电流动态响应快，切能够准确跟踪电流给定值，且在一定程度上能够改善输出电流波形。

(5) 具有本地电压调节功能，在不减少光伏发电量的前提下，通过综合考虑并网点电压、有功功率输出大小及设备功率裕度，动态实时进行无功补偿。

2. 系统结构设计

1) 硬件设计

并网逆变调控一体机主要包括直流滤波器、Boost 电路、三相逆变电路、工频 LC 滤波器、防雷器、断路器及其电信号传感器等部件，如图 4.11 所示。光伏组件的直流电能经 Boost 升压电路，将光伏直流电转化成适合三相逆变电路的直流电能，再经三相逆变电路逆变，由工频滤波器滤波成符合电网要求的交流电能，将合格的交流电能并入电网。

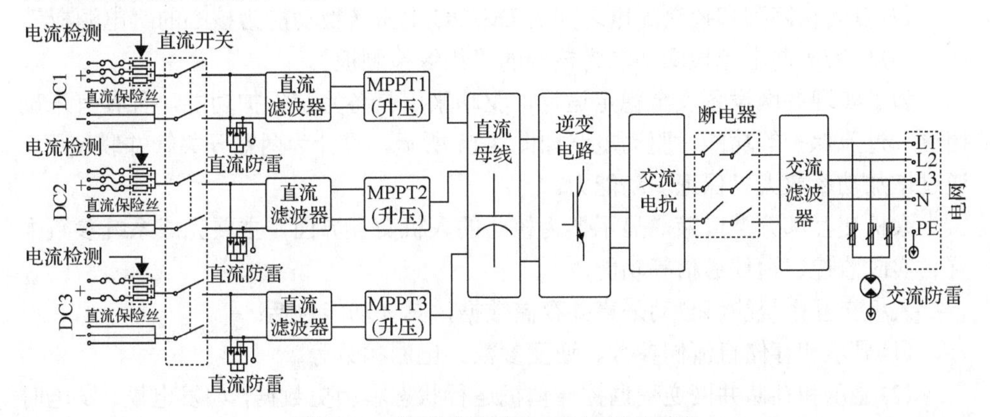

图 4.11　并网逆变调控一体机原理框图

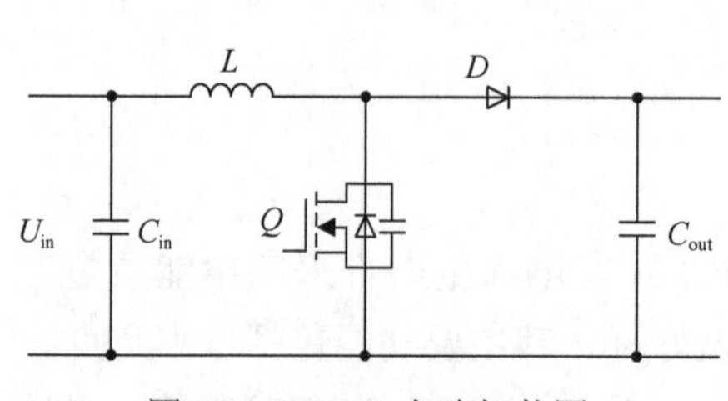

图 4.12　Boost 电路拓扑图

为了适应较宽的直流输入范围，在逆变电路前级增加 Boost 电路，同时完成最大功率跟踪功能，其拓扑结构采用如图 4.12 所示。

三相逆变器电路选择三相半桥型逆变拓扑，其拓扑结构如图 4.13 所示。半桥型三相逆变电路结构简单，开关器件少，控制也较为简单，其中的电力电子器件也均采用的碳化硅器件。

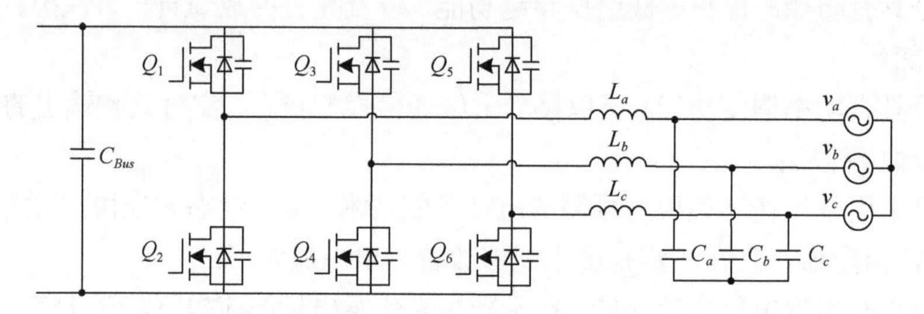

图 4.13　逆变电路拓扑图

并网逆变调控一体机的硬件电路板设计包括以下几部分。

(1) 以控制算法实现及逆变桥驱动信号生成功能为核心的“主控制板”。

(2) 以环境监测、电能计量、通信中继功能为核心的“协处理器板”。

(3) 以宽禁带半导体器件驱动及保护功能为核心的“驱动板”。

(4) 以各种通用输入输出接口转接及保护功能为核心的“电气信号转接板”。

(5) 以输入输出电压电流采样及弱电系统供电功能为核心的“采样板”。

(6) 以宽禁带半导体器件温度采样及主散热风机控制功能为核心的“温度保护板”。

(7) 以光伏阵列和控制配电之间的 DC/DC 电压转换功能为核心的“电源板”。

(8) 以着火漏电流检测功能为核心的“绝缘检测板”。

为了实现并网设备安全稳定运行，驱动采用具备完整保护功能，且具有米勒钳位、过流保护等功能，驱动电路如图 4.14 所示。设计为两颗开关管并联使用，通过增加功率放大以保证驱动能力。

人机交互部分是以液晶显示器为核心的人机交互界面，主要完成系统参数配置、实时监控、远程通信等功能。

人机交互系统能够自动采集并存储数据，具体功能包括：

(1) 显示和存储直流侧参数、逆变参数、电网参数等。

(2) 显示和存储并网逆变调控一体机运行状态和历史数据，如发电量、发电时间、通讯状态、故障状态等。

(3) 在线设置关键控制参数和初始值。

(4) 控制并网逆变调控一体机的启停，设置各种保护电压电流的阈值及交流侧有功、无功输出。

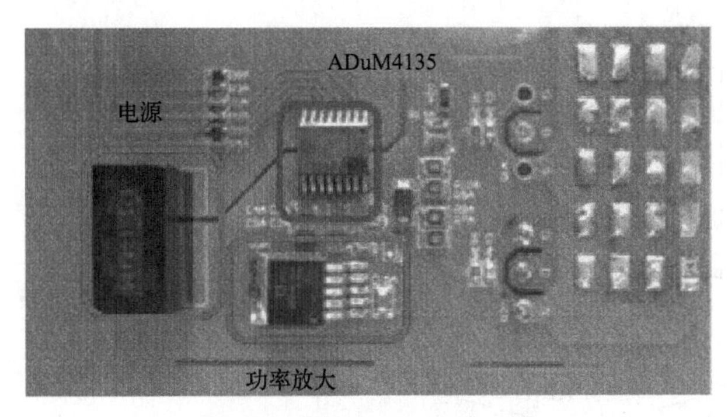

图 4.14　开关器件驱动电路

2) 软件设计

并网逆变调控一体机的控制策略通过 DSP 和 CPLD 相结合的方式实现，使控制和逻辑组合更加灵活，便于实现并网调控功能。

并网逆变调控一体机的主程序主要完成锁相环 PLL 模块初始化、外部接口模块 XINTF 初始化、通用输入/输出端口 GPIO 初始化、PIE 模块初始化、增强型脉宽调制 PWM 模块初始化、变量初始化、检测钥匙开关的状态、控制交流接触器的吸合及断开、开中断、故障返回等。主程序的流程图如图 4.15 所示。

控制芯片的 PWM 中断子程序主要完成三相交流电压、三相交流电流、直流电压及电流的 AD 采样与处理，在软件上实现直流过压保护、交流电压过欠压和过欠频保护，对电压的相位进行锁定，进行最大功率跟踪，孤岛检测方法扰动量生成，并网电流控制及 SVPWM。PWM 中断子程序流程图如图 4.16 所示。

3. 应用场景分析

1) 并网逆变器频繁脱网地区

并网逆变器的频繁脱网容易造成电压的波动与闪变，会损害装备的硬件，同时极大影响分布式电源的有效利用，逆变调控一体机具有较强适应性，能够较好地满足多场景应用需求，实现分布式电源稳定可靠并网。

2) 大规模分布式光伏发电系统接入地区

大规模的分布式电源接入地区，可能出现潮流逆流，并网点电压会升高甚至越限。安装并网逆变调控一体机后，能够在不影响正常并网发电量的情况下，充分利用其功率裕量进行无功补偿，最大限度实现对电网的无功支撑。

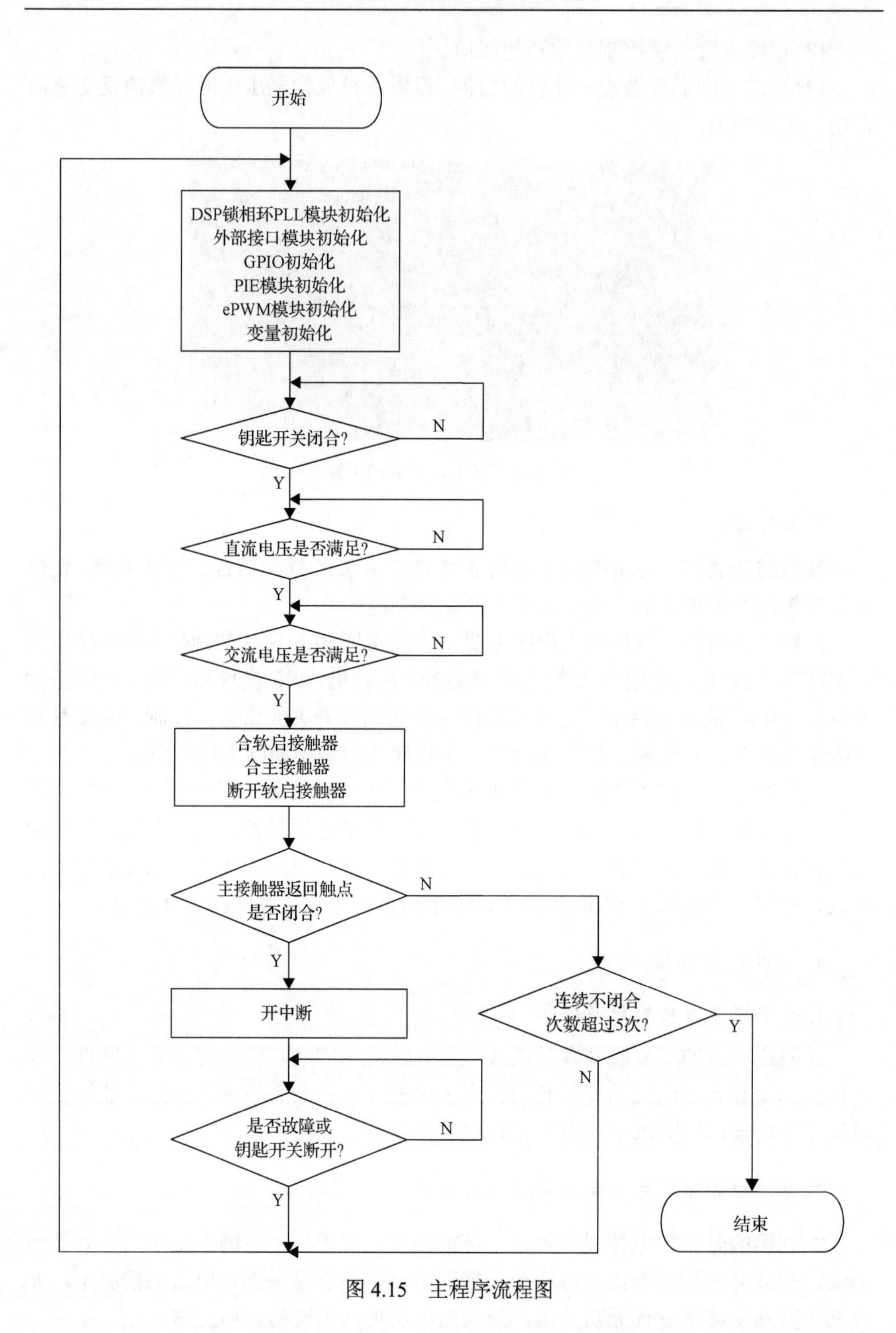
开始
DSP锁相环PLL模块初始化
外部接口模块初始化
GPIO初始化
PIE模块初始化
ePWM模块初始化
变量初始化
钥匙开关闭合?
N
Y
直流电压是否满足?
N
Y
交流电压是否满足?
N
Y
合软启接触器
合主接触器
断开软启接触器
主接触器返回触点
是否闭合?
N
Y
开中断
连续不闭合
次数超过5次?
Y
N
是否故障或
钥匙开关断开?
N
Y
结束

图 4.15　主程序流程图

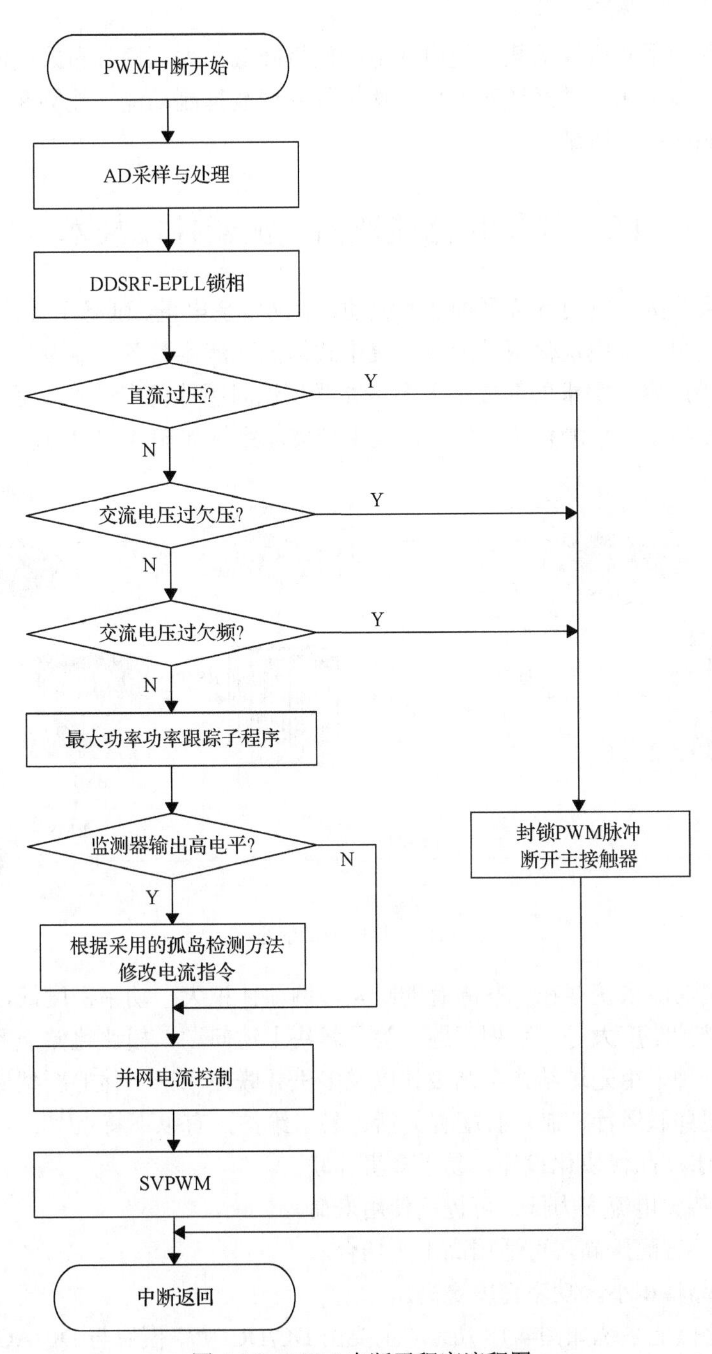

图 4.16　PWM 中断子程序流程图

3) 非线性负荷集中区域

大规模使用非线性负载，使电网电能质量降低，大规模分布式电源接入使电能质量进一步恶化，并网逆变调控一体机具有谐波抑制功能，能够在一定程度上改善该区域的电能质量。

4.2　模块化储能双向变流器控制技术

储能系统接入电网具备平抑功率波动、消纳多余电量、削峰填谷等优良特性，一般分为集中型与模块化两种形式。集中式储能变流器具备集成度高、控制成本低[10]、在满足容量需求的前提下无多机并联环流问题等优点[11,12]，可有效解决系统昼夜间峰谷差、平滑负荷等问题，集中型储能系统如图 4.17 所示。

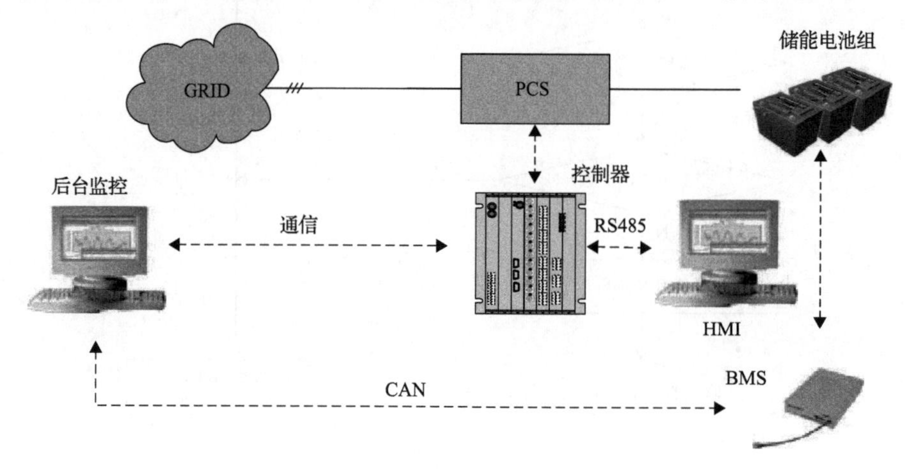

图 4.17　集中型储能系统

集中型储能系统存在一些固有的缺陷，例如体积大、功率密度低，导致升级成本高、维护难度大等一系列问题，为了解决上述问题，模块化储能系统应运而生，这是一种采用先进结构工艺设计以及多机并联技术于一体的新型储能系统，更容易实现并联运行控制，且配置灵活、易于维护，有以下特点[13]：

(1) 易于产品模块化设计，易于多机并联。

(2) 单装置电流应力低，可提高使用寿命。

(3) 单装置耐压高，可适用高电压场合。

(4) 产品体积小，功率密度更高。

模块化储能系统如图 4.18 所示，主要由 DC/DC 功率模块与 DC/AC 功率模块构成，具备可协调控制储能电池出力、平抑系统功率波动、抑制并网点过电压及升级扩容方便等优良特性。

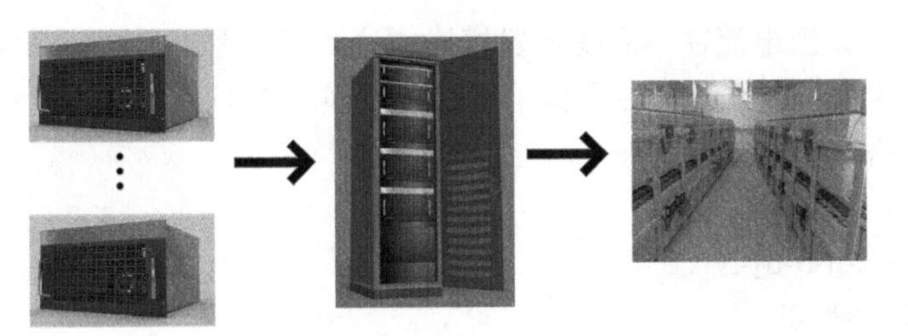

图 4.18　模块化储能系统

4.2.1　模块化储能双向变流器并联运行控制技术

多机并联控制技术是模块化储能系统的核心技术，可提高系统容量冗余度，提升储能系统对分布式发电系统的辅助能力，实现分布式电源的即插即用。但是，在并联系统中，各模块的外特性差异导致负载电流很难均分，容易在各模块间形成环流[14]。

图 4.19 与图 4.20 所示分别为单级式模块化和双级式模块化并联环流示意图。

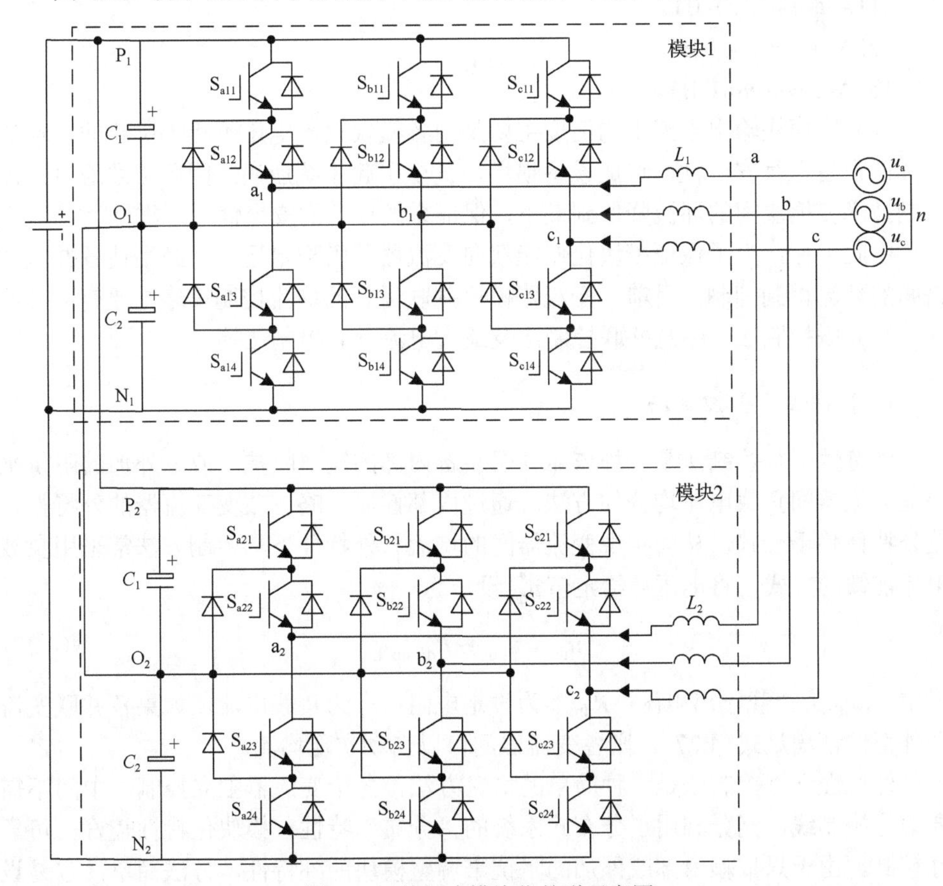

图 4.19　单级式模块化并联示意图

图 4.19 中，当电流在不同变流器模块中流动时，因为不同变流器模块中零序电压的大小含量不同，给环流提供了通路。当模块 1 与模块 2 不同步时，会在下面的几个回路中形成环流。

(1) P_1-a_1-a-a_2-P_2。

(2) P_1-a_1-a-n-b-b_2-N_2。

(3) P_1-b_1-b-b_2-P_2。

(4) P_1-b_1-b-n-c-c_2-N_2。

(5) P_1-c_1-c-c_2-P_2。

(6) P_1-c_1-c-n-b-b_2-N_2。

图 4.20 中，双级式模块化并联时，由于前级有 Boost 电路中的二极管，且直流电容正负极及中性点不再连接，所以环流的回路形式不同于单级式模块化并联。

由于不同变流器模块中零序电压的大小含量不同，给环流提供了通路。当模块 1 与模块 2 不同步时，会在下面的几个回路中形成环流。

(1) A-a-*u*-*n*-*v*-b1-B1。

(2) A-b-*v*-*n*-*w*-c1-B1。

(3) A-c-*w*-*n*-*u*-a1-B1。

各并联模块输出电流不均衡度主要是由各模块输出电压不相等引起的，环流将降低设备运行安全性，造成设备损坏，甚至引起系统崩溃，因此必须通过环流抑制技术使模块间的环流降低到最小，保证系统运行的安全性与可靠性[15]。

由此可见，为了保证模块化储能双向变流器并联稳定运行，必须使各并联回路间的环流得到抑制，目前，变流器模块并联运行的均流控制策略主要有：外特性下垂并联控制法、主从并联控制法及最大电流并联控制法等。

1. 外特性下垂控制法

外特性下垂控制法是一种依靠并网装备内部的输出阻抗，或者外加的阻抗来保证变流器间负载电流均分的方法。通过内部控制策略，改变变流器的外特性，使外特性趋于一致，从而实现变流器间的均流。外特性下垂控制方法常采用负载电流前馈的方式，将电压环给定值 u_{dc}^* 设定为

$$u_{dc}^* = u_{out} - R_{droop} i_L \tag{4.27}$$

式中，u_{out} 为空载输出电压；R_{droop} 为设定电阻；i_L 为负载电流。如果各并联变流器外特性都满足式(4.27)，则各变流器间可以自动实现均流。

外特性下垂控制法是一种简单的均流方法，各个变流器独立控制，中间不需要信号控制线，充分利用了分布式系统的“分布”特性，模块化特性较好，可靠性较高。由于只依赖内部或外加的阻抗来调整模块的外特性，方法简单，容易设计，在小功率场合得到广泛的应用，但也存在不足。

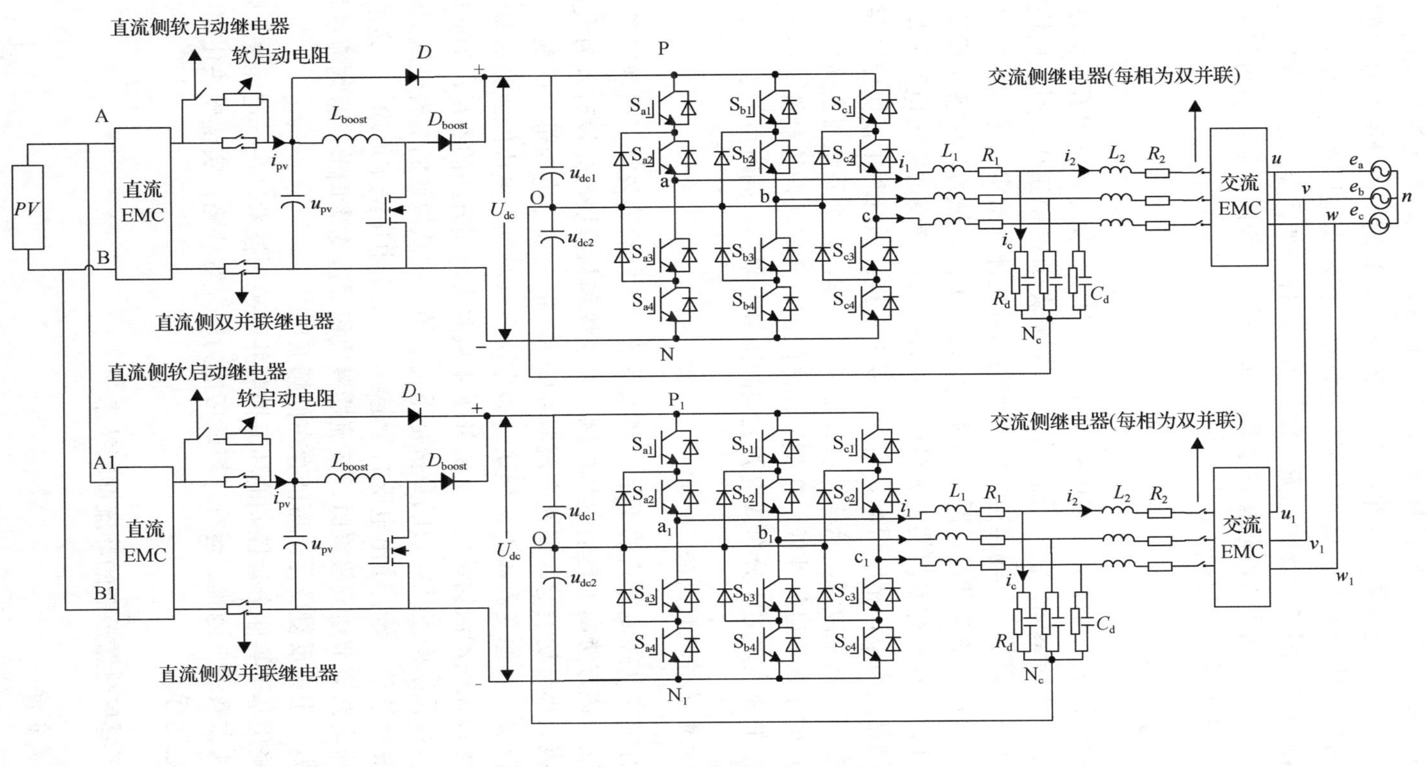

图 4.20　双级式模块化并联示意图

上述控制的本质是一种自身调节的控制技术，因此，稳定性只取决于单个变流器的稳定性，系统整体稳定性不高；不能兼顾负载的均衡分配和精确的电压调节。当外特性曲线变陡时，负载分配容易均衡，但输出电压精度会变差，反之亦然；在实际中许多因素会影响电流分配的不均匀性，如元器件老化和物理条件的改变等。因此，当利用输出阻抗法实现均流并运行一段时间后，有可能电流分配又不均匀，需要再次进行校正。

2. 主从控制法

主从控制法是变流器并联常用的一种方法[16]。在参与并联的若干变流器中，一个作为主模块(master)工作，而其他作为从模块(slaves)工作。对主模块控制系统的电压环进行调节，其输出电压信号作为内环电流的给定信号，从模块的电流以主模块的输出电流为基准，跟随主模块的输出电流。该方法中各个模块均有独立的控制环，并且具有专门的电流分配，可以同时精确调节输出电压和均分负载功率，控制结构简单，精度很高，但存在以下缺点：系统对主模块控制存在依赖性，一旦主模块发生故障，从模块将无法正常工作，整个系统将会瘫痪，系统没有实现真正的冗余，可靠性低；在变流器之间需要互联线，控制性能很大程度上取决于通信的速度，对于分布式电源之间的距离有限制，同时可能引入噪声。

3. 最大电流并联控制法

为了弥补主从控制方式的不足，消除系统对主模块的依赖，出现了最大电流并联控制法。该方法属于自动主从控制，主模块和从模块事先没有人为设定，而是根据电流大小自动设定，即在变流器并联运行时，输出电流最大的变流器将自动成为主模块，其他变流器为从模块。该方法可以避免主模块的故障对系统的影响[17]，既可以保证均流的精度，又弥补了主从并联控制方法的不足，但同时也存在以下缺点：系统中主从模块的身份是不确定的，主从模块的交替会造成输出电压的交替变化波动，影响输出电压的稳定精度；由于电压给定值均有一定的范围，所以当均流电路调节达到极限时，变流器模块将退出均流调节，且均流过程中主从模块的电流也会反复变化，可能存在低频振荡[18]。

本节采用基于零序分量控制的环流抑制并联控制技术，在一定程度上弥补传统控制方法参数调节困难、运行环境适应能力较差等缺陷，实现模块化储能双向变流器稳定运行。

4.2.2 基于零序分量控制的环流抑制技术

1. 原理分析

并联三相 PWM 变流器的拓扑结构如图 4.21 所示。

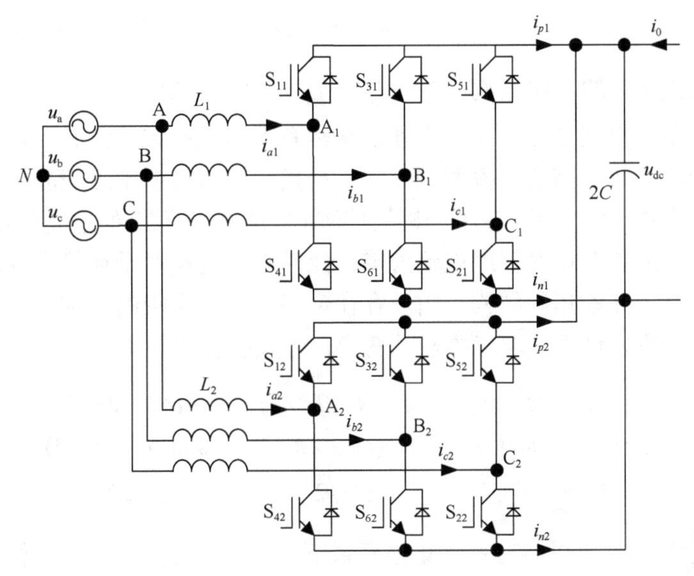

图 4.21　并联三相 PWM 变流器的拓扑结构

图 4.21 中选取直流电源负极为参考点，并联三相 PWM 变流器在三相静止坐标系下的平均模型可以表示为

$$\frac{\mathrm{d}}{\mathrm{d}t}\begin{bmatrix} i_{a1} \\ i_{b1} \\ i_{c1} \end{bmatrix} = \frac{1}{L_1}\begin{bmatrix} u_a \\ u_b \\ u_c \end{bmatrix} + \frac{1}{L_1}\begin{bmatrix} u_{\mathrm{N}} \\ u_{\mathrm{N}} \\ u_{\mathrm{N}} \end{bmatrix} - \frac{1}{L_1}\begin{bmatrix} d_{a1} \\ d_{b1} \\ d_{c1} \end{bmatrix} u_{\mathrm{dc}} \tag{4.28}$$

$$\frac{\mathrm{d}}{\mathrm{d}t}\begin{bmatrix} i_{a2} \\ i_{b2} \\ i_{c2} \end{bmatrix} = \frac{1}{L_2}\begin{bmatrix} u_a \\ u_b \\ u_c \end{bmatrix} + \frac{1}{L_2}\begin{bmatrix} u_{\mathrm{N}} \\ u_{\mathrm{N}} \\ u_{\mathrm{N}} \end{bmatrix} - \frac{1}{L_2}\begin{bmatrix} d_{a2} \\ d_{b2} \\ d_{c2} \end{bmatrix} u_{\mathrm{dc}} \tag{4.29}$$

$$\frac{\mathrm{d}u_{\mathrm{dc}}}{\mathrm{d}t} = \frac{1}{2C}\left(\begin{bmatrix} d_{a1} & d_{b1} & d_{c1} \end{bmatrix}\begin{bmatrix} i_{a1} \\ i_{b1} \\ i_{c1} \end{bmatrix} + \begin{bmatrix} d_{a2} & d_{b2} & d_{c2} \end{bmatrix}\begin{bmatrix} i_{a2} \\ i_{b2} \\ i_{c2} \end{bmatrix} + i_0 \right) \tag{4.30}$$

式中，u_a、u_b、u_c 为电网电压；u_{N} 为电网中性点电压；i_a、i_b、i_c 分别为三相输入电流；d_a、d_b、d_c 为三相桥臂输出占空比；L 交流侧进线滤波器；C 为直流母线电容；u_{dc} 为直流母线电压，i_0 为直流侧电流。

对于单个三相 PWM 变流器，由于不存在环流通路，零序电流为零。对于并联的三相模块，由于存在环流通路，就可能存在零序电流，并且 2 个模块的零序电流大小相等，方向相反，即

$$i_{\mathrm{z}} = i_{\mathrm{z1}} = -i_{\mathrm{z2}} \tag{4.31}$$

式中，i_{zx} 为模块 x 的零序电流，$i_{zx} = i_{ax} + i_{bx} + i_{cx} (x = 1, 2)$ 。

前面建立的模型是建立在三相静止坐标系下的，在这种情况下，控制器的设计比较复杂。因此，需要对模型进行坐标变换，即将模型由三相静止坐标系变换到两相同步旋转坐标系下。在单个模块控制时，通常进行二维坐标变换，即 abc/dq 变换，这是因为单个模块零序电流为零，此时零轴变换对于计算来说，并没有实际意义。而对于并联拓扑结构，由于存在零序分量，常规的二维坐标变换无法得到零轴分量，所以这里采取三维坐标变换，定义坐标变换矩阵。

$$\boldsymbol{T}_0 = \sqrt{\frac{2}{3}} \begin{bmatrix} \cos(\omega t) & \cos(\omega t - 2\pi/3) & \cos(\omega t + 2\pi/3) \\ -\sin(\omega t) & -\sin(\omega t - 2\pi/3) & -\sin(\omega t + 2\pi/3) \\ 1/\sqrt{2} & 1/\sqrt{2} & 1/\sqrt{2} \end{bmatrix} \tag{4.32}$$

利用矩阵 $\boldsymbol{T}_0$ 就可以将三相静止坐标系下的交流量 X_{abc} 变换为两相同步旋转坐标系下的直流量 $X_{dq\mathrm{z}}$，即

$$X_{dq\mathrm{z}} = \boldsymbol{T}_0 X_{abc} \tag{4.33}$$

仿照零序电流 i_{z} 的定义，零序占空比定义为

$$d_{\mathrm{z}} = d_a + d_b + d_c \tag{4.34}$$

三相变流器模块在两相旋转坐标系下的数学模型：

$$\frac{\mathrm{d}}{\mathrm{d}t}\begin{bmatrix} i_{d1} \\ i_{q1} \end{bmatrix} = \frac{1}{L_1}\begin{bmatrix} u_d \\ u_q \end{bmatrix} - \begin{bmatrix} 0 & -\omega \\ \omega & 0 \end{bmatrix}\begin{bmatrix} i_{d1} \\ i_{q1} \end{bmatrix} - \frac{1}{L_1}\begin{bmatrix} d_{d1} \\ d_{q1} \end{bmatrix} u_{\mathrm{dc}} \tag{4.35}$$

$$\frac{\mathrm{d}}{\mathrm{d}t}\begin{bmatrix} i_{d2} \\ i_{q2} \end{bmatrix} = \frac{1}{L_2}\begin{bmatrix} u_d \\ u_q \end{bmatrix} - \begin{bmatrix} 0 & -\omega \\ \omega & 0 \end{bmatrix}\begin{bmatrix} i_{d2} \\ i_{q2} \end{bmatrix} - \frac{1}{L_2}\begin{bmatrix} d_{d2} \\ d_{q2} \end{bmatrix} u_{\mathrm{dc}} \tag{4.36}$$

$$\frac{\mathrm{d}i_{\mathrm{z2}}}{\mathrm{d}t} = \frac{\Delta d_{\mathrm{z}} u_{\mathrm{dc}}}{L_1 + L_2} \tag{4.37}$$

$$\frac{\mathrm{d}u_{\mathrm{dc}}}{\mathrm{d}t} = \frac{1}{2C}\left(\begin{bmatrix} d_{d1} & d_{q1} \end{bmatrix}\begin{bmatrix} i_{d1} \\ i_{q1} \end{bmatrix} + \begin{bmatrix} d_{d2} & d_{q2} \end{bmatrix}\begin{bmatrix} i_{d2} \\ i_{q2} \end{bmatrix} + \frac{\Delta d_{\mathrm{z}} i_{\mathrm{z1}}}{3} + i_0\right) \tag{4.38}$$

式中

$$\Delta d_{\mathrm{z}} = d_{\mathrm{z1}} - d_{\mathrm{z2}} \tag{4.39}$$

在对环流进行抑制时，通常不针对单个环流通路的环流进行控制，而是通过控制零序环流来对所有环流进行控制。

从并联三相变流器模块的零序电流数学模型可以看出，零序电流的变化率由 2 个变流器模块的零序占空比之差决定。

对于单个模块，由于环流通路不存在，通常不考虑零序分量。当两个模块并联时，由于形成了环流通路，即使两个模块零序占空比之差较小，也会形成较大的零序电流，这是因为零序是个仅含有电感的无阻尼回路。因此，在两个模块并联时，需要考虑零序分量。

在三相变流器中，通常采用 SVPWM 方式。这种调制方式通常采用两个非零矢量 $V_i(i=1,2,\cdots,6)$和零矢量 $V_i(i=1,7)$来合成控制矢量。设两个非零矢量的占空比分别为 d_1、d_2，零矢量占空比为 d_0，则

$$d_0 = 1 - d_1 - d_2 \tag{4.40}$$

在不同的调制方法下，零矢量的分配不同，每一相的占空比和零序占空比都会发生改变，但是两相的占空比之差不会发生改变，而零矢量的分配不会影响系统的控制目标，即交流侧电流和直流母线电压。这表明通过控制零矢量的分配就可以控制 d_z，从而控制零序电流。

对于交替式 SVPWM，在一个 PWM 周期内，采用了 V_0 和 V_7 两个零矢量，可以对两个零矢量所占比例实时进行调节，从而控制零序电流。设在一个 PWM 周期内，零矢量 V_7 的时间为$(d_0/2-2y)T$，零矢量 V_0 的时间为$(d_0/2+2y)T$，如图 4.22 所示，其中变量 y 满足

$$-\frac{d_0}{4} \leqslant y \leqslant \frac{d_0}{4} \tag{4.41}$$

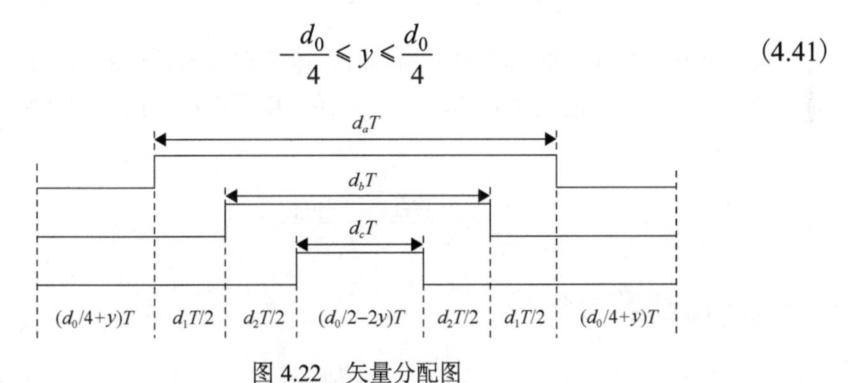

图 4.22　矢量分配图

这样零矢量 V_0、V_7 占空比的取值范围均为$[0,d_0]$，且满足两者之和为 d_0。此时，

$$\begin{aligned} d_z &= d_a + d_b + d_c = \left(d_1 + d_2 + \frac{d_0}{2} - 2y\right) + \left(d_2 + \frac{d_0}{2} - 2y\right) + \left(\frac{d_0}{2} - 2y\right) \\ &= d_1 + 2d_2 + \frac{3}{2}d_0 - 6y \end{aligned} \tag{4.42}$$

故

$$\Delta d_{\mathrm{z}} = d_{\mathrm{z}1} - d_{\mathrm{z}2} = \left(d_{11} + 2d_{21} + \frac{3}{2}d_{01} - 6y_1\right) - \left(d_{12} + 2d_{22} + \frac{3}{2}d_{02} - 6y_2\right) \tag{4.43}$$

式中，d_{1i}、d_{2i}为对应变流器模块非零矢量的占空比；d_{0i}为变流器零矢量的占空比；y_i为变流器模块零矢量的修正值。

对于两个变流器模块的并联系统，由于两个模块的环流大小相等，方向相反，如果对其中一个模块的环流进行控制，则另外一个模块的环流自然也得到控制，所以，可令 $y_1=0$。此外，$d_{0i}=1-d_{1i}-d_{2i}$，式(4.43)可以化简为

$$\Delta d_{\mathrm{z}} = \frac{1}{2}(-d_{11} + d_{21} + d_{12} - d_{22} + 12y_2) \tag{4.44}$$

记 $\Delta d_{12} = -d_{11} + d_{21} + d_{12} - d_{22}$，则

$$\Delta d_{\mathrm{z}} = \frac{1}{2}(\Delta d_{12} + 12y_2) \tag{4.45}$$

故零序电流在同步旋转坐标系下的数学模型可以化为

$$\frac{\mathrm{d}i_{\mathrm{z}2}}{\mathrm{d}t} = \frac{\frac{1}{2}(\Delta d_{12} + 12y_2)u_{\mathrm{dc}}}{L_1 + L_2} \tag{4.46}$$

当两个变流器模块的给定电流相等时，电流调节器输出的电压给定值基本相等，故 $d_{11}=d_{12}$，$d_{21}=d_{22}$，此时 $\Delta d_{12}=0$，这样，零序电流在同步旋转坐标系下的数学模型可以化为

$$\frac{\mathrm{d}i_{\mathrm{z}2}}{\mathrm{d}t} = \frac{6y_2u_{\mathrm{dc}}}{L_1 + L_2} \tag{4.47}$$

假设 u_{dc} 恒定，可得

$$I_{\mathrm{z}2}(s) = \frac{\frac{6u_{\mathrm{dc}}}{L_1 + L_2}Y_2(s)}{s} \tag{4.48}$$

由式(4.48)可以看出，零轴与 d 轴和 q 轴完全解耦，并且是一阶系统，因此，零序电流环的带宽可以设计的很高，可以采用 PI 调节器作为零序电流的控制器，将零序电流的给定值与采样值作差，对其偏差进行 PI 调节，即可得到第 2 个变流器零矢量的修正值：

$$y_2 = \left(K_{\text{pz}} + \frac{K_{iz}}{s}\right)(i_{\text{z2ref}} - i_{z2}) \tag{4.49}$$

这样，零序电流环的控制框图如图 4.23 所示。

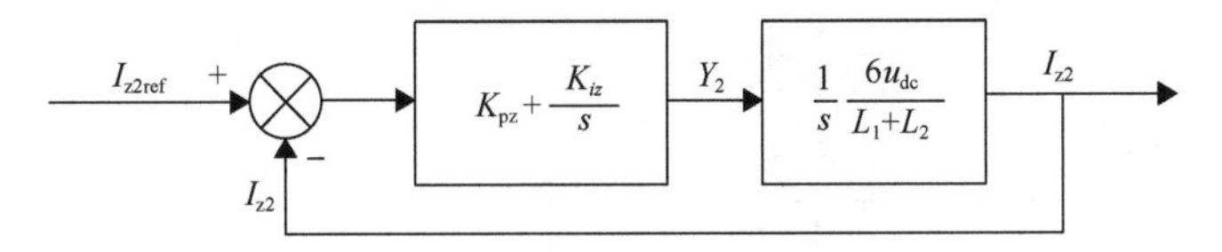

图 4.23　零序电流环的控制框图

由于两个变流器模块的环流大小相等、方向相反，如果对其中一个变流器的环流进行控制，则另外一个变流器的环流自然也得到控制，所以仅需要对其中一个模块的环流进行控制。第 1 个模块仅对 d 轴和 q 轴电流进行控制，而不对零轴电流进行控制，在进行 SVPWM 调制时，零矢量 $\boldsymbol{V}_0$ 和 $\boldsymbol{V}_7$ 平均分配。第 2 个模块除了对 d 轴和 q 轴电流进行控制外，还要对零轴电流进行控制。首先对第 2 个模块的零序电流 I_{z2} 进行采样；然后根据 PI 控制器计算出零矢量的修正值 y_2，最后根据图 4.22 所示的调制波形实时地调节零矢量的分配。

2. 仿真验证

当三台 50kW 的储能双向变流器模块并联时，仿真电路如图 4.24 所示。三路变流器模块的滤波电感感值分别为 1.7mH、1.8mH、1.9mH。

图 4.25～图 4.29 为仿真得到的并网侧电路波形及各路变流器的零序环流大小。从仿真结果中可以看出，对两路变流器模块并联采用零序电流 PID 调节可以很好地控制零序环流，三路变流器模块输出电流较为平均，且环流较小。

针对该并联系统的控制方案进行修改，去除第二路变流器模块的零序电流控制。仿真结果如图 4.30 所示。

图 4.30～图 4.34 为仿真得到的并网侧电路波形及各路变流器模块的零序环流大小。从仿真结果中可以看出，对第三路变流器模块采用零序电流 PID 调节可以使第三路变流器模块的零序电流得到明显控制。但是，其他两路仍存在零序电流不受控的情况。虽然变流器模块并联系统输出的电流较为稳定，但是每一路的输出电流均存在较大的畸变。

对该并联系统的控制方案进行修改，不对并联环流进行控制。图 4.35～图 4.39 为不对变流器并联系统进行零序环流控制时的仿真结果。从仿真结果中可以看出，如果不对并联系统的零序环流进行抑制，各个模块均需要承受较大的环流影响，系统整体的电流波形和各个模块的电流波形均呈现一种混乱的状态，难以正常工作，且输出电流明显超出系统额定值，会造成解列和器件损坏。

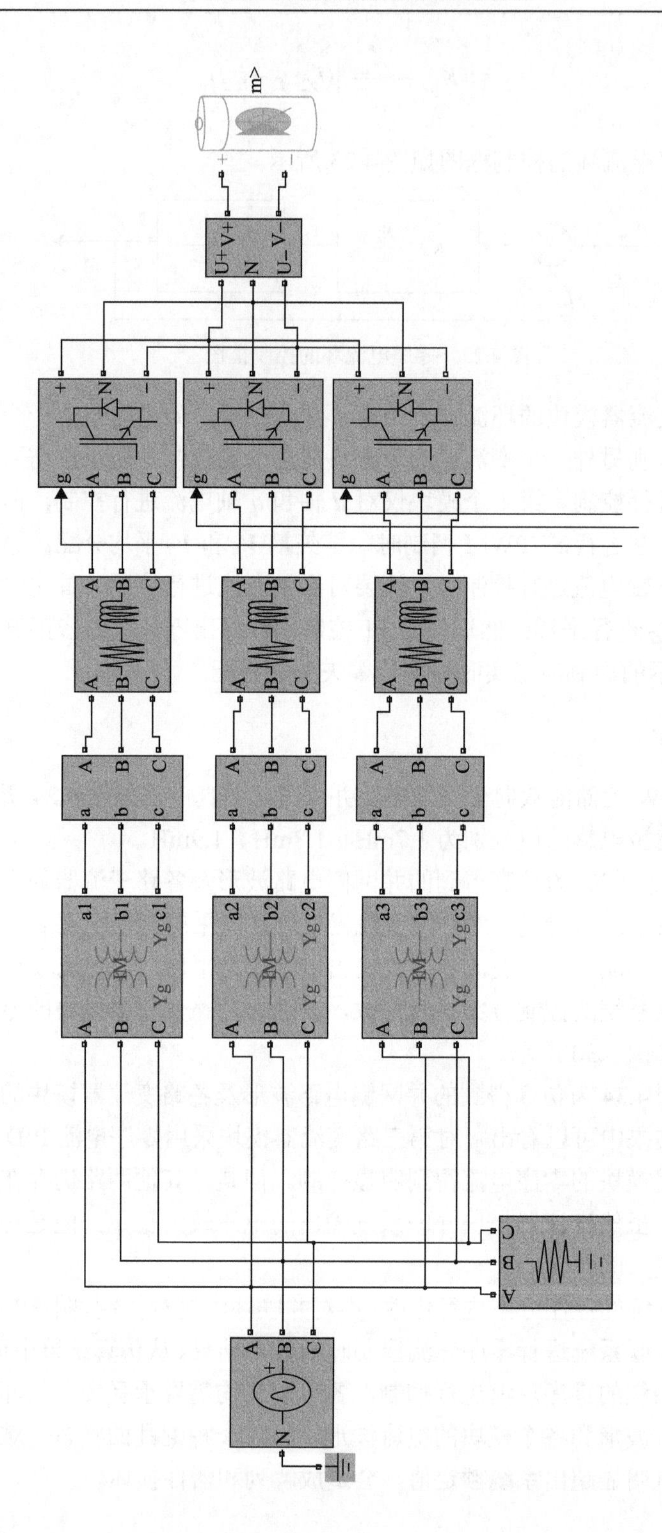

图 4.24　三台储能双向变流器模块并联仿真模型

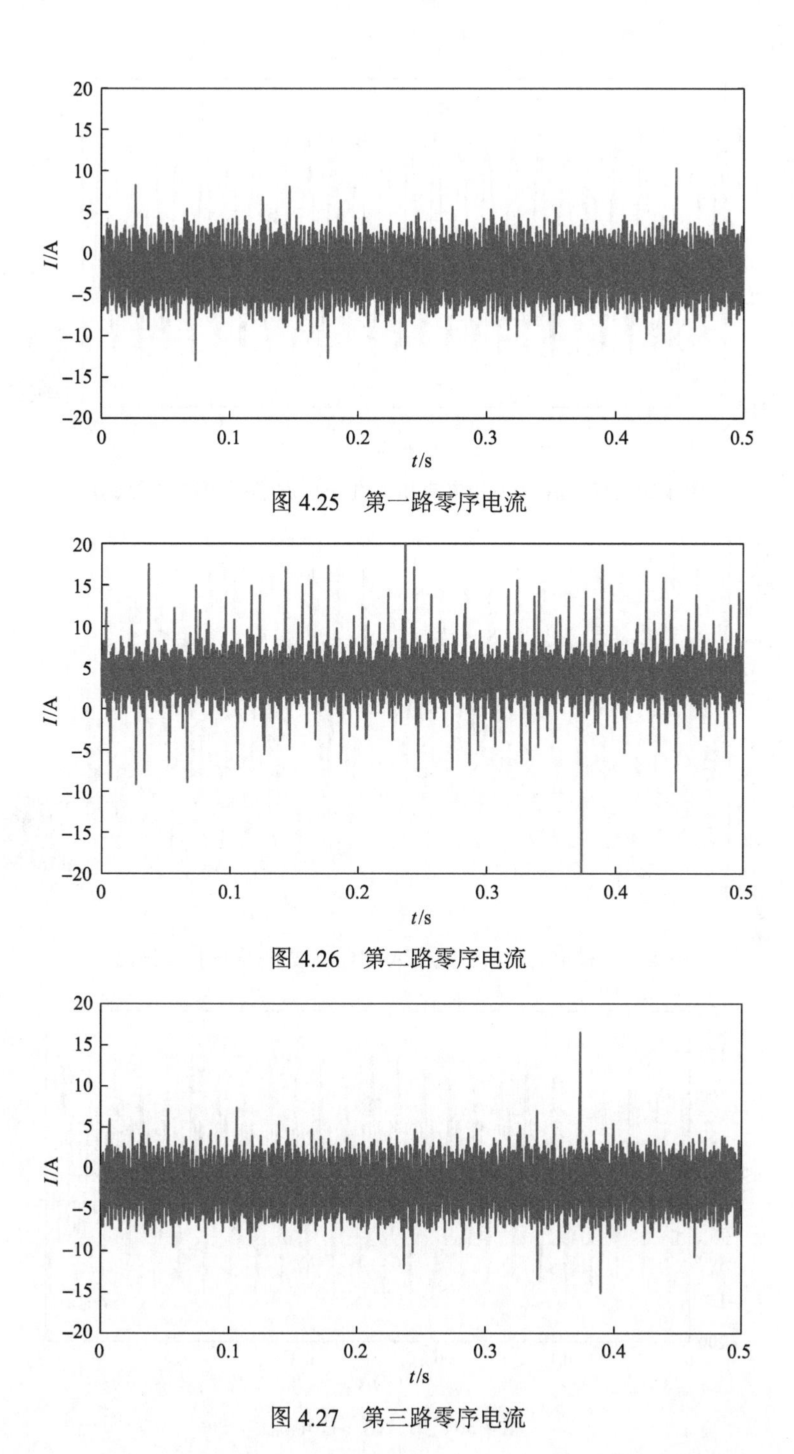

图 4.25　第一路零序电流

图 4.26　第二路零序电流

图 4.27　第三路零序电流

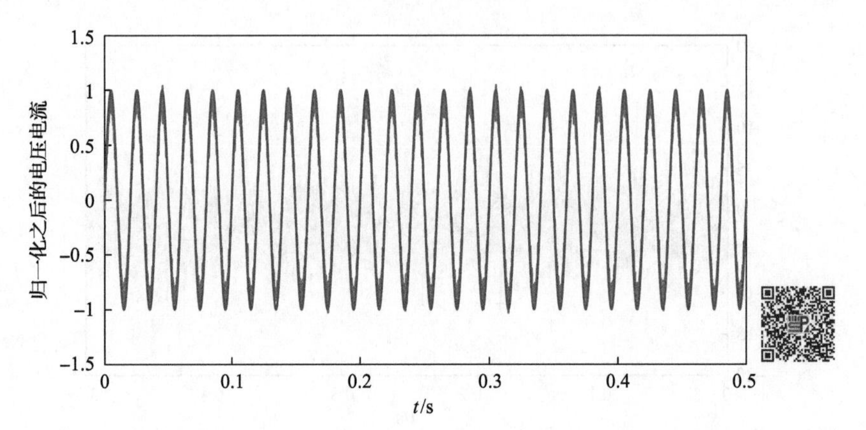

图 4.28　稳定后的 A 相电流和 A 相电压波形(彩图扫二维码)

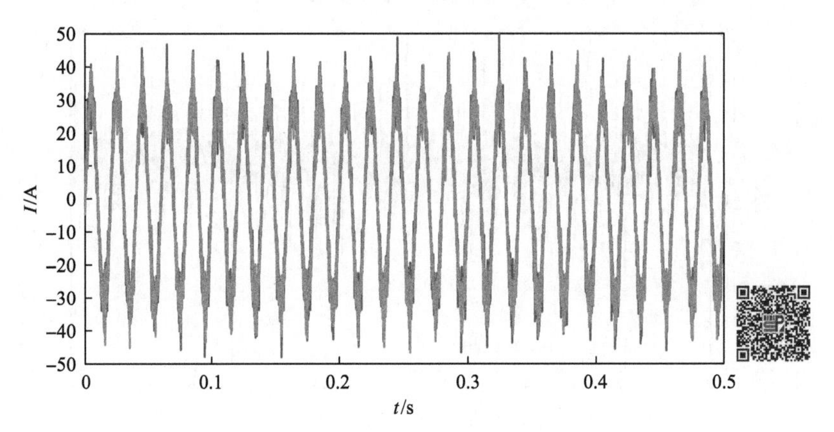

图 4.29　稳定后三路变流器 A 相电流波形(彩图扫二维码)

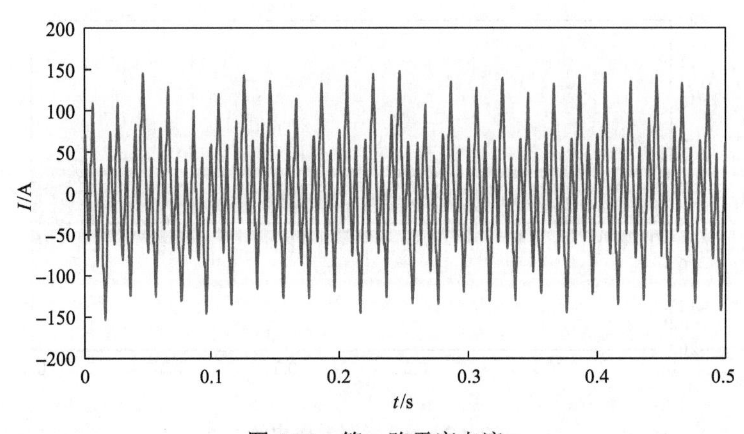

图 4.30　第一路零序电流

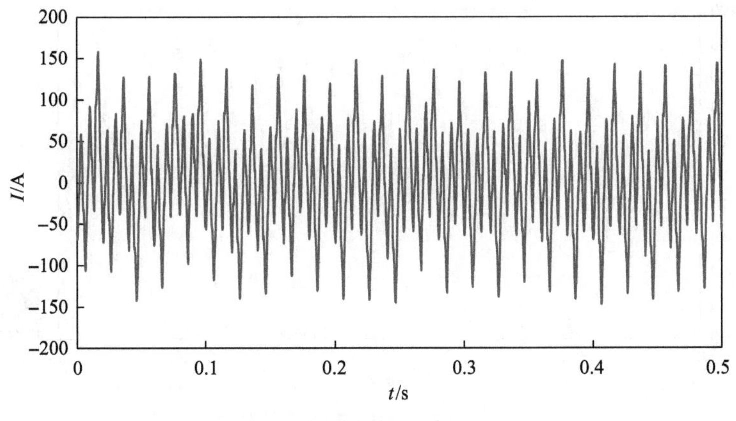

图 4.31　第二路零序电流

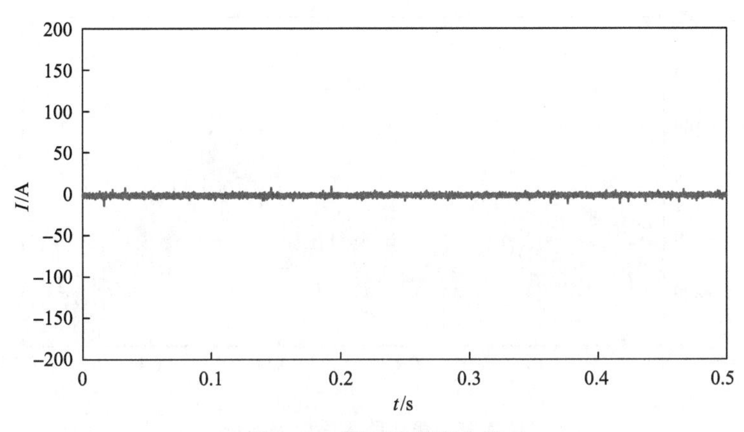

图 4.32　第三路零序电流

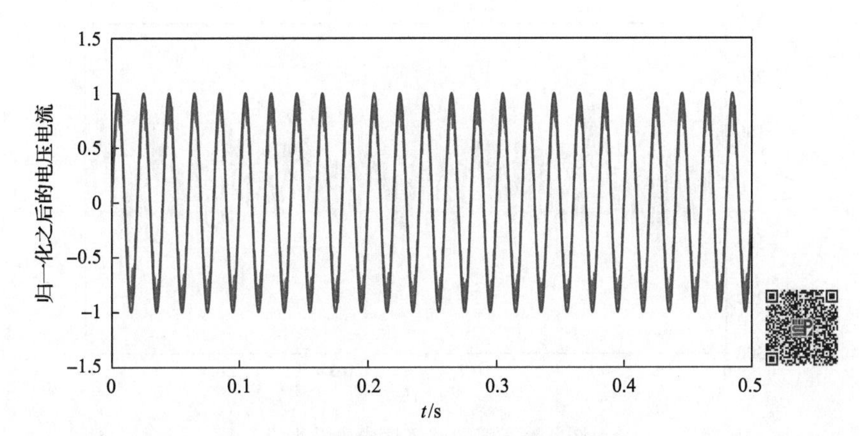

图 4.33　A 相电流和电压(彩图扫二维码)

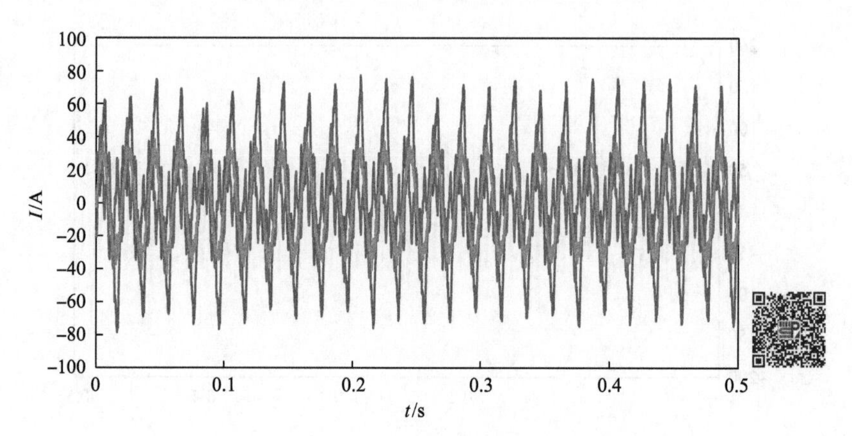

图 4.34　三路 A 相电流(彩图扫二维码)

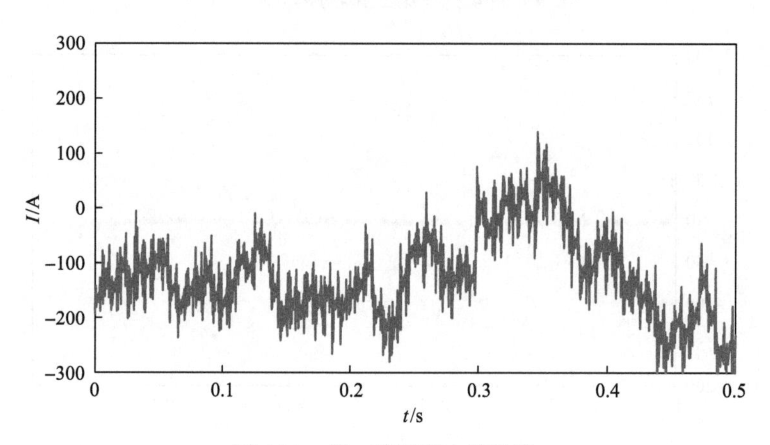

图 4.35　第一路零序电流波形

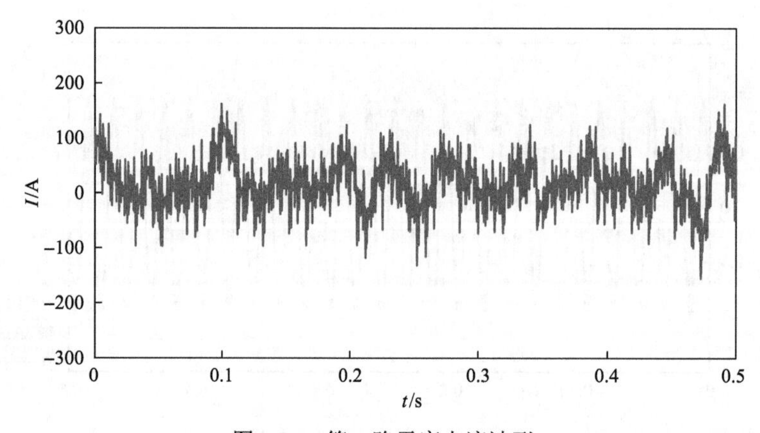

图 4.36　第二路零序电流波形

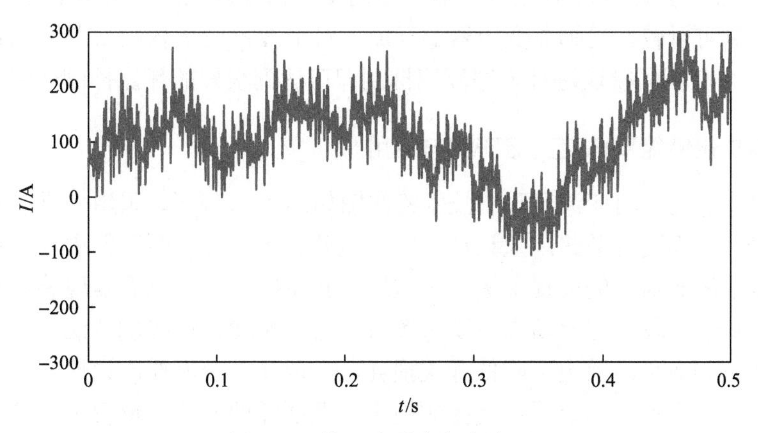

图 4.37　第三路零序电流波形

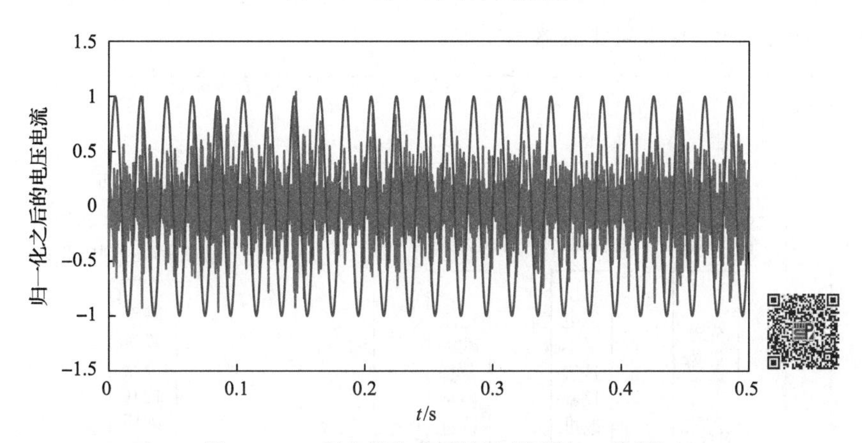

图 4.38　A 相电流和电压波形(彩图扫二维码)

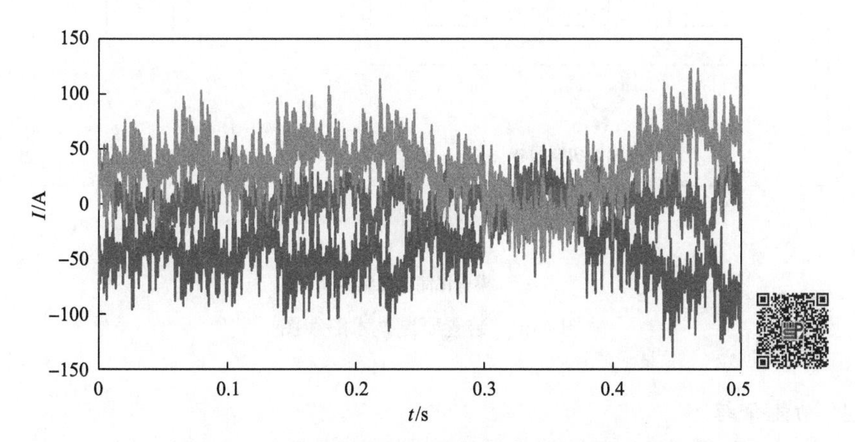

图 4.39　三路变流器 A 相电流波形(彩图扫二维码)

根据上述仿真结果，在模块化储能双向变流器并联系统中采用 PI 调节进行零序电流抑制可以较好地抑制变流器的环流。对于 N 路变流器模块并联的系统，仅需对 N–1 个变流器模块进行零序环流抑制即可达到很好的环流抑制效果。

4.2.3　模块化储能双向变流器研制与应用

模块化储能双向变流器研制技术路线图如图 4.40 所示，采用先进散热及工艺设计技术，合理进行散热风量设计，针对电感、电容等无源器件进行优化设计，在保证系统散热需求的前提下进一步压缩装置空间体积，从而实现装置高功率密度设计；基于五段式与七段式在线切换的三电平 SVPWM 控制方法，在保证中点电位平衡控制效果的前提下降低开关损耗，实现高效变流控制设计；基于多内模技术的抗电网频率扰动鲁棒重复控制技术，保证并网电流波形质量，实现高电能质量设计；基于模块化设计理念，运用基于零序分量控制的环流抑制技术，实现模块化多机并联储能双向变流器的研制。

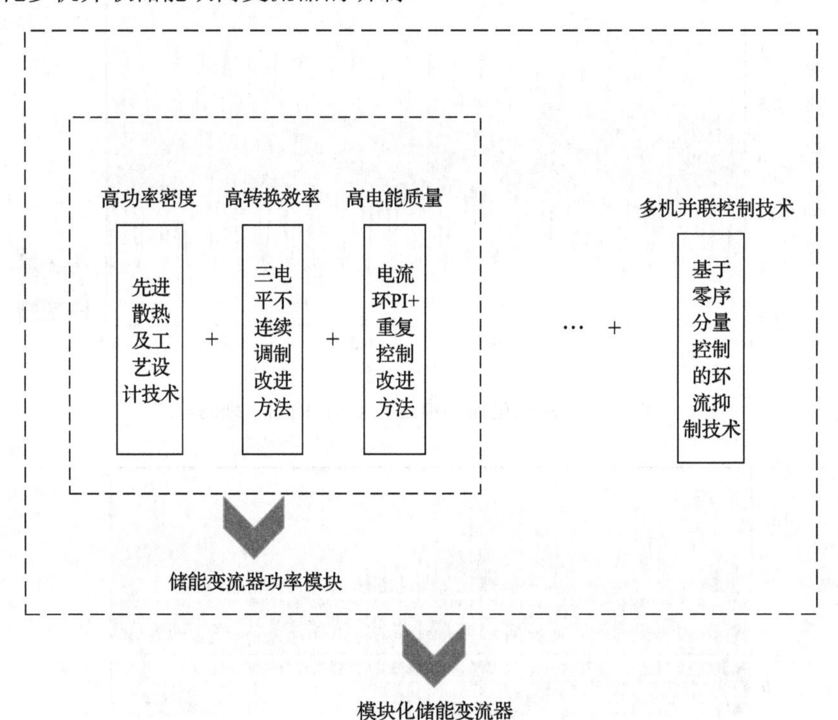

图 4.40　装置研制技术路线图

1. 功能介绍

模块化储能双向变流器的主要功能是完成电网和储能电池之间的能量交互，

即控制电网和储能系统之间的能量流动。此外，根据电网的需求，模块化储能双向变流器具有双方向有功、无功调节等功能。

2. 系统结构设计

1) 硬件设计

按照主电路拓扑结构确定、功率模块设计、直流逆变电容容值计算、交流输出滤波参数计算、散热计算、仿真核算及模块取电方式设计等步骤进行模块化储能双向变流器的设计。

以 50kW 储能双向变流器设计为例对储能双向变流器硬件设计过程进行说明。

50kW 储能双向变流器的主电路拓扑结构如图 4.41 所示。

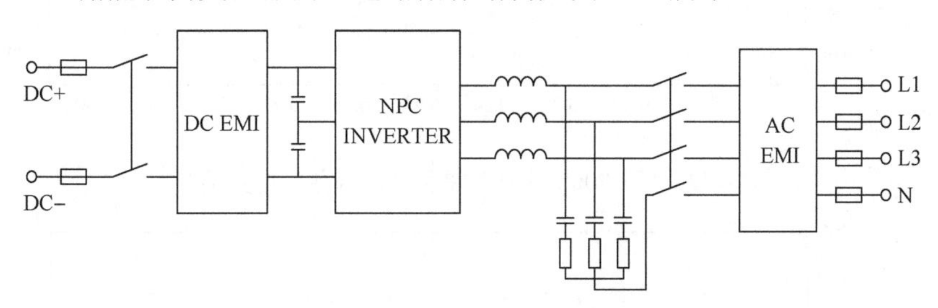

图 4.41　主电路拓扑结构示意图

(1) 功率模块设计。首先确定直流电压，包括正常直流电压输入值及最大直流侧电压，本例中，选择直流输入电压为 600～800V，最大直流侧电压为 850V。考虑三电平电路本身的特性，选用 T 型拓扑结构，IGBT 电压等级可以选用 1200V。之后，对单个 IGBT 功率模块进行电流计算，确定通过 IGBT 功率器件的电流；进行功率模块在极端情况下的热损耗计算。

(2) 直流逆变电容容值设计。对于三电平模块化储能双向变流器而言，其直流侧母线电容具有分压、储能、平衡中点电压和抑制直流侧谐波等功能。在具体选择电容大小时，主要考虑能量波动造成的电容电压波动，对于母线电压，设其纹波系数为 5%，对于三相储能双向变流器而言，其纹波电压频率为 300Hz。

$$\frac{1}{C\omega_c} \times I_{AC} = U_{nom} \times 5\% \tag{4.50}$$

式中，I_{AC}=72A，为交流输出额定电流，选 U_{nom}=700V，可得 C>1.09mF(66kW 功率等级下为 C>1.44mF)。考虑一定裕量，结合三电平电路的特点，选择直流侧逆变电容容值为 2mF。仿真得到的额定功率及 66kW 工况下的电流及中性点电位波动结果如图 4.42 和图 4.43 所示。

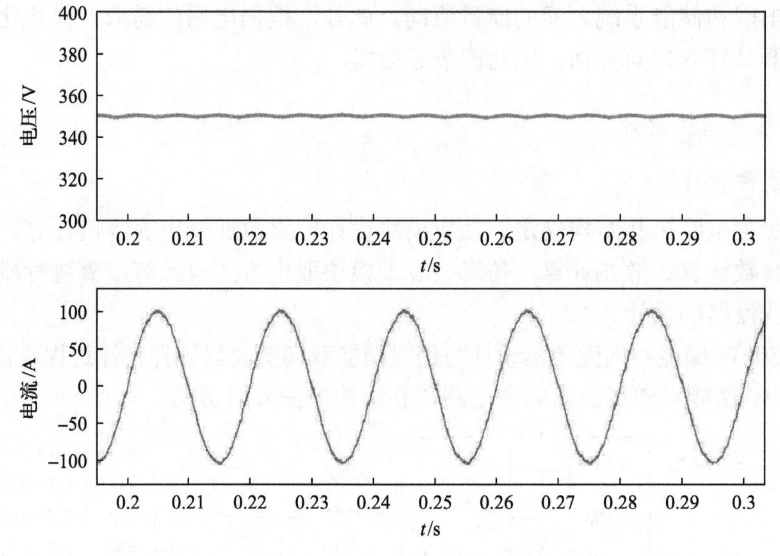

图 4.42　U_{dc}=700V 满功率单位功率因数的仿真结果

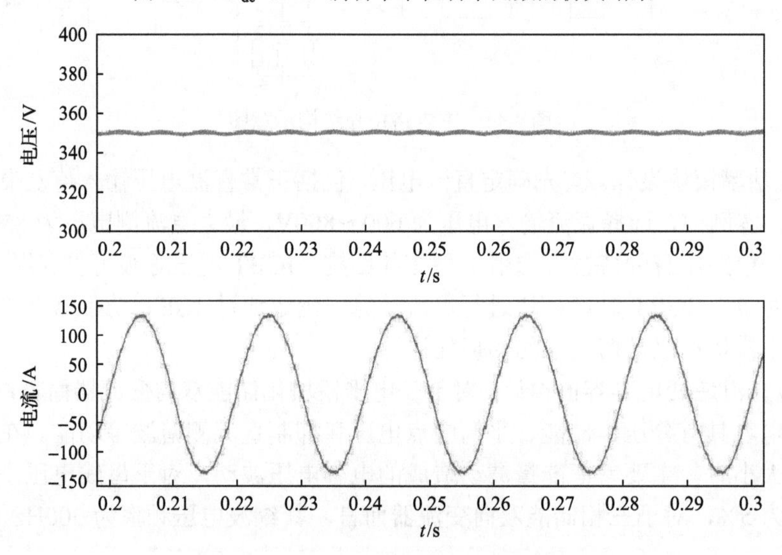

图 4.43　66kW 工况下仿真结果

针对三相逆变电路，直流侧电容的选择必须满足储能双向变流器直流侧纹波电流的最大值，其纹波电流的典型计算公式为

$$I_{c,rms} = I_{o,rms}\sqrt{2m\left[\frac{\sqrt{3}}{4\pi}+\cos^2\varphi\left(\frac{\sqrt{3}}{\pi}-\frac{9}{16}m\right)\right]} \tag{4.51}$$

式中，$I_{c,rms}$ 为母线支撑电容电流纹波有效值；$I_{o,rms}$ 为逆变器输出电流有效值；φ

为功率因数角；m 为调制度。

对于50kW功率等级，功率因数为1，m=760/800=0.95，可得出 $I_{c,rms}$=39.05A，与仿真得到的39.91A吻合(相应66kW工况下 $I_{c,rms}$=51.52A，仿真结果为51.48A)。

实际运行时，母线电容的纹波电流最大有效值 $I_{c,max}$ 可达到交流电流的0.707倍。即

$$I_{c,max} = I_{AC} \times 0.707 = 51A \tag{4.52}$$

图4.44为仿真得到的直流电压纹波结果，从仿真看出电压纹波系数为(408V–393V)/400V×100%=3.75%。

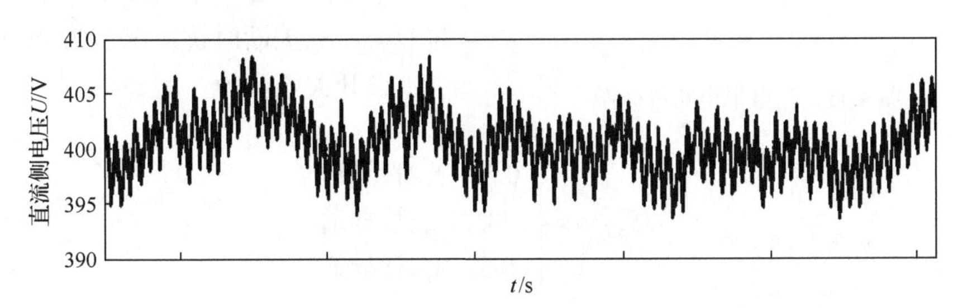

图4.44　直流电压纹波仿真结果

(3)交流输出滤波器设计。常见的交流输出滤波器有LCL滤波、单L滤波、LC加阻尼电阻滤波等方式。本书主要以LC滤波加阻尼电阻的滤波方式为例说明交流输出滤波器的设计方法。

首先计算总电感。

通常情况下，通过电感压降计算电感的上限值。

$$L_T \leqslant \frac{\sqrt{\frac{U_{DCMIN}^2}{3} - E_{mp\text{-}max}^2}}{\omega I_{mp}} \tag{4.53}$$

式中，$L_T=L_{11}+L_{12}$ 为滤波器等效电感；I_{mp} 为相电流峰值；$E_{mp\text{-}max}$ 为电网相电压基波峰值；U_{DCMIN} 为直流电压下限值。

把相关参数代入式(4.53)，可得

$$L_T \leqslant \frac{\sqrt{\frac{650^2}{3} - (380 \times 1.1 \times \sqrt{2} / \sqrt{3})^2}}{314 \times 72 \times \sqrt{2}} \tag{4.54}$$

即 $L_T \leqslant 4.9\text{mH}$(66kW对应值为 $L_T \leqslant 3.7\text{mH}$)。

同时，考虑电流的跟踪性能：

$$L_{\mathrm{T}} \leqslant \frac{U_{\mathrm{dc}}}{3I_{\mathrm{o,max}} \times \omega} \tag{4.55}$$

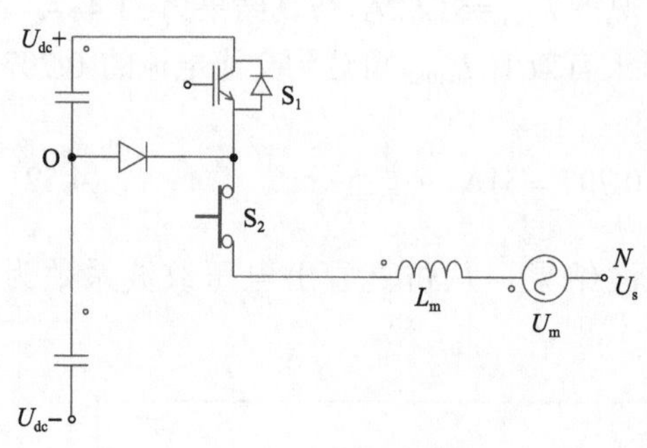

图 4.45　三电平电路等效图

得 L_{T}≤9.5mH(66kW 对应值为 L_{T}≤7.2mH)，结合式(4.54)得 L_{T}≤3.7mH。

结合三电平电路的特点，其可等效为如图 4.45 所示的半波 Buck 电路，假如在电流正半周，电流从桥口流出电网，S_2 保持开通，S_1 导通时，桥口电压为 $U_{\mathrm{dc+}}$，S_1 关断时桥口电压为 0。

设开关函数为

$$S_{a,b,c} = \begin{cases} 0.5, & 1,2\text{管导通} \\ 0, & 2,3\text{管导通} \\ -0.5, & 3,4\text{管导通} \end{cases} \tag{4.56}$$

S_1 导通时：

$$U_{\mathrm{dc}} = L\frac{\Delta i}{T_{\mathrm{on}}} + U_{\mathrm{ph}} + U_{\mathrm{n}} = L\frac{\Delta i}{T_{\mathrm{on}}} + U_{\mathrm{ph}} + \frac{U_{\mathrm{dc}}}{3}(0.5 + S_{\mathrm{b1}} + S_{\mathrm{c1}}) \tag{4.57}$$

S_1 关断时：

$$\frac{U_{\mathrm{dc}}}{2} = -L\frac{\Delta i}{T_{\mathrm{off}}} + U_{\mathrm{ph}} + U_{\mathrm{n}} = -L\frac{\Delta i}{T_{\mathrm{off}}} + U_{\mathrm{ph}} + \frac{U_{\mathrm{dc}}}{3}(0 + S_{\mathrm{b1}}' + S_{\mathrm{c1}}') \tag{4.58}$$

式(4.56)～式(4.58)中，L 为电感值；Δi 为电流变化率；T_{on} 为导通时间；T_{off} 为关断时间；S 为各路开关状态；U_{ph} 为相电压；U_{n} 为电网 N 点与直流侧中点之间电压。

由 $T_{\mathrm{on}}=D\cdot T_{\mathrm{s}}$，$T_{\mathrm{off}}=(1-D)\cdot T_{\mathrm{s}}$，并结合上边两式可以得到，$T_{\mathrm{on}}=T_{\mathrm{off}}$ 时有最大的纹波电流 Δi_{max}，当交流 N 点和直流中点连接时，$U_{\mathrm{n}}=0$，则

$$L \geqslant \frac{U_{\mathrm{dc}} \times T_{\mathrm{s}}}{8\Delta i_{\mathrm{max}}} \tag{4.59}$$

式中，T_{s} 为开关频率；Δi_{max} 为网侧谐波电流最大值，取 20%$I_{\mathrm{o,max}}$。

当交流 N 点和直流中点不连接，开关函数 $S_{\mathrm{b1e}}=S_{\mathrm{c1}}=-0.5$，$S_{\mathrm{b1}}'=S_{\mathrm{c1}}'=0$ 时情况最恶劣，此时有

$$L \geqslant \frac{U_{\mathrm{dc}} \times T_{\mathrm{s}}}{6\Delta i_{\mathrm{max}}} \tag{4.60}$$

可得 $L>0.318\text{mH}$，$L>0.424\text{mH}$（66kW 工况下分别是 $L>0.204\text{mH}$，$L>0.271\text{mH}$），实际工况中，交流 N 点和直流中点连接，考虑模块实际运行工况，且小电感大滤波电容时候系统效率较高，选取滤波电感为 0.3mH。

滤波电容一般按照电容产生的无功限制为不超过 5%的系统额定功率来设计。为了保证系统的高功率因数，即选取电容的标准为 $C\leqslant 5\%C_b$，其中

$$C_b = \frac{P_e}{\omega U_e^2} \tag{4.61}$$

式中，P_e 为系统的额定功率；U_e 为电网相电压基波峰值。

从式(4.61)可得，$C\leqslant 55\mu\text{F}$，取 C=50μF（66kW 工况下 $C\leqslant 72.7\mu\text{F}$，取 C=70μF）。

工频下电容的电流为 2×3.14×50×50uF×380/1.732=3.44A，考虑至少 1 倍的纹波电流，则电容的额定电流要求不小于 7A，仿真结果为 5A（66kW 工况下滤波电容电流为 4.82A，不小于 10A，仿真结果为 7A）。

综合考虑，选择滤波电容大小为 50μF。

之后计算 LC 滤波的谐振频率。为了防止滤波器发生谐振，一般取 $10f_n\leqslant f_{res}\leqslant 0.5f_{sw}$，根据这个约束条件来核算选取的参数是否合适，若不满足，需要重新计算。L=0.3mH，C=50μF 时可以得到谐振频率为

$$f_{res} = \frac{1}{2\pi}\sqrt{\frac{1}{LC}} = 1299.49\text{Hz} \approx 1.3\text{kHz} \tag{4.62}$$

因此，谐振频率满足设计要求。

为了防止无阻尼 LC 极易出现的谐振问题，在 LC 滤波器的电容支路中串入阻尼电阻，阻尼电阻的阻值一般选为谐振角频率×滤波电容 C_f 的 1/3。本例中，L 选 0.3mH，C 选 50μF，因此，阻尼电阻的阻值约为

$$R \approx \frac{1}{3\omega_{res}C_f} = 0.8165\Omega \tag{4.63}$$

阻尼电阻越大，消耗的功率越大，同时对谐振的抑制能力并没有明显增加。因此，本例中阻尼电阻选择 1Ω。

在设计完滤波器后，需要利用仿真软件如 MATLAB/SIMULINK 或者 PSCAD 等软件对参数进行仿真验证，确定所设计的滤波器的滤波效果。

(4) 散热设计、仿真核算。考虑模块化储能双向变流器机械结构及各组件的发热情况后，对散热风扇进行选型，之后利用仿真软件对整个装置的发热情况进行仿真，或者在简化后采用热路法对装置的发热情况进行计算，核算发热情况。

2) 软件设计

如图 4.46 所示为模块化储能双向变流器控制器软件系统架构，分为三层：上层为通信功能；中间层为逻辑功能、保护功能、控制算法；底层为输入、输出功能。

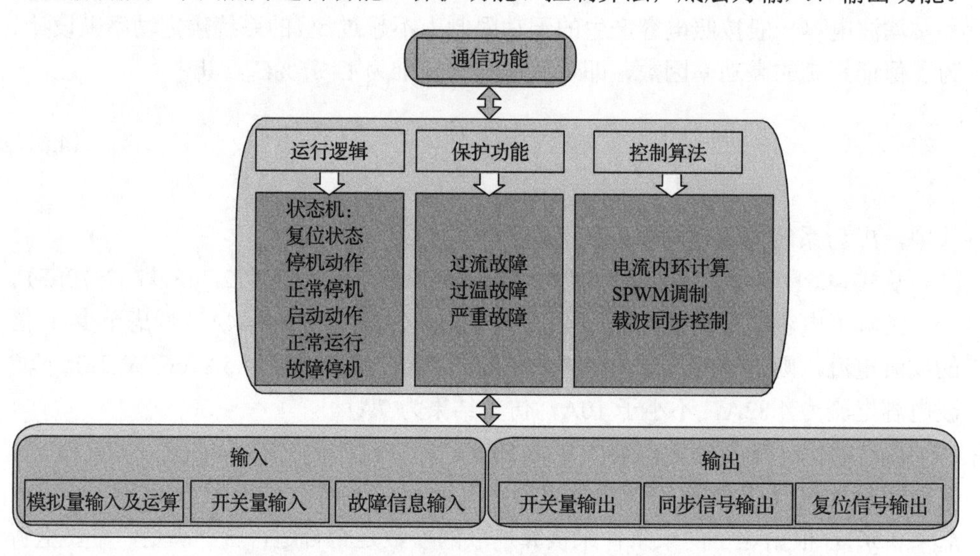

图 4.46　模块化储能双向变流器软件整体架构

模块化储能双向变流器控制内核为 FPGA+DSP，DSP 作为控制功能的主体；FPGA 实现 DSP 与外界的交互，DSP 只需在固定地址读取数据即可得到相应信息，向固定地址写数据即可执行相应的操作。各软件功能具体说明如下。

(1) 通信功能：与中央控制器通信，接收中央控制器电流指令、电网电压相角值、模块启/停指令、复位指令，同时向中央控制器上传子模块电流值、故障字、状态字等。

(2) 运行逻辑：逻辑功能由状态机来实现，包括复位、停机动作、正常停机、启动动作、正常运行、故障停机等。

(3) 保护功能：故障处理、过流故障、过温故障及严重故障处理等。

(4) 输入：模拟量输入及运算，包括三相输出电流、模块散热器温度等；电气量计算，包括三相交流电流有效值计算、模块温度计算等；开关量输入；故障信息输入；同步信号输入。

(5) 输出：开关量输出、复位信号输出。

(6) 控制算法：包括电流内环计算、载波同步控制、SVPWM 调制等。

3. 应用场景分析

模块储能双向变流器常见的应用场景主要有发电侧、输电侧、配电侧及用户侧 4 种。

1) 发电侧应用场景

储能系统在该场景的应用主要目的为平滑可再生能源发电系统的出力特性，增强系统的可调度性，降低弃风弃光的概率。但是，考虑到大型风电场和大型光伏电厂的容量问题，这种情况下需要的投资规模较大。

2) 输电侧应用场景

对于输电侧而言，主要目的是解决输电网的电能质量问题。主要功能是为电网的调频、调峰服务，需要储能双向变流器能够根据电网的实时功率情况，平滑输电网的功率流动情况，改善输电网的供电品质。

3) 配电侧应用场景

储能双向变流器在配电侧的应用主要也是改善配电网的电能质量及实现配电网负荷的削峰填谷。储能双向变流器配置在线路末端，可以改善配电网容易出现的线路末端过电压和线路欠电压的情况。

4) 用户侧应用场景

用户侧主要是两个方面，一是保证用户供电稳定性，二是根据当地峰谷电价的情况，调节用户侧的负荷情况，降低用户的用电成本。

4.3　光储一体机控制技术

将储能与光伏通过电力电子变流器集成在一起，构成光储一体机，可有效平滑光伏发电带来的波动，既降低了光伏发电对配电网的冲击，又提高了负荷用电可靠性。光储一体机具有并网与离网两种工作模式，电网发生故障时，可快速平滑切换离网供电状态；电网故障恢复时，再平稳过渡至并网状态，独立自主保证负荷的连续供电。光储一体机功能及主要功能示意如图 4.47 所示。

4.3.1　光储一体机功率控制技术

1. 光储一体机拓扑结构

光伏组件直接与蓄电池并联向本地直流负荷供电是出现最早的光储一体形式，如图 4.48 所示。该结构简单、控制容易，其缺点是蓄电池直接与本地负荷相连，负荷两端的电压随蓄电池电压波动，造成负荷电压不稳定，不具有最大功率点跟踪 MPPT 功能，造成能量浪费；蓄电池充放电不受控，可能导致过充或过放；另外，光储一体机采用该拓扑形式不能与电网进行能量交换，供电可靠性较低。

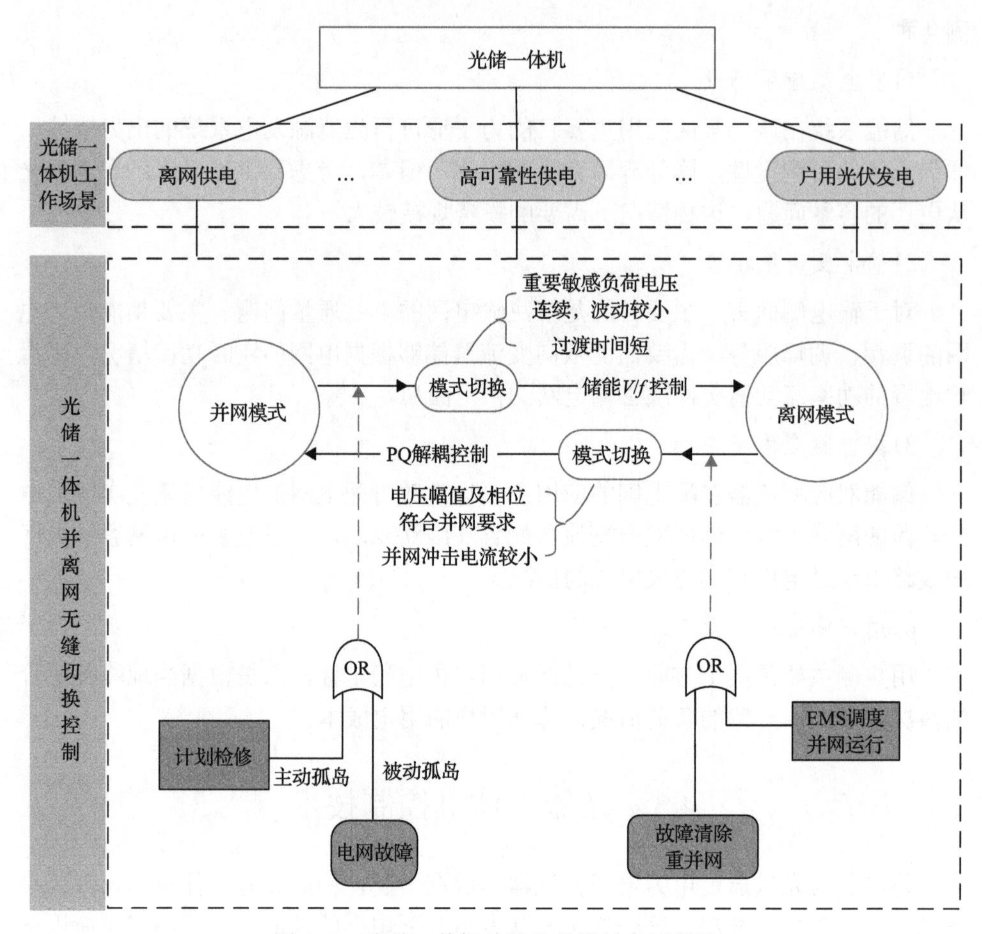

图 4.47　光储一体机功能及关键技术示意图

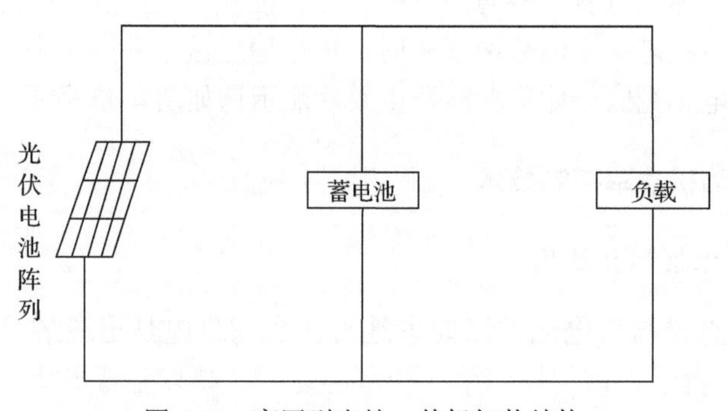

图 4.48　离网型光储一体机拓扑结构

为提高光储一体机的可控性，如图 4.49 所示，光伏组件通过 DC/AC 变流器与交流母线连接，蓄电池通过双向 DC/AC 变流器与交流母线连接，本地负荷接入交流母线获取电能，并网控制开关控制配电网与直流母线的连接。由于 DC/AC 变流器与双向 DC/AC 变流器的存在，光伏组件与蓄电池的配置较为灵活。该拓扑结构采用的交流母线的频率和电压需要与电网同步，控制复杂。

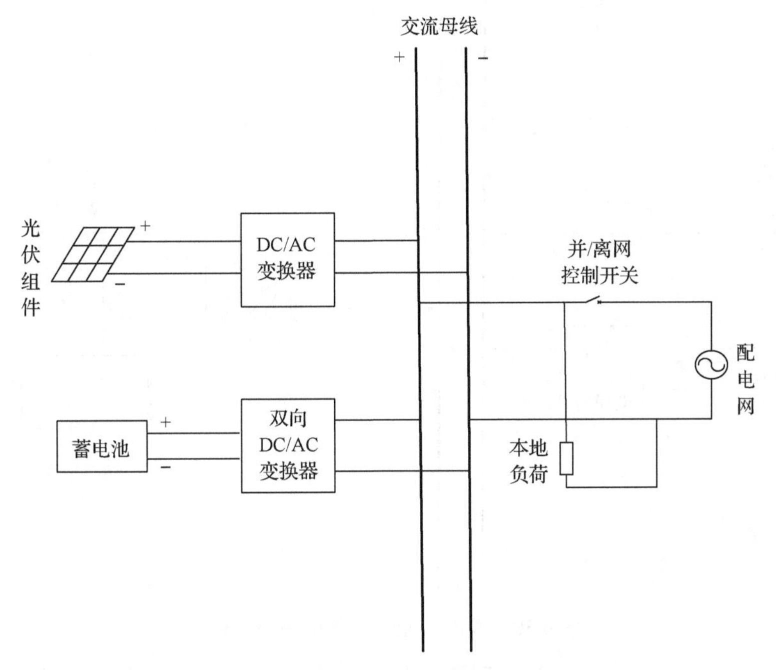

图 4.49　并网型光储一体机拓扑结构 1

另一种光储一体机拓扑结构如图 4.50 所示，光伏组件直接与直流母线连接，蓄电池通过双向 DC/DC 变换器与直流母线连接，直流母线通过并网 DC/AC 变流器与配电网连接并向本地负荷供电，并/离网控制开关根据指令控制光储一体机与电网的连接。该拓扑结构简单，光伏电池通过并网 DC/AC 变流器一级并网，效率高，双向 DC/DC 变换器可以实现对蓄电池充放电的精确控制，蓄电池容量配置灵活。光储一体机在配电网发生故障时，由并网模式转入离网模式。该拓扑结构的缺点是由于光伏组件直接与直流母线连接，造成直流母线电压不稳定，为满足并网 DC/AC 变流器的并网需要，直流母线电压需要维持在较高水平，造成光伏组件串联电压较高，配置不灵活。

还有一种光储一体机拓扑形式如图 4.51 所示，光伏组件通过 DC/DC 变换器与直流母线连接，蓄电池直接与直流母线连接，直流母线通过并网 DC/AC 变流器与配电网连接并向负载供电[19,20]。与图 4.50 所示光储一体机拓扑结构不同，由于光伏组件通过 DC/DC 变换器接入直流母线，配置较为灵活。但是蓄电池直接与直流母线连接，造成直流母线电压不稳定，为满足并网 DC/AC 变流器，蓄电池需要串联至较高电压，由于是双向 DC/DC 变换器，不能对蓄电池进行管理，造成蓄电池使用寿命缩短。

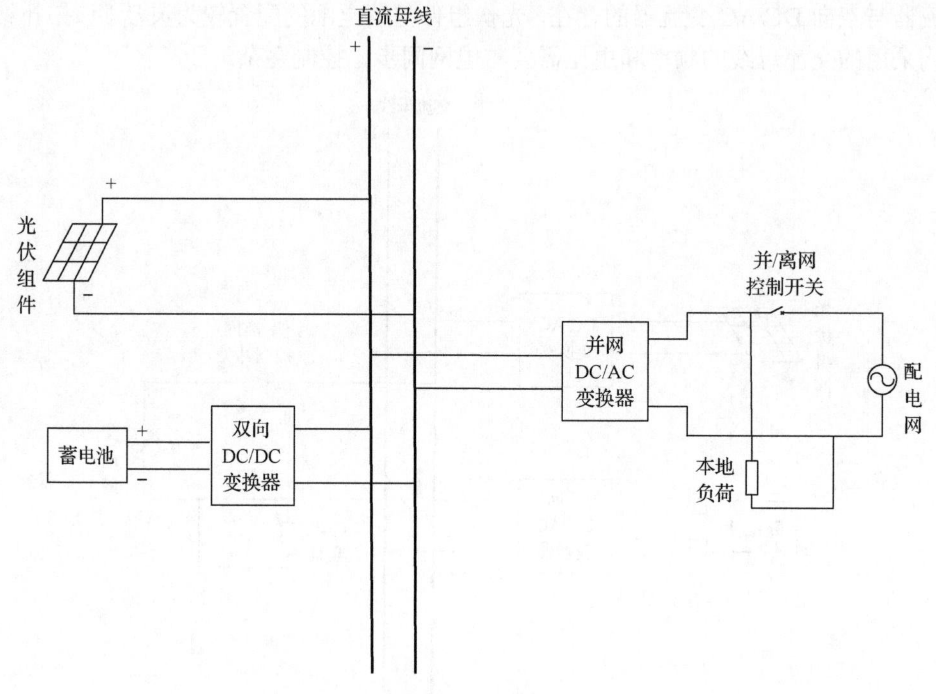

图 4.50　并网型光储一体机拓扑结构 2

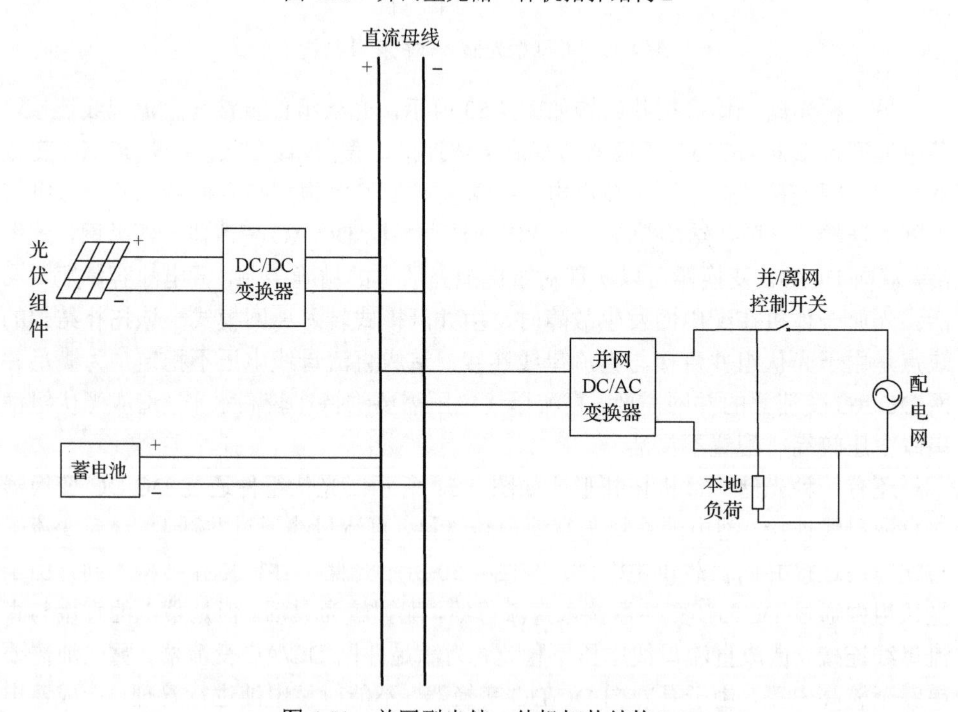

图 4.51　并网型光储一体机拓扑结构 3

为解决图 4.50 与图 4.51 所示光储一体机拓扑结构存在的问题，本节提出图 4.52 所示拓扑结构，该拓扑结构由于光伏组件与蓄电池均通过 DC/DC 变换器与直流母线连接，光伏组件与蓄电池的配置更为灵活，可以同时分别通过 DC/DC 变换器对光伏组件与蓄电池进行精确控制，直流母线电压也可以稳定在给定值，满足并网 DC/AC 变流器并网需要。该拓扑结构的缺点是由于存在多个的变流器，协调控制略复杂[21]。

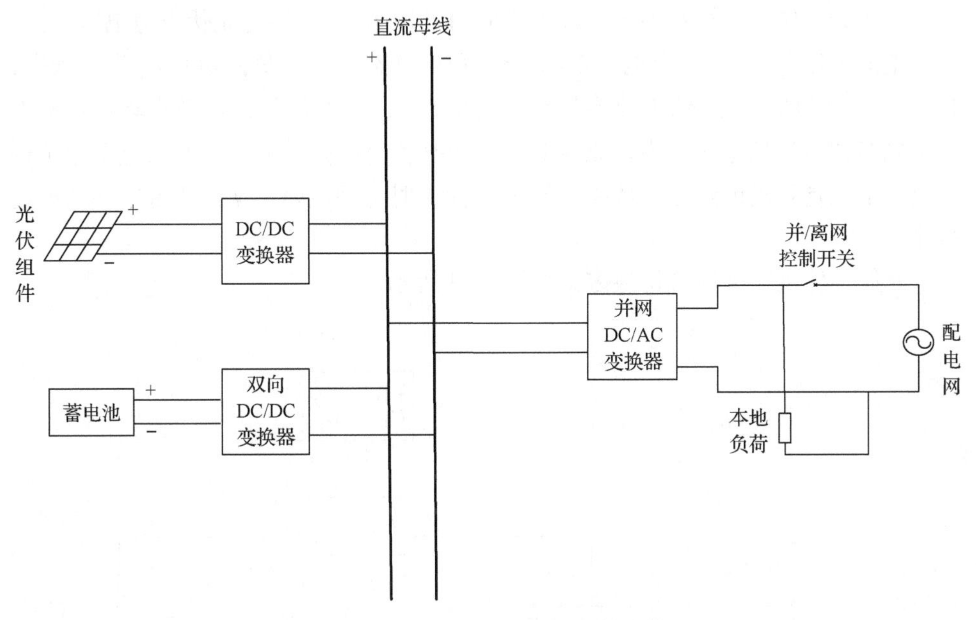

图 4.52　并网型光储一体机拓扑结构 4

2. 光储一体机工作模式

光储一体机根据光伏、储能、负荷、电网的工作状态，对各功能单元的进行协调控制，实现太阳能的最大化利用，对储能电池的充放电管理，在保证负荷稳定供电的前提下，根据并网点电压状态实时调整运行状态，使系统工作在在最优状态。为实现以上目标，设置 7 种主要工作模式。

(1) 工作模式 1：当光伏发出的能量大于负荷需要时，电网运行正常，多余的能量注入电网，向电网馈电。

(2) 工作模式 2：当光伏发出的能量大于负荷需要时，电网电压偏高，多余的能量向储能充电，避免负载出现电压过高现象。

(3) 工作模式 3：当光伏发出的电能不能满足负荷需要时，电网运行正常，光伏与电网一起向负荷供电。

(4) 工作模式 4：当光伏发出的电能不能满足负荷需要时，电网故障(或供电能力不足)时，光伏与储能一起向负荷供电。

(5)工作模式 5：当光伏不能提供电能时，电网运行正常，电网向负荷提供能量。

(6)工作模式 6：当光伏不能提供电能时，同时电网出现故障，储能独立向负载供电。

(7)工作模式 7：待机。

为判断光储一体机在不同工况下相应的工作模式，需要对光伏电池电压U_{PV}、光伏电池电流I_{PV}、并网点电压U_G、电池荷电状态 SOC、负荷功率P_G进行采样。U_{PV}、I_{PV}用来计算光伏电池阵列输出功率P_{PV}，并实现最大功率点跟踪。SOC 用于判断蓄电池的工作状态，来判断蓄电池是否允许充放电。并网点电压用于判断电网电压是否出现越限及故障，设定N为 1 时电网故障，N为 0 时电网未出现故障。

光储一体机工作模式切换方案如图 4.53 所示。

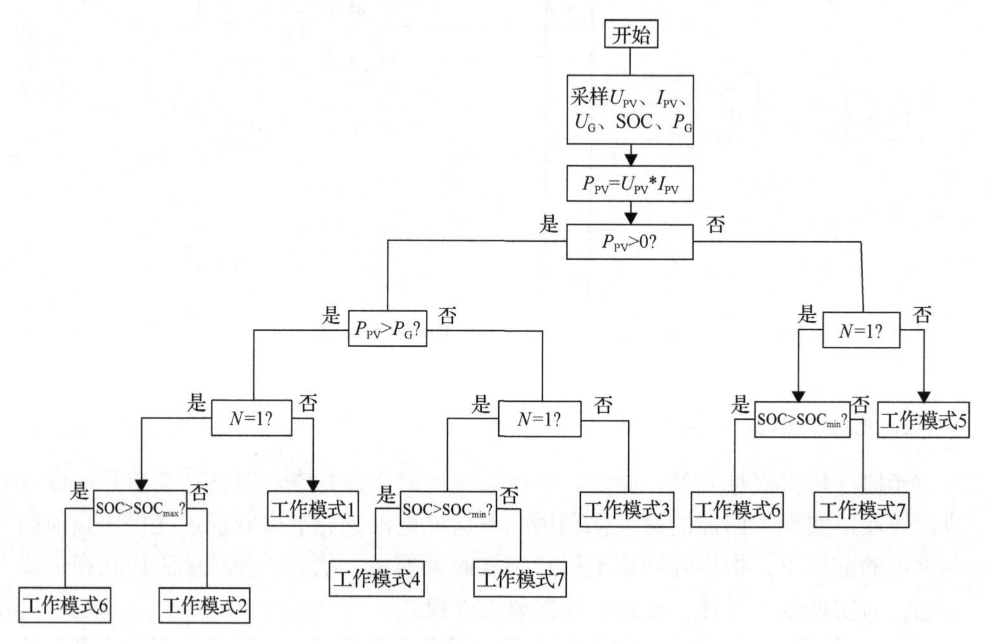

图 4.53　光伏储能一体机工作模式流程图

3. 光储一体机有功电压控制技术

为解决光伏发电引起的并网点电压高压或低压越限等问题，本节提出一种基于下垂控制的光储一体机新型有功电压控制技术，如图 4.54 所示。当光储一体机并网点电压在正常范围内，光伏电池发出的电能通过光储一体机逆变单元全部注入电网，蓄电池充电功率为零。当并网点电压高于正常电压时，光储一体机按照设定的下垂规律降低注入配电网的功率，抑制并网点电压的升高，同时向蓄电池充电。当并网点电压大于设定的最大电压U_{max}时，光储一体机停止向配电网注入能量，最大限度抑制并网点电压的抬升，光伏电池发出的电能全部向电池充电。并网点电压低于正常电压时，光伏电池发出的电能通过光储一体机全部注入电网，同时，蓄电池向电网注入有功功率，支撑电压至正常水平。

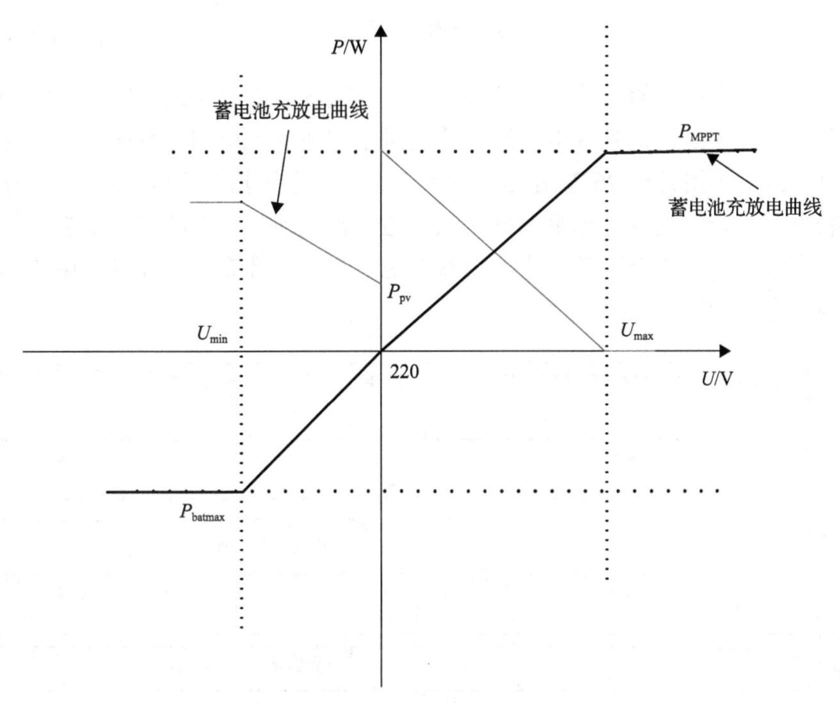

图 4.54　基于下垂控制的有功电压控制原理图

基于下垂控制的有功电压控制技术具体实现方法，如式(4.64)与式(4.65)所示，当电网电压 U_G 处于$220 \leqslant U_G \leqslant U_{max}$区间时，为抑制并网点电压抬升，蓄电池充电功率$P_{bat}$按式(4.64)设定的下垂特性向蓄电池充电，同时向配电网注入功率P_G。当$U_G > U_{max}$时，光伏电池发出的全部功率P_{MPPT}通过光储一体机向蓄电池充电，并网功率P_G下降至零。

$$P_{bat} = \begin{cases} (U_G - 220) \cdot K_1, & 220 \leqslant U_G \leqslant U_{max} \\ P_{MPPT}, & U_G > U_{max} \end{cases} \tag{4.64}$$

$$P_G = P_{MPPT} - P_{bat} \tag{4.65}$$

当电网电压 U_G 处于$U_{min} \leqslant U_G \leqslant 220$时，为抬升并网点电压，光储一体机控

制蓄电池放电，蓄电池功率 P_{bat} 变为负值，与光伏电池一起向电网放电。当 $U_G \leqslant U_{min}$ 时，光储一体控制控制蓄电池以最大功率放电，最大限度为配电网提供有功支撑。

$$P_{bat}=\begin{cases}(U_G-220)\cdot K_2, & U_{min}<U_G<220\\ P_{bat\,max}, & U_G\leqslant U_{min}\end{cases} \tag{4.66}$$

$$P_G=P_{PV}-P_{bat} \tag{4.67}$$

对基于下垂特性的光储一体机有功电压控制方法进行验证，如图 4.55 所示，光照条件较好时，设定光伏电池发出的能量全部注入配电网，受线路阻抗影响，并网点电压大幅抬升至 260V 左右，远高于允许的电压抬升范围，造成电压越限。为抑制电压抬升，光储一体机根据光伏电池、蓄电池与电网的工作状态，按照有功电压调节策略，协调三者工作，对蓄电池按下垂特性充电，并网点电压抬升范围得到了有效抑制。

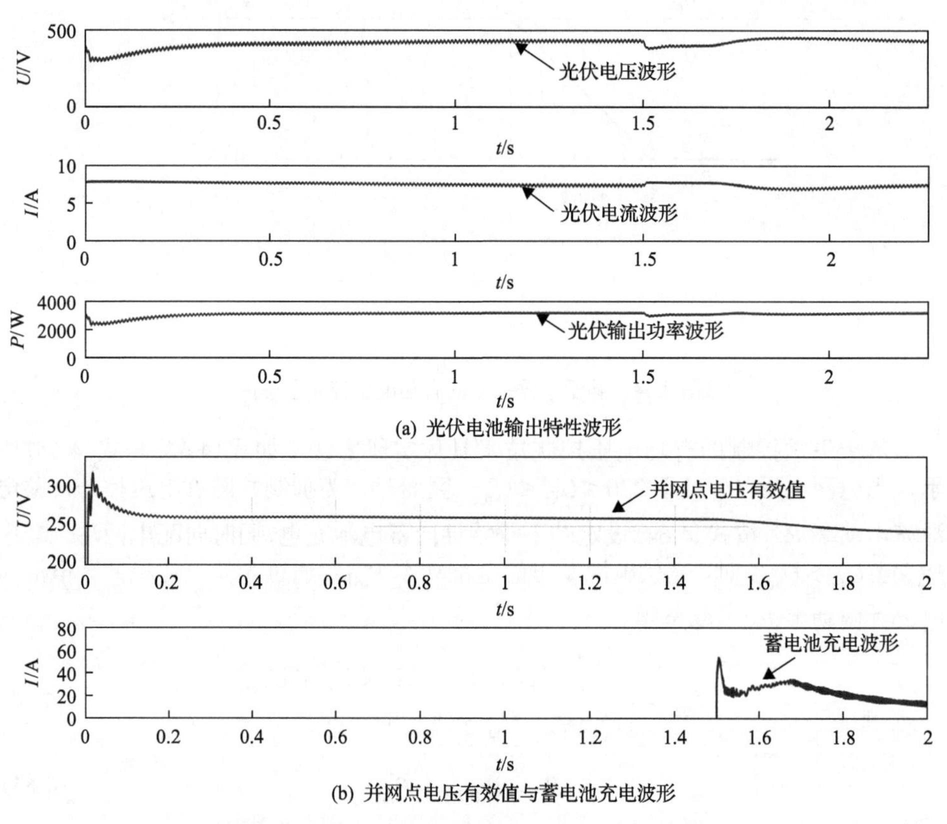

(a) 光伏电池输出特性波形

(b) 并网点电压有效值与蓄电池充电波形

图 4.55　光伏储能一体机有功电压调节波形图

4.3.2　光储一体机并/离网无缝切换控制技术

1. 光储一体机无缝切换必要条件分析

光储一体机既可以工作在并网模式，实现与配电网的能量交换，又在配电网发生故障或检修时工作在离网模式，独立向负荷供电。这就要求光储一体机在并/离网切换期间需保证并/离网双模式切换前后负荷电压与相位的一致性，保障持续稳定供电，即具备并/离网无缝切换功能[22]。

受配电网非线性、不对称性、操作、干扰及各种故障等原因的影响，配电网中会存在各种各样的电能质量问题。当分布式光伏发电系统大量接入配电系统中，加剧了配电网的电能质量问题。其中，受光伏发电的随机性与配电网线路阻感比 R/X 较大的影响，负荷电压暂降和骤升的问题最为突出，这对于本地负荷的危害极大。为提高负荷供电安全性，光储一体机进行并网模式转离网模式的条件设定如下。

(1) 任意一相电网电压幅值的波动范围 ΔU 不超过 $\pm x\%$，保证负荷电压不会出现大的冲击。

(2) 电网有计划检修或者发生故障时，在控制指令的调度下主动转入离网模式。

(3) 并网模式转离网模式的时间 Δt 应该足够短，以保证负荷供电的连续性，可设定为 $\Delta t < z$ 。

不同类型的负荷对配电网电压暂降或骤升的敏感度会有所不同，其电压波动范围$\pm x\%$的选取应根据不同的负荷需求而定。

当配电网电压恢复正常时，光储一体机在保证本地负荷供电不受影响的前提下，由离网模式转入并网模式。并网过程中首先要满足本地负荷电压和电网电压同步，保证并网控制开关闭合瞬间不会产生冲击电流，同时实现本地负荷电压的平滑过渡。因此，如图 4.59 所示，光伏储能一体机进行离网模式转并网模式的条件设定如下。

(1) 配电网电压恢复正常。

(2) 配电网电压相位与本地负荷电压相位之差 $\Delta\theta$ 不超过 $\pm\varepsilon$ 。

(3) 配电网电压幅值与本地负荷电压幅值之差 ΔU_1 不超过 $\pm\sigma$ 。

其中，相位差范围 $\pm\varepsilon$ 与电压幅值差范围 $\pm\sigma$ 可根据实际要求进行确定。

光储一体机并/离网切换逻辑如图 4.56 所示，为保证本地负荷的用电可靠性，对从并网模式切换到离网模式的时间做严格的限制。与并网模式切换到离网模式不同，离网模式切换到并网模式对切换时间没有严格要求，但对本地负荷电压与电网电压的一致性具有严格要求，通常情况下，两者的相位和幅值偏差在一定范围内，就能保证光储一体机并/离网切换瞬间产生的冲击电流在可承受范围内。

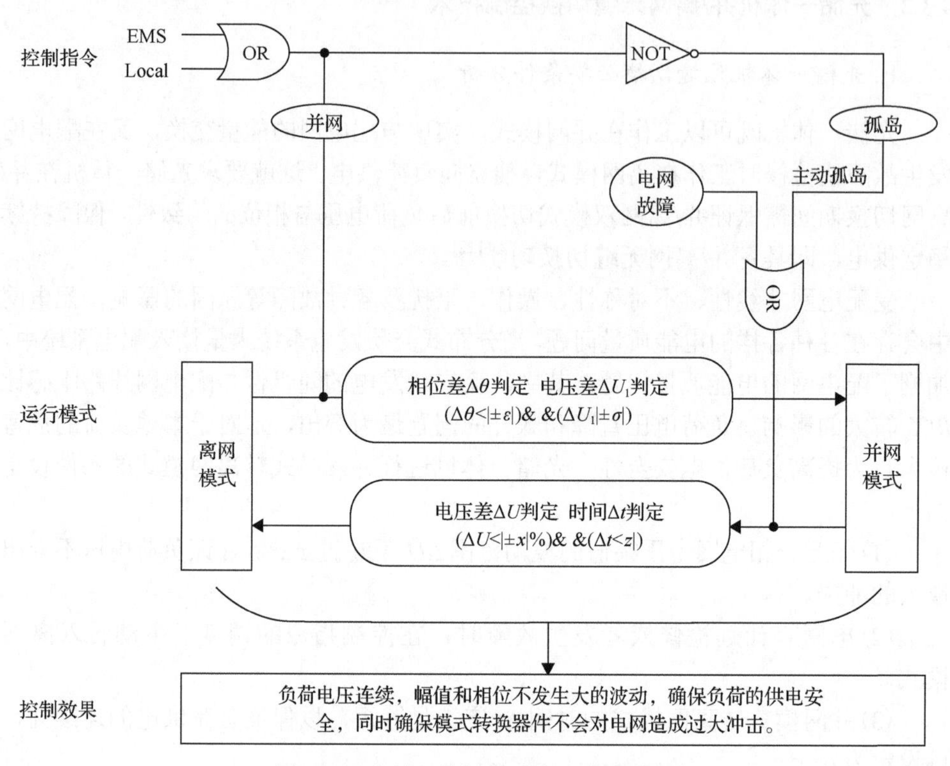

图 4.56　光储一体机并/离网切换逻辑图

2. 静态开关强制关断控制策略

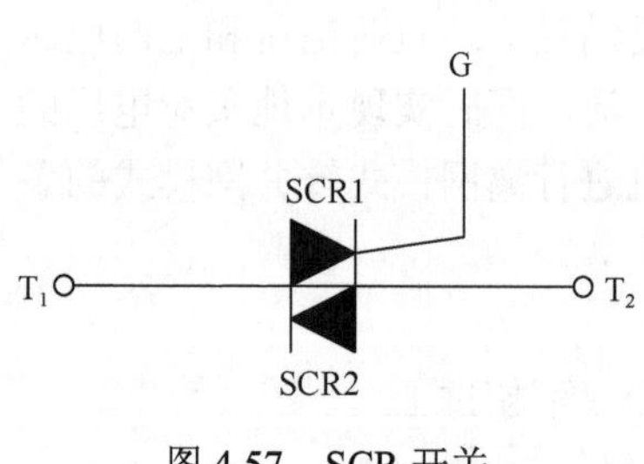

图 4.57　SCR 开关

光储一体机需要通过开关设备实现与电网的通断，选用静态开关(silicon controlled rectifier，SCR)作为一体机并网控制开关，如图 4.57 所示。SCR 具有开关动作快、通流能力强、成本低等特点，是并网控制开关的理想选择。

SCR 为半控型器件，只能够通过门极信号控制其导通，不能控制其关断，在交流电路中，每个工频周期内两只反并联的 SCR 交替通过。每只 SCR 通过的电流都存在着周期性过零时刻，当撤去门极触发信号后，处于导通状态的 SCR 不会立即关断，仍然继续导通，当电流下降到维持电流以下时，SCR 由导通变为阻断，关断时间取决于撤去触发脉冲的时刻。如图 4.58 所示，在 0.051s 撤去触发脉冲后，流过 SCR 的三相并网电流依次关断波形。

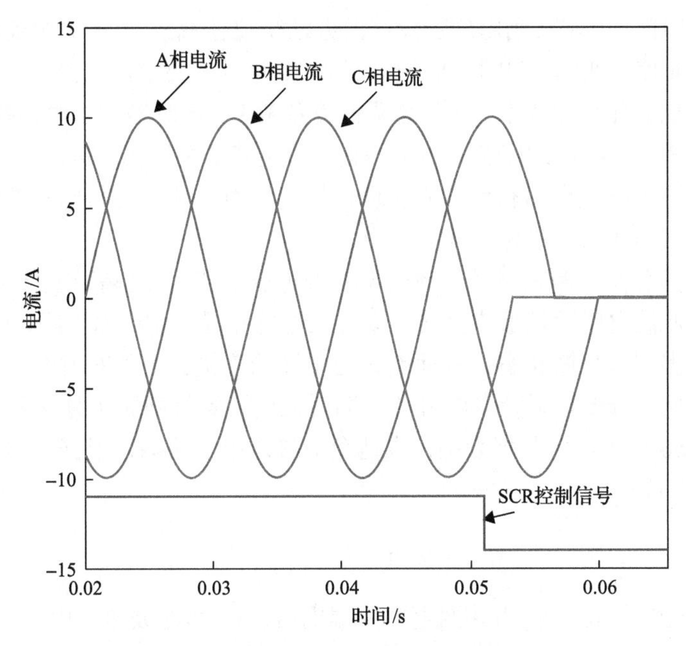

图 4.58 SCR 自由关断波形

光储一体机采用电流源并网控制策略，撤去 SCR 触发脉冲后的负荷电压波形如图 4.59 所示，一体机并未转入离网模式，而是本地负荷电压大幅上升。负荷电压虽然频率仍然为 50Hz，但幅值大幅上升到 360V，如此高的电压严重危害本地负荷的供电安全。

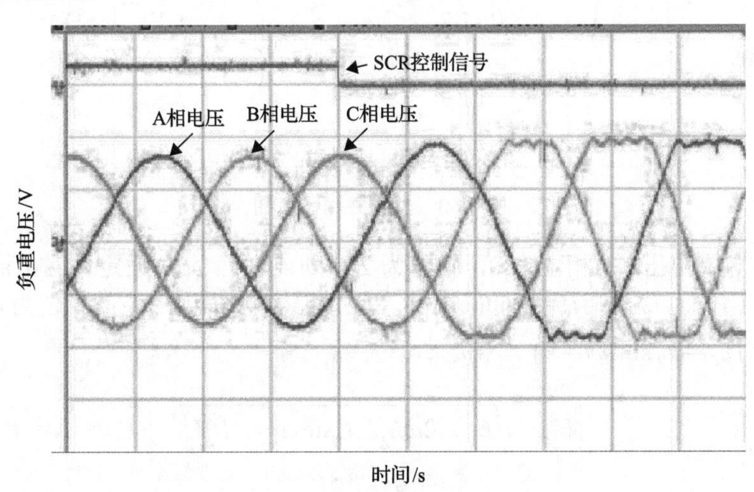

图 4.59 SCR 关断负荷电压波形

为确保本地负荷的供电安全，提高用电可靠性，必须采取措施缩短并网控制开关的关断时间。通常会利用施加反压的办法来迫使流经 SCR 的电流降到维持电流以下，从而使导通的 SCR 快速关断。但施加反压需要增加换流电路，不仅会提高光储一体机的体积和成本，而且会降低设备效率，同时增加了协调控制的难度，使可靠性下降。为解决此问题，在不增加换流电路的情况下，提出一种 SCR 强制关断策略，该策略完全由软件控制实现，快速切断本地负荷与电网的连接，实现快速转入离网模式，以确保不间断供电。

SCR 开关强制关断策略通过改变电容的电压幅值，使之高于或低于电网电压，进而在并网滤波电感两端形成反压，该反压迫使并网电流迅速下降，促使 SCR 快速由导通状态转入阻断状态，从而断开与电网的连接。下面对滤波电容电压的幅值何时升高何时降低，以及影响开关关断时间的因素等问题进行深入研究。

如图 4.60 所示，以单相为例，本地负荷接入电容两端，根据基尔霍夫电压定律，式(4.68)成立：

$$u_{Lg}=u_C-e \tag{4.68}$$

式中，e 为电网电压；u_{Lg} 为并网电感两端电压；u_C 为滤波电容电压。

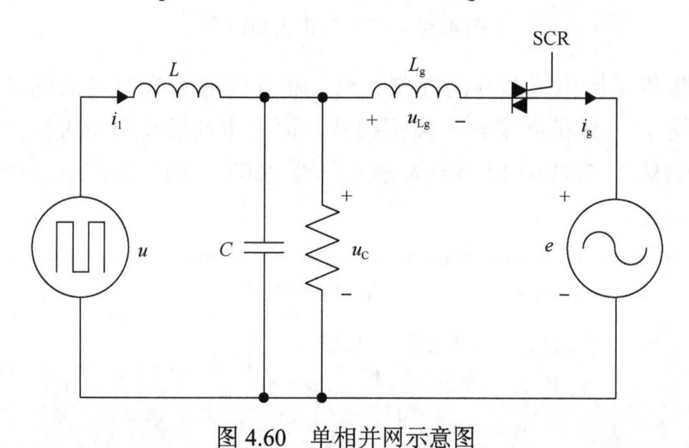

图 4.60　单相并网示意图

设定电网电压 e 的相位为 0，幅值为 E，则 $e=E\sin\omega t$。设定并网电流 i_g 的相位为 α，幅值为 I_g，则 $i_g=I_g\sin(\omega t+\alpha)$。设定滤波电容电压 u_C 的相位为 θ，幅值为 U_2，则 $u_C=U_2\sin(\omega t+\theta)$，满足如下关系：

$$\begin{cases} U_2=\sqrt{E^2-2\omega L_g I_g E\sin\alpha+\omega^2 L_g^2 I_g^2} \\ \theta=\arctan\dfrac{\omega L_g I_g\cos\alpha}{E-\omega L_g I_g\sin\alpha} \end{cases} \tag{4.69}$$

并网电感两端的电压 u_{Lg} 为

$$u_{\mathrm{Lg}}=U_2\sin(\omega t+\theta)-E\sin\omega t \tag{4.70}$$

设定滤波电容电压改变之后的幅值为 U_2'，令 $U_2'=xU_2$，$x\in(0,1)\cup(1,2)$，此时并网电感两端的电压 u_{Lg}' 为

$$u_{\mathrm{Lg}}'=xU_2\sin(\omega t+\theta)-E\sin\omega t \tag{4.71}$$

当并网电流下降到 0 的时间 Δt 足够短时，式(4.72)成立。

$$\Delta t=L_{\mathrm{g}}\frac{\Delta i_{\mathrm{g}}}{\Delta u_{\mathrm{Lg}}}=L_{\mathrm{g}}\frac{0-i_{\mathrm{g}}}{u_{\mathrm{Lg}}'-u_{\mathrm{Lg}}} \tag{4.72}$$

把式(4.70)和式(4.71)，代入式(4.72)，可得

$$\Delta t=L_{\mathrm{g}}\frac{I_{\mathrm{g}}\sin(\omega t+\alpha)}{(1-x)U_2\sin(\omega t+\theta)} \tag{4.73}$$

由式(4.73)可知，$I_{\mathrm{g}}\sin(\omega t+\alpha)$ 为强制关断实施前的并网电流瞬时值，$U_2\sin(\omega t+\theta)$ 为强制关断实施前电容电压瞬时值。关断时间 Δt 为正值，存在以下两种情况，如图 4.61 所示。

(1) 当 $i_{\mathrm{g}}\cdot u_{\mathrm{C}}>0$，即 i_{g} 和 u_{C} 同相时，降低电容电压的幅值，使之低于电网电压。

(2) 当 $i_{\mathrm{g}}\cdot u_{\mathrm{C}}<0$，即 i_{g} 和 u_{C} 反相时，升高电容电压的幅值，使之高于电网电压。

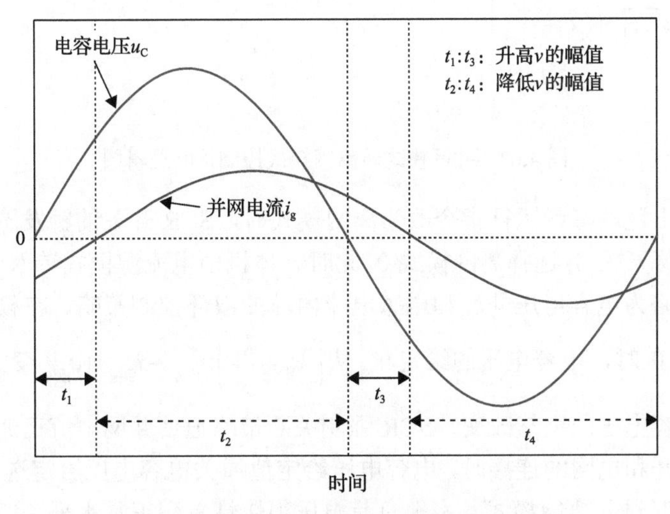

图 4.61　电容电压幅值调节区域示意图

3. 光储一体机并网模式转离网模式控制技术研究

结合 SCR 开关强制关断策略与光储一体机控制策略，本书提出适用于光储一体机的并网模式转离网模式控制策略，如图 4.62 所示。0 代表离网模式，1 代表并网模式，模式指令由 EMS 或本地控制器发出。电网电压的状态用 0 和 1 表示，0 代表故障，1 代表正常。当光储一体机工作于并网模式时，SCR 开关触发脉冲为高，开关闭合，模式选择开关 S_2 选择并网模式 1，结合并网滤波器，并网控制策略为三环控制策略，由并网电流外环、电容电压中环和电感电流内环组成，控制环在 d、q 坐标系下运行。三环控制策略不受电网电压波动和参数变化的影响，具有很强的抗干扰性能。

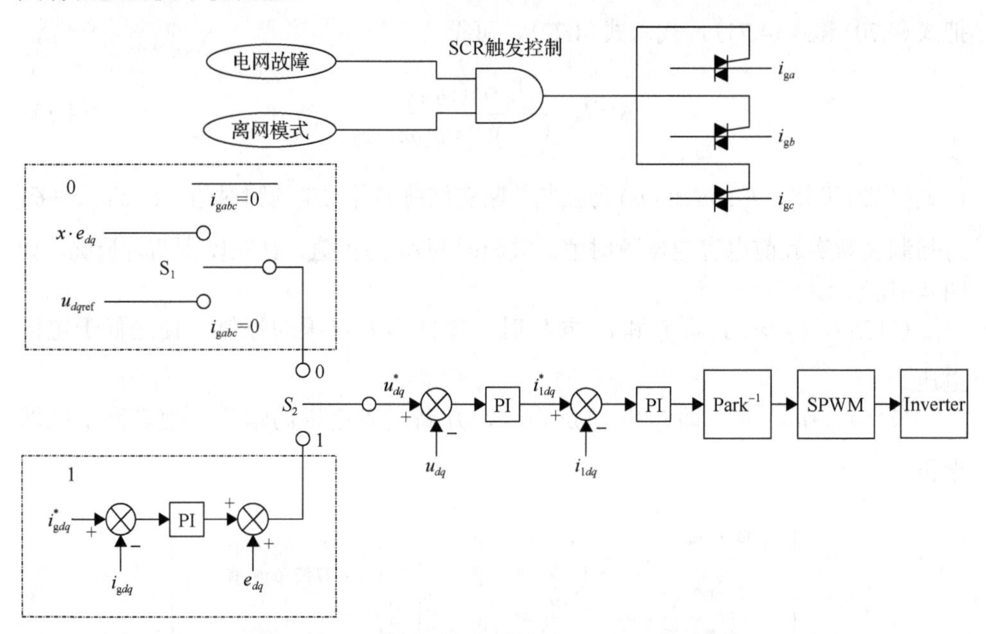

图 4.62　并网模式转离网模式控制策略逻辑图

当电网出现故障或运行指令改为离网模式时，SCR 开关的触发脉冲降为零，同时模式选择开关 S_2 选择离网模式 0，此时一体机由电流源模式转入电压源模式，离网控制策略为电容电压外环和电感电流内环的双环控制策略。在模式选择开关 S_2 选择模式 0 时，电容电压的给定 u^*_{dq} 从 $\left(k_{\text{P}}+\dfrac{k_i}{s}\right)(i^*_{\text{g}dq}-i_{\text{g}dq})+e_{\text{g}dq}$ 变为 $x\cdot e_{dq}$，其中，由于电容电压的突然改变，SCR 强制关断策略迫使并网电流迅速下降为零，当一体机断开和电网的连接时，电容电压给定值通关电容电压给定选择开关 S_1 转为 $u_{dq\text{ref}}$，此时进入离网模式，本地负荷电压很快恢复到正常水平。切换过程中需要注意的是，电容电压给定值 u_{dqref} 一定要考虑到离网瞬间电网电压的相位，设定离网瞬间电网电压相位为 θ，则

$$\begin{bmatrix} u_{dref} \\ u_{qref} \end{bmatrix} = \begin{bmatrix} U\cos\theta \\ -U\sin\theta \end{bmatrix} \tag{4.74}$$

式中，U 为电容电压的额定幅值；θ 为初始相位，如此才能保证模式转换前后本地负荷电压的相位不发生跳变。

光储一体机转入离网模式时，本地负荷电压和并网电流仿真波形如图 4.63 所示。在 0.0062s 时撤去 SCR 触发脉冲，同时降低电容电压，可以看出并网电流在 2ms 内被强制降低到 0，SCR 开关断开，光储一体机转入离网模式，同时恢复电容电压至额定值。电流仿真波形中低电平跳变代表撤去 SCR 触发脉冲。负荷电压在时间上保持了连续，其幅值只是在 SCR 关断时略有波动，很快又恢复正常水平，同时电压相位与并网时保持一致。

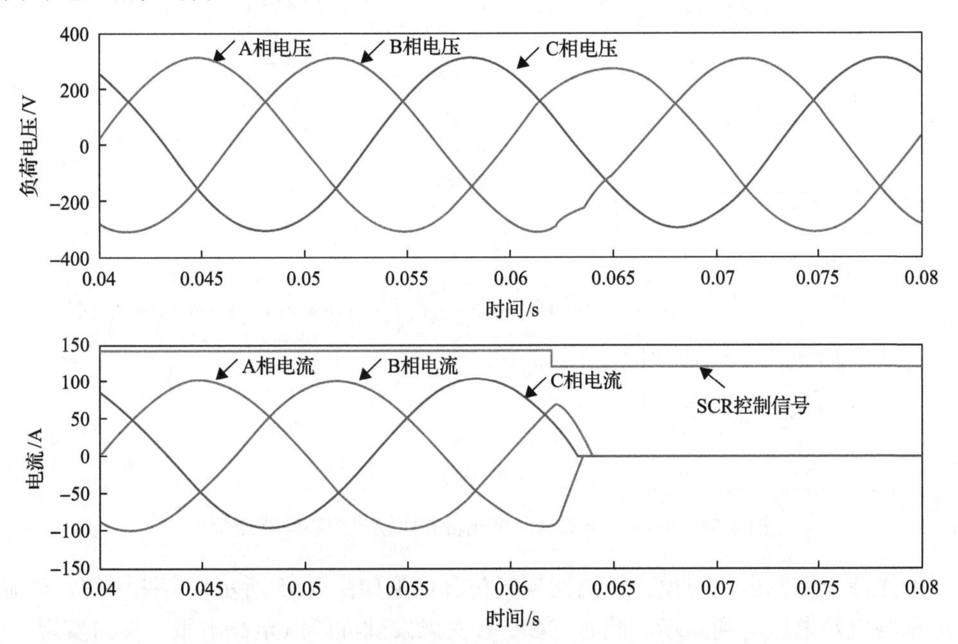

图 4.63　光储一体机并网模式转离网模式负荷电压和并网电流仿真波形

4. 光储一体机离网转并网模式控制技术研究

光储一体机并网瞬间的并网电流是否出现冲击取决于本地负荷电压和电网电压之间的相位和幅值差[22]，并网电感的等效阻抗很小，本地负荷电压和电网电压之间的细微差异，就会造成并网电流出现很大的电流冲击。更糟糕的是，如果电

流反向注入光储一体机，会使直流母线电压大幅上升，甚至造成供电中断。因此，光储一体机由离网模式转并网模式时，首先要调整电容电压，使之逐渐与电网电压同步，为光储一体机并网操作创造条件。不同于并网模式转离网模式时对转换时间有严格的要求，对并网的响应时间不做严格限制，但是要保证本地电压转换过程中幅值和相位不发生跳变[23]。

光储一体机离网模式转并网模式控制策略如图 4.64 所示，模式 0 代表离网模式，模式 1 代表并网模式，模式指令可以由 EMS 或本地控制器发出，0 代表故障，1 代表电网正常。当一体机接收到并网指令时，将逐步调整电容电压的给定 $u_{dq\text{ref}}$，使之与电网电压同步，当两者的差别在允许的范围之内即满足并网必要条件时，控制器发出高电平触发信号，SCR 开关闭合，同时模式选择开关 S_2 转为并网模式 1，实现控制策略转换。

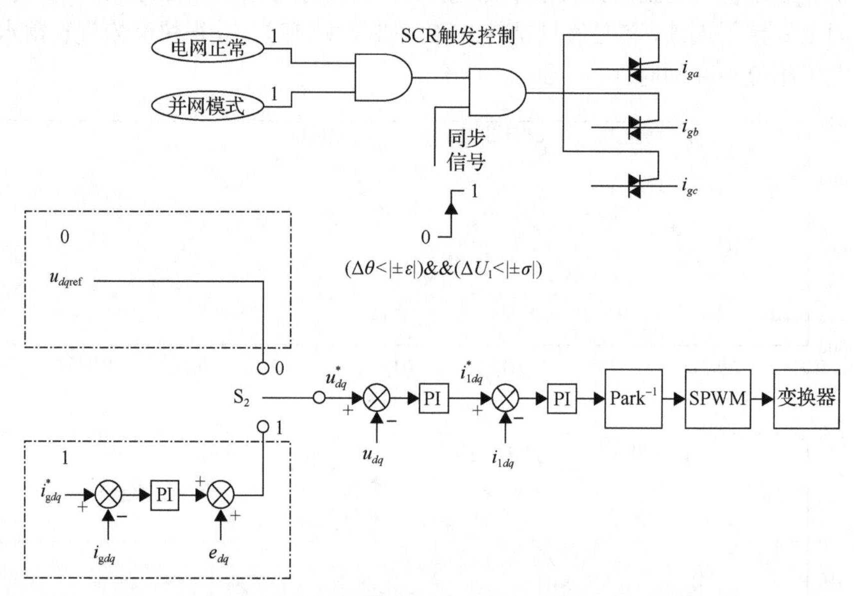

图 4.64　光储一体机离网模式转并网模式控制策略逻辑图

光储一体机由并网模式转离网模式仿真波形如图 4.65 所示，由图可知，负荷电压与电网电压达到同步，此时 SCR 开关触发脉冲阶跃至高电平，同时实现并/离网控制的切换。在并网瞬间，d、q 轴下电容电压的给定由 $u_{dq\text{ref}}$ 突变为 $\left(k_P+\dfrac{k_i}{s}\right)(i_{gdq}^*-i_{gdq})+e_{gdq}$，虽然 $u_{dq\text{ref}}$ 与 e_{dq} 近似相等，但由于并网电流 PI 控制环节 $\left(k_P+\dfrac{k_i}{s}\right)(i_{gdq}^*-i_{gdq})$ 的存在，并网瞬间本地负荷电压仍然有小幅波动，并引起一定并网电流冲击，但冲击在可接受范围内即可。

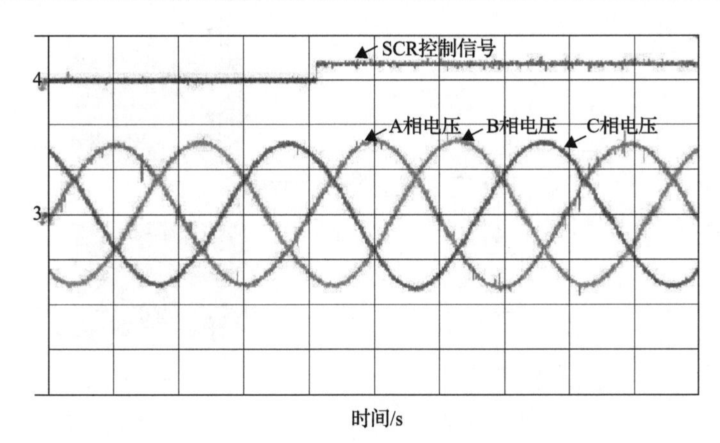

图 4.65　光储一体机由并网模式转离网模式仿真波形

4.3.3　光储一体机研制与应用

1. 功能介绍

光伏储能一体机将光伏发电控制单元、储能充放电控制单元、并网控制单元和中央控制器集成在一起，中央控制器根据设定的控制策略与配电网一起向负载供电[42,43]。中央控制器根据外部环境或上位机指令的变化，向各功能单元发出控制指令，使装置工作在最优的工作模式，保证负载稳定供电的同时，最大限度降低对电网的影响。光伏储能一体机的功能如下。

(1) 最优功率控制。光伏储能一体机具备 MPPT 功能，蓄电池充放电控制单元对蓄电池充放电过程及温度进行管理，延长蓄电池使用寿命；并网单元根据外部情况或指令实现与电网功率交换。

(2) 最优能量管理。光伏储能一体机根据需要设定多个工作模式，各工作模式间可实现无缝切换，同时实现对并网点电压的自适应调节，实现能量的优化供应和经济运行。

2. 系统结构设计

光伏储能一体机拓扑结构如图 4.66 所示。为提高光储一体机整体功率密度，直流母线通过一级 DC/AC 变流器直接接入电网并向用户供电，DC/AC 变流器不采用隔离变压器。为增强蓄电池组工作的灵活性，同时满足蓄电池组、光伏电池、电压三者能量交换的需要，蓄电池组通过双向 DC/DC 变换器与直流母线连接，实现直流母线与蓄电池的能量交换，为提高光伏储能一体机的功率密度和工作效率，采用非隔离双向 DC/DC 变换器。

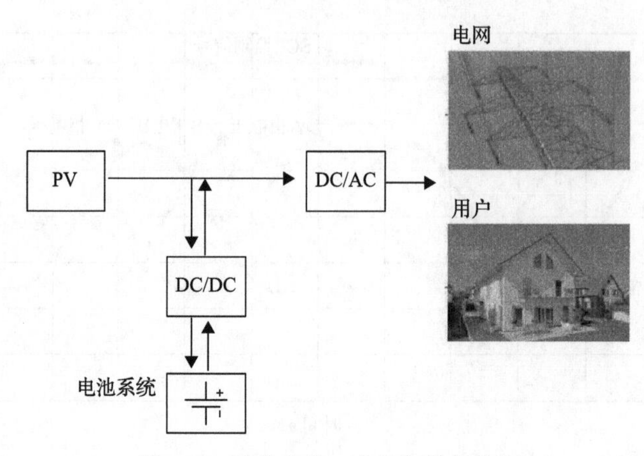

图 4.66　光伏储能一体机拓扑结构图

光伏储能一体机各功能模块连接示意图如图 4.67 所示，PV、DC/DC 变换器、AC/DC 变流器连接到直流母线，AC/DC 变流器与电网和负荷连接。DSP 控制系统采集 DC/DC 变换器和 AC/DC 变流器控制信息，并根据控制算法向二者发出控制指令。上位机可以通过 485 通信和 CAN 通信向 DSP 控制系统下发控制指令或者采集光伏储能一体机的控制信息。

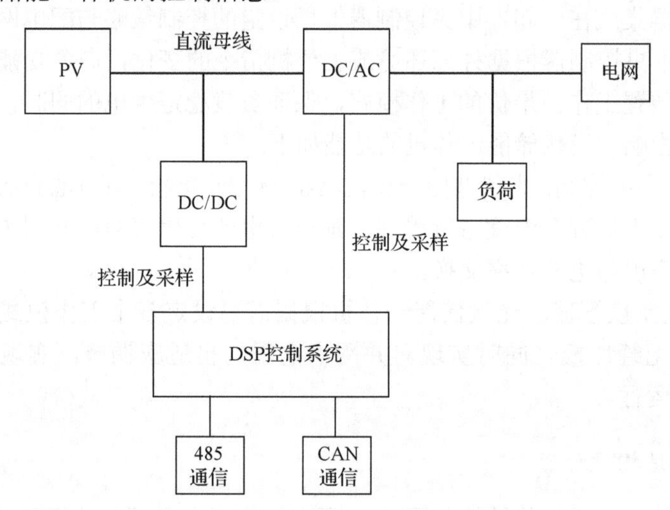

图 4.67　光伏储能一体机各功能模块连接图

如图 4.68 所示，主控芯片可以分为 SPI 模块、GPIO 模块、A/D 模块、CAN 功能模块、EPWM 模块、SCI 模块等功能模块。CAN 功能模块通过外部 CAN 接口电路与外部通信，SCI 模块通过 RS485 接口电路与外部通信。EPWM 模块通过电平转换电路向向变流器发出驱动脉冲，A/D 模块通过信号调理电路采集变流器状态信息用于控制计算。GPIO 可以通过电平转换电路控制继电器吸合与断开。

SPI 模块可以与显示屏通信。

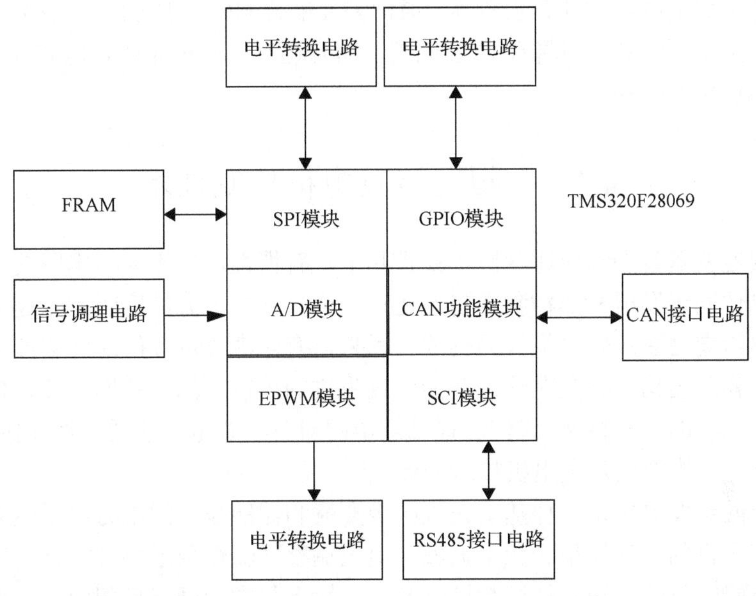

图 4.68　光伏储能一体机控制系统资源分配

3. 应用场景分析

光伏储能一体机是以储能技术、电力电子技术、电力系统和自动控制技术为基础的先进技术装备，针对不同的应用需求，定位于不同的应用场景。

1) 光伏发电渗透率高且电网较弱的地区

分布式光伏发电主要是通过控制逆变器以电流源形式向电网注入能量，但是当光伏发电渗透率较高时，会造成低压电网末端电压上升甚至造成电压越限，严重时造成用户用电设备损坏，威胁用户用电安全。光伏储能一体机可以根据电网工况实时调节工作模式，抑制电网电压越限，保证供电可靠性，提升用户光伏发电收益。

2) 处于电网末端或无电地区，供电成本高的地区

这些地区一般包括受国家政策支持的示范性工程，以及农区、牧区、边远地区的边防连队、哨所、海岛驻军、内陆湖泊渔民、地处野外高山的微波站、航标灯、电视差转台站、气象站、森林中的瞭望火台、石油天然气输油管道、近海滩涂养殖业和沿海岛屿等。这些地区电网供电困难且供电成本、电网维护成本高昂，通过光伏储能一体机与当地负荷组成微电网，通过太阳能与储能的协调配合，保证负荷供电可靠性同时降低供电成本。

3) 供电可靠性要求高的单位

关键负荷供电可靠性要求较高，通常需要配置UPS，但UPS投资大且利用率低。光伏储能一体机不但具有UPS功能，而且还可以通过光伏发电获取收益，是一种更为理想的选择。

4.4 虚拟同步发电机控制技术

并网逆变器暂态响应速度快，并且几乎没有惯性，也不参与电网的调频和调压，难以像同步发电机那样独立自治运行。当分布式电源的容量越来越大时，并网逆变器给电力系统带来很大的挑战。近来，有学者发现并网逆变器和传统同步发电机在物理结构上存在对偶，若能通过先进的控制算法使并网逆变器模拟传统的同步发电机的运行特性，显然会提高配电网对分布式电源的适应性和接纳能力。这也就促进了虚拟同步发电机技术的诞生[24-27]。

虚拟同步发电机是一种基于先进同步变流和储能技术的电力电子装置，通过模拟同步电机的本体模型、频率调整、电压调整和惯性阻尼特性，使含有电力电子接口(逆变器)的电源，从运行机制及外特性上与常规同步机相似，从而参与电网调整和阻尼振荡。如图4.69为虚拟同步发电机的关键技术示意图。

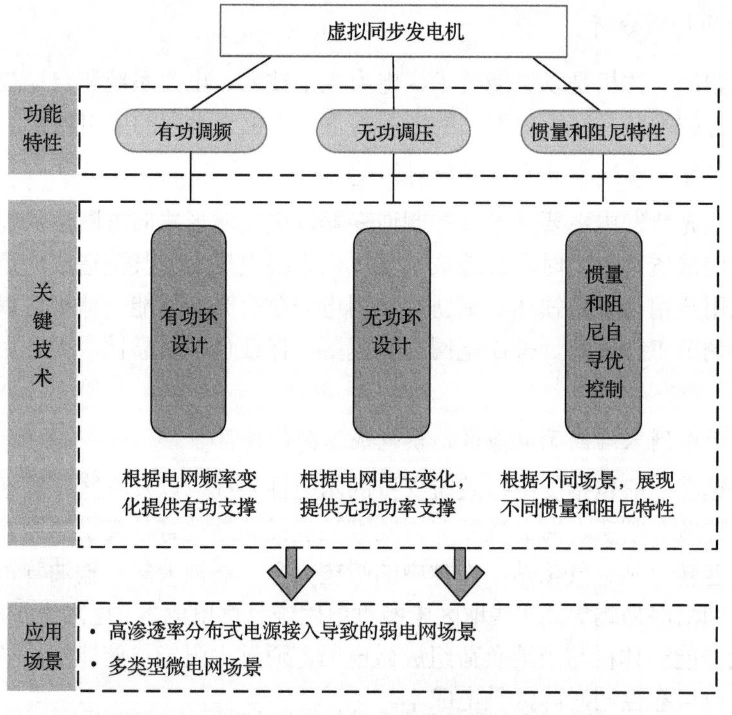

图4.69 虚拟同步发电机功能及关键技术示意图

4.4.1　虚拟同步发电机有功/无功控制技术

1. 有功控制

传统同步发电机一次调频曲线如图 4.70 所示。

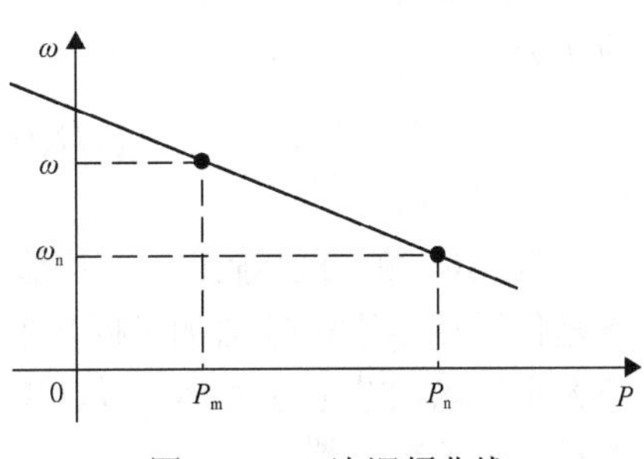

图 4.70　一次调频曲线

根据同步发电机有功-频率调节原理[28,29]，其数学关系式如下：

$$P_{\mathrm{m}} = P_{\mathrm{n}} + D_{\mathrm{p}}(\omega_{\mathrm{n}} - \omega) \tag{4.75}$$

式中，P_{m}为原动机实际提供的机械功率；P_{n}为原动机设定的机械功率；D_{p}为有功—频率的调节系数；ω_{n}为额定角频率；ω为实际角频率。

若变流器有功调节按一次调频方式进行控制，则能使变流器模拟同步发电机的一次调频特性，在系统功率或频率变化的同时自动按照下垂曲线调节有功输出，给予电网一定的有功支撑[30-33]。

传统同步发电机出力由转子的转动能量实现，其转动惯量较大，当负荷突变时，由于转子转动惯性特性，其转动频率变化能平缓过渡，不会突变，在一次调频的作用下平滑过渡到新的稳态。因此，借鉴同步发电机的惯性特性，在下垂控制的基础上，将惯性控制引入逆变器控制策略，可进一步模拟同步发电机的外特性，将并网逆变器虚拟为同步发电机。

由牛顿第二定律可得同步发电机的转矩方程如下[34,35]：

$$T_{\mathrm{m}} - T_{\mathrm{e}} - T_{\mathrm{D}} = T_{\mathrm{m}} - T_{\mathrm{e}} - A(\omega - \omega_{\mathrm{n}}) = J\frac{\mathrm{d}\omega}{\mathrm{d}t} \tag{4.76}$$

式中，T_{m}为原动机提供的机械转矩；T_{e}为同步发电机的电磁转矩；T_{D}为阻尼转矩；J为转动惯量；ω为实际角频率；ω_{n}为额定角频率；A为阻尼系数。计及转矩与功率的计算关系，式 4.76 可转化为

$$T_{\mathrm{m}}\omega - T_{\mathrm{e}}\omega - T_{\mathrm{D}}\omega \approx T_{\mathrm{m}}\omega_{\mathrm{n}} - T_{\mathrm{e}}\omega_{\mathrm{n}} - T_{\mathrm{D}}\omega_{\mathrm{n}} = P_{\mathrm{m}} - P_{\mathrm{e}} - A\omega_{\mathrm{n}}(\omega - \omega_{\mathrm{n}}) = J\omega_{\mathrm{n}}\frac{\mathrm{d}\omega}{\mathrm{d}t} \tag{4.77}$$

将式(4.76)代入式(4.77)可以得到考虑一次调频和惯性作用的同步发电机转矩机械方程：

$$P_{\text{set}} + D_{\text{p}}(\omega_{\text{n}} - \omega) - P_{\text{e}} - A\omega_{\text{n}}(\omega - \omega_{\text{n}}) = P_{\text{set}} + (D_{\text{p}} + A\omega_{\text{n}})(\omega_{\text{n}} - \omega) - P_{\text{e}} = J\omega_{\text{n}}\frac{\text{d}\omega}{\text{d}t} \tag{4.78}$$

实际情况中，阻尼转矩相对于机械转矩和电磁转矩来说很小，则式(4.78)可简化为

$$P_{\text{set}} + D_{\text{p}}(\omega_{\text{n}} - \omega) - P_{\text{e}} = J\omega_{\text{n}}\frac{\text{d}\omega}{\text{d}t} \tag{4.79}$$

从式(4.79)可以看出，下垂部分表达式和阻尼表达式形式一致，一次调频的下垂作用相当于等效增加了同步发电机的阻尼部分，并且通过控制下垂系数 D_{p} 的大小可以调节阻尼大小，以此来控制原动机的输出功率，实现有功与频率间的下垂调节关系[34-36]。

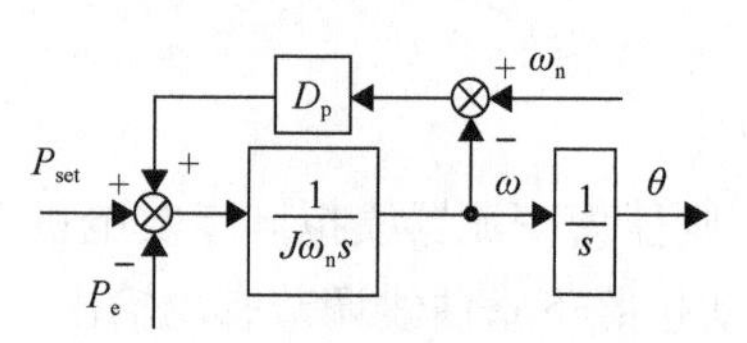

图 4.71 有功环路控制结构

从变流器的控制角度看，根据式(4.79)设计控制算法，就能在下垂控制的基础上引入惯性环节，模拟同步发电机的惯性，使逆变器有功控制效果更类似于传统同步发电机，具有传统同步发电机一次调频和惯性的特点。根据式(4.79)设计的 VSG 有功环路控制结构如图 4.71 所示。

有功功率的计算可以通过瞬时功率理论计算得到[37-39]：

$$P_{\text{e}} = 1.5(u_d i_d + u_q i_q) \tag{4.80}$$

式中，u_d、u_q、i_d、i_q 分别为两相同步旋转坐标系下变流器输出电压值和电感电流值的 d、q 轴分量。对于下垂系数 D_{p} 的选取，考虑发生功率与频率变化时前后两个稳定状态。稳定运行时，$\text{d}\omega / \text{d}t = 0$，$P_{\text{set}}$ 与 ω_{n} 为固定值，则根据式(4.80)可由前后稳定状态做差计算 D_{p}：

$$D_{\text{p}} = \frac{\Delta P}{\Delta \omega} \tag{4.81}$$

由于同步逆变器的有功环路与同步发电机的机械运动方程是对应的，所以同步逆变器完全模拟了同步发电机的机械电气特性。相较于传统同步发电机转动惯量固定的特点，VSG 控制结构中转动惯量参数 J 灵活可变，可以适应不同功率等级和调节速度的控制要求。有功环路计算出的角频率 ω 经过积分后得到相位角度值 θ，作为电压调制波的相角指令值参与后续控制计算。

2. 无功控制

由于同步电抗和电阻的分压作用，当输出电流增大时，同步发电机的输出电

压会降低。同步发电机通过改变励磁电流的大小来控制暂态电势，维持输出电压的稳定。同步发电机励磁控制器控制的是电流量，而在逆变器中等效控制的是电压量。因此，模拟同步发电机励磁电流控制方法，可以得到逆变器桥臂中点电压的控制方程如式(4.82)所示。

$$\sqrt{2}E = G(s)(\sqrt{2}U_{\mathrm{ref}} - \sqrt{2}U_0) \tag{4.82}$$

式中，E 为逆变器桥臂输出相电压有效值；U_{ref} 为逆变器电容参考电压有效值；U_0 为实际电容电压有效值；$G(s)$ 为调节器传递函数。与有功控制环路对比，励磁控制环节可以类比为有功环中的惯性积分环节，同时为了实现无差调节，$G(s)$ 选用积分调节器。

同样地，同步发电机的一次调压曲线如图 4.72，一次调压方程如下[40,41]：

$$Q_{\mathrm{e}} = Q_{\mathrm{set}} + D_{\mathrm{q}}(\sqrt{2}U_{\mathrm{n}} - \sqrt{2}U_{\mathrm{ref}}) \tag{4.83}$$

式中，Q_{e} 为同步发电机实际输出的无功功率；Q_{set} 为设定的无功功率给定值；D_{q} 为无功—电压下垂系数；U_{n} 为输出电压的额定有效值。将式(4.82)、式(4.83)联立，消除公共量 U_{ref} 后整理可得

$$Q_{\mathrm{e}} = Q_{\mathrm{set}} + \sqrt{2}D_{\mathrm{q}}\left[U_{\mathrm{n}} - \frac{E}{G(s)} - U_0\right] \tag{4.84}$$

考虑到保持与有功控制环路结构的相似性，将无功下垂系数与励磁调节器传递函数合并，令 $D_{\mathrm{q}}/G(s)=Ks$，则式(4.84)可写为

$$Q_{\mathrm{set}} + D_{\mathrm{q}}(\sqrt{2}U_{\mathrm{n}} - \sqrt{2}U_0) - Q_{\mathrm{e}} = K\frac{\mathrm{d}\sqrt{2}E}{\mathrm{d}t} \tag{4.85}$$

K 可以等效为无功-电压控制环路的惯性系数。根据式(4.87)可以设计 VSG 无功环路控制结构如图 4.73 所示。

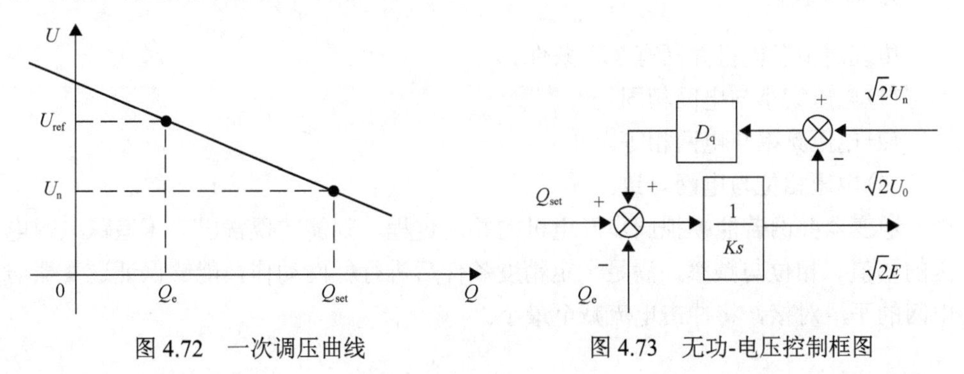

图 4.72　一次调压曲线　　图 4.73　无功-电压控制框图

对于下垂系数 D_{q} 的选取，考虑发生电压幅值与无功变化时前后两个稳定状态。稳定运行时，$\mathrm{d}(\sqrt{2}E)/\mathrm{d}t=0$，$Q_{\mathrm{set}}$ 与 U_{n} 为固定值，则根据式(4.85)可由前后稳定状态做差计算 D_{q}：

$$D_{\mathrm{q}}=\frac{\Delta Q}{\Delta U} \tag{4.86}$$

根据式(4.86)，可以根据电压幅值变化量对应的无功功率需求设计下垂系数 D_{q}。对于无功惯性系数 K，其在控制环路的作用反映为一次调压环节作用下输出电压指令的调整速率，可根据实际电压变化速度需求选取。与有功控制环路类似，无功功率的计算可以通过瞬时功率理论计算得到：

$$Q_{\mathrm{e}}=1.5(u_q i_d-u_d i_q) \tag{4.87}$$

相较于传统下垂控制的一次调压，VSG的无功环路控制考虑了同步发电机的电磁暂态特性，模拟了励磁调节功能。惯性环节的引入有助于电压平缓波动过渡到新的稳态。惯性参数 K 灵活可变，可以适应不同功率等级和调节速度的控制要求。无功环路的输出值 $\sqrt{2}E$ 作为电压指令值参与后续控制计算[42-44]。

结合有功控制环路计算所得相角值 θ 与无功环路计算所得电压值，可以生成三相电压指令值 E_a、E_b、E_c，如式(4.88)所示：

$$\begin{aligned}
E_a&=\sqrt{2}E\cos\theta\\
E_b&=\sqrt{2}E\cos\left(\theta-\frac{2}{3}\pi\right)\\
E_c&=\sqrt{2}E\cos\left(\theta+\frac{2}{3}\pi\right)
\end{aligned} \tag{4.88}$$

3. 同步控制

传统同步发电机并网有3个条件。

(1)电压大小与电网相同。

(2)电压频率与电网相等。

(3)电压相位与电网一致。

逆变器并网若能模拟同步发电机的并网过程，则能实现输出电压追踪电网电压的幅值、相位与频率，满足一定精度条件后进行并网动作，能够保证逆变器与电网的平滑对接，将冲击电流减至最小。

首先考虑频率与相位的同步控制。因为相位和频率间可以通过积分与微分相互转化，可考虑将逆变器频率与相位的同步在一个控制器中实现。如图 4.74 所示为电网电压向量与 VSG 输出电压向量间的频率相位关系图。其中，电网电压以角频率 ω_g 旋转，相位为 θ_g，VSG 输出电压以角频率 ω 旋转，相位为 θ。以电网电压矢量为 d 轴，以 ω_g 为旋转角速度建立同步旋转坐标系，VSG 输出电压与电网电压间的相位差为 $\Delta\theta$。由图 4.74 可以看到，VSG 输出电压矢量在 d 轴上的分量为 U_d，其与电网电压在频率相位上保持一致，同步旋转，则 VSG 与电网电压间的不同步量表现为 q 轴分量 U_q。若能控制 U_q 减小为零，VSG 电压就能追踪上电网电压矢量，保持同步运行。因此，可以从控制 q 轴分量出发，设计频率相位同步控制器。

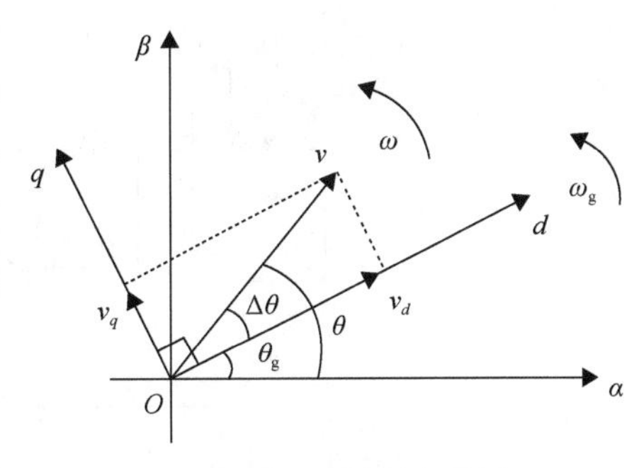

图 4.74　电压旋转矢量图

如图 4.75 所示为本书所运用的频率相位同步控制器。电网和 VSG 的电压矢量都以各自的转速旋转，需要通过控制加速逆变器输出电压矢量。首先需要对电网电压锁相，采用两相同步旋转坐标系下的典型软件锁相环 SPLL，电网电压 U_{ga}、U_{gb}、U_{gc} 通过 Clark 变换和 Park 变换，得到在旋转坐标系下的 dq 分量值。将 q 轴分量 U_{gq} 与参考值 0 做差后，经过 PI 调节得到角频率 ω 的修正值，与基准值 ω_n（通常取额定值）相加后得到电网角频率，积分后得到电网相角值，再经过正余弦计算后参与 Park 变换计算，此为典型锁相环的计算流程。对于 VSG 输出电压 U_{ca}、U_{cb}、U_{cc}，以锁相环计算出的电网相角值作角度参考进行 Park 变换后，得到在电网旋转坐标系下的 dq 分量值 U_{cgd}、U_{cgq}。由于与电网电压间存在相位差，计算所得的 q 轴分量不为 0，该值反映出源测电压与电网电压间的频率相位差。当 q 轴分量为 0 时，在电压矢量图上源侧电压和电网电压都在 d 轴上，两者重合，相位差为 0。因此，将 q 轴分量 U_{cgq} 以 0 为参考值做差后经过 PI 调节后可以得到角频率的补偿量 ω_{comp}，将其加入有功控制环路的输出角频率 ω 中，即可以调节逆变器输出电压的频率和相位，最终追踪上电网电压，达到频率相位与电网的同步。

频率相位同步控制器的主体思路为计算出 VSG 机端电压追踪电网电压所需的频率补偿量，其通过锁相与 PI 调节获取频率修正量，涉及频率与相位两个变量，转换环节较多。幅值同步控制器所需调整量为电压幅值一个，控制上相对来说可以简化许多。

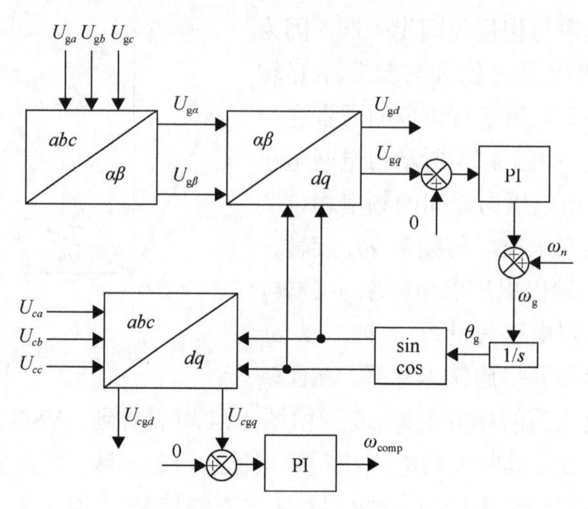

图 4.75　频率相位同步控制器

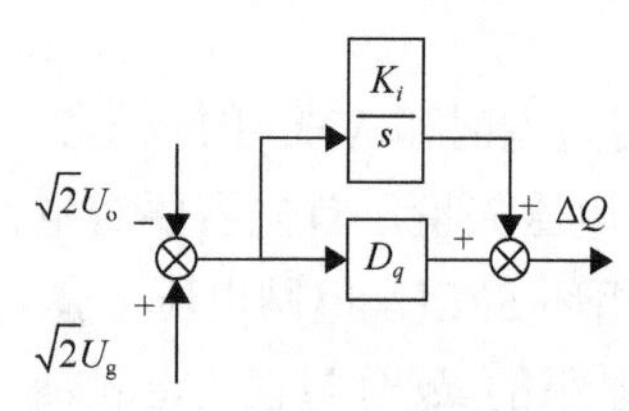

图 4.76　幅值同步控制器

如图 4.76 所示为电压幅值的同步控制器。与频率相位同步相比，幅值的同步结构较为简单。幅值同步时将参考电压幅值由 $\sqrt{2}U_n$ 替换为了电网电压幅值 $\sqrt{2}U_g$，同时由于一次调压相当于一个比例环节，是一种有差的调节，无法对误差进行累积。为了达到逆变器输出电压对电网电压的无差跟踪，加入了积分环节 K_i/s（K_i 为积分系数），与下垂环节 D_q 一起构成 PI 调节器，计算出无功修正量 ΔQ，参与无功环的控制，改变无功环输出电压指令值 $\sqrt{2}E$，使逆变器输出电压幅值与电网同步[45-47]。

当频率相位和电压幅值同步效果达到精度要求后，即可合闸，使逆变器平滑并网。当同步成功并网后，应当切除同步控制器，将频率参考值与电压幅值参考值还原为本地人为设定值，还原 VSG 的控制结构，使 VSG 模拟同步发电机，根据本地电压与电网电压情况的偏差自动调节输出功率，自主参与电网的调节[48-50]。

4. 虚拟同步发电机整体控制结构

VSG 的整体控制结构如图 4.77 所示。首先由功率环路计算出电压幅值、频率与相角值，幅值作为参考电压值参与电压电流环的计算，相角值参与坐标变换，完成 *abc* 至 *dq* 坐标系的转化。离网情况下同步控制环节不投入运行。当收到并网需求时，启动幅值同步控制和频率相位同步控制环路，促使 VSG 输出电压追踪上电网电压后合闸并网，保证冲击电流控制在小范围内[51]。

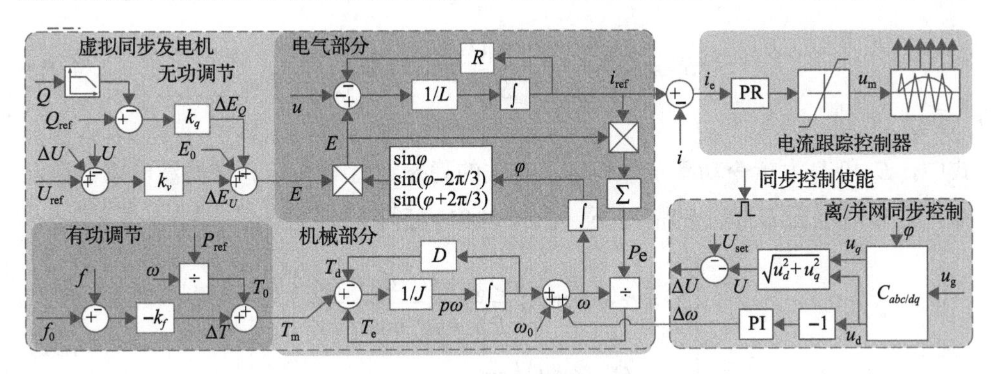

图4.77　VSG整体控制结构

4.4.2　虚拟同步发电机惯性和阻尼自适应控制技术

惯量和阻尼参数是虚拟同步发电机的关键性能参数，本节重点分析惯量和阻尼参数对虚拟同步发电机的影响，结合影响提出惯量和阻尼自适应控制技术，从而实现虚拟同步发电机灵活惯量和阻尼特性。同步发电机的转动惯量是一个和其尺寸有关的物理量，该值通常随额定功率的增加而增大。一般地，利用惯性时间常数 H 来衡量不同功率等级的同步发电机的惯性。其中，H 定义为

$$H = J\omega_0^2 / S_n \tag{4.89}$$

式中，S_n 为同步发电机的额定容量；H 表征同步发电机在额定转矩下空载从静止启动到达到额定转速的时间[52]。

一般地，由于受到同步发电机自身物理条件的限制，水电机组的惯性时间常数为1～3s，而火电机组的惯性时间常数为7～8s。然而，虚拟同步发电机的惯性时间常数是和虚拟转动惯量 J 有关的函数，其选择更加灵活，可获得传统同步发电机无法达到的更小或更大的取值范围，还可填补传统同步发电机无法覆盖的惯性时间常数，使电网的调节时间尺度更加多样。惯性时间常数的选择和虚拟同步发电机直流电源的动态响应时间应该匹配。例如，永磁风力发电机的惯性时间常数可能是秒级的，光伏电池的动态时间常数可能是毫秒级的，而超级电容、锂电池、铅酸电池、燃料电池的动态时间常数又各不相同。

借鉴传统电力系统中同步发电机的小信号模型分析方法，还可得到虚拟同步发电机的小信号稳定分析模型，如图4.78所示。不难发现，虚拟同步发电机的输入、输出功率响应特性是一个典型的二阶传递函数：

$$G(s)=\frac{P_e^*(s)}{P_m^*(s)}=\frac{\omega_0 S_E / H}{s^2+(D_p/H)s+\omega_0 S_E/H} \tag{4.90}$$

式中，S_E 为同步功率的标幺值。

$$S_{\mathrm{E}}=\left.\frac{\partial P_{\mathrm{e}}^{*}}{\partial \delta}\right|_{\substack{\delta=\delta_{\mathrm{s}}\\ E=E_{\mathrm{s}}}}=\left.\frac{E_{\mathrm{s}}U}{S_{\mathrm{n}}Z}\sin(\alpha-\delta)\right|_{\substack{\delta=\delta_{\mathrm{s}}\\ E=E_{\mathrm{s}}}} \tag{4.91}$$

式中，E_{s}和δ_{s}为指令功率P_{ref}和Q_{ref}有关的稳态运行平衡点。在滤波电感参数已知，且电网电压U恒定的情况下，由式(4.91)可得

$$\begin{cases}\delta_{\mathrm{s}}=\alpha-\arctan\left(\dfrac{Q_{\mathrm{ref}}+U^{2}\sin\alpha/Z}{P_{\mathrm{ref}}+U^{2}\cos\alpha/Z}\right)\\ E_{\mathrm{s}}=\dfrac{Q_{\mathrm{ref}}Z+U^{2}\sin\alpha}{U\sin(\alpha-\delta_{\mathrm{s}})}\end{cases} \tag{4.92}$$

可见，在有功无功指令给定的情况下，S_{E}是一个常数，进而可以得到式(4.93)所示二阶模型的自然振荡角频率ω_{n}和阻尼系数ξ分别为

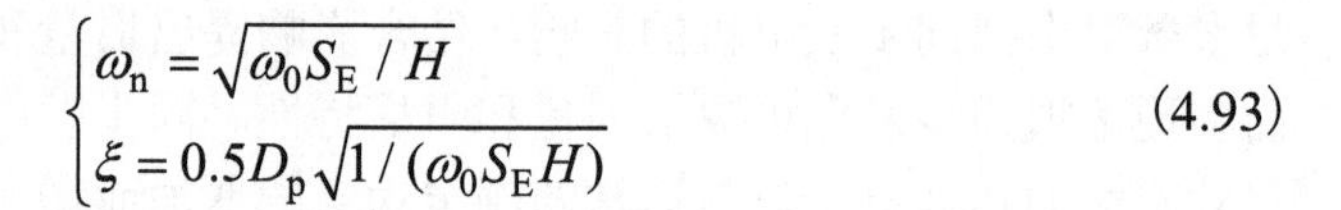

$$\begin{cases}\omega_{\mathrm{n}}=\sqrt{\omega_{0}S_{\mathrm{E}}/H}\\ \xi=0.5D_{\mathrm{p}}\sqrt{1/(\omega_{0}S_{\mathrm{E}}H)}\end{cases} \tag{4.93}$$

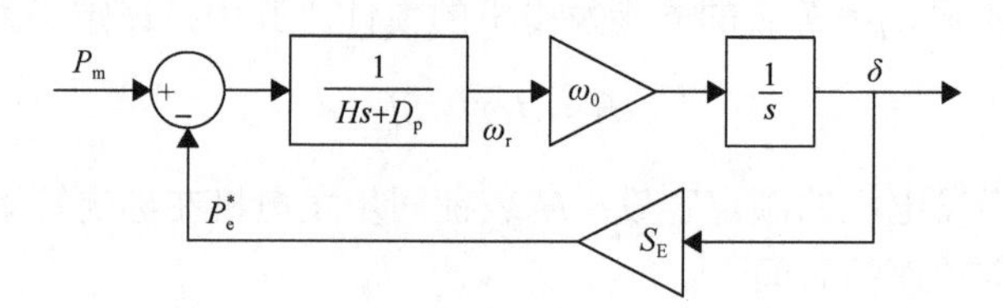

图 4.78　虚拟同步发电机的小信号分析模型

对于传统的同步发电机，其自然振荡角频率在 0.628～15.7rad/s 之间，在阻尼D_{p}不够大时会引起电网功率的低频振荡，是电网安全稳定的一大隐患；然而，对于虚拟同步发电机，其惯性和阻尼参数可以人为定制，在阻尼不够大时，$G(s)$是1个欠阻尼二阶系统，$0<\xi<1$，其动态响应时间为

$$\begin{cases}t_{\mathrm{r}}=\dfrac{\pi-\theta}{\omega_{\mathrm{n}}\sqrt{1-\xi^{2}}}\\ \theta=\arctan(\sqrt{1-\xi^{2}}/\xi)\end{cases} \tag{4.94}$$

在阻尼D_{p}参数的整定过程中，可以利用“最优二阶系统”的概念以获得快的响应速度和小的超调量，将系统的阻尼比定义在ξ=0.707 处，即阻尼参数可选为

$$D_{\mathrm{p}}=\sqrt{2\omega_{0}S_{\mathrm{E}}H} \tag{4.95}$$

若L为 1mH、R为 0.24Ω、S_{n}为 50kV·A，在并网有功无功指令值$P_{\mathrm{ref}}/Q_{\mathrm{ref}}$

为 5 kW/0var 时，由式(4.95)可得到功角和电势的稳态运行平衡点为(δ_s,E_s)为(0.0216rad, 382.45V)，此时由式(4.91)可以得到 S_E 为 1.4593。

图 4.79 给出了虚拟同步发电机在不同转动惯量和阻尼参数下的动态响应结果。其中 D_p=15.25 即为按最优二次系统整定得到的阻尼。由图 4.79，虚拟同步发电机的转动惯量决定了其动态响应过程中的振荡幅值，而阻尼 D_p 决定了其振荡衰减的速率。

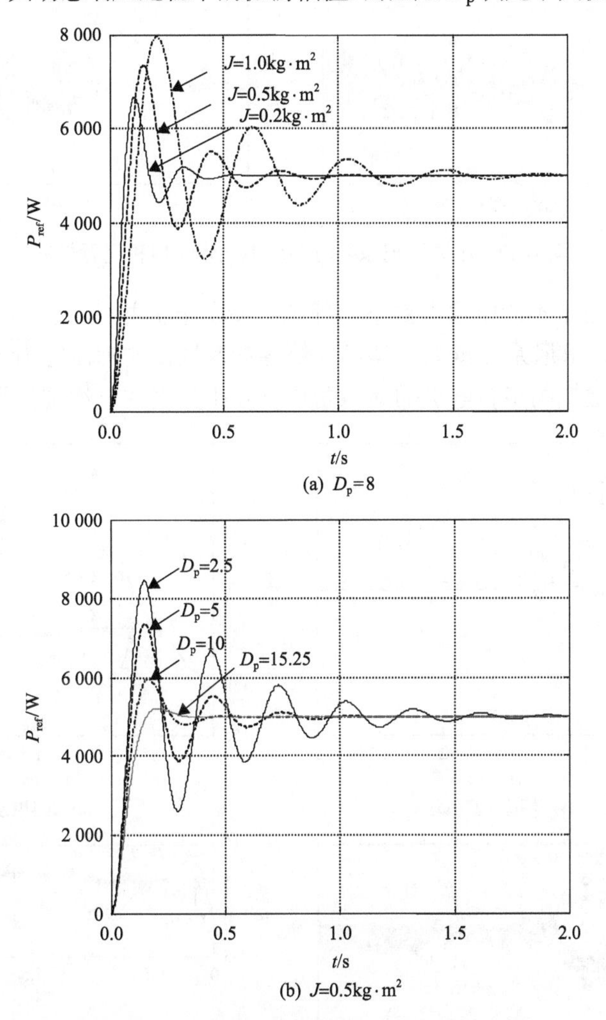

图 4.79　不同惯性和阻尼时的系统动态响应

1. 不同惯性和阻尼参数对系统性能的影响

1) 不同阻尼参数对系统性能的影响

通过仿真分析不同阻尼参数对虚拟同步发电机性能的影响。图 4.80 分别给出了在 D_p=2.5 和 D_p=10 时，虚拟同步发电机的并网运行结果，从中不难发现，阻尼系数越大，其抑制并网功率振荡的能力也越强。

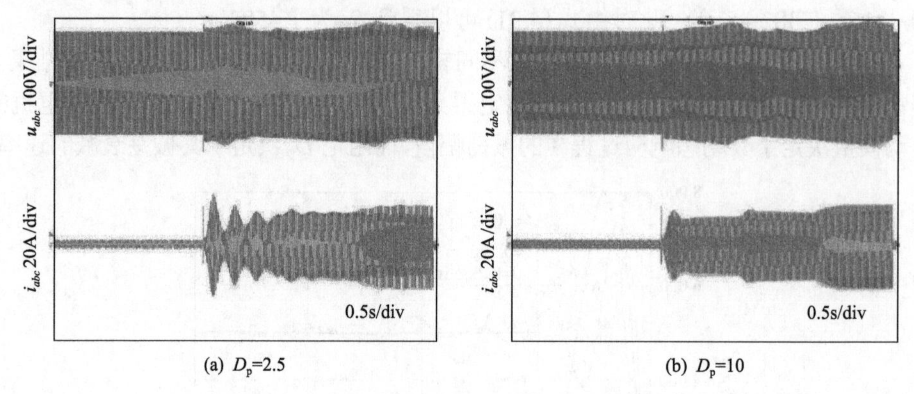

(a) D_p=2.5　(b) D_p=10

图 4.80　不同阻尼系数时的虚拟同步发电机运行性能

图 4.81 给出了不同阻尼参数下，虚拟同步发电机并网运行的一些特征参数。从中不难发现，阻尼系数越大，其对系统各参数振荡的抑制能力也越强。尤其是在 D_p=10 时，虚拟同步发电机的虚拟角速度几乎只发生一次摇摆即进入了稳态。

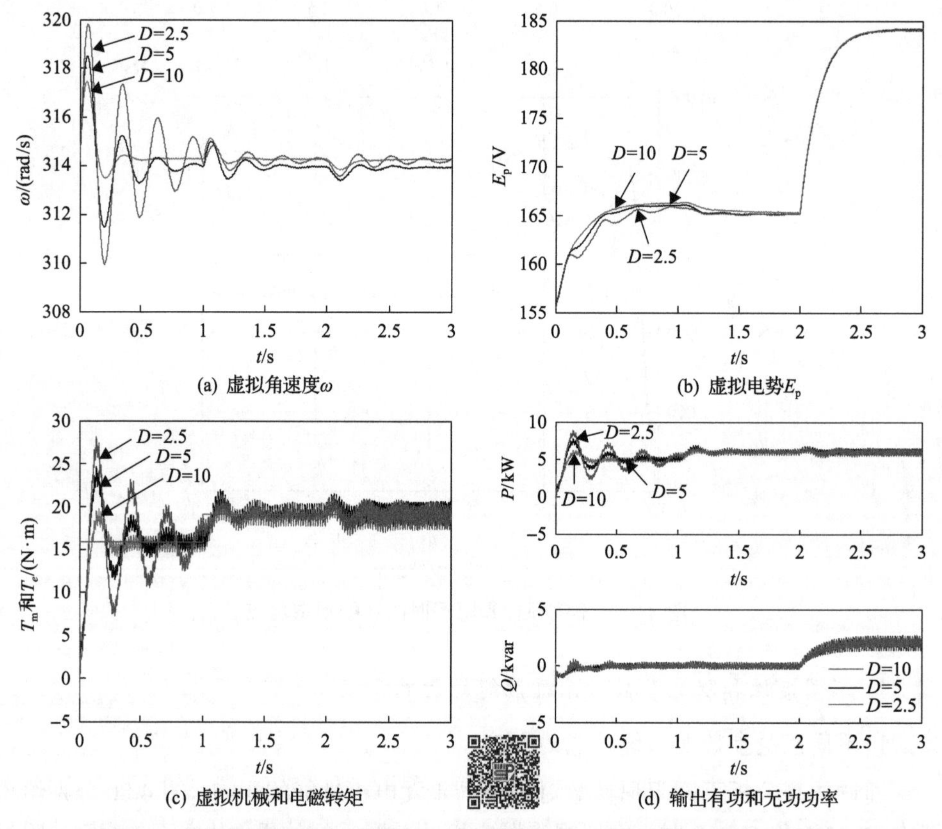

(a) 虚拟角速度ω　(b) 虚拟电势E_p

(c) 虚拟机械和电磁转矩　(d) 输出有功和无功功率

图 4.81　不同阻尼参数对虚拟同步发电机并网运行的影响(彩图扫二维码)

2) 不同惯性参数对系统性能的影响

同理，图 4.82 给出了虚拟同步发电机在不同的惯性时间常数下的动态响应情况。易知，惯性时间常数 H 越小，系统的惯性越小，动态波动越大。

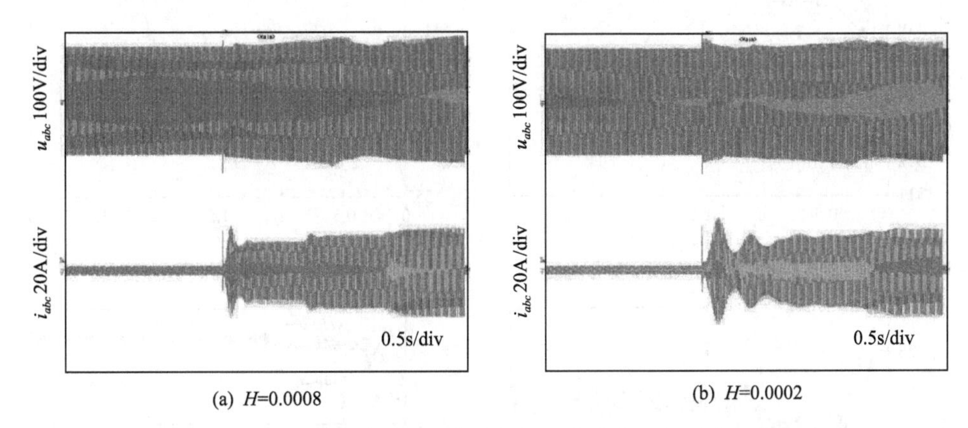

(a) H=0.0008 (b) H=0.0002

图 4.82 不同惯性时间常数时虚拟同步发电机并网功率动态

图 4.83 给出不同惯性时间常数时，虚拟同步发电机的特征参数曲线。0s 开机时有功/无功指令为 5kW/0var，1s 时有功指令阶跃至 6kW，2s 时无功指令阶跃至 2kvar。不难发现，惯性时间常数主要影响系统的动态响应时间，惯性时间常数越大，系统进入稳态的调节时间越短，譬如：从图 4.83(a)不难发现，当 H=0.0008 时，0s 开机后，在 0.5s 时，系统即进入稳态。

2. 惯量和阻尼自适应控制

1) 虚拟惯量与系统稳定性

大型同步发电机组对传统电网的稳定起着重要作用，其主要原因在于大型同步发电机具有较大的转子旋转惯量，可存储较多转子动能，当电网频率发生扰动时，同步发电机可通过释放或增加转子动能来保持电网频率的稳定性。VSG 控制是在传统下垂控制的基础上，通过加入转子运动方程来模拟转子惯性和阻尼特性，简而言之，VSG 是具有转子惯性的下垂控制器。VSG 控制中的转动惯量、阻尼系数和同步电抗等参量使频率不再突变，有利于提高频率稳定性。其中，转动惯量取值与电网运行要求和逆变单元的动态特性密切相关，但与同步发电机不同的是 VSG 的转动惯量 J 并非实际存在，取值相对灵活。

VSG 并入电网时，希望电网具有较大阻尼以抑制功率振荡；负载扰动时，希望转动惯量 J 较大以减缓频率变化率；扰动结束后希望频率迅速恢复。VSG 控制是一种恒定转动惯量控制，不能同时满足上述三方面要求，这是其局限性。

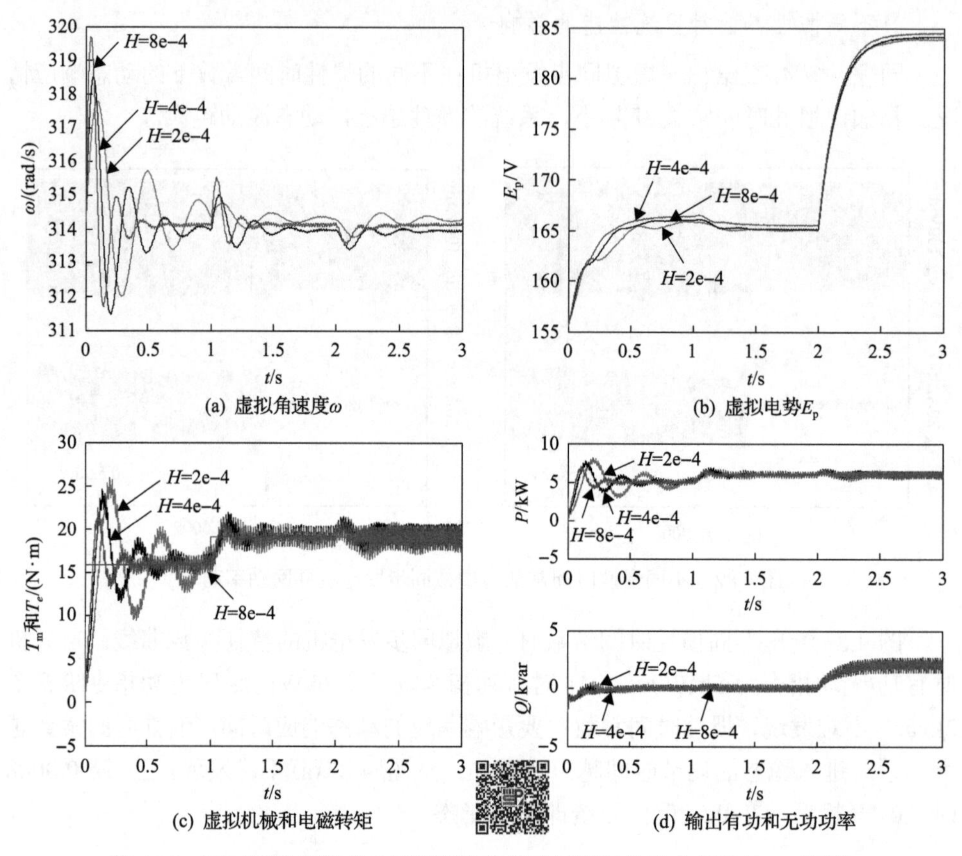

图 4.83　不同惯性参数对虚拟同步发电机并网运行的影响(彩图扫二维码)

2) 自适应转子惯量的控制策略

为使 VSG 在给定功率变化时有更快的响应速度，结合上节虚拟转子惯量与功率振荡关系的分析，本节论述一种转动惯量自适应控制，VSG 投入和切出过程中，将 J 设置为不产生功率振荡的较小值；根据负载扰动引起的频率变化量，实时动态调节转动惯量，从而避免频率迅速上升和跌落，有助于改善频率响应特性，控制原理如图 4.84 所示。

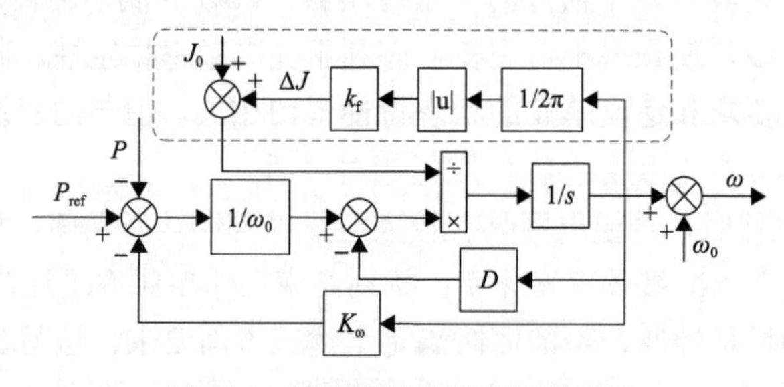

图 4.84　转动惯量自适应控制原理

将转动惯量J写成关于频率变化量$|f-50|$的函数，频率变化量大于C时，式(4.96)有效。

$$J = J_0 + k_f |f - 50|, \qquad |f - 50| \geqslant C \tag{4.96}$$

式中，J_0为 VSG 投入电网瞬间不产生功率振荡的转动惯量初始值；C为频率变化量限定值，根据电网允许频率波动范围来设定；k_f为频率跟踪系数。

转动惯量自适应控制对应的公式为

$$\begin{aligned}\frac{\omega_0 - \omega}{P_{\text{ref}} - P} &= -\frac{1}{\left[J_0 + \dfrac{k_f}{2\pi}|\omega - \omega_0|\right]\omega_0 s + D\omega_0 + K_\omega} \\ &= -\frac{D'_p}{\tau' s + 1}\end{aligned} \tag{4.97}$$

惯性时间常数和有功频率下垂系数分别为

$$\tau' = \frac{\left[J_0 + \dfrac{k_f}{2\pi}|\omega - \omega_0|\right]\omega_0}{D\omega_0 + K_\omega}, \quad D'_p = \frac{1}{D\omega_0 + K_\omega} \tag{4.98}$$

由上述分析可知，转动惯量自适应控制不改变有功频率下垂系数，只影响惯性时间常数。也就是说，转动惯量自适应控制减缓了频率下降速率，但不影响其变化量。

由图 4.85 知，采用此控制策略虽减缓了频率变化，但带来新问题是频率恢复时间过长，若下次扰动发生时频率未恢复至额定值，那么频率会在此基础上继续变化，有可能严重偏离额定值。若恢复过程中采用较小转动惯量，频率迅速恢复至稳态值，上述问题则不会发生。

$$\begin{cases} J = J_0 \\ J = J_0 + k_f |f - 50|, \qquad |f - 50| \geqslant C \\ J = J_0, \qquad \mathrm{d}f/\mathrm{d}t \text{ 反向} \end{cases} \tag{4.99}$$

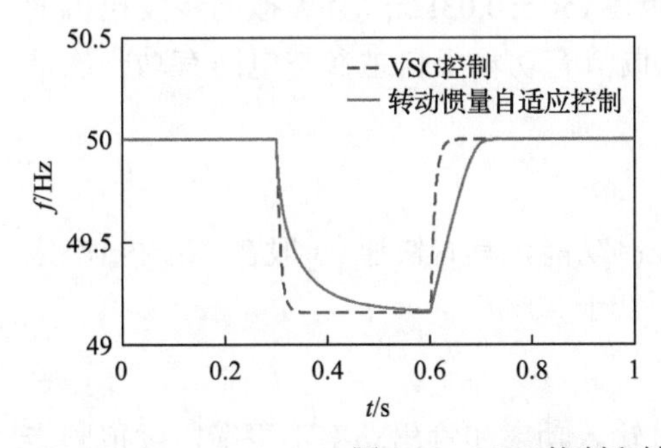

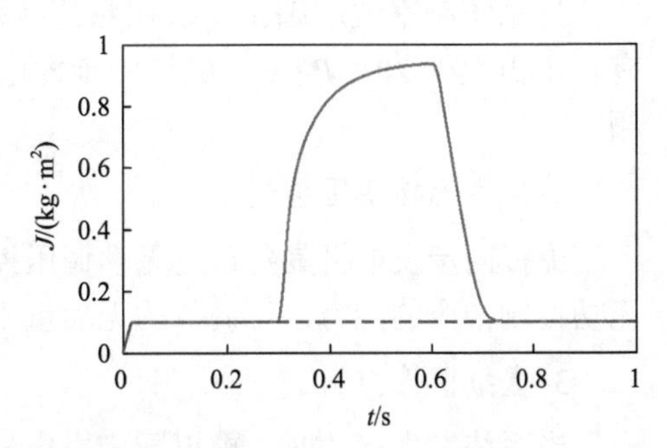

图 4.85　VSG 控制和转动惯量自适应控制对比

图 4.86 为转动惯量自适应控制和改进的转动惯量自适应控制的对比，可见，改进的策略使频率迅速恢复至额定值，解决了频率恢复过慢问题，优化了频率恢复曲线。

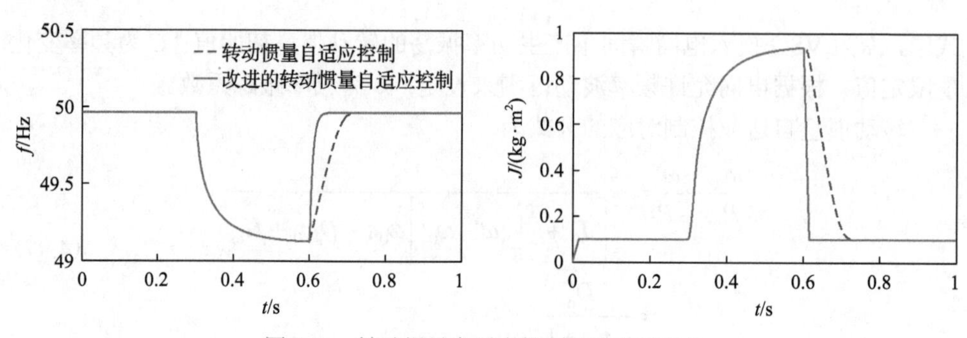

图 4.86　转动惯量自适应控制改进前后对比

综上，VSG 自适应转子惯量的控制策略如下。

(1) VSG 投入或切出电网时转动惯量 J 取较小值，满足功率不振荡要求。

(2) 频率偏移超过设定值 C 时切换至转动惯量自适应控制，J 相应变大，降低频率变化速率。

(3) 频率变化率过零反向即频率恢复时切换至 VSG 控制，频率迅速恢复至额定值。

4.4.3　虚拟同步发电机研制与应用

虚拟同步发电机由虚拟同步逆变器与惯性储能单元组成，根据系统电压、频率变化，模拟同步发电机一次调频和励磁控制机制，实现自动有功调频、无功调压、阻尼系统振荡等功能。

1. 功能介绍

1) 自主有功调频控制

当系统频率波动超出一次调频死区范围(50±0.03Hz)，且虚拟同步发电机的有功出力大于 20% P_N 时，虚拟同步发电调节有功输出自主参与电网有功一次调频。

2) 自主无功调压控制

虚拟同步发电机具备自主无功调压控制功能，具有快速(一般在 10s 内)响应无功控制指令的能力，可调节的无功量不低于 30%P_N。

3) 虚拟惯性控制

当系统发生扰动时，虚拟同步发电机输入功率和输出功率不平衡，虚拟同步发电机通过惯量储能单元存储或释放能量等方式实现模拟传统同步发电机的机电摇摆过程、减缓频率变化速度。

4) 阻尼控制

当系统发生扰动时，虚拟同步发电机通过惯量储能单元存储或释放能量等方式实现阻尼控制。

2. 系统结构设计

1) 硬件设计

光伏虚拟同步发电机主要包括 MPPT 控制器、同步逆变器、直流双向变换器、储能元件等部件。光伏组件的直流电能经 Boost 升压电路，将光伏直流电转化成适合三相逆变电路的直流电能，再经三相逆变电路逆变，将直流输入电压逆变为跟电网同幅值、同相位、同频率的正弦交流电并网。控制原理图如图 4.87 所示。

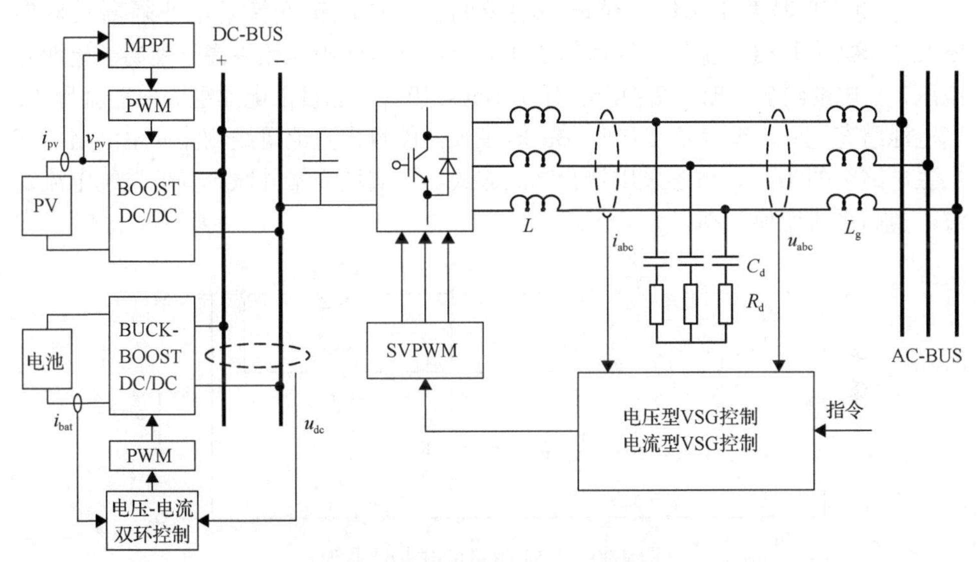

图 4.87　光伏虚拟同步机并网逆变系统整体控制原理图

(1) 系统主电路设计。光伏电池板分两组分别输入，输入电压 200～800VDC，本方案采用双路并联 Boost 拓扑实现升压与 MPPT 功能，电路原理如图 4.88 所示。

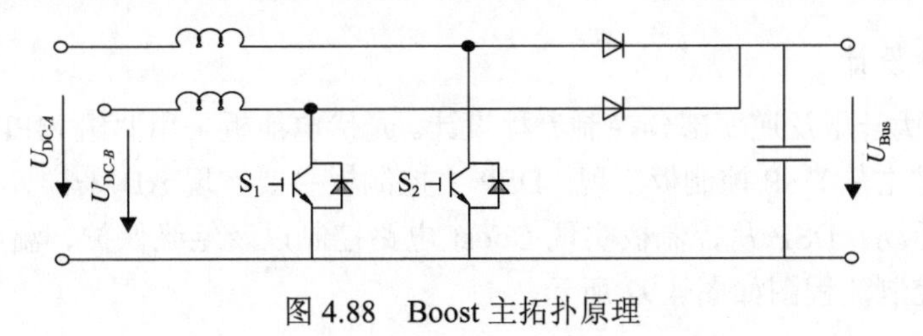

图 4.88　Boost 主拓扑原理

经前级升压至 700VDC 母线电压，后级三相逆变采用 T 型三电平结构，可有效降低并网共模电流与谐波系数，并可有效提高变换效率，主拓扑原理如图 4.89 所示。

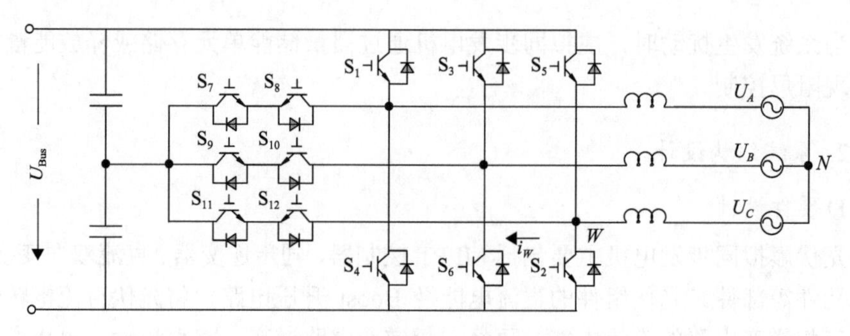

图 4.89　逆变器主拓扑原理

光伏逆变器直流母线与储能电池组间的双向能量变换采用非隔离式双向 Buck-Boost 变换器，主拓扑原理如图 4.90，由于母线电压始终高于锂离子电池组电压，当电池组放电时，变换器工作于 Boost 模式，能量由电池组流向直流母线；当电池组充电时，变换器工作于 Buck 模式，能量由直流母线侧流向电池组。其中主电路中的 Boost 电感采用耦合绕制方式，以实现交错并联，降低系统电流纹波，提高系统变换效率。

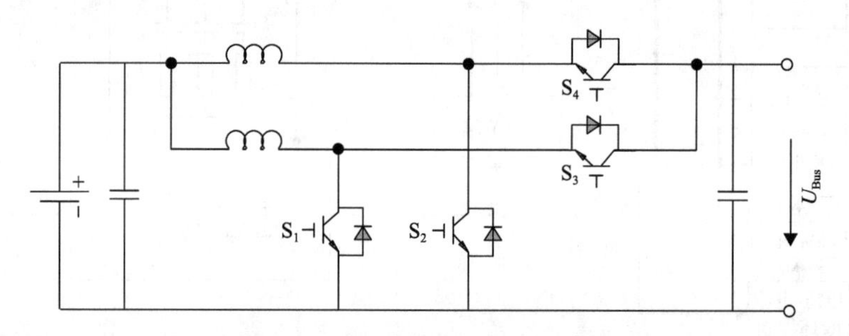

图 4.90　双向 DC-DC 主拓扑原理

(2)系统控制设计。VSG 整体系统控制结构图如 4.91 所示，光伏升压、逆变及双向 DC-DC 均由一独立 DSP 进行控制，其相互采用 CAN 总线通信进行数据交换。

2)软件设计

(1)光伏升压及逆变部分控制流程设计。光伏电池板采用两组 MPPT 输入，控制策略通过主从 DSP 控制板实现，DSP 主控制板主要实现 AD 采样、相位检测及逆变器的驱动，DSP 从控制板实现 Boost 电路控制以及绝缘保护、温度直流过流等保护。控制流程图如图 4.92 所示。

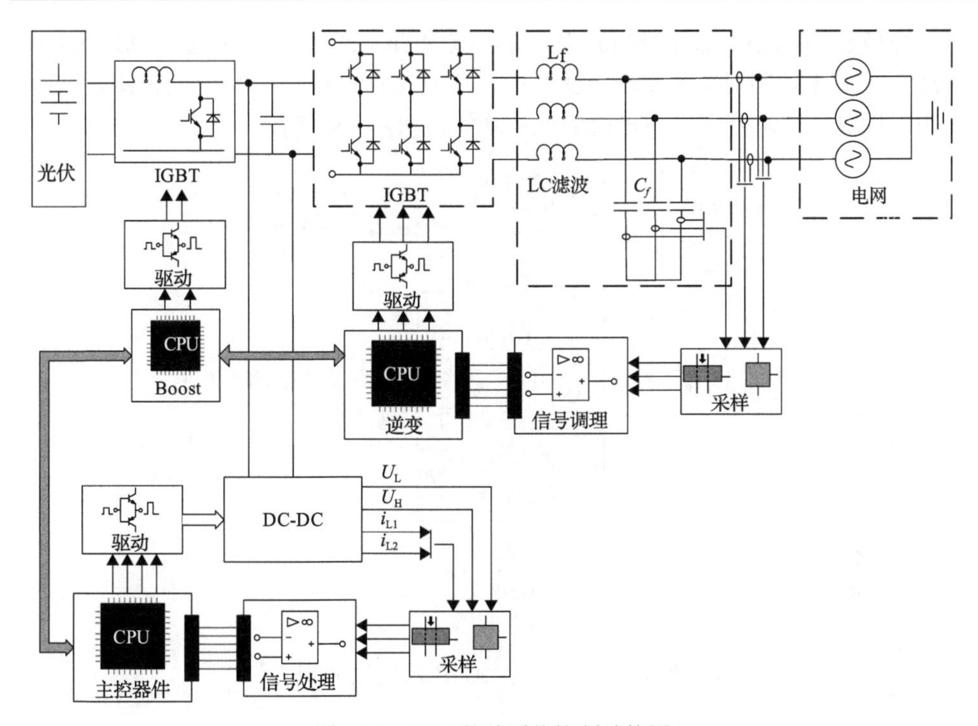

图 4.91　VSG 整体系统控制结构图

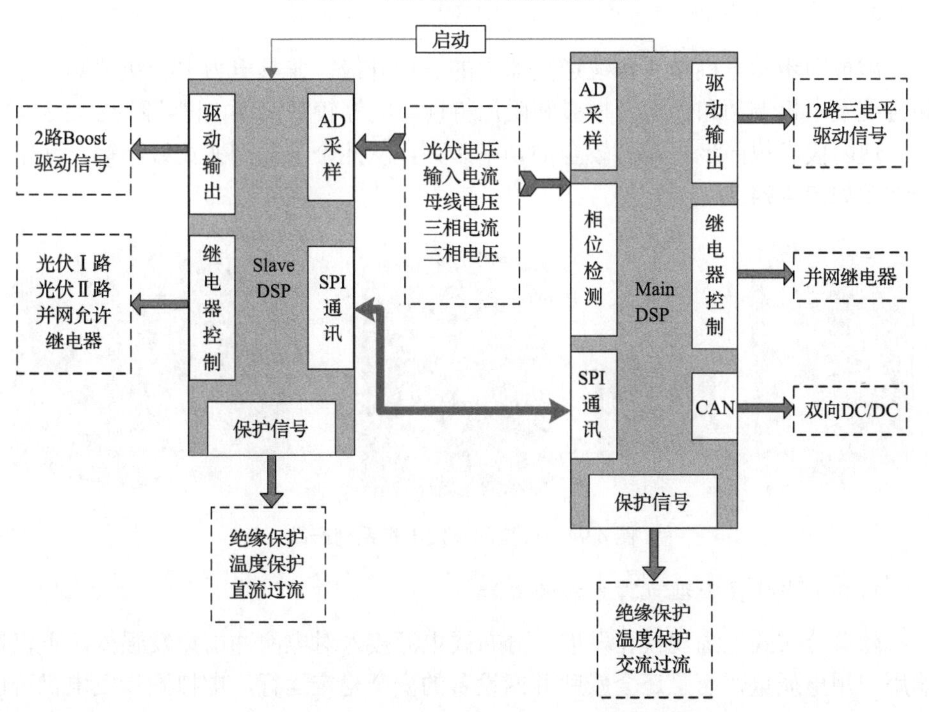

图 4.92　光伏升压及逆变部分控制流程图

(2)双向 DC-DC 部分控制流程设计。双向 DC-DC 控制策略通过 DSP 控制板实现，DSP 主控制板主要实现 AD 采样、与逆变器的通信、继电器控制及驱动的输出，同时实现温度和双向过流的保护功能，如图 4.93 所示。

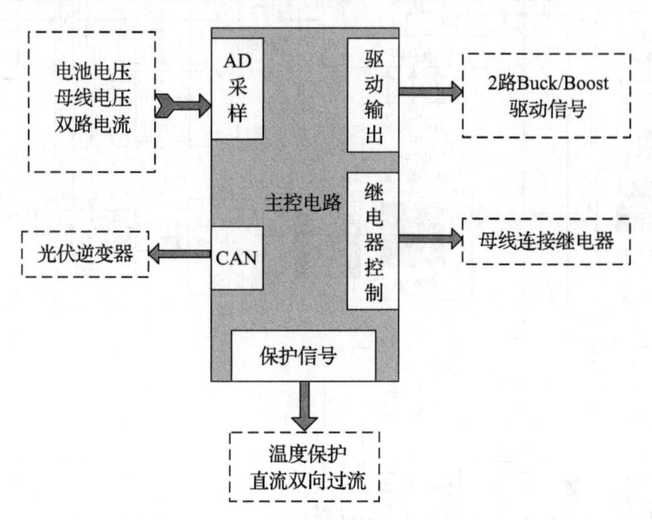

图 4.93　双向 DC-DC 部分控制流程图

3. 应用场景分析

虚拟同步发电机是在传统逆变器上的一种升级，兼具电力电子快速响应特性和传统发电机调频和调压及惯量和阻尼特性，能够较好实现“网-源”友好互动。

现阶段虚拟同步机具有较全的功率系列，从几个千瓦到兆瓦级不等，其中部分装备如图 4.94 所示。

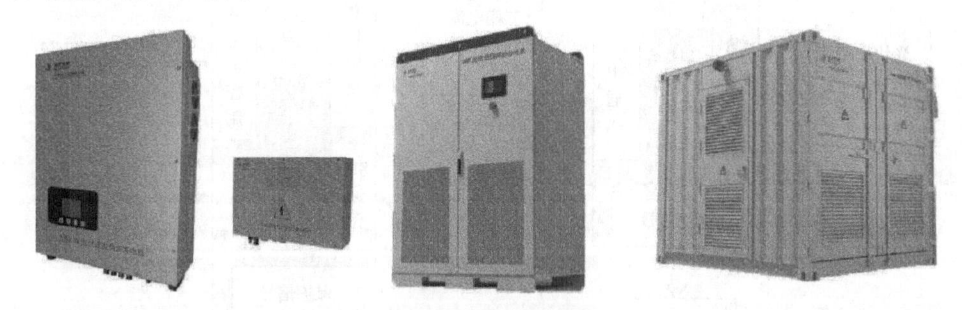

图 4.94　虚拟同步发电机系列产品

1)户用光伏或大型可再生能源电站

随着分布式电源规模化发展，分布式电源接入对电网冲击愈发强烈，不仅影响用户用电质量，而且还会威胁并网设备的安全稳定运行，虚拟同步发电机可以有效减缓分布式电源接入对电网的影响，同时具有较强自适应性，能够满足分布式电源不同场景的接入需求。

2) 高渗透率分布式电源接入地区

分布式电源高渗透率接入地区，电网由单一供电转变为多点供电模式，导致电网呈现弱化趋势，对电网的安全稳定运行较有较大威胁。光伏虚拟同步机能够模拟发电机特性，能够根据电网动态自适应调节自身工作状态，对电网稳定性提供有力支撑。

3) 微电网场景

微电网近年来发展迅速，虚拟同步发电机机是微电网“源-储”的重要组成部分，对微电网电压、频率调节具有快速的支撑作用，能够避免微电网运行状态的突变，保障微电网的动态稳定运行，甚至可以一定程度简化微电网的系统结构。

参 考 文 献

[1] 曾正. 多功能并网逆变器及其微电网应用[D]. 杭州: 浙江大学, 2014.

[2] Yao Z. Fundamental phasor calcultion with short delay[J]. IEEE Trans. Power Del, 2008, 23(3): 1280.

[3] Saccomando G, Svensson J. Transient operation of grid connected voltage source converter under unbalanced voltage conditions [J]. IEEE Ind. Appl. Soc, 2001: 2419-2424.

[4] Bongiorno M, Svensson J, Sannino A. Effect of sampling frequency and harmonics on delay-based phase-sequence estimation method[J]. IEEE Trans. Power Del, 2008, 23(3): 1664.

[5] Svensson J, Bongiorno M, Sannino A. Practical implementation of delayed signal cancellation method for phase-sequence separation[J]. IEEE Trans. Power Del, 2007, 22(1): 18-26.

[6] Rodriguez J, Cortes P. Predictive Control of Power Converters and Electrical Drives[M]. New Jersey: Wiley, 2012.

[7] Bayhan S, Abu-Rub H, Balog R S. Model predictive control of quasi-z-source four-leg inverter[J]. IEEE Transactions on Industrial Electronics, 2016, 63(7): 4506-4516.

[8] Errouissi R, Muyeen S M, Al-Durra A, et al. Experimental validation of robust continuous nonlinear model predictive control based grid-interlinked photovoltaic inverter[J]. IEEE TransactionsonIndustrial Electronics, 2016, 63(7): 4495-4505.

[9] Errouissi R, Ouhrouche M. Robust cascaded nonlinear predictive control of a permanent magnet synchronous motor[J]. IEEE Transactions on Industrial Electronics, 2012, 59(8): 3078-3088.

[10] 汤秀芬. 独立光伏系统的储能技术研究[J]. 通信电源技术, 2014, 31(1): 12-14.

[11] 李静怡, 王辉, 赵东阳. 储能系统应用于风力发电的运行特征综述[J]. 通信电源技术, 2017, 34(2): 32-34.

[12] 武汉伟. 分布式发电技术及其应用现状[J]. 通信电源技术, 2016, 33(6): 174-175.

[13] 张学广, 王瑞, 徐殿国. 并联型三相 PWM 变换器环流无差拍控制策略[J]. 中国电机工程学报, 2013, 33(6): 31-37.

[14] 王瑞. 三相光伏并网逆变器控制策略研究[D]. 哈尔滨: 哈尔滨工业大学, 2012.

[15] 刘清, 罗安, 肖华根, 等. 并联型三相 PWM 变换器双载波 SPWM 环流抑制策略[J]. 电网技术, 2014, 38(11): 3121-3127.

[16] 姚良忠, 朱凌志, 周明, 等. 高比例可再生能源电力系统的协同优化运行技术展望[J]. 电力系统自动化, 2017, 41(9): 36-43.

[17] 鲁宗相, 黄瀚, 单葆国, 等. 高比例可再生能源电力系统结构形态演化及电力预测展望[J]. 电力系统自动化, 2017, 41(9): 12-18.
[18] 周孝信, 陈树勇, 鲁宗相, 等. 能源转型中我国新一代电力系统的技术特征[J]. 中国电机工程学报, 2018, 38(7): 1893-1904.
[19] 康重庆, 姚良忠. 高比例可再生能源电力系统的关键科学问题与理论研究[J]. 电力系统自动化, 2017, 41(9): 2-10.
[20] 谢仲华, 康丽惠, 莫海宁. 光伏储能一体化系统的研究及运用[J]. 上海节能, 2016, 3(3): 132-137.
[21] 林阿依. 屋顶光伏与储能一体化发电系统设计研究[D]. 保定: 华北电力大学, 2015.
[22] 柯勇, 陶以彬, 李阳. 分布式光伏/储能一体化并网技术研究及开发[J]. 机电工程, 2015, 32(4): 544-549.
[23] 吕双辉, 蔡声霞, 王守相. 分布式光伏-储能系统的经济性评估及发展建议[J]. 中国电力, 2015, 48(2): 139-144.
[24] Liu Z, Liu J J, Zhao Y L. A unified control strategy for three-phase inverter in distributed generation[J]. IEEE Transactions on Power Electronics, 2014, 29(3): 1176-1191.
[25] Zhong Q. Robust droop controller for accurate proportional load sharing among inverters operated in parallel[J]. IEEE Transactions on Industrial Electronics, 2013, 60(4): 1281-1290.
[26] Guerrero J M, Matas J, Vicuna L G, et al. Wireless-control strategy for parallel operation of distributed-generation inverters[J]. IEEE Transactions on Industrial Electronics, 2006, 53(5): 1461-1470.
[27] 郑永伟, 陈民铀, 李闯, 等. 自适应调节下垂系数的微电网控制策略[J]. 电力系统自动化, 2013, 37(7): 6-11.
[28] 郜登科, 姜建国, 张宇华. 使用电压—相角下垂控制的微电网控制策略设计[J]. 电力系统自动化, 2012, 36(5): 29-34.
[29] Bevrani H, Ise T, Miura Y. Virtual synchronous generators: A survey and new perspectives[J]. International Journal of Electrical Power and Energy Systems, 2014, 54: 244-254.
[30] 张兴, 朱德斌, 徐海珍. 分布式发电中的虚拟同步发电机技术[J]. 电源学报, 2012(3): 1-6.
[31] 吕志鹏, 盛万兴, 钟庆昌, 等. 虚拟同步发电机及其在微电网中的应用[J]. 中国电机工程学报, 2014, 34(16): 2591-2603.
[32] 丁明, 杨向真, 苏建徽. 基于虚拟同步发电机思想的微电网逆变电源控制策略[J]. 电力系统自动化, 2009, 34(8): 89-93.
[33] Zhong Q C, Weiss G. Synchronverters: inverters that mimic synchronous generators[J]. IEEE Transactions on Industrial Electronics, 2011, 58(4): 1259-1267.
[34] 钟庆昌. 虚拟同步机与自主电力系统[J]. 中国电机工程学报, 2017, 37(2): 336-349.
[35] Liu J, Miura Y S. Comparison of dynamic characteristics between virtual synchronous generator and droop control in inverter-based distributed generators[J]. IEEE Transactions on Power Electronics, 2016, 31(5): 3600-3610.
[36] 吴恒, 阮新波, 杨东升. 虚拟同步发电机功率环的建模与参数设计[J]. 中国电机工程学报, 2015, 35(24): 6508-6518.
[37] 孟建辉, 王毅, 石新春. 基于虚拟同步发电机的分布式逆变电源控制策略及参数分析[J]. 电工技术学报, 2014, 29(12): 1-10.
[38] 张兴, 张崇巍. PWM 整流器及其控制[M]. 北京: 机械工业出版社, 2012.
[39] 杨子龙, 伍春生, 王环. 三相并网 / 独立双模式逆变器系统的设计[J]. 电力电子技术, 2010, 44(1): 14-16.
[40] 胡寿松. 自动控制原理[M]. 北京: 科学出版社, 2007.
[41] 王成山, 武震, 李鹏. 微电网关键技术研究[J]. 电工技术学报, 2014, 29(2): 1-12.

[42] 曾正，赵荣祥，汤胜清．可再生能源分散接入用先进并网逆变器研究综述[J]．电机工程学报，2013，33(24)：1-12.

[43] 刘斌，粟梅，徐辰华，等．家庭光储系统中单相光伏逆变器蓄电池输入时并网运行控制[J]．电力系统自动化，2016, 40(13): 85-92.

[44] 周孝信，陈树勇，鲁宗相．电网和电网技术发展的回顾与展望——试论三代电网[J]．中国电机工程学报，2013，33(22): 1-11.

[45] 吕志鹏，刘海涛，苏剑，等．可改善微网电压调整的容性等效输出阻抗逆变器[J]．中国电机工程学报，2013，33(9): 1-9.

[46] 吕志鹏，盛万兴，蒋雯倩，等．具备电压稳定和环流抑制能力的分频下垂控制器[J]．中国电机工程学报，2013，33(36): 1-9.

[47] Enslin J H R, Heskes P J M. Harmonic interaction between a large number of distributed power inverters and the distribution network[J]. IEEE Transactions on Power Electronics, 2004, 19(6): 1582-1593.

[48] He J, Li Y W, Bosnjak D, et al. Investigation and active damping of multiple resonances in a parallel-inverter- based microgrid[J]. IEEE Transactions on Power Electronics, 2013, 28(1): 234-246.

[49] 范明天，张祖平，苏傲雪，等．主动配电系统可行技术的研究[J]．中国电机工程学报, 2013, 33(22): 3-18.

[50] Borges C L T, Martins V F. Multistage expansion planning for active distribution networks under demand and distributed Generation uncertainties[J]. Electrical Power and Energy Systems, 2012, 36: 107-116.

[51] 张建华，苏玲，刘若溪，等．逆变型分布式电源微网并网小信号稳定性分析[J]．电力系统自动化，2011，35(6)：72-80.

[52] Li Y W, Vilathgamuwa D M, Loh P C. Design, analysis, and real-time testing of acontroller for multibus microgrid system[J]. IEEE Transactions on Power Electronics, 2004, 19(5): 1195-1203.

第5章　并网变流器的高效率高功率密度变换技术

不同形式的分布式电源通过并网变流器接入配电网，采用前文提出的灵活并网控制技术，可以实现分布式电源的灵活友好接入。然而，现有并网设备存在转换效率偏低、体积较大、调试安装不便等问题，这会影响可再生能源的利用率，还有可能增加并网设备的安装维护成本等，可以通过选用性能更好的器件、构造高效率变换拓扑、优化磁性元件和储能元件设计、改进并网变流器控制技术等方法，降低变流器损耗，减小变流器体积，达到提升并网变流器的效率和功率密度的目的。本章主要论述功率器件特性、变流器拓扑构造、滤波器设计、有源功率解耦等问题，研究并实现并网变流器的高效与高功率密度。

5.1　高效率高功率密度变流器的改进方法探讨

并网变流器损耗包括功率器件的开关损耗和导通损耗、磁性元件损耗等几个方面。降低并网变流器损耗，可以提高并网变流器的效率和电能利用率，还可以间接减小散热器尺寸，提高功率密度。影响并网变流器功率密度的主要因素是滤波器的大小，如交流测滤波电感、直流侧电解电容等。因此，为了提高并网变流器的效率和功率密度，可以从以下几个方面考虑：选用性能更好的功率器件、构造高效率变换拓扑、优化磁性元件和储能元件设计等，如图 5.1 所示。

以硅材料为基础的电力电子功率器件已逐步逼近其理论极限，难以满足电力电子变流器高频化和高功率密度化的发展需求。与传统的硅基半导体器件相比，宽禁带半导体器件在击穿电压、导通电阻和栅极电荷等方面具有天然的优势，可使并网变流器实现更小体积、更高频率及更高效率。

常规的高效拓扑包含多电平拓扑、软开关拓扑、无变压器型拓扑和交错并联拓扑等。采用无变压器并网变流拓扑，可消除隔离变压器的损耗和体积，提高系统效率和功率密度，但无变压器并网变流器的直流电源可能存在较大的对地电容，漏电流增加会降低系统安全性及变换效率。交错并联拓扑利用多电平技术实现变流器效率和功率密度的提升，但交错桥臂存在环流会影响变流器的整机效率，最大交错相数的选取、耦合电感的设计等是提高变流器效率的关键。

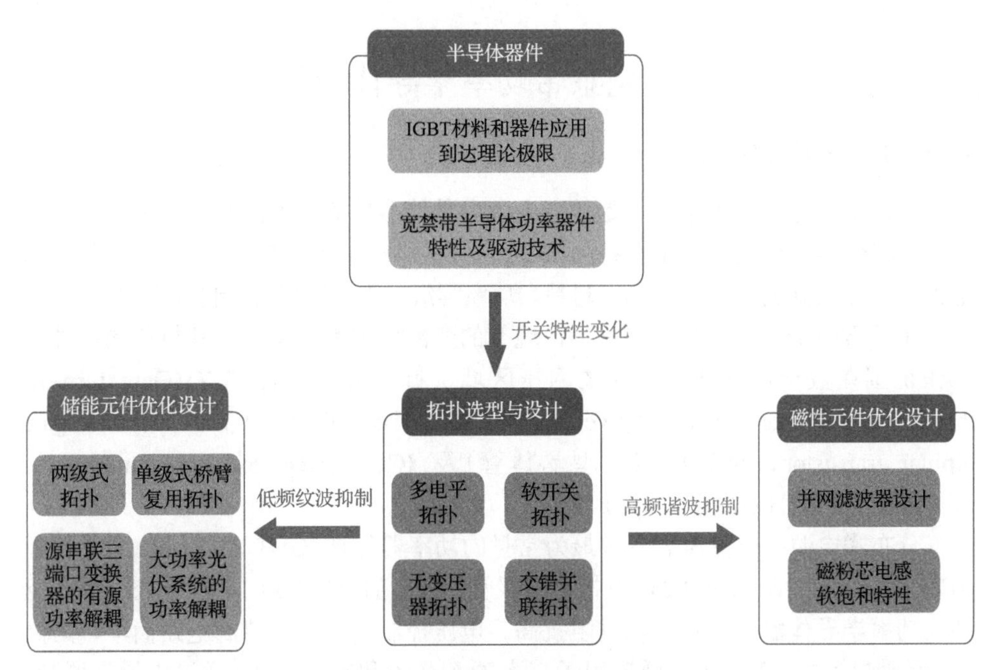

图 5.1 高功率密度高效率改进方法

对磁性元件优化设计，滤波电感是并网变流器的重要元件。并网变流器的桥臂交流侧电压中包含丰富的高频谐波成分，采用合适的滤波器，并网变流器才能输出满足要求的电压电流波形。因此，滤波电感的设计直接影响并网变流器的性能。磁粉芯材质与硅钢片不同，磁粉芯材质具有较强的软饱和特性，当交流电流通过磁粉芯电感时，电感值会随着电流的大小发生周期性的变化。因此，采用磁粉芯电感，并网变流器的输出性能会受到电感值非线性特性的影响，准确分析其等效非线性特性边界，有助于降低电感使用量，从而降低变流器的整体体积。

对储能元件优化设计，滤波元件同样是并网变流器的重要元件。单相并网变流器直流侧存在大量的低频纹波会干扰直流侧的母线电压控制，通常需引入大量无源元件滤除二倍频纹波，但该方法势必会增加变流器的体积与重量，不利于系统高功率密度设计。不同的变换拓扑，可以采用不同的纹波抑制策略降低直流电容的大小与体积。针对两级式变流器，可采用前级负载电流前馈实现二次纹波的抑制；基于桥臂复用原理，可在单级式拓扑上实现两级式变流器的纹波抑制效果；对于适用于光储系统的源串联三端口变流器和单相光伏变流器，基于有源功率解耦原理可使用较小的电容实现较好的纹波抑制效果。

本章重点针对宽禁带半导体器件特性、变流器拓扑构造、磁性元件优化设计、储能元件优化设计等问题展开阐述。

5.2 宽禁带功率半导体器件

5.2.1 硅基半导体发展现状

现代电力电子技术基本上是随着电力半导体器件的发展而发展起来的。电力半导体器件是现代电力电子设备的核心，以开关阵列的形式应用于电力变流器中。电力半导体的分类可以按照制造材料、功率等级、导电机理、控制方式进行分类。硅、锗元素属于第一代半导体材料，现有的变流器大都采用基于硅材料的器件，工作范围在数十伏到数十千伏的耐压区域，目前常用的有 GTO(Gate turn-off thyristor，门级关断晶闸管)、Power MOSFET(功率场效应管)、IGBT(Insulated gate bipolar transistor，绝缘栅双极型晶体管)及 IGCT(Integrated gate-commutated thyristor，集成门极换流晶闸管)等。

分布式电源并网变流装备中最为常见的功率器件是IGBT，由 MOS(绝缘栅型场效应管，输入部分)和 BJT(双极型三极管，输出部分)组成的复合全控型电压驱动式功率半导体器件，具有输进阻抗高、电压控制功耗低、控制电路简单、耐高压、承受电流大等特性，广泛应用于交流/直流传动和电源系统。通过电导率调制，这种结构可以向漂移层内注入作为少数载流子的空穴，导通电阻比 MOSFET 还要小；但是由于少数载流子的积聚，在关断时会产生尾电流，从而造成极大的开关损耗；随着温度升高，IGBT 的尾电流会进一步增大。由于较大的开关损耗引起的发热会致使结点温度超过额定值，IGBT 通常不能在 100kHz 以上的高频区域内使用。同时，IGBT 存在开启电压，所以从小电流到大电流的宽电流范围不都能够实现低导通损耗。

IGBT 等功率器件的发展趋势为：更高的功率密度、更高的集成度、更高的允许结温、更低的允许存储温度、更高的鲁棒性、更强的散热能力等，同时也将向功率集成电路的方向发展。

第二代半导体材料主要是指化合物半导体材料、三元化合物半导体、固溶体半导体及非晶半导体。硅和化合物半导体是两种互补的材料，化合物的某些性能优点弥补了硅晶体的缺点，而硅晶体的生产工艺又有明显的不可取代的优势，且两者在应用领域都有一定的局限性，因此在半导体的应用上常常采用兼容手段将这二者兼容，取各自的优点，从而生产出符合更高要求的产品，因此第一、二代是一种长期共存的状态。

5.2.2 宽禁带半导体功率器件特性

为了实现降低开关损耗，从而改善电源效率、简化散热部件及实现工作频率高频化，使周边器件变小，新一代半导体器件的需求与日俱增。第三代半导体材料又称为宽禁带半导体材料，与第一、二代半导体材料比，具有更宽的禁带宽度、更高的击穿电场、更高的热导率、更高的电子饱和速率及更高的抗辐射能力，更适合于制作高温、高频、抗辐射及大功率器件。

第三代功率半导体材料比硅制半导体绝缘击穿电场大了一个数量级，相同耐压情况下，厚度是硅器件的约 1/10，导通电阻大大减小；同时饱和漂移速度比硅快 2～3 倍，因此能够在更高的开关频率下稳定运行；同时，导热率也大大提高，器件内产生的热量更容易释放到外部，易于实现产品的小型化。变流器采用新一代的功率半导体后，与使用现行的硅制功率半导体相比，虽然电力损失的具体数值会因输出功率和电路构造而略有差异，但基本上能够降低一半以上；同时，还能够削减变流器的外形尺寸和重量，因此有助于实现电气设备的小型化和轻量化，提高能源的利用率[1, 2]。

第三代半导体中 SiC(碳化硅)单晶和 GaN(氮化镓)单晶最有发展前景。SiC 拥有更高的热导率和更成熟的技术，而 GaN 直接跃迁、高电子迁移率和饱和电子速率、成本更低的优点则使其拥有更快的研发速度。两者不同的优势决定了应用范围上的差异，在光电领域，GaN 占绝对的主导地位，而在其他功率器件领域，SiC 适用于 1200V 以上的高温大功率领域，GaN 则更适用 900V 以下的高频小功率领域。两者的应用领域覆盖了可再生能源发电、智能电网、电动汽车、机车牵引、节能家电、通信射频等大多数具有广阔发展前景的新兴应用市场[3, 4]。

5.2.3　宽禁带半导体功率器件的驱动技术

驱动电路需要同时提供多种功能：在开通和关断的过程中，对栅极电容进行充放电，确保开关器件可靠的开通和关断；为了防止功率电路对控制系统一侧带来干扰，必须确保低压侧和高压侧的电气隔离。此外，驱动电路还需要具有保护开关器件免受损坏的功能，这些功能包括过流保护、驱动电源欠过压保护、短路保护等，保护开关器件在异常工况时免受损坏。宽禁带功率半导体器件具有诸如高耐压、低开关与导通损耗等优点，其驱动原理类似而又不同于传统硅器件。因此，需要根据宽禁带半导体器件的特性，设计相应满足驱动性能的驱动电路，以充分发挥宽禁带功率半导体器件的性能。

驱动电路性能的好坏直接影响整个系统的可靠性及性能指标，设计宽禁带半导体器件的驱动电路时，应该特别注意其开通特性、负载短路能力和 $\mathrm{d}u/\mathrm{d}t$(高达 100V/ns)引起误触发[5-9]，其基本要求如下：

(1) 开通瞬间驱动电路应该能够提供足够大的充电电流，并且触发脉冲前后沿要陡，提高开通速度，减小开通损耗。

(2) 足够高的驱动电压才能保证开关器件充分开通，以减小其导通损耗。

(3) 关断瞬间驱动电路能提供一个阻抗尽可能低的通路，确保栅源极间电容电荷量能够快速泄放，加快关断速度，以减小关断损耗。

(4) 如有必要可采取负压关断，加快关断速度，并且防止开关时刻由米勒效应引起的误导通。

(5) 驱动电路尽可能靠近功率模块，确保驱动回路寄生电感尤其是共源电感足够小。

(6) 驱动保护检测与动作电路灵敏迅速，保护功率模块不受损坏。

5.3　高效率并网变流器的拓扑选型与设计

为了提高并网变流器效率，国内外学者提出了多种拓扑解决方案：多电平变流拓扑、软开关变流拓扑、无变压器并网变流拓扑和多相交错并联变流拓扑等。本节首先概述了几种类型拓扑的优势和存在的问题，然后针对无变压器并网拓扑的漏电流问题和多相交错并联变流拓扑的环流抑制问题展开分析。

5.3.1　高效率并网变流拓扑

1. 多电平并网变流器

采用多电平技术可以减小开关器件的电压应力，同时，还可以减小磁性元件上的电压波动，减小磁性元件的损耗，提高系统效率，因此可以选用电压应力更低、性能更好的开关器件。对于多电平变流器，现有的文献有着大量的研究。如图 5.2 所示为两种经典的三电平变流器[11-13]，图 5.2(a)为采用 NPC 型桥臂的三电平变流器，图 5.2(b)为采用 T 型桥臂的三电平变流器。通过对该拓扑进行类似结构的扩展可以得到更多的电平数。也有学者对多电平拓扑做了改良，图 5.3 所示的拓扑是 ABB 公司提出的五电平拓扑[14-17]。这些拓扑具有扩展到更多电平的潜质，但是电平数并不是越多越好，随着电平数的增加，电路会变得非常复杂，变流器的设计和控制也变得更加困难，且效率和功率密度的提升也变得不太明显。因此，需要在性能的提升和电路复杂度之间权衡，三电平拓扑和五电平拓扑是比较合适的选择。

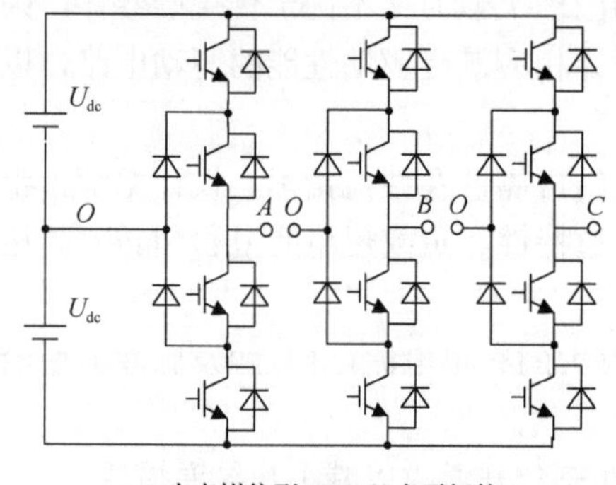

(a) 中点钳位型(NPC)三电平拓扑

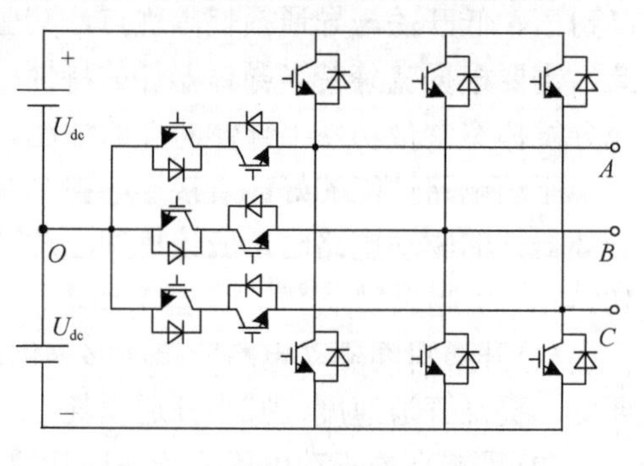

(b) T型三电平拓扑

图 5.2　两种典型三电平变流器拓扑

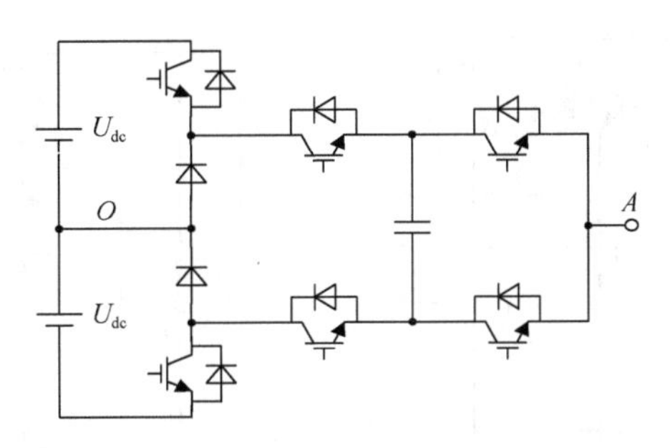

图 5.3　ABB 公司的五电平拓扑

2. 软开关并网变流器

软开关技术为提高电力电子变流器的效率、减小装置体积、改善 EMI 问题提供了一条新的思路，并且已经在 DC-DC 变流器中得到了大量应用。与 DC-DC 变流器类似，变流器的软开关特性也是通过谐振网络为开关管创造电压和电流过零实现的。根据变流器的谐振网络所处的位置不同，软开关型变流拓扑分为三类：负载谐振型、谐振转换型和直流侧谐振型[18]。其中，负载谐振型的谐振网络一般通过在负载侧串联、并联或者混联电感电容实现，这种方法适合相对固定的负载，通过合理的设计、匹配谐振网络参数可以使变流器在特定的负载条件下获得较好的软开关特性，但是负载适应能力比较差，当负载条件偏离额定时输出波形质量、效率等性能指标会急剧恶化。此外由于谐振网络在主功率回路上，谐振元件的体积会比较庞大，且谐振电路始终处于工作状态，损耗较大，因而限制了其在大功率场合的应用。上述问题使并网变流器一般不采用负载谐振型拓扑，因此本书主要介绍直流侧谐振型和谐振转换型拓扑。

1) 直流侧谐振型拓扑

直流侧谐振型拓扑通过直流侧的谐振网络使直流母线电压或电流过零，为开关管动作创造软开关条件[19]。图 5.4 列举了两种比较典型的无源谐振拓扑，其特点是结构简单，只需在直流侧加入电感电容即可。图 5.4(a)所示的并联谐振直流母线变换器(parallel resonant DC-Link converter，PRDCLC)适合直流源为电压源的场合，谐振电容的电压交替变化，在电压为零的时候为此后开通的开关管提供 ZVS (zero voltage switch，零电压开关)条件。图 5.4(b)所示的并联谐振交流母线变换器(Parallel Resonant AC-Link Converter，PRACLC)适合直流源为电流源的场合，类似地，谐振电容的电压交替变化，在电压为零的时候为后面的开关管提供 ZVS 条件。

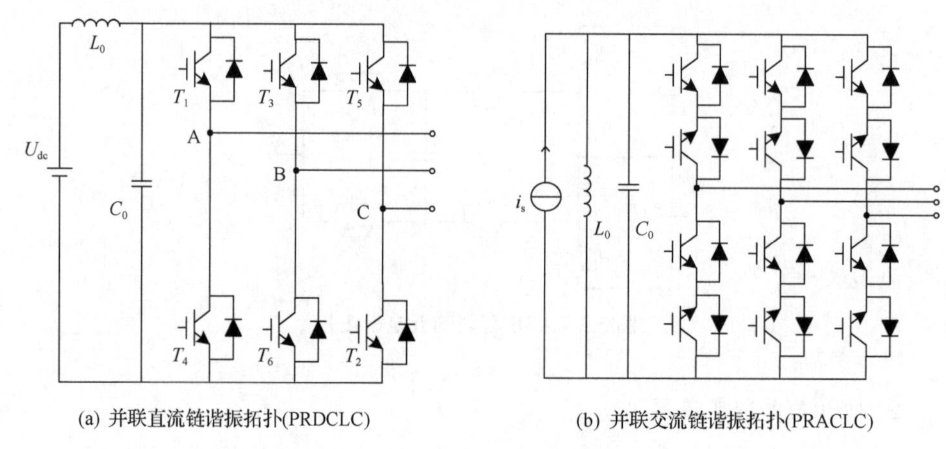

(a) 并联直流链谐振拓扑(PRDCLC)　　(b) 并联交流链谐振拓扑(PRACLC)

图 5.4　无源直流环节谐振拓扑

以上两种拓扑为了实现开关管 ZVS，开关管需保证只在电压为零的时候动作。每个谐振周期电压过零两次，可见开关管的控制周期取决于谐振周期，故不能采取常规的 PWM 控制，通常采用离散脉冲调制(discrete pulse modulation，DPM)。由于上述拓扑中谐振电路始终工作，会有较大的通态损耗，谐振元件通常要承受高达 2 倍以上的额定值(相对于常规无谐振的变流器)的电压或电流，这是这类拓扑的明显缺陷。

一些研究尝试将 PWM 调制方式引入直流侧谐振软开关变流器中，如文献[20]采用的拟方波电压变换器(quasi-square-wave voltage converters，QSW)拓扑，如图 5.5 所示。拟方波电压变换器拓扑是直流侧谐振拓扑的一种，其存在的问题是谐振网络始终处于工作状态，导通损耗较大，且谐振元件往往需承受较大的电压应力。采用 DPM 调制时存在开关动作与谐振网络的同步问题。若增加辅助元件，引入 PWM 调制技术，则会使得软开关特性变差，并且负载范围也会相应缩小。

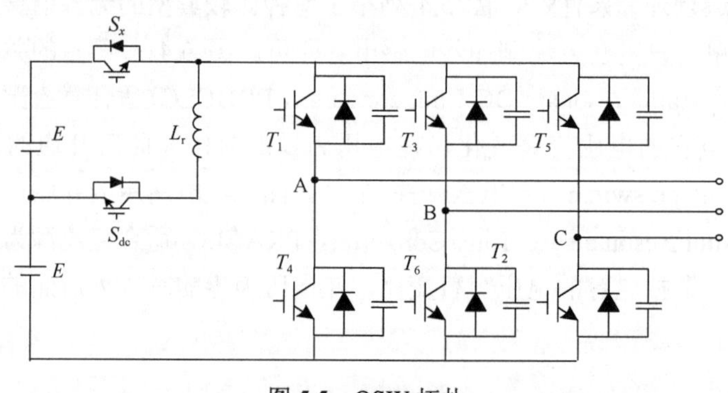

图 5.5　QSW 拓扑

比较理想的谐振网络应当仅工作在一个周期的部分时段，更具体地说，在开关模态发生变化的前后。

2) 谐振转换型拓扑

谐振转换型软开关变流器是另一种软开关变流拓扑，这种拓扑的直流母线与谐振网络独立，谐振网络多接在变流器的桥臂上，因此开关管的寄生参数(譬如输出电容)也可作为谐振电路的一部分。谐振转换型软开关变流器包含谐振换流极型、辅助谐振型等多种类型。

文献[21]提出了一种基本的谐振极逆变器(resonant pole inverter，RPI)，如图 5.6 所示。这种拓扑的谐振元件 L_0 与 C_0 在变流器输出极电压 U_p 发生极性翻转时发生谐振，并联谐振为开关管创造了 ZVS 条件。这种拓扑的优势在于结构比较简单，输出滤波电感同时也充当着谐振电感的作用，但缺陷也很明显，开关管需要承受额定电流 2 倍以上的电流应力，此外当负载较轻时电感可能不足以抽走电容中的电荷构成 ZVS 条件。

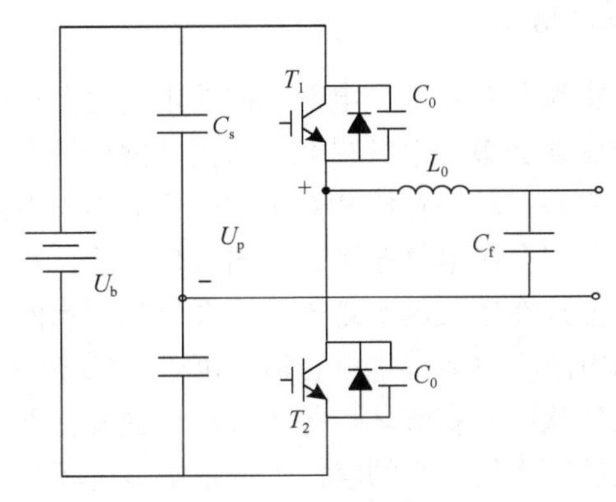

图 5.6　RPI 拓扑

在 RPI 的基础之上，加入额外的辅助元件可以构成辅助谐振型拓扑，一种二极管辅助谐振极拓扑(auxiliary resonant diode pole inverter，ARDPI)如图 5.7(a)所示。这种拓扑的优点是在电容两端并联二极管以后，可以减少滤波电容体积。另一种辅助换流极拓扑[22](auxiliary resonant commutated pole inverter，ARCPI)如图 5.7(b)所示，能够实现主开关管的 ZVS 和辅助开关管的 ZCS。由于辅助器件不与主能量通路直接相连，所以辅助元件的电流应力较小。但是，由于每个开关周期辅助器件的初始电压、电流并不相同，ARCPI 的控制比较复杂，并且软开关特性仍然只能在一定的负载范围内实现。

目前已有的各种软开关变流器拓扑有各自的优势和劣势，但软开关技术在变流器的应用中依旧存在着许多亟待解决的问题，包括开关应力、轻载效率、调制方法、输出波形控制、性能评估、优化设计方法等，在实际的应用中仍然很少，因此，需要寻求另外的方法来提高并网变流拓扑的效率。

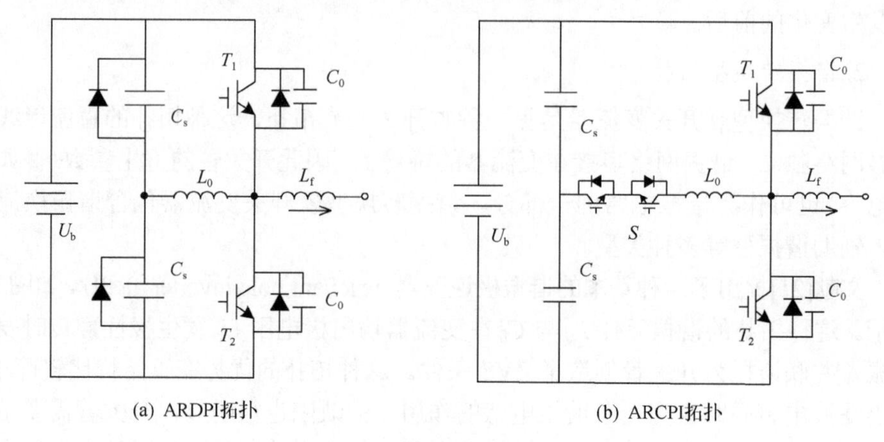

(a) ARDPI拓扑　　(b) ARCPI拓扑

图 5.7　两种辅助谐振拓扑

3. 无变压器型变流拓扑

隔离变压器可以实现分布式源和电网之间的电气完全绝缘，保护功率变换设备，但是增加隔离变压器会增加系统损耗，取消并网变流系统中的隔离变压器，可以提高并网变流器效率，减小体积和重量，降低成本。然而，无变压器并网变流器的直流源和电网之间存在电气连接，如图 5.8 所示，在可再生并网发电系统中，由于直流电源可能存在较大的对地电容，会导致严重的漏电流问题。以单晶体硅光伏电池为例，电池板对地寄生电容最大可以达到 50～150nF/kWp，且该寄生电容的大小随着天气状况、安装环境等外部环境的变化而发生改变。尤其在潮湿环境下，光伏电池的寄生结电容的容值大于正常湿度环境下的容值[24]，使问题更加严峻。并网变流器漏电流的存在会增加系统损耗，同时增加并网电流畸变、降低系统的电磁兼容性能，且容易引起安全问题[25, 28]。因此，不具备漏电流抑制能力的无变压器型拓扑无法在实际工程中应用[29-34]。

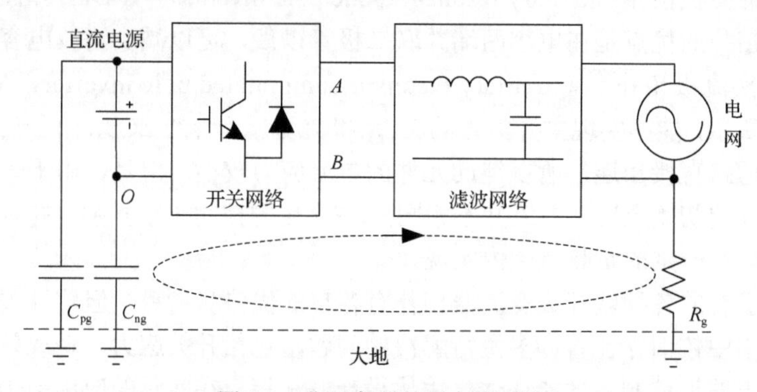

图 5.8　非隔离型并网变流系统

为了抑制无变压器型并网变流器中的漏电流，一般在实际的并网逆变器产品中，在并网逆变器输出与电网之间都会加装共模滤波器抑制漏电流，消除或者减小系统中的漏电流。文献[35]将滤波器的公共端与直流母线的中点连接，提出一种可对共模及差模电压 du/dt 得到对称抑制的滤波器设计方法。文献[36]在 LC 滤波器滤波电感上增加附加绕组，提出了一种以差模电压滤波为主，兼有抑制共模电压作用的无源滤波器，将差模滤波和共模抑制有机结合，在保证差模滤波效果的同时，共模电压得到更大的抑制。文献[37]采用分裂电容结构，仅将较小电容的公共点引回兼作共模电容，提出了共模差模解耦的输出滤波器设计方案，该方案能在满足并网标准和漏电流抑制要求的同时，有效抑制中线电流和桥臂电流的共模谐振。然而，不论是加装共模滤波器还是采用共模和差模滤波器解耦的滤波器结构，都会增加硬件开销、增加变流器体积，对变流器整机效率与功率密度的提升效果大打折扣。

改进并网逆变器的拓扑和脉宽调制策略，可维持共模电压稳定实现漏电流的抑制，因此目前的研究主要集中在改进已有的或提出新型的并网逆变拓扑和脉宽调制策略，消除或者减小系统中的漏电流。

如图 5.9 所示，如 H4 并网变流器是常规全桥并网变流器的一种改进形式，其拓扑与单电感滤波型全桥并网变流拓扑相同，但是调制策略不同，其中的一个桥臂以高频开关工作，而另一个以工频开关，其调制策略如图 5.10 所示。T_1 正半波工作在 SPWM 状态，负半波关断，T_2 负半波工作在 SPWM 状态，正半波关断，T_3 和 T_4 工作在工频开关状态。采用该调制方式后，可以得到较低的漏电流特性，满足相关并网标准。

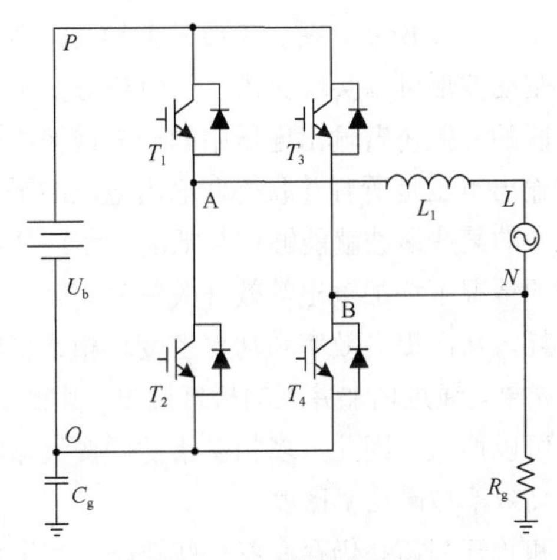

图 5.9　H4 并网变流器

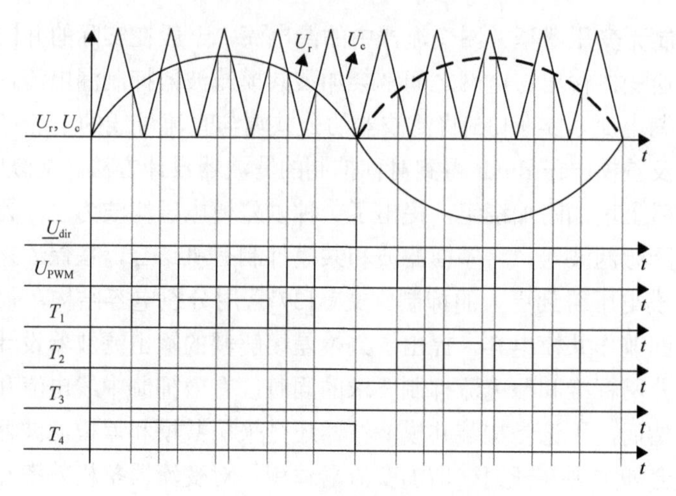

图 5.10　H4 并网变流器的调制策略

4. 多相交错并联变流拓扑

通过将多台变流器并联运行，可以扩大变流器的容量，但仅通过并联实现扩容的变流器，在大电流下开关器件的损耗随着开关频率的增加会增大直至无法正常工作，此外变流器的并联也需要不小的并联电感，因此损耗和并联电感体积重量的限制使其开关频率通常不会太高。采用多电平拓扑可以减小滤波器件，但是失去了并联的能力，并且电平数增加后拓扑变得非常复杂，而多相交错并联变流器则能同时具备并联和多电平的优点。

多相交错并联变流器与常规的多相并联变流器在拓扑上具有相似性，均为多个桥臂并联的结构，如图 5.11 所示。两者主要的差异为：多相交错并联变流器可以采用耦合电感，则驱动波形可以实现交错，从而获得多电平特性[38]。通过载波信号的交错，交错并联的开关桥臂输出电压中的一些谐波成分就会相互错开一个角度。并联系统总的输出电压是所有并联桥臂输出电压的平均值，在这种平均作用下，桥臂输出电压中的某些谐波就能够相互抵消或者部分抵消[39]，因此，可以在保持开关频率不变的情况下增加输出等效开关频率，减小无源滤波器件的体积和重量、减小开关损耗，从而提高效率和功率密度。相比多电平拓扑，交错并联变流器可以很方便地扩展，通过增加并联的桥臂数量，其输出电平数也随之增加，同时变流器的容量也可以增大。因此，多相交错并联变流器的容量可以灵活地配置，也比较容易做到高效率与高功率密度。

由于多电平拓扑和软开关拓扑仍存在着一些缺陷，实用性欠佳，在目前的实际应用中，无变压器型拓扑和多相交错并联变流拓扑是更优的选择。

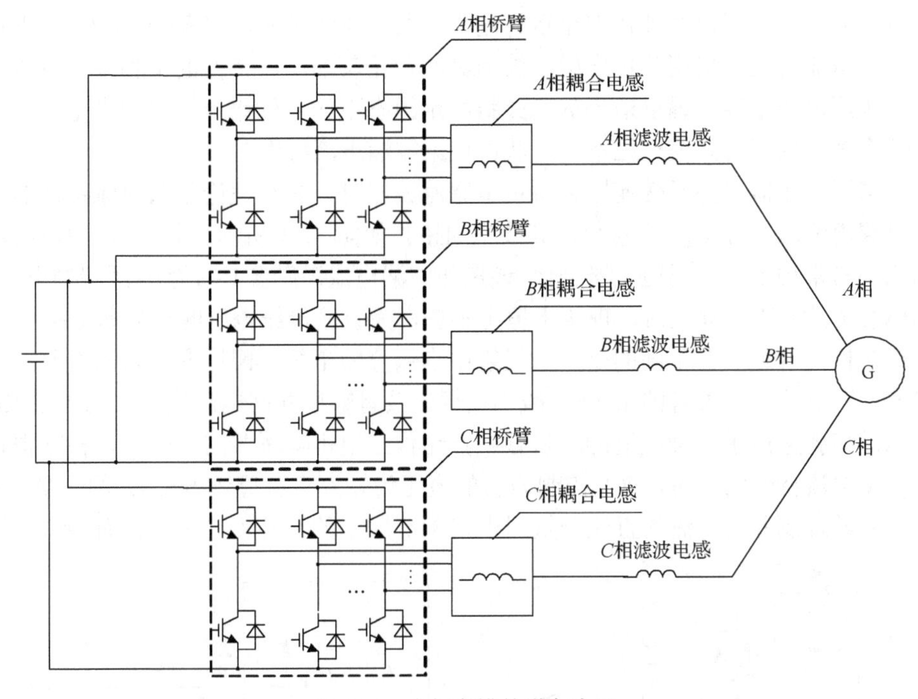

图 5.11　多相交错并联变流器

5.3.2　无变压器型并网变流拓扑与构造方法

由上节所述，无变压器型拓扑必须具备漏电流抑制能力，根据抑制漏电流的原理可以将无变压器型拓扑分为三类：具有理论零漏电流特性、具有理论近似零漏电流特性和具有低漏电流特性的并网变流器。首先介绍这三类拓扑的研究概况，然后提出几种无变压器型拓扑的构造方法。

1. 无变压器型并网变流拓扑及分类

1)具有理论零漏电流特性的单相并网变流拓扑

当无变压器型并网变流器采用分裂电感滤波器时，漏电流激励源$(U_{AO}+U_{BO})/2$为常数时，拓扑可以具有理论零漏电流特性，其典型的拓扑如图 5.12 所示。其中图 5.12(a)所示的拓扑电感电流通过 T_1 和 T_3 的反并二极管或者 T_4 和 T_2 的反并二极管续流时，使 U_{AO} 和 U_{BO} 被二极管 D_1 和 D_2 钳位到 $U_b/2$；图 5.12(b)所示的拓扑通过使滤波电感电流通过 T_5，D_2 和 D_3 续流或者 T_5，D_1 和 D_4 续流，U_{AO} 和 U_{BO} 均被钳位到 $U_b/2$；图 5.12(c)和图 5.12(d)为基于 H5 并网逆变拓扑的改进拓扑，这两种形式的拓扑运行原理完全相同，在 H5 并网逆变器的基础上将输入滤波电容均分为 2 组串联，并增加了一个开关管 T_6，将电感电流续流时段的 U_{AO} 和 U_{BO}

钳位为 $U_b/2$，使得该拓扑在整个运行过程中漏电流激励源恒定等于 $U_b/2$，获得理论零漏电流特性。采用分裂电感滤波器具有理论零漏电流特性的单相并网变流拓扑多采用母线电容，辅以适当的开关将特定模态下的电位钳至电容中点电位，保证整个开关周期内共模电压不变，获得理论零漏电流特性。

当无变压器型并网变流器采用单电感滤波器时，具有理论零漏电流特性的条件是漏电流激励源 U_{BO} 为常数，其典型的拓扑如图 5.13 所示。其中 5.13(a)所示的拓扑与常规半桥并网逆变器类似，该拓扑中漏电流激励源 U_{BO} 为 C_2 两端的电压，当电容 C_1 和 C_2 足够大时，理论上恒定不变，为直流母线电压的一半即 $U_b/2$，与常规半桥并网逆变器不同的是，二极管中点钳位的半桥并网逆变器输出有零电平状态，可以降低开关管的 dv/dt，减小损耗，改善输出并网电流质量；图 5.13(b)所示的拓扑采用了一种改进的二极管中点钳位三电平半桥并网逆变器，在获得理论零漏电流特性的同时，通过控制 U_{BO} 的电压为输入直流母线电压 U_b 的一半，还可以有效抑制并网电流的直流分量；图 5.13(c)所示的拓扑提出了一种有源中点钳

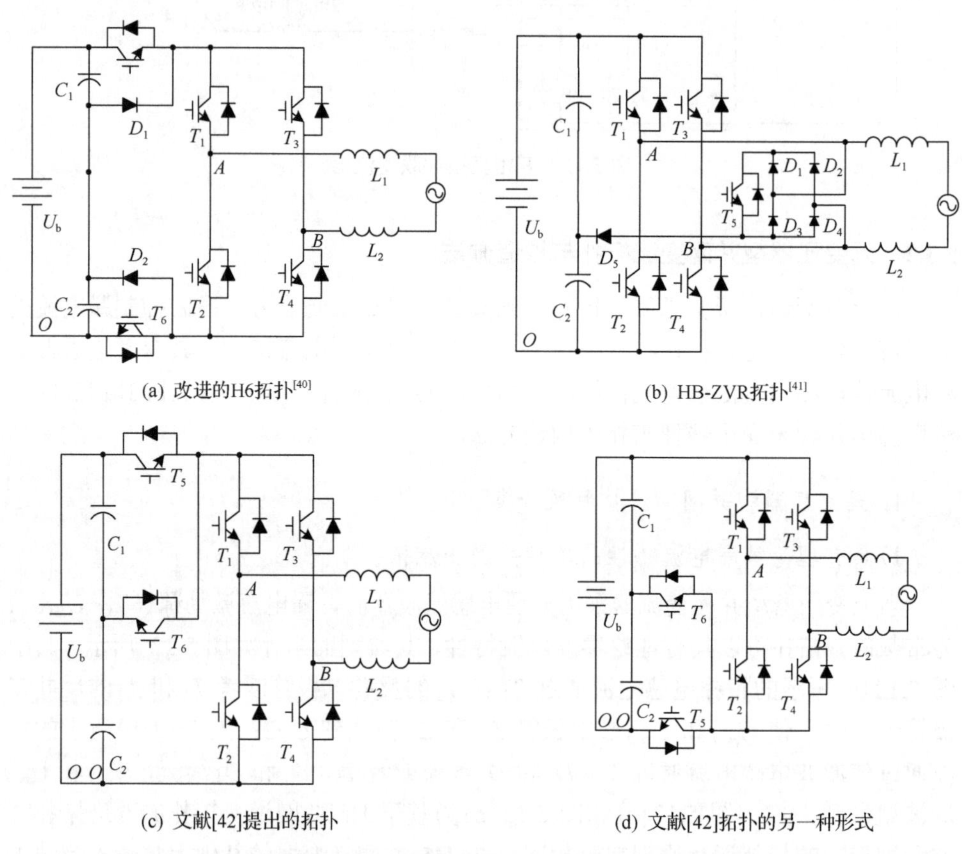

(a) 改进的H6拓扑[40]

(b) HB-ZVR拓扑[41]

(c) 文献[42]提出的拓扑

(d) 文献[42]拓扑的另一种形式

图 5.12　基于分裂电感滤波器的具有理论零漏电流特性的拓扑

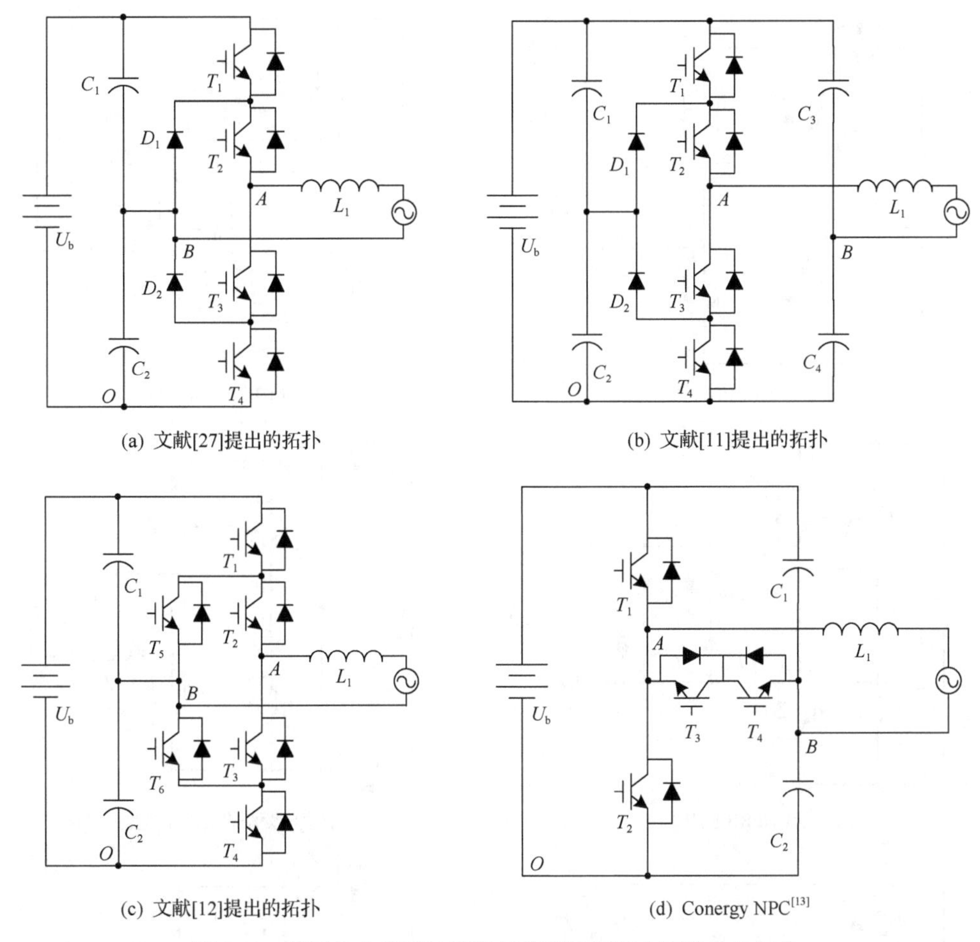

(a) 文献[27]提出的拓扑　(b) 文献[11]提出的拓扑

(c) 文献[12]提出的拓扑　(d) Conergy NPC[13]

图 5.13 基于单电感滤波器的具有理论零漏电流特性的拓扑

位的半桥逆变拓扑，采用一种倍频脉冲宽度调制策略，提高输出并网电流的频率，控制 U_{BO} 的电压为输入直流母线电压 U_b 的一半，改善并网电流质量；图 5.13(d) 所示的拓扑为 Conergy 公司的一个专利拓扑，在常规半桥并网逆变器的开关管桥臂和电容桥臂之间加入了一个由 T_3 和 T_4 构成的双向开关，在电感电流续流阶段，双向开关导通，构成零电平续流回路，U_{BO} 为直流母线电压的一半即 $U_b/2$，获得理论零漏电流特性，可改善输出并网电流质量。采用单电感滤波器具有理论零漏电流特性的单相并网变流拓扑通常将电网中线与电容中点直接相连，可获得理论零漏电流特性。

2) 具有理论近似零漏电流特性的单相并网变流拓扑

在采用分裂电感滤波的无变压器型并网变流器中，当漏电流激励源 $(U_{AO}+U_{BO})/2$ 近似为常数时可以获得理论近似零漏电流特性。图 5.14 归纳了具有理论近似零电

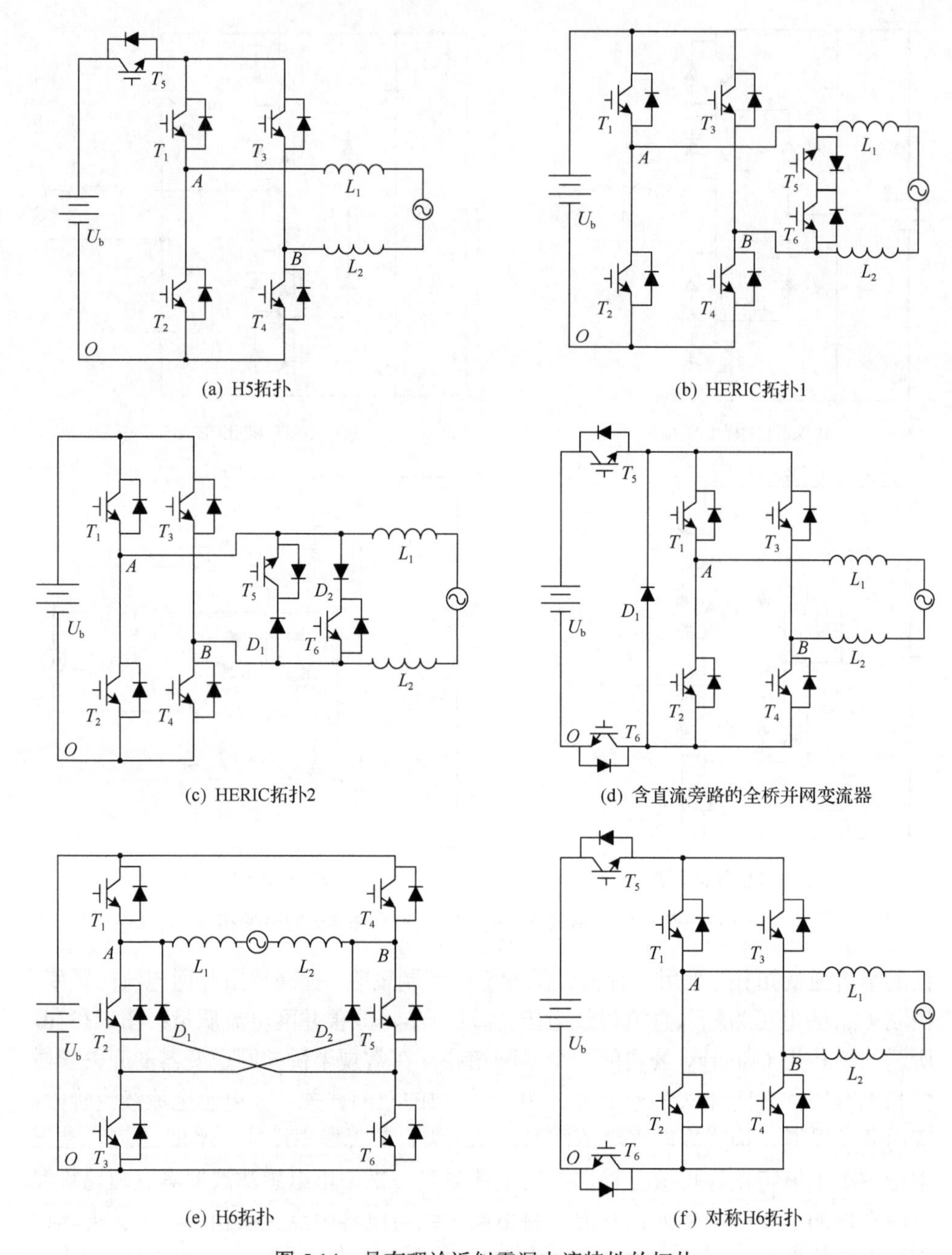

(a) H5拓扑　(b) HERIC拓扑1　(c) HERIC拓扑2　(d) 含直流旁路的全桥并网变流器　(e) H6拓扑　(f) 对称H6拓扑

图 5.14　具有理论近似零漏电流特性的拓扑

流特性的典型拓扑。其中图 5.14(a)所示的 H5 拓扑在输出滤波电感续流期间，开关管 T_2，T_4 和 T_5 全部处于关断状态，直流源与电网完全解耦，开关管 T_2，T_4 和 T_5 的输出结电容使漏电流激励源$(U_{AO}+U_{BO})/2$ 近似为 $U_b/2$，获得理论近似零漏电流特性；图 5.14(b)(c)所示的拓扑为具有理论近似零漏电流特性的 HERIC 并网逆变器的两种拓扑形式，在常规全桥并网逆变器基础上在桥臂输出端增加了一个双向开关构成的续流回路，图 5.14(b)中的双向开关由两个反向串联的有源开关构成，图 5.14(c)中的双向开关由两个不同方向的电流开关并联构成，通过使电感电流通过 T_5 和 T_6 的反并二极管续流，U_{AO} 和 U_{BO} 的电压由 T_1，T_2，T_3 和 T_4 的输出结电容决定，近似等于 $U_b/2$，因此理论漏电流近似为零；图 5.14(d)所示的拓扑采用了具有理论近似零漏电流特性的含直流旁路的全桥并网逆变拓扑，通过使电感电流通过 T_1，T_4 和 D_1 续流，由于 T_5 和 T_6 关断，U_{AO} 和 U_{BO} 的电压由 T_5 和 T_6 的输出结电容决定，近似等于 $U_b/2$，因此理论漏电流近似为零；图 5.14(e)所示的 H6 并网逆变拓扑通过使电感电流通过 T_5 和 D_1 续流，由于 T_1、T_3、T_4 和 T_6 关断，U_{AO} 和 U_{BO} 的电压由 T_1、T_3、T_4 和 T_6 的输出结电容决定，近似等于 $U_b/2$，所以理论漏电流近似为零；图 5.14(f)所示的对称 H6 型并网逆变拓扑，与 5.14(d)所示拓扑相比不同之处是少了一个二极管，且可以采用单级倍频 PWM 调制策略，通过使电感电流通过 T_2 和 T_4 的反并二极管或者 T_2 的反并二极管和 T_4 续流，直流源和电网解耦，U_{AO} 和 U_{BO} 的电压由 T_1、T_3 和 T_6 的输出结电容决定，近似等于 $U_b/2$，因此理论漏电流近似为零。具有理论近似零漏电流特性的单相并网变流拓扑通常在续流模态利用开关管的结电容，使共模电压近似维持在 $U_b/2$ 恒定。

3)具有低漏电流特性的单相并网变流拓扑

文献[14]提出了两种低漏电流并网变流拓扑，如图 5.15 所示。两种拓扑的原理是类似的，以图 5.15(b)所示的并网变流拓扑为例分析，其工作原理如下：①当电网电压处于正半波时，T_4 恒定导通，T_1 处于高频 PWM 运行状态。当 T_1 导通时，直流源向电网传输能量，当 T_1 关断时，电感电流通过 D_1 和 T_4 续流；②当电网电压处于负半波时，T_3 恒定导通，T_2 处于高频 PWM 运行状态。当 T_2 导通时，直流

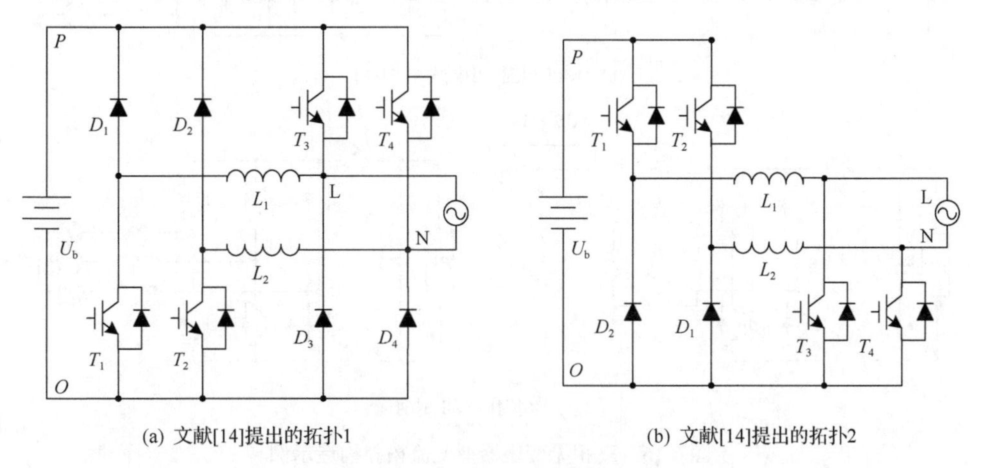

(a) 文献[14]提出的拓扑1　　(b) 文献[14]提出的拓扑2

图 5.15　具有低漏电流特性的拓扑

源向电网传输能量，当 T_2 关断时，电感电流通过 D_2 和 T_3 续流。

在整个运行过程中，电网的 L 和 N 通过开关 T_3 和 T_4 与直流源的 O 直接相连，且这种连接状态半个电网周期才改变一次，可以实现低漏电流特性。

4) 具备漏电流抑制能力的三相变流器拓扑

另一种常见的并网系统为三相系统，三相系统可以视为单相系统的推广延伸，故三相系统的漏电流分析及漏电流抑制方案也可以通过与单相系统类似的方法分析和设计，具备漏电流抑制能力的三相变流器拓扑构造方法类似于单相变流器，采用钳位结构可以得到理论零电流特性，如可以由单相 oH5 拓扑结构引申得到三相 oH7 拓扑；采用旁路解耦结构可以由单相 H5 拓扑引申得到 H7 拓扑，也可以由 H6 拓扑得到 H8 拓扑[43]，如图 5.16 所示。

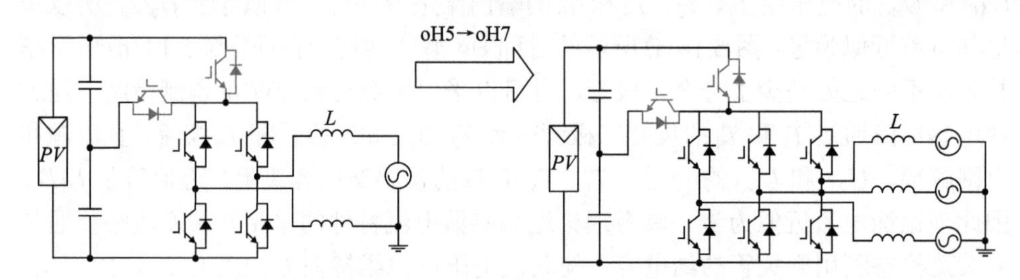

(a) 单相oH5拓扑引申得到三相oH7拓扑

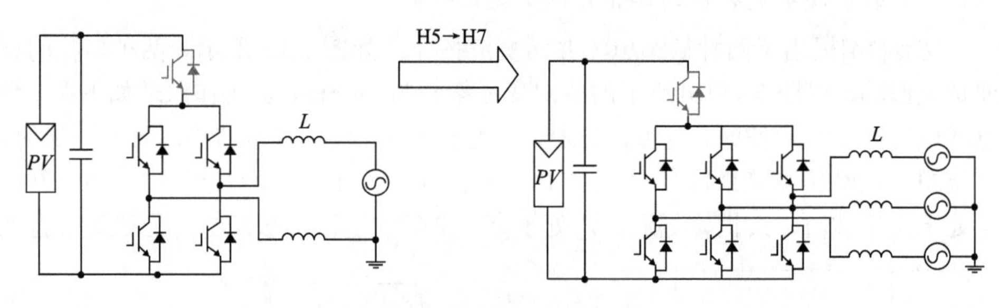

(b) 单相H5拓扑引申得到H7拓扑

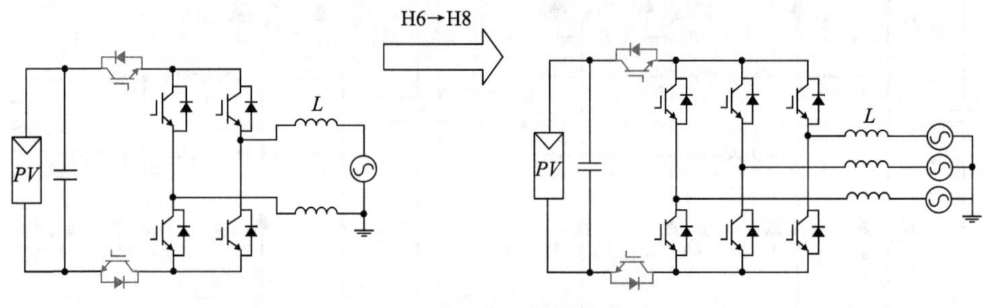

(c) H6拓扑得到H8拓扑

图 5.16　三相无变压器型变流拓扑构造示例

2. 具有低漏电流特性的无变压器型并网变流拓扑构造方法

在无变压器型并网变流器中，如果直流源的某一端总与电网的某一端通过导通的开关管直接相连，并且这种连接状态仅每半个电网周期才发生一次变化，那么漏电流激励源的频率将于电网频率相同，可以获得低漏电流特性。根据上述原理和构造方法构造的并网变流器的低漏电流运行模式可以分为 4 类。

类型 1：当电网处于正半周期，直流源的 P 端通过导通的开关与电网的 L 端直接相连，当电网处于负半周期时，直流源的 P 端通过导通的开关与电网的 N 端直接相连，工作状态如图 5.17 所示。

在图 5.17 中，设直流源电压为 U_b，电网电压为 U_g，则由图 5.17(a)可知，当电网处于正半周期时，漏阻抗电压 U_{LK} 为

$$U_{LK}=U_{NO}=U_b-U_g \tag{5.1}$$

当电网处于负半周期时，由图 5.17(b)可得漏阻抗电压 U_{LK} 为

$$U_{LK}=U_{NO}=U_b \tag{5.2}$$

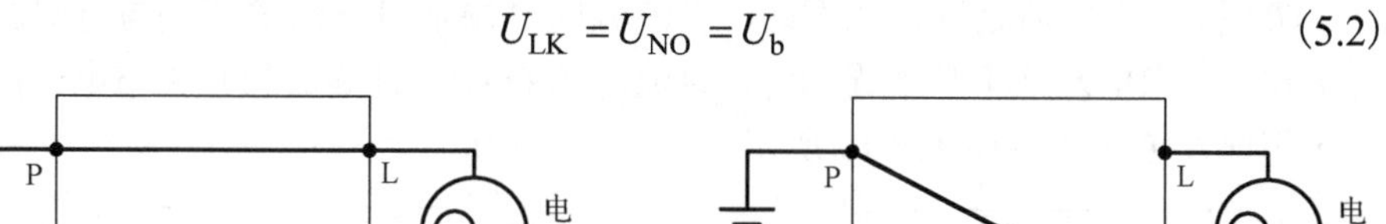

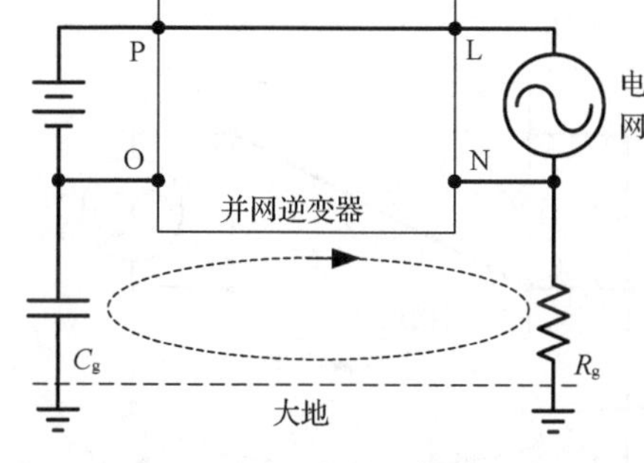

(a) 电网处于正半波时的工作状态

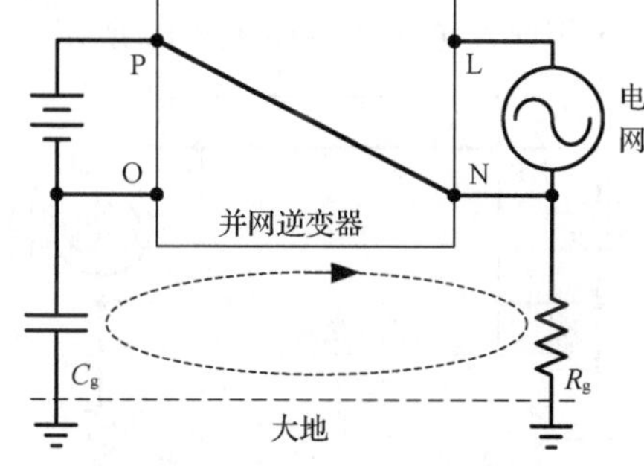

(b) 电网处于负半波时的工作状态

图 5.17　并网变流器的低漏电流工作状态(类型 1)

由上述分析可知，漏电流激励源为一个与电网周期相同且其中半个周期为直流信号的电压源，因此采用这种方式构造的并网变流拓扑系统漏电流较低。

类型 2：当电网处于正半周期，直流源的 O 端通过导通的开关与电网的 N 端直接相连，当电网处于负半周期时，直流源的 O 端通过导通的开关与电网的 L 端直接相连，工作状态如图 5.18 所示。

由图 5.18(a)可知，当电网处于正半周期时，漏阻抗电压 U_{LK} 为

$$U_{LK}=U_{NO}=0 \tag{5.3}$$

当电网处于负半周期时，由图 5.18(b)可知漏阻抗电压 U_{LK} 为

$$U_{LK} = U_{NO} = -U_g \tag{5.4}$$

由式(5.3)和式(5.4)可见，漏电流激励源为周期与电网周期相同且其中半个周期为 0 的电压源。

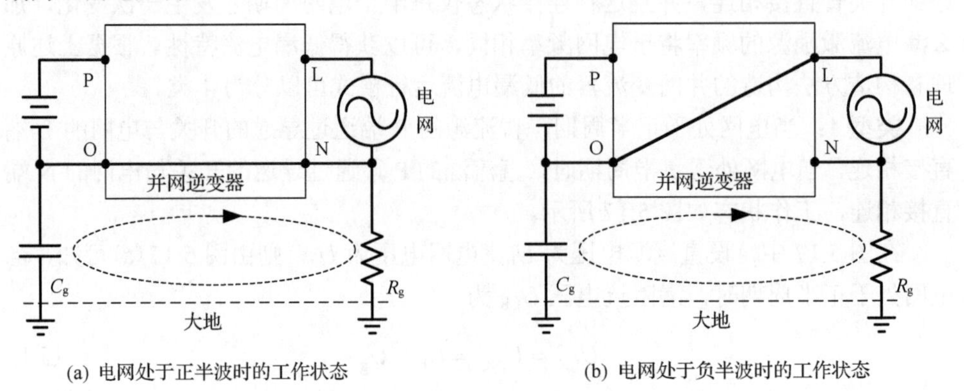

(a) 电网处于正半波时的工作状态　　(b) 电网处于负半波时的工作状态

图 5.18　并网变流器的低漏电流工作状态(类型 2)

类型 3：当电网处于正半周期，直流源的 P 端通过导通的开关与电网的 L 端直接相连，当电网处于负半周期时，直流源的 O 端通过导通的开关与电网的 L 端直接相连，工作状态如图 5.19 所示。

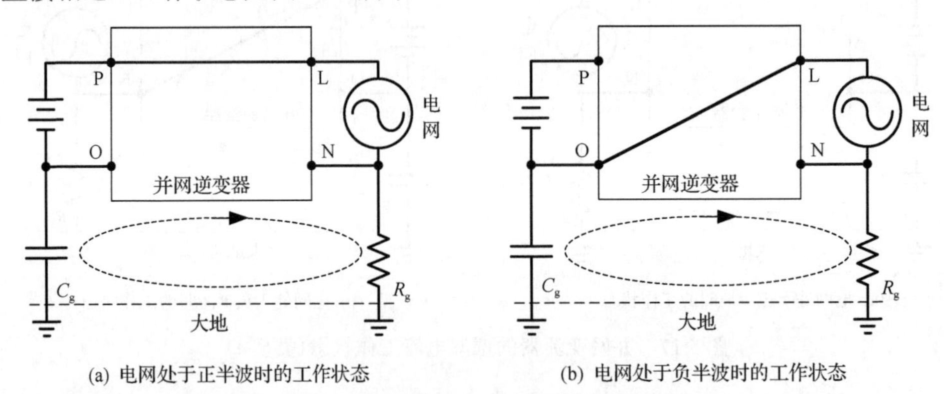

(a) 电网处于正半波时的工作状态　　(b) 电网处于负半波时的工作状态

图 5.19　并网变流器的低漏电流工作状态(类型 3)

由图 5.19(a)可知，当电网处于正半周期时，漏阻抗电压 U_{LK} 为

$$U_{LK} = U_{NO} = U_b - U_g \tag{5.5}$$

当电网处于负半周期时，由图 5.19(b)可知漏阻抗电压 U_{LK} 为

$$U_{LK} = U_{NO} = -U_g \tag{5.6}$$

由式(5.5)和式(5.6)可见，漏电流激励源为一个与电网周期相同且其中半个周期为交流信号叠加直流信号的电压源。

类型 4： 当电网处于正半周期，直流源的 P 端通过导通的开关与电网的 N 端直接相连，当电网处于负半周期时，直流源的 O 端通过导通的开关与电网的 N 端直接相连，工作状态如图 5.20。由图 5.20(a)，当电网处于正半周期时，漏阻抗电压 U_{LK} 为

$$U_{LK} = U_{NO} = 0 \tag{5.7}$$

当电网处于负半周期时，由图 5.20(b)可得漏阻抗电压 U_{LK} 为

$$U_{LK} = U_{NO} = U_b \tag{5.8}$$

由式(5.7)和式(5.8)可见，此时漏电流激励源为一个周期与电网周期相同的方波电压源。

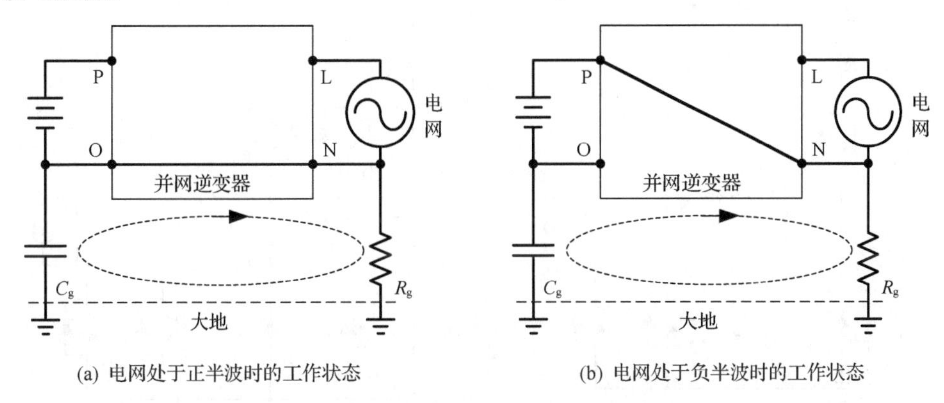

(a) 电网处于正半波时的工作状态　　(b) 电网处于负半波时的工作状态

图 5.20　并网变流器的低漏电流工作状态(类型 4)

从上述分析可以看出，当并网变流器存在上述 4 种类型的工作模式时，可以获得低漏电流特性。

从上述原则出发，可以推导和构造具有低漏电流特性的并网变流拓扑。以文献[14]提出的图 5.21 所述的低漏电流拓扑为例，其推导过程如图 5.21 所示。图 5.21(a)所示为并网逆变器的两个基本要素直流源和电网，根据低漏电流并网逆变拓扑的基本构造原则，采用第 2 类构造方式，即电网的 L 和 N 通过开关与直流源的 O 直接相连。由于电网电压是交流的，为了避免短路，电网的 L 和 N 与直流源的 O 相连的两个开关必须连接成双向开关的形式，选择其中一种连接方式可得图 5.21(b)所示拓扑。图 5.21(b)中电网的 L 端和 N 端通过开关 T3 和 T4 与直流源的 O 端相连，在电网正半波期间 T4 恒导通，在电网负半波期间，T3 恒导通。在电网处于正半波时，可以在直流源的 P 端和 O 端，以及电网的 L 端插入一个电流输出型的 DC-DC 变换器提供正半波的并网电流，由开关管 T1，二极管 D1 和滤

波电感 L1 构成的 Buck 变换器即可满足要求，因此可以得到图 5.21(c)。在电网处于负半波时，可以做类似处理，插入一个由开关管 T2，二极管 D2 和滤波电感 L2 构成的 Buck 变换器即可得到图 5.21(d)所示的低漏电流并网逆变器。

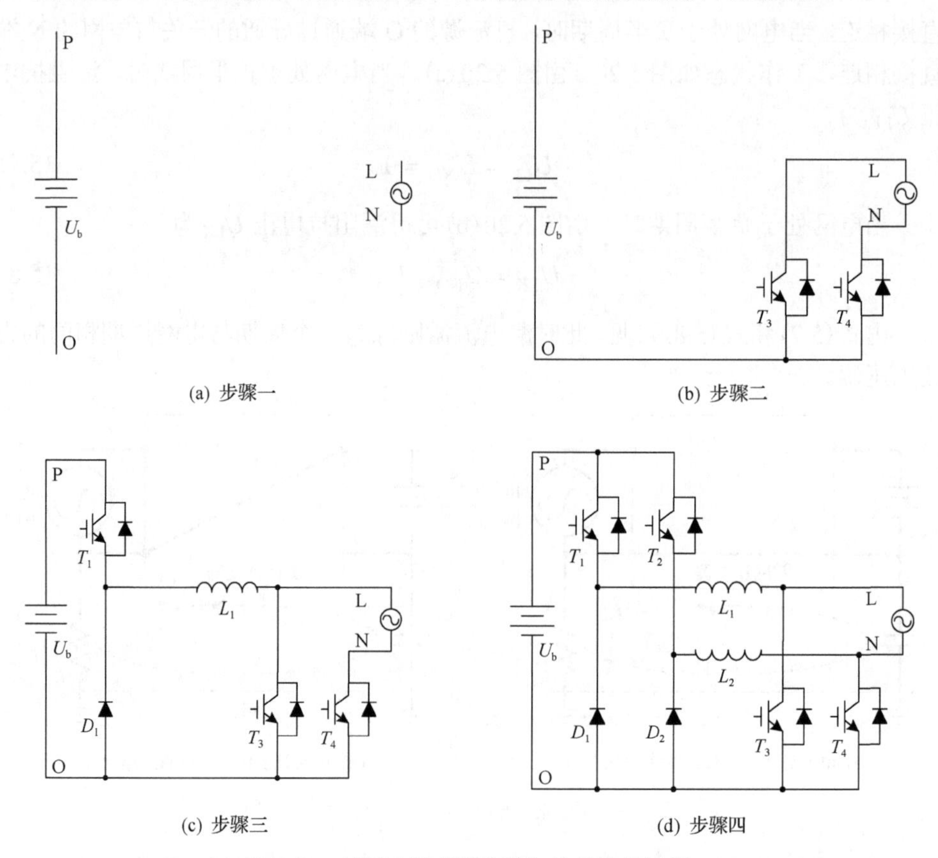

图 5.21　低漏电流并网变流拓扑的推导过程

采用上述原则还可以构造新型并网变流拓扑，一种具有低漏电流特性构造过程如图 5.22 所示，其相应的调制策略如图 5.23 所示。图 5.22(a)中电网的 L 端和 N 端通过开关 T_1 和 T_4 与直流源的 P 端相连，在电网正半波期间 T_1 恒导通，在电网负半波期间，T_4 恒导通。当电网处于正半波时，可以在电网的 L 端和 N 端及直流源的 O 端插入一个电流输出型的 DC/DC 变流器提供正半波的并网电流。由开关管 T_3 和 T_5、二极管 D_2 和滤波电感 L_1 构成的 Buck 变流器即可满足要求，因此可以得到图 5.22(b)所示的拓扑。当电网处于负半波时，可以做类似处理，插入一个由开关管 T_2 和 T_6、二极管 D_5 和滤波电感 L_1 构成的 Buck 变换器即可得到图 5.22(c)所示的拓扑。将图 5.22(b)和(c)中的拓扑合成可得如图(d)所示的新型低漏电流并网变流拓扑，其中，二极管 D_2 和 D_5 分别由开关管 T_2 和 T_5 的反并二极管实现。

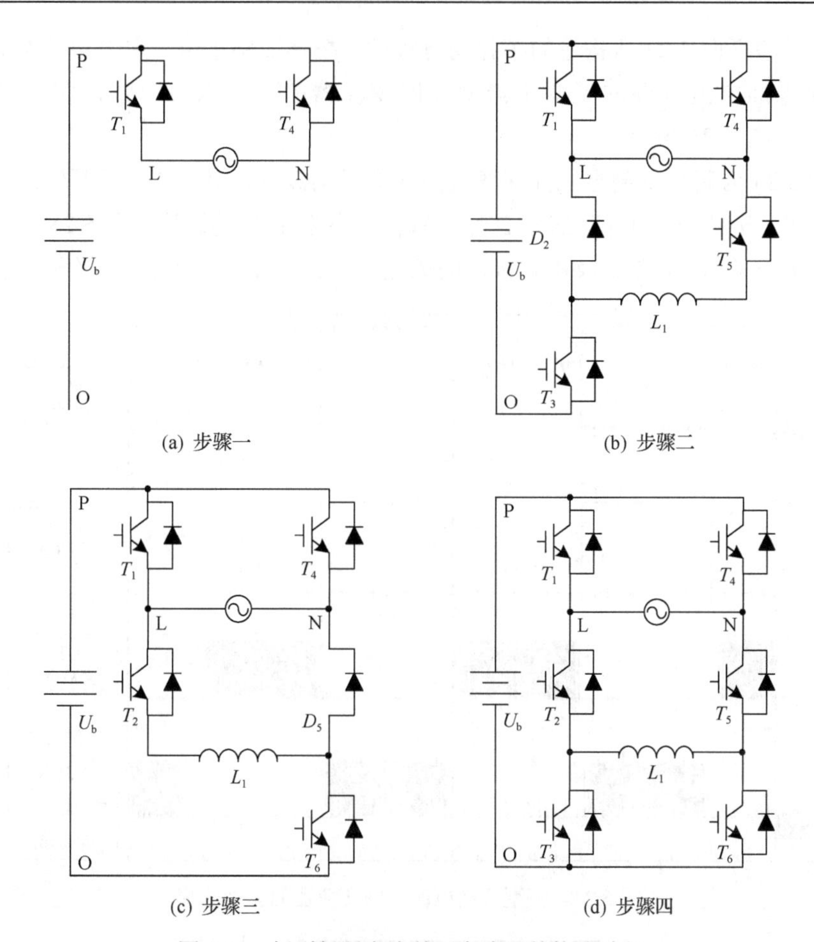

图 5.22　新型低漏电流并网变流器的构造过程

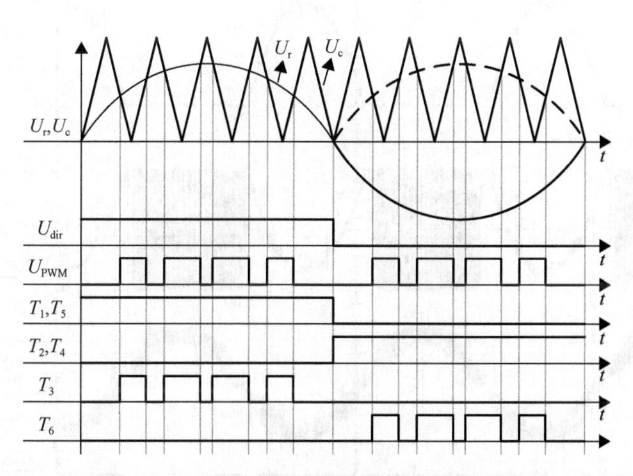

图 5.23　具有低漏电流特性拓扑的调制方法

为了验证图 5.22 所构造的拓扑的可行性，搭建实验平台，主电路的参数与具有理论零漏电流特性的无变压器型并网变流器的实验保持一致，实验结果如图 5.24～图 5.26 所示。

图 5.24 为新型低漏电流并网变流拓扑的驱动波形，图中从上至下依次为开关管 T_1、T_4、T_3 和 T_6 的驱动信号 DT_1、DT_4、DT_3 和 DT_6 的波形。图 5.25 中从上至下依次为开关管 T_1 的 C 极和 E 极之间的电压 UT_1、开关管 T_3 的 C 极和 E 极之间

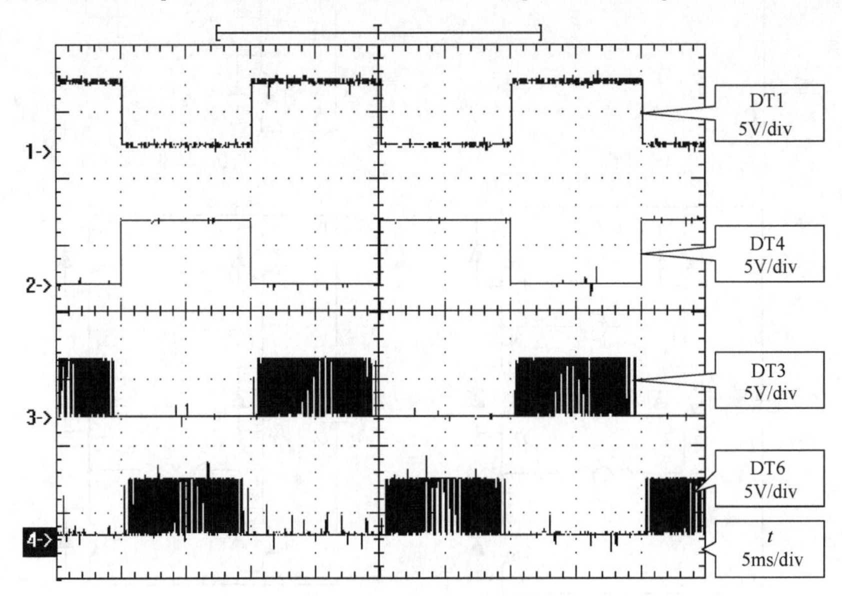

图 5.24　新型低漏电流并网变流器的驱动波形

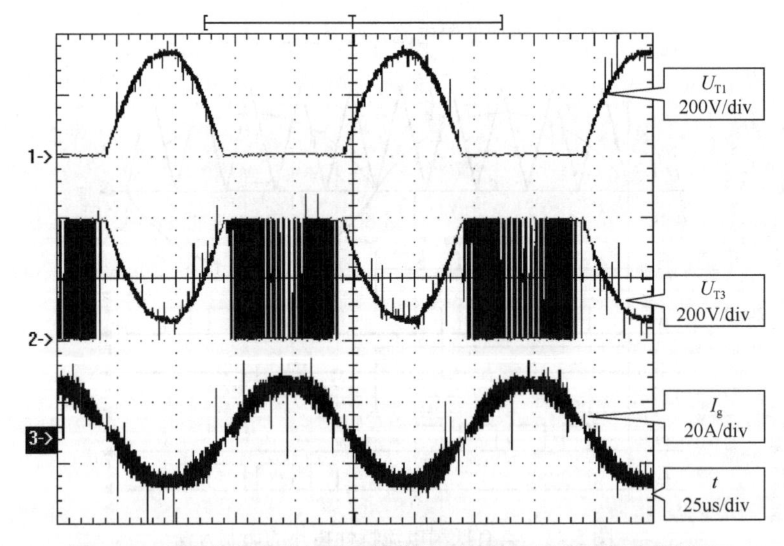

图 5.25　新型低漏电流并网变流器的开关管电压和并网电流波形

电压 UT_3 及并网电流 I_g 的波形。图 5.26 为新型低漏电流并网变流拓扑的漏电流波形，图中从上至下依次为并网电流 I_g 的波形、漏阻抗电压 U_{LK} 的波形及漏电流 I_{LK} 的波形。

如图 5.26 所示，漏阻抗电压周期为 20ms，波形与理论分析和仿真结果一致，漏电流有效值为 1.7mA。实验结果验证了该新型低漏电流并网变流器的可行性。

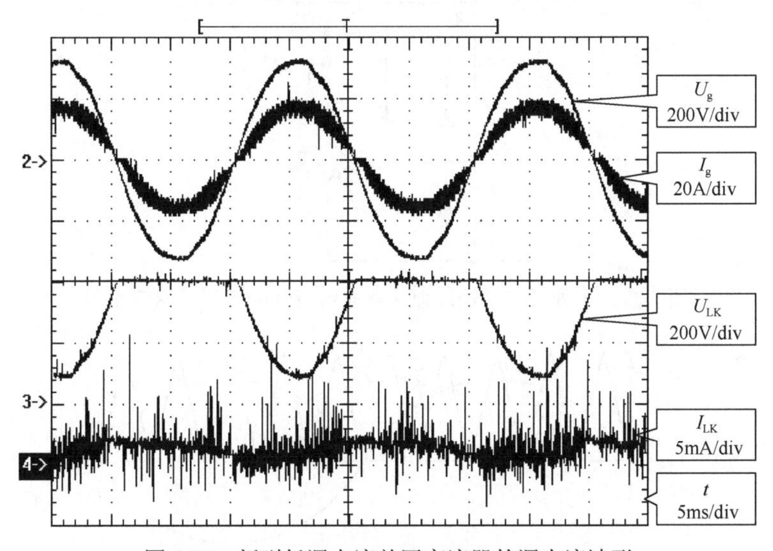

图 5.26　新型低漏电流并网变流器的漏电流波形

3. 具有理论近似零漏电流特性的无变压器型并网变流拓扑构造方法

在一般的采用分裂电感滤波的并网变流器中，当直流源向电网传输能量时，无论在电网处于正半周期还是电网处于负半周期，由于拓扑工作模态的对称性，漏电流激励源(U_{AO}+U_{BO})/2 通常相等，漏电流激励源(U_{AO}+U_{BO})/2 不相等一般发生在电感电流续流阶段。具有理论近似零漏电流的并网变流拓扑构造的基本方法是：当电感电流处于续流阶段时，通过开关将直流源与电网完全断开，即直流源与电网完全解耦，通过关断的开关管的输出结电容保证漏电流激励源(U_{AO}+U_{BO})/2 与能量传输阶段近似相等，从而使并网变流器具有理论近似零漏电流特性。

根据该构造原则和方法，可以构造一些新型并网变流拓扑。图 5.27 所示为一种具有理论近似零漏电流特性的新型并网变流器，其调制策略如图 5.28 所示。图 5.28 中 U_r 为正弦参考信号，U_c 为三角载波信号，U_{pwm} 为 U_r 的绝对值与 U_c 比较形成的 PWM 信号，U_{dir} 为 U_r 的方向信号，T_1 和 T_6 的驱动信号相同，由 U_{pwm} 和 U_{dir} 经过与运算形成，T_4 和 T_5 的驱动信号相同，由 U_{pwm} 和 U_{dir} 的非信号经过与运算形成，T_2 的驱动信号与 T_4 和 T_5 的驱动信号反相，T_3 的驱动信号与 T_1 和 T_6 的驱动信号反相。

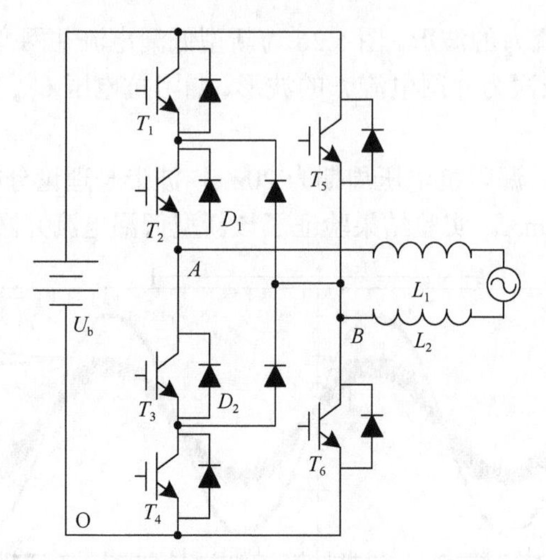

图 5.27　一种具有理论近似零漏电流特性的新型并网变流器

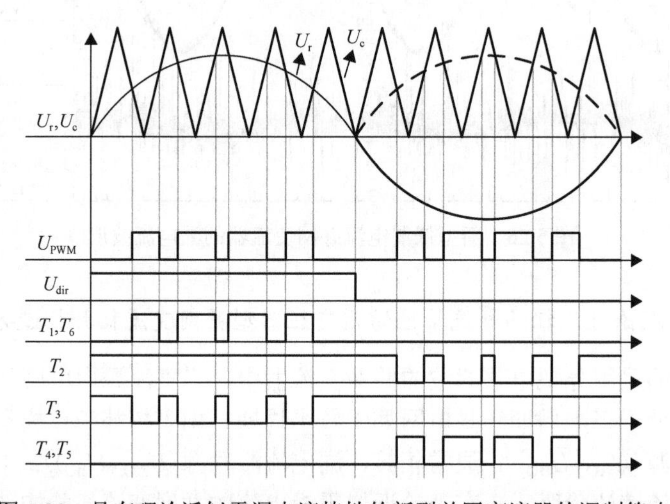

图 5.28　具有理论近似零漏电流特性的新型并网变流器的调制策略

由图 5.28 可知，图 5.27 所示的并网变流拓扑包含 3 种开关模态。

模态 1：T_1、T_2和 T_6导通，T_3、T_4和 T_5关断，变流桥输出 $U_{AB}=U_b$，直流源向电网传输能量，此时漏电流激励源为

$$\frac{U_{AO}+U_{BO}}{2}=\frac{U_b+0}{2}=\frac{U_b}{2} \tag{5.9}$$

模态 2：T_2和 T_3导通，T_1、T_4、T_5和 T_6关断，输出滤波电感电流续流，直流源与电网完全解耦，此时 U_{AO}和 U_{BO}的值由开关管 T_1、T_4、T_5和 T_6的输出结电容决定。图 5.29 为该并网变流器在模态 2 下的等效电路，图中 C_{T1}、C_{T4}、C_{T5}和 C_{T6}分别为开关管 T_1、T_4、T_5和 T_6的输出结电容，R_g和 C_g分别为系统接地电阻和直

流侧对地总电容。在电路运行的起始时刻，C_{T1} 的初始电压为零，C_{T4} 的初始电压为 U_b，C_{T5} 的初始电压为 U_b、C_{T6} 的初始电压为零，C_g 的初始电压为 $U_b/2$。

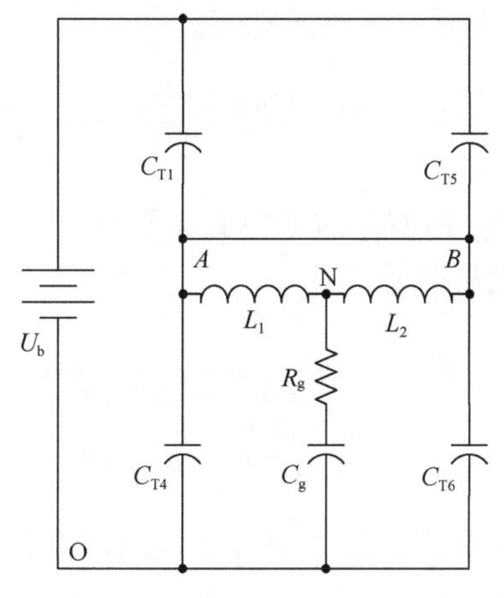

图 5.29　模态 2 的等效电路

不考虑系统损耗，忽略电阻 R_g，由图 5.29 可得模态 2 下图 5.27 的并网变流器的直流稳态等效电路如图 5.30。设电路达到稳态时有 $U_{AO}=U_{BO}=U_{NO}=U$，则

$$C_{T1}(U_b - U - 0) + C_{T5}(U_b - U - U_b) - C_{T4}(U - U_b) - C_g(U - U_b/2) - C_{T6}(U - 0) = 0 \tag{5.10}$$

$$U = \frac{2C_{T1} + 2C_{T4} + C_g}{2C_{T1} + 2C_{T4} + 2C_{T5} + 2C_{T6} + 2C_g} U_b \tag{5.11}$$

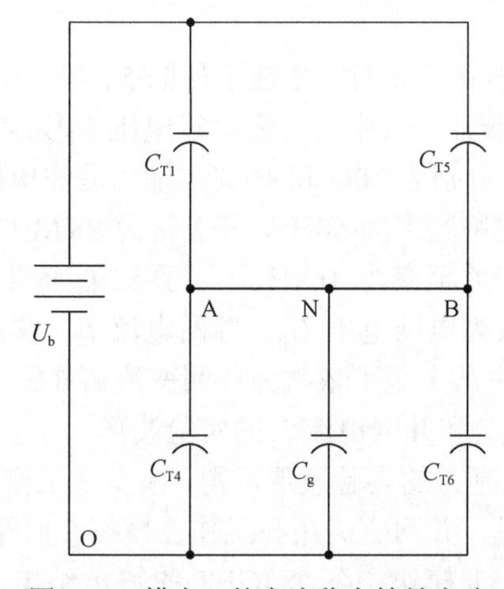

图 5.30　模态 2 的直流稳态等效电路

设所有开关的输出结电容相等，均为 C_{os}，则由图 5.30 可得

$$U = \frac{U_{\mathrm{b}}}{2} \tag{5.12}$$

即 $U_{\mathrm{AO}}=U_{\mathrm{BO}}=U_{\mathrm{b}}/2$，此时漏电流激励源为

$$\frac{U_{\mathrm{AO}}+U_{\mathrm{BO}}}{2} = \frac{U_{\mathrm{b}}/2+U_{\mathrm{b}}/2}{2} = \frac{U_{\mathrm{b}}}{2} \tag{5.13}$$

在模态 2 条件下，U_{AO} 和 U_{BO} 的平均值等于 $U_{\mathrm{b}}/2$，由图 5.29 可知，该模态下存在动态谐振过程，谐振频率为

$$f_{\mathrm{r}} = \frac{1}{2\pi\sqrt{\dfrac{L_1 L_2}{L_1+L_2}\cdot\dfrac{4C_{\mathrm{os}}C_{\mathrm{g}}}{4C_{\mathrm{os}}+C_{\mathrm{g}}}}} \tag{5.14}$$

因此，$(U_{\mathrm{AO}}U_{\mathrm{BO}})/2$ 实际上仅仅近似等于 $U_{\mathrm{b}}/2$，而不恒定等于 $U_{\mathrm{b}}/2$，只能满足理论近似零漏电流的条件。

模态 3：T_3、T_4 和 T_5 导通，T_1、T_2 和 T_6 关断，变流桥输出 $U_{\mathrm{AB}}=-U_{\mathrm{b}}$，直流源向电网传输能量，此时漏电流激励源为

$$\frac{U_{\mathrm{AO}}+U_{\mathrm{BO}}}{2} = \frac{0+U_{\mathrm{b}}}{2} = \frac{U_{\mathrm{b}}}{2} \tag{5.15}$$

图 5.27 所示的具有理论近似零漏电流特性的新型并网变流器输出含有 U_{b}、0 和 $-U_{\mathrm{b}}$ 三种电平状态，当电网电压处于正半波时，拓扑处于模态 1 和模态 2 交替运行状态，当电网电压处于负半波时，拓扑处于由模态 2 和模态 3 交替运行状态。由上述分析可以看出，系统的漏电流激励源近似恒定等于 $U_{\mathrm{b}}/2$，因此可获得理论近似零漏电流特性。

为了验证所提出拓扑的正确性，搭建了如图 5.27 所示的新型并网变流器的实验平台，并进行了实验验证。其中，直流母线电压 U_{b} 为 400V，系统接地电阻 R_{g} 和直流侧对地总电容 C_{g} 分别为 10Ω 和 10nF，输出滤波电感 L_1 和 L_2 均为 1.2mH，电网电压为 220VAC，电网频率为 50Hz，开关管为 SKM 195GB126D（开关管的输出结电容为 0.9nF），开关频率为 16kHz，实验结果如图 5.31 和图 5.32 所示。图 5.31 中从上至下依次为电网电压 U_{g}、并网电流 I_{g}、漏阻抗电压 U_{LK} 和漏电流 I_{LK} 的实验波形。图 5.32 中从上至下依次为并网变流拓扑中 A 点与 O 间的电压 U_{AO}、B 点与 O 点间的电压 U_{BO} 和并网电流 I_{g} 的实验波形。

由图 5.32 中并网电流 I_{g} 的实验波形可得，模态 2 工作方式下漏电流有效值为 13.3mA。由图 5.32 可见，并网变流拓扑工作在模态 2 时平均值约等于 200V，但 U_{BO} 略高，这是因为 IGBT 模块中各个 IGBT 的输出结电容存在差异。实验结果表明，本书提出的图 5.27 所示的具有理论近似零漏电流特性的并网变流拓扑是有效可行的。

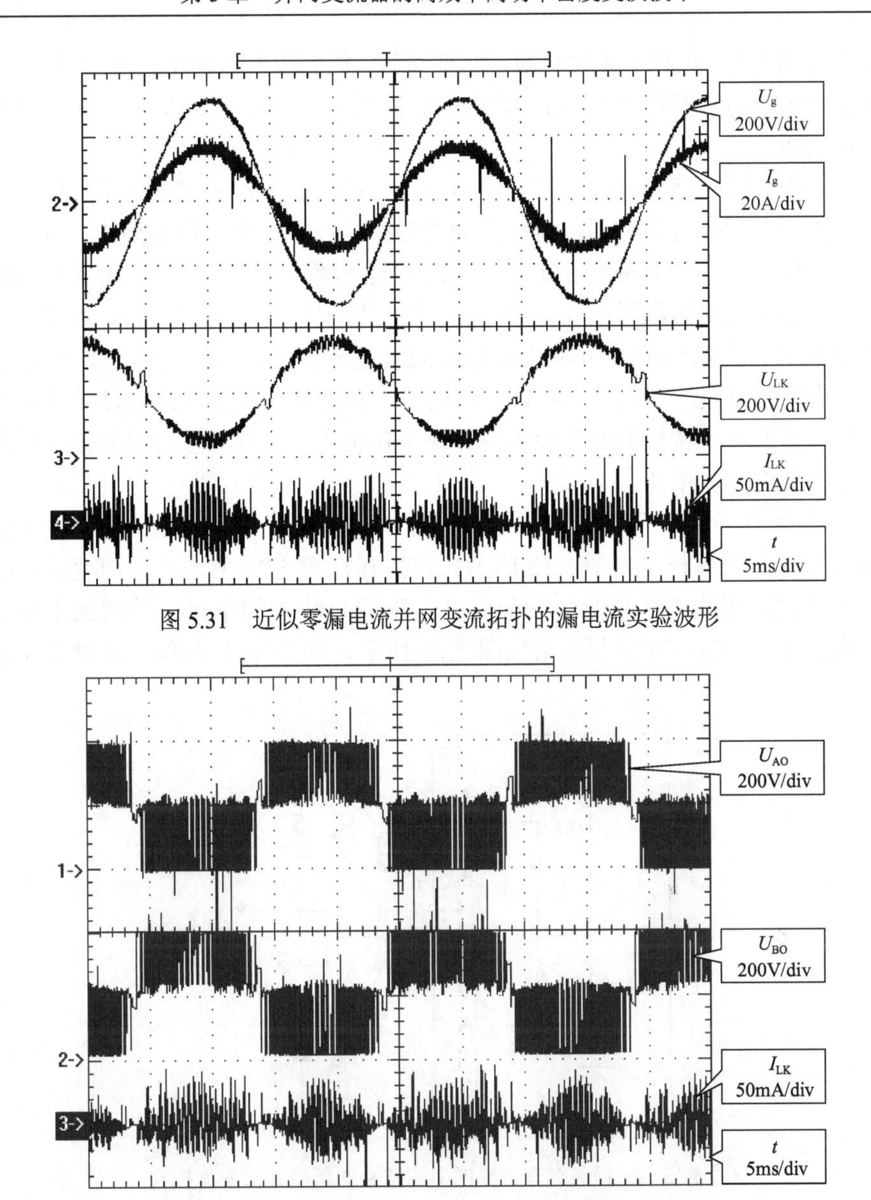

图 5.31　近似零漏电流并网变流拓扑的漏电流实验波形

图 5.32　近似零漏电流并网变流拓扑的漏电流激励源波形

4. 具有理论零漏电流特性的无变压器型并网变流拓扑构造方法

在单电感滤波的常规半桥并网变流器中，只要电容中点与电网中线直接相连即可获得理论零漏电流特性，然而其桥臂输出电压只有 $U_b/2$ 和$-U_b/2$（U_b 为直流母线电压，且 U_b 大于 2 倍的电网电压峰值）两种电平状态，输出电能质量不高，由于 du/dt 较大，电磁兼容性能也较差。基于分裂电感滤波的常规全桥并网变流器采用双极性调制时，可以获得理论零漏电流特性，然而其桥臂输出只有 U_b 和 $-U_b$（U_b 为直流母线电压）两种电平状态，输出电能质量不高，且由于 du/dt 较大，电磁兼容性能也较差。

在采用分裂电感滤波的并网变流器中，一些具有理论零漏电流特性的变流拓扑可以由具有理论近似零漏电流特性的变流拓扑改进得到。这是因为，具有理论近似零漏电流特性的并网变流拓扑在输出滤波电感续流阶段，通过开关管输出结电容分压保持漏电流激励源 $(U_{AO}+U_{BO})/2$ 近似恒定等于 $U_b/2$，此时可以通过增加中点钳位电路使输出滤波电感续流阶段的漏电流激励源 $(U_{AO}+U_{BO})/2$ 恒定等于 $U_b/2$，从而获得理论零漏电流特性。因此，一种简单的拓扑构造思路就是为具有理论近似零漏电流特性的并网变流拓扑增加钳位电路，即可获得具有理论零漏电流特性的并网变流拓扑。

图 5.27 所示的并网变流拓扑加上钳位电路即可获得具有理论零漏电流特性的新型并网变流拓扑，如图 5.32 所示。该拓扑在图 5.27 所示的并网变流拓扑的基础上将直流母线电容均分为两组串联，形成直流侧的中点，并增加了两个钳位二极管 D_3 和 D_4，其调制策略如图 5.28 所示，与如图 5.27 所示并网变流拓扑相同。

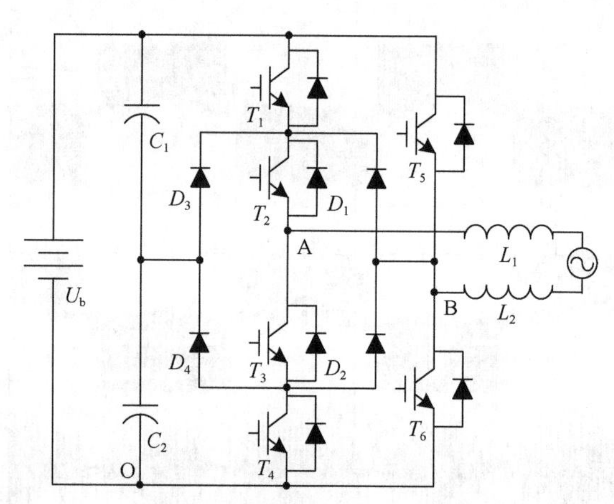

图 5.33　一种具有理论零漏电流特性的新型并网变流拓扑

根据图 5.28 所示的调制策略，图 5.33 所示的具有理论零漏电流特性的并网变流拓扑包括 3 个工作模态，其中模态 1 和模态 3 与图 5.27 所示的具有理论近似零漏电流特性的并网变流拓扑相同，模态 2 略有差异。

当图 5.33 所示的新型并网变流拓扑在模态 2 时，T_2 和 T_3 导通，T_1、T_4、T_5 和 T_6 关断，输出滤波电感电流续流，直流源与电网完全解耦。不考虑续流回路，模态 2 的钳位等效电路如图 5.34 所示，此时二极管 D_3 和 D_4 将 U_{AO} 和 U_{BO} 钳位到 $U_b/2$。

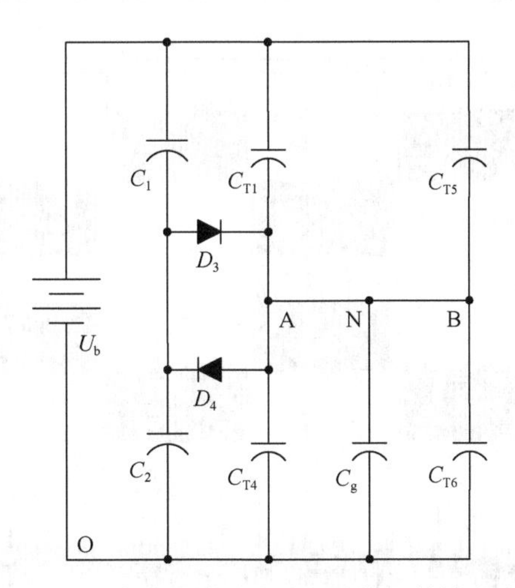

图 5.34　滤波电感续流阶段的钳位等效电路

为了验证所提出拓扑的正确性，搭建了如图 5.33 新型并网变流器的实验平台，并进行了实验验证。其中直流母线电压 U_b 为 400V，C_1 和 C_2 分别为 8160uF，系统接地电阻 R_g 和直流侧对地总电容 C_g 分别为 10Ω 和 10nF，输出滤波电感 L_1 和 L_2 均为 1.2mH，电网电压为 220VAC，电网频率为 50Hz，开关管为 SKM 195GB126D(开关管的输出结电容为 0.9nF)，开关频率为 16kHz，实验结果如图 5.35～图 5.37 所示。图 5.35 中从上至下依次为电网电压 U_g、并网电流 I_g、漏阻抗电压 U_{LK} 和漏电流 I_{LK} 的实验波形。图 5.36 中从上至下依次为并网变流拓扑中 A 点与

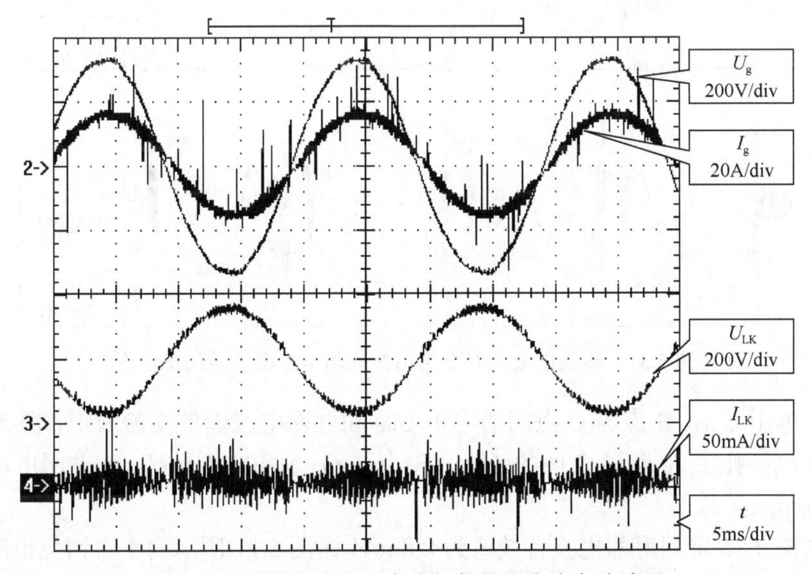

图 5.35　零漏电流并网变流拓扑的漏电流实验波形

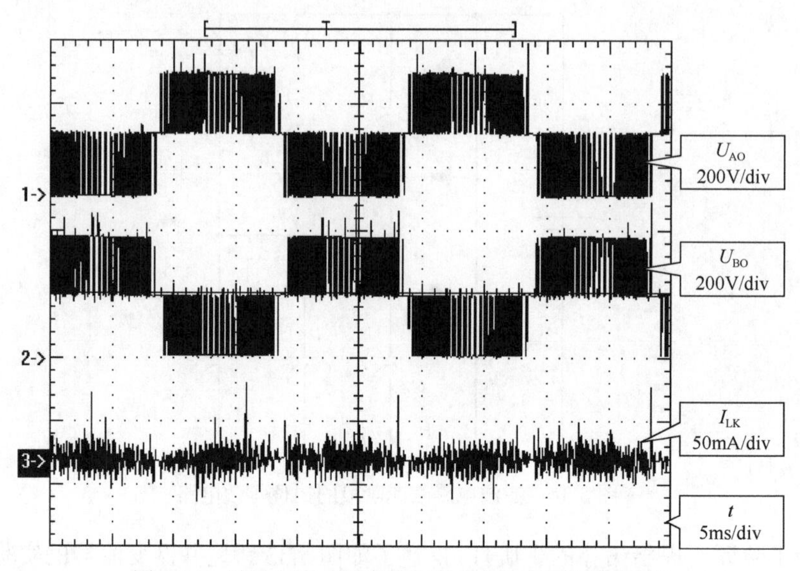

图 5.36　零漏电流并网变流拓扑的漏电流激励源波形

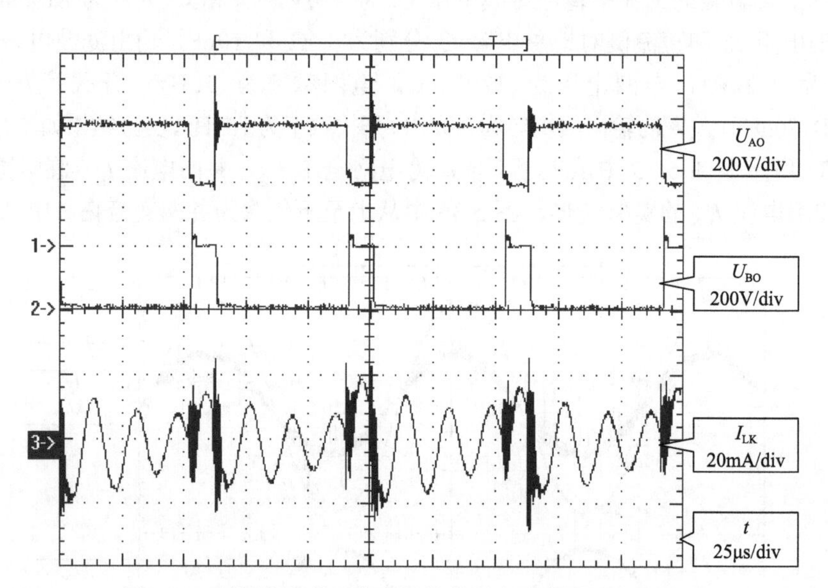

图 5.37　零漏电流并网变流拓扑的漏电流激励源局部波形

O 间的电压 U_{AO}、B 点与 O 点间的电压 U_{BO} 和并网电流 I_g 的实验波形，图 5.37 为并网变流拓扑中 A 点与 O 间的 U_{AO}、B 点与 O 点间的电压 U_{BO} 和并网电流 I_g 展开的细节实验波形。

由图 5.35 可测得漏电流有效值为 8.8mA，比图 5.27 所示的不含钳位电路的并网变流拓扑(图 5.30)中的漏电流有效值小 4.5mA。由图 5.37 可见，并网变流拓扑工作在模态 2 时平均值约等于 200V，此时由于钳位电路的存在，IGBT 模块中各个 IGBT 的输出结电容的差异对 U_{AO} 和 U_{BO} 几乎没有影响。图 5.35、图 5.36 和图 5.37 的实验结果与理论分析和仿真一致，表明本书提出的如图 5.33 所示的具有理论零漏电流特性的并网变流拓扑是有效可行的。

5.3.3　多相交错并联变流拓扑与耦合电感磁集成设计方法

多相交错并联变流器能同时具备并联和多电平的优点，容易实现高效率和高功率密度，其拓扑如图 5.11 所示。但由于多相交错并联变流器需要将载波交错，各桥臂驱动波形并不一致，若采用常规并联变流器串输出滤波电感进行桥臂间并联的方式，由驱动波形差异导致的母线电压差会在滤波电感上形成很大的环流，降低系统效率。目前主流的做法是利用耦合电感抑制环流，耦合电感无需开气隙，减小体积。

由于开关驱动序列的改变及耦合电感的引入，多相交错并联变流器的电路特性有新的变化。为了能够将多相交错并联变流器应用到实际工程中，必须解决这些问题，本小节将对此展开研究。

1. 多相交错并联变流器的调制

根据前文的相关分析，随着交错并联相数的增加，输出电压的电平数也增加。为了分析这两者的关系，首先绘制出开关驱动的调制过程，如图 5.38 所示。不同的载波相互之间会有交点，将同一高度的交点连接，可以划分出不同的区域。不同区域内桥臂的开关同时闭合数是不同的，也就决定了输出的电平数是不一样的。比如当调制波在蓝色方块中时(图中红色虚线)，在一个开关周期内调制波仅小于一个三角载波，而大于其他所有的三角载波。因此，相同色彩的方块中，多相交错并联变流器的开关序列是一致的，也即输出的电平是一样的。图中正弦调制波在一个周期内变化，覆盖不同的色块，导致变流器输出不同的电平。但是，在变流器设计过程中，为了保留一定的动态调节能力，通常不会将调制比设置到 1。而随着交错并联相数的增加，载波交点的位置逐渐上移，靠近 1。因此，存在调制比小于最高的载波交点的情形，此时变流器无法输出满电平。为了最大化地利用交错并联输出电压电平数增加的特性，调制波应该覆盖所有区域。根据几何关系，可以推导得到

$$m_e > 1 - \frac{2}{m} \tag{5.16}$$

式中，m_e 为调制比；m 为交错并联相数。

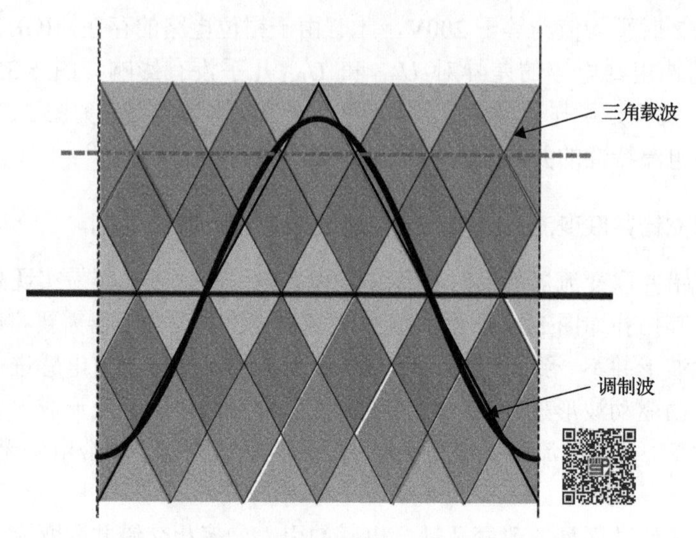

图 5.38　多相交错的调制过程(彩图扫二维码)

此外，死区时间也会影响输出多电平，如图 5.39 所示，为三相交错并联变流器的桥臂驱动脉宽示意图。当桥臂的驱动脉宽重叠时，出现了 101 的开关序列，也即出现了新的电平。由于死区的作用，实际的脉宽减小，这使本该出现的 101 的开关序列组合消失。只有当进一步增大脉宽时，才会出现该开关序列。因此考虑死区的作用后，调制比与交错并联相数之间满足以下条件，变流器才能输出最大的电平数。

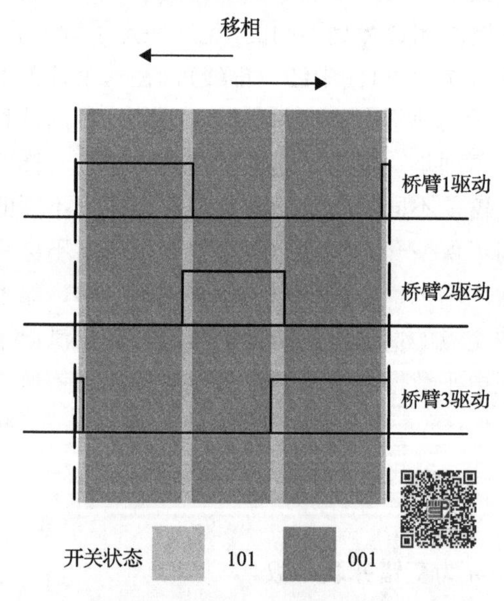

图 5.39　桥臂驱动脉宽示意图(彩图扫二维码)

$$m_e - \frac{T_d}{T_s} > 1 - \frac{2}{m} \tag{5.17}$$

式中，T_d代表死区时间；T_s代表控制周期。

为了进一步揭示调制比与输出电平数的关系，图 5.40 给出了十相交错并联变流器在不同调制比下的耦合电感输出电压波形。可以看到，随着调制比的下降，输出电平数也随之下降。根据式(5.17)，十相交错并联变流器中，调制比应当大于 0.8，才能获得完整的十一电平输出，如图 5.40(a)所示。在物理机理上也可以这样理解，虽然变流器具有 $i^*U_{dc}/m\,(i = 0, 1, \cdots, m)$的各个电平，但当调制比比较低时，如图 5.40(b)、(c)、(d)所示，只需要少量幅值较小的电平就可以获得需要的输出电压，而那些幅值较大的电平无需用到。

根据调制比与输出电平数的关系，反过来就可以推导出交错并联的最大相数。根据式(5.16)，若设计的调制比为 0.9，则交错并联的最大相数不宜大于 20。

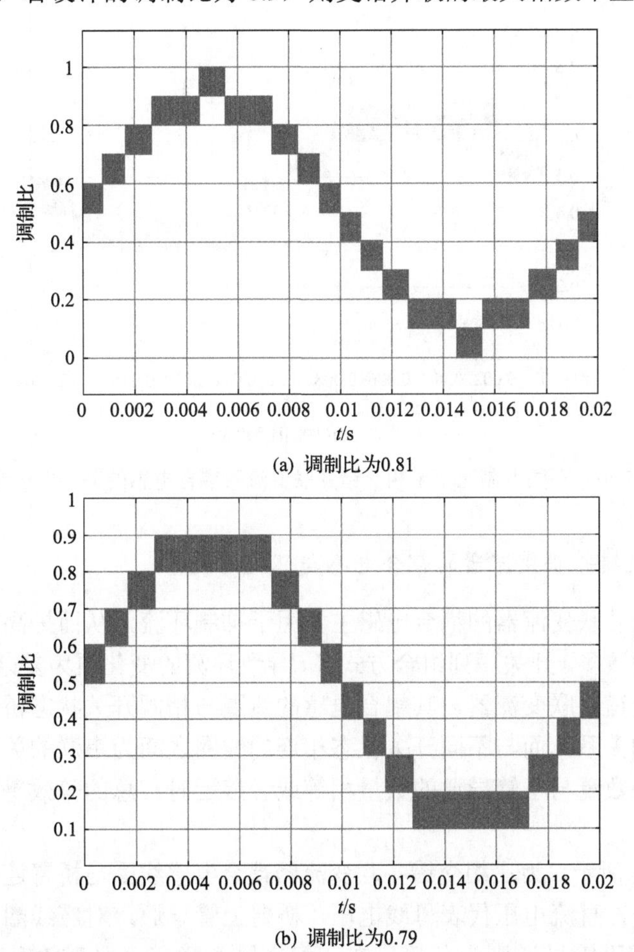

(a) 调制比为0.81

(b) 调制比为0.79

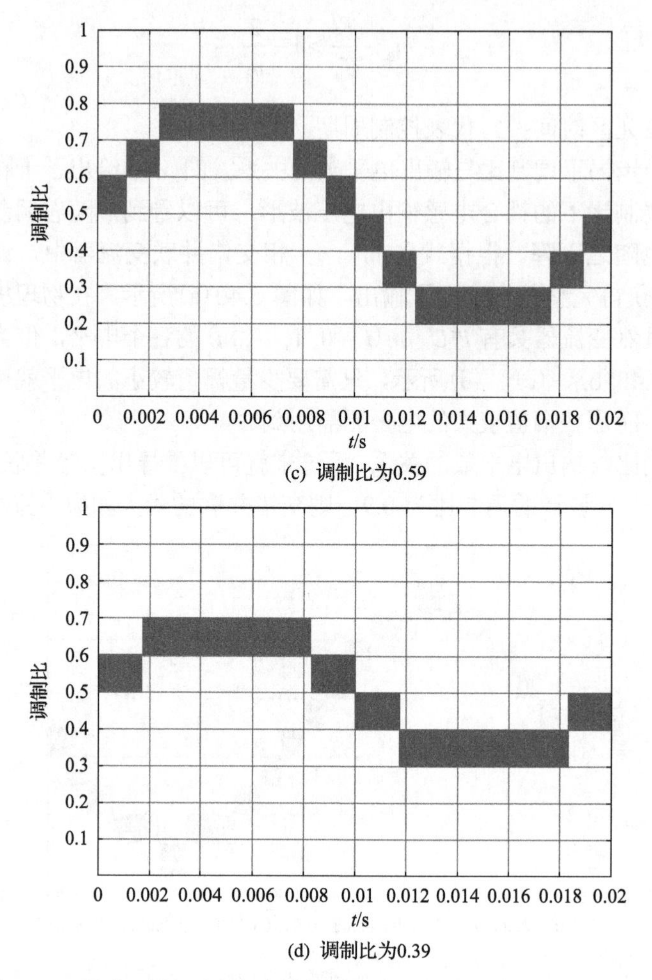

(c) 调制比为0.59

(d) 调制比为0.39

图 5.40　不同调制比下十相交错并联变流器耦合电感的输出电压波形

2. 多相交错并联变流器的耦合电感与环流的关系

多相交错并联变流器的耦合电感主要用于抑制环流，从而提高系统效率。由于交错并联相数多，开关序列组合方式多，导致环流的变化更为复杂。对于图 5.11 所示的多相交错并联变流器，其耦合电感的线圈与相同开关状态桥臂相连的线圈相互为并联的关系，而与不同开关状态相连的线圈之间为串联的关系。因此，只有上管导通的数量与下管导通的数量相等或者接近时，总的等效感抗最小，也即环流最大。

如图 5.41 所示，为三相交错并联变流器耦合电感线圈与桥臂连接状态的等效示意图。其中，直流电压代表母线电压，桥臂上管导通，对应线圈与直流电压正极相连，桥臂下管导通则为负极。在三相交错并联变流器开关序列组合主要有

000、001、011、和 111 三种。变流器调制波幅值变化过程中，相继由 111 与 011 切换到 011 与 001，再切换到 001 与 000。而这个过程中，当开关序列的组合使总的电感最小时，变流器的环流最大。对于三相交错并联变流器，该组合为 011 与 001。

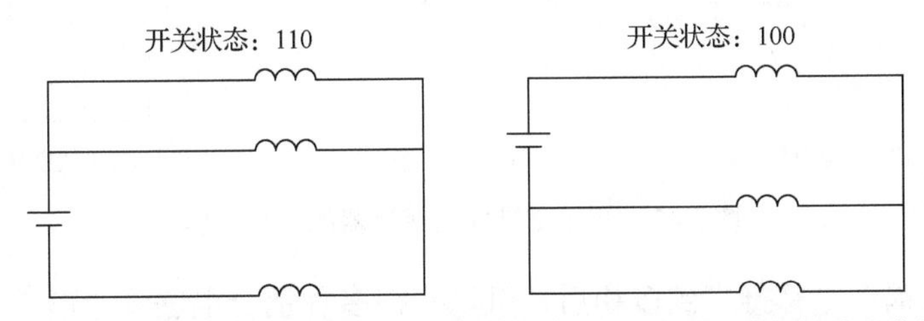

图 5.41　三相交错并联变流器耦合电感线圈与桥臂连接状态等效示意图

根据上述分析，可以绘制出如图 5.42 所示的三相交错并联变流器调制过程。当调制波幅值位于黄色区域内时，变流器输出的环流最大，对应的环流波形如图 5.42 所示。根据图 5.41 与图 5.42，可以得到三相交错并联变流器的最大环流为

$$I_c = \frac{U_{DC}}{9L_{com}} T_s \tag{5.18}$$

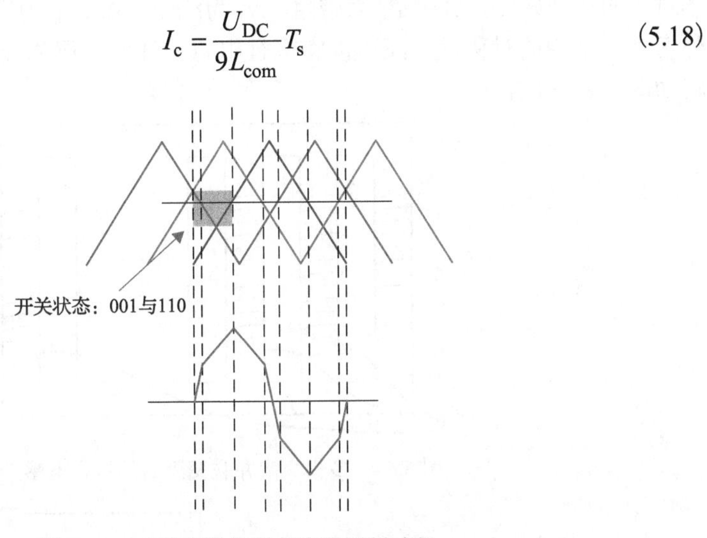

图 5.42　三相交错并联变流器调制过程

3. 耦合电感的磁特性分析与耦合电感设计

耦合电感是多相交错并联变流器必不可少的重要元件，主要用于抑制环流。最基础的耦合电感为磁环磁芯绕制的两绕组的磁性元件，在两相交错并联变流器中有着广泛应用。如图 5.43 所示，为两相交错耦合电感。理想情况下，当输出电流流过绕组时，形成的磁通相互抵消，耦合电感对输出电流不呈现任何感抗，而当环流通过绕组时，磁通加强，耦合电感呈现出很大的感抗，从而抑制环流。

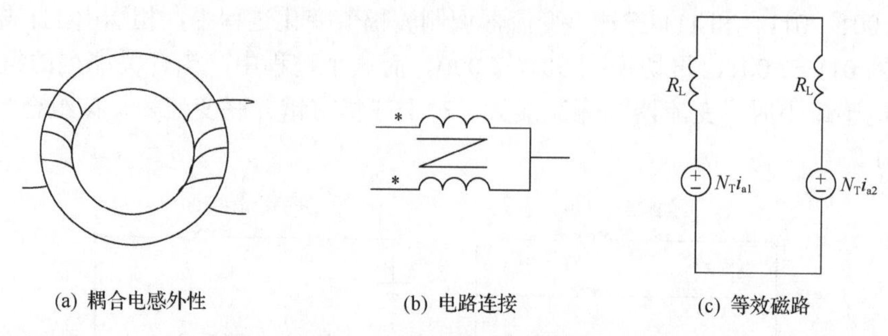

(a) 耦合电感外性　　(b) 电路连接　　(c) 等效磁路

图 5.43　两相交错并联变流器的耦合电感

将两相耦合电感推广到多相后，可以有很多种耦合电感设计形式，这里以横条型结构为例，推导耦合电感的磁特性。多相交错并联变流器的耦合电感如图 5.44 所示，对于 m 相交错并联变流器，该耦合电感有 m 个磁柱，对应 m 个绕组，绕组的一段与桥臂输出相连，另一端连接到一起作为耦合电感的输出端。同理可以做出耦合电感的等效磁路模型，如图 5.45(a)所示，为多相交错并联变流器耦合电感对应的等效磁路，其中 R_L 为磁阻，N_T 为绕组匝数，i_{ai} 为第 i 个绕组的电流。另外考虑到结构的对称性，还可以将耦合电感设计成首尾相连的鼠笼状，其等效磁路如图 5.45(b)所示。

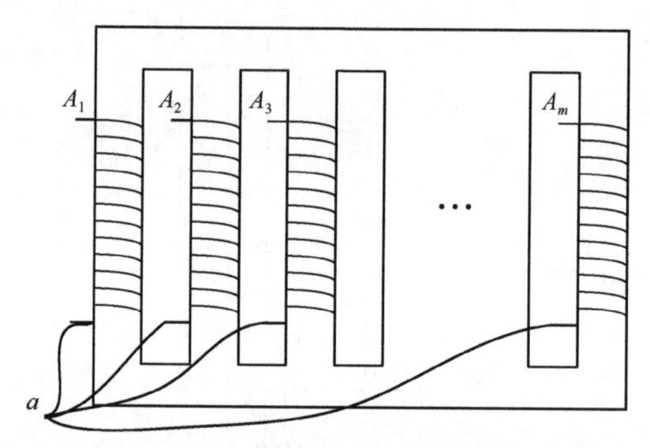

图 5.44　多相交错并联变流器的耦合电感

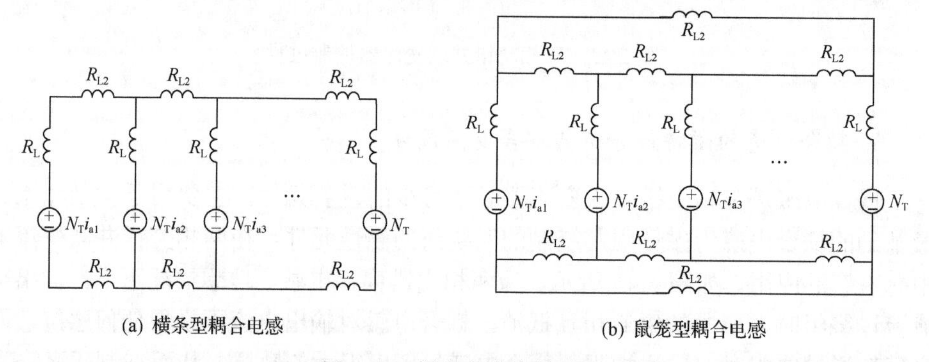

(a) 横条型耦合电感　　(b) 鼠笼型耦合电感

图 5.45　耦合电感等效磁路

为了便于分析，定义第 i 柱对外输出的等效磁阻为 $R_i(Z)$，第 m 柱分配到第 i 柱的磁通比例用 X_{mi} 表示。

绕组的电流包含两种成分，即输出电流和环流。对于输出电流，代入到磁路中，可以得到第 n 柱的磁通关系满足式(5.19)：

$$\phi_{\mathrm{dn}} = \frac{N_{\mathrm{T}} i_{\mathrm{an}}}{R_{\mathrm{L}} + R_{\mathrm{n}}(Z)} - \sum_{i=1 \& i \neq n}^{m} \frac{N_{\mathrm{T}} i_{\mathrm{ai}} X_{\mathrm{in}}}{R_{\mathrm{L}} + R_{\mathrm{i}}(Z)} \tag{5.19}$$

式中，X_{in} 为第 i 柱分配到第 n 柱的磁通比例；N_{T} 为绕组匝数；i_{ai} 为第 i 个绕组的电流；i_{an} 为第 n 个绕组的电流；R_{L} 为每柱磁阻；$R_{\mathrm{i}}(Z)$ 为第 i 柱对外输出的等效磁阻；$R_{\mathrm{n}}(Z)$ 为第 n 柱对外输出的等效磁阻。右边第 1 项为第 n 柱自身的磁通；右边第 2 项为其他柱分配到第 n 柱的磁通。不论是鼠笼状的耦合电感还是横条型的，通过数学推导可以验证磁通为零，也可以根据磁路的对称性做出相同的判断，即正常工作下，磁通为零，即右边两项相等。

对于环流，同样将其代入到等效磁路中，计算柱 n 处的磁通，满足式(5.20)所描述的关系：

$$\phi_{\mathrm{cn}} = \frac{N_{\mathrm{T}} i_{\mathrm{comn}}}{R_{\mathrm{L}} + R_{\mathrm{n}}(Z)} - \sum_{i=1 \& i \neq n}^{m} \frac{N_{\mathrm{T}} i_{\mathrm{comi}} X_{\mathrm{in}}}{R_{\mathrm{L}} + R_{\mathrm{i}}(Z)} \tag{5.20}$$

式中，i_{comi} 为第 i 个绕组的环流；i_{comn} 为第 n 个绕组的环流；等式右边第 1 项为第 n 柱自身的磁通；右边第 2 项为其他柱分配到第 n 柱的磁通。环流产生的磁通，不会相互抵消，因此耦合电感对环流呈现出很大的感抗。

总之，耦合电感在正常情况下，输出电流的磁通相互抵消，因此耦合电感可以不开气隙，进而减小磁性元件的体积。但是，正是由于耦合电感不开气隙，一旦输出电流的磁通无法相互抵消，就有可能导致耦合电感饱和，危害整个变流器的可靠运行，而容错运行能力恰是多相交错并联变流器非常关注的问题。因此这里对故障条件下耦合电感的磁特性进行进一步的分析：当第 m 柱发生故障，则 $i_{\mathrm{am}}=0$，即式(5.19)右边第一项为零，而第二项除了电流幅值可能受影响外，其他关系不变，于是故障发生后，输出电流产生的磁通理论上便不在相互抵消了。

故障发生后，输出电流的磁通是危害耦合电感的主要原因。为提升耦合电感本身的抗故障能力，应当使输出电流在正常工作的磁柱上的最大磁通尽量小。根据式(5.20)，按照 $R_{\mathrm{L}}=2R_{\mathrm{L2}}$，可以画出 7 磁柱的耦合电感在第 1 柱发生故障时的磁通分布图，如图 5.46 所示。越靠近故障的磁柱，即 X_{mi} 越大，受到的影响越大。鼠笼型相比横条型，故障磁柱邻近磁柱受到的影响更小，耦合电感更不容易饱和。随着交错并联相数的增加，第 1 柱分配到其他柱的磁通会减小，但是存在一个极限值，即 X_{1i} 随着交错并联相数的增加，会逼近一个理论上的最大值。

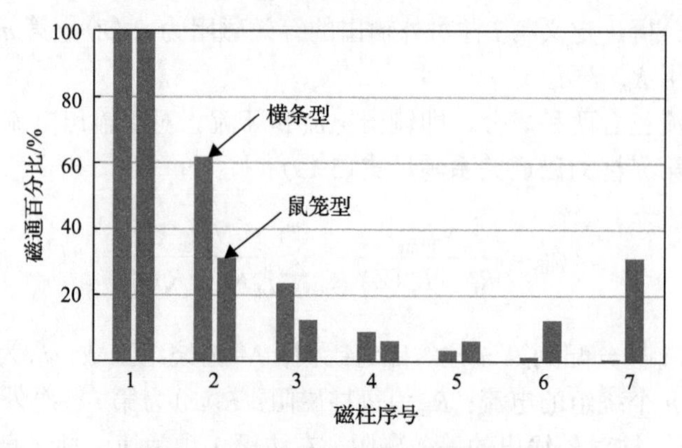

图 5.46　故障下输出电流磁通分布图

假如第 1 柱发生故障，则其相邻的第 2 柱的磁通最高，即 X_{12} 最大，该磁通是耦合电感饱和的主要原因。为了分析耦合电感结构对抗饱和能力的影响，分析了 X_{12} 受横轭磁阻与磁柱磁阻比值的影响，其关系曲线如图 5.47 所示。横轭与磁柱的磁阻比值越小，X_{12} 越小。

因此设计耦合电感时，应尽量减小横轭磁阻，增大磁柱磁阻，尽量选择类似鼠笼型的首尾相连的结构，这样可以增加耦合电感本身抗故障的能力。

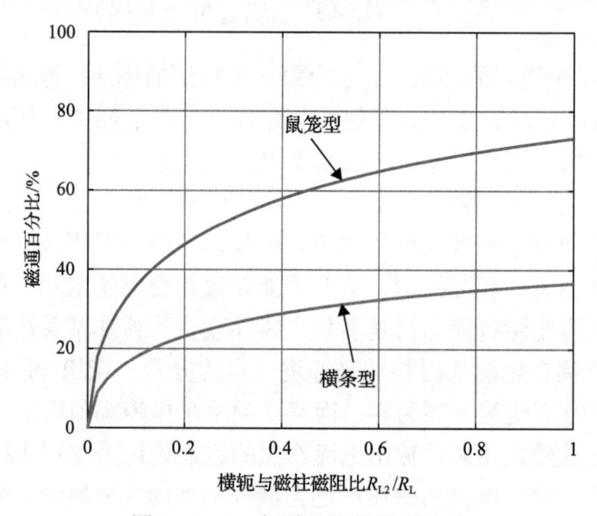

图 5.47　X_{12} 与磁阻比的关系曲线

根据对多相交错并联耦合电感的磁特性分析，可以设计出各种形式的耦合电感。若交错并联相数较多，故障概率高，耦合电感设计中应考虑抗饱和能力。如图 5.48 所示，根据磁特性的分析结论，可以将耦合电感设计成首尾相连的结构。不管是共点型，还是鼠笼型，都有利于减小邻近故障磁柱所受到的影响。

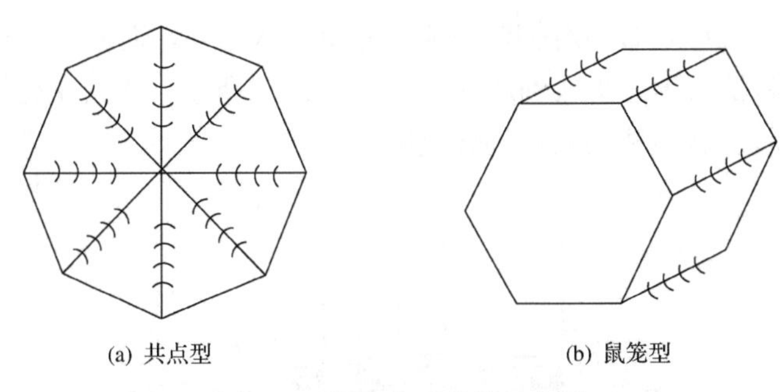

(a) 共点型　　(b) 鼠笼型

图 5.48　耦合电感结构示意图

上述的耦合电感结构，需要选用特制的磁芯，不便于工程应用。在交错并联相数比较少时，或者并不追求抗饱和能力，可以选用常规的 E 型或者 U 型磁芯拼接扩展。如图 5.49 所示，为 E 型磁芯拼接成的耦合电感，中部的磁柱等宽，因此有相同的磁阻。外侧的磁柱比较窄，其磁阻与中部的不同，这使设计变得复杂，可以通过开大气隙增大其磁阻，形成等效的磁路断开。

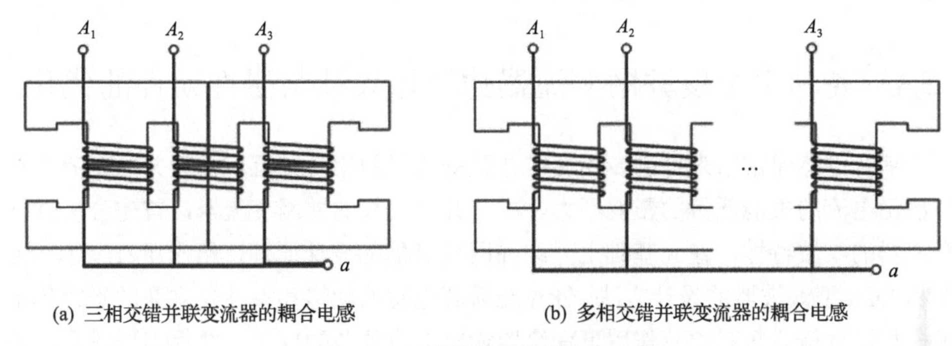

(a) 三相交错并联变流器的耦合电感　　(b) 多相交错并联变流器的耦合电感

图 5.49　E 型磁芯拼接成耦合电感

还可以通过在边柱绕线圈进行短路，也可以起到将磁路断开的作用，线圈的匝数会影响绕组的短路电流。其结构如图 5.50 所示，三相交错并联变流器的耦合电感，边柱的线圈短路后，边柱不会有磁通，因此可以等效为无边柱。

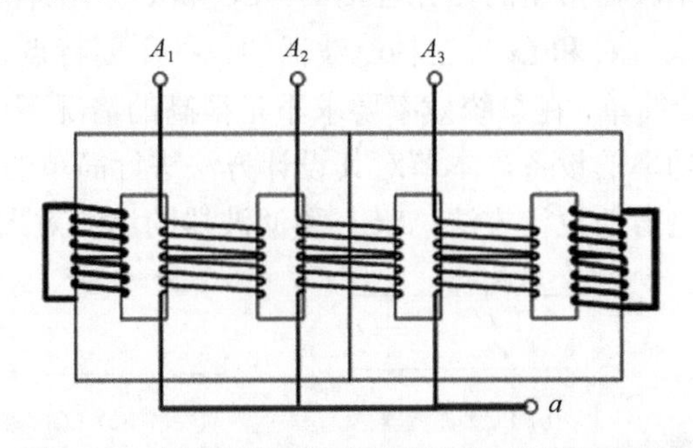

图 5.50　边柱的线圈短路的耦合电感结构示意图

在某些高频应用场合，对抑制环流的感抗要求不高，对磁芯元件的体积要求较高，还可以将滤波电感集成到边柱上。如图 5.51 所示，通过在边柱上开气隙和绕线圈，可以将滤波电感集成到耦合电感。

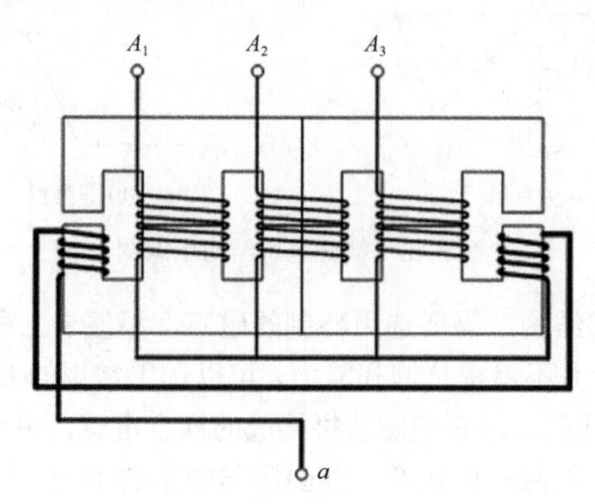

图 5.51　集成滤波电感的耦合电感

5.4　高功率密度并网变流器滤波器设计与磁性元件的优化

耦合电感通常用来抑制多相交错并联变流器的相间环流，而对并网变流器总体输出电流的电能质量的影响不大。本节针对一般的并网变流器，首先分析并网变流器的纹波特性，在此基础上介绍并网变流器的设计原理，给出了 L 型、LC 型和 LCL 型滤波器的设计方法。针对磁粉芯电感的软饱和特性建立新的磁粉芯电感模型，分析磁粉芯电感作用下变流器输出电流纹波的变化，并提出磁粉芯滤波电感的优化设计方法和控制方法。

5.4.1　并网滤波器设计

并网变流器的滤波器常用的拓扑包括 L、LC 和 LCL 三种类型，如图 5.52 所示。表 5.1 列出了 L、LC 和 LCL 三种滤波器的一些主要特点。

L 型滤波器设计简单，在系统效率要求不是很高的情况下可以满足滤波要求，所以一般用于中小功率的设备，本节对其设计方法进行简单的介绍；对于 LC 型滤波器，主要介绍电容的设计方法；LCL 型滤波器的滤波效果好，但是设计方法

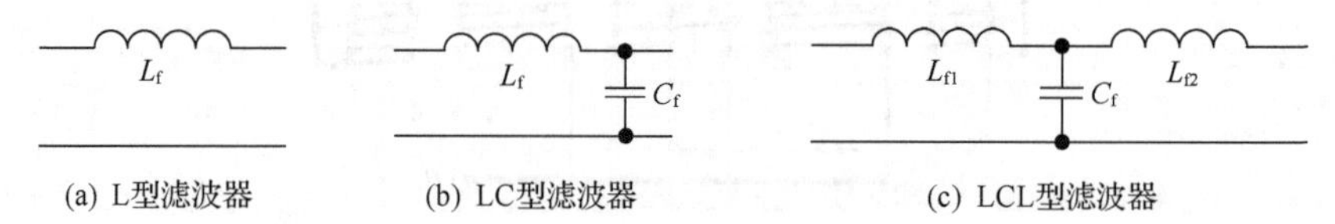

图 5.52　光伏发电系统常用的输出滤波拓扑

表 5.1　三种滤波器的主要特点

滤波器	特点		
	阶数与控制	高频衰减性能	适用范围
L 型	一阶，控制简单	一般，–20dB/dec	开关频率高、中小容量的并网型变流器
LC 型	二阶，控制较简单	较好，–40dB/dec	开关频率较高、中小容量的并网、独立或双模式型变流器
LCL 型	三阶，控制较复杂	好，–60dB/dec	开关频率较低的、中大容量的并网、独立或双模式型变流器

复杂，国内外的学者也对 LCL 滤波器参数的设计时的限制条件及设计步骤提出了不同的方法，本节详细地介绍了一种基于谐振频率优化的 LCL 滤波器设计方法。

1. L 型滤波器的设计方法

L 型滤波器的设计主要由两个限制条件：一是滤波器必须满足并网标准中对注入各次谐波电流，特别是开关次谐波电流的限制，这个条件确定了电感的下限；二是满足并网电流快速跟踪电流指令的要求，这个条件确定了电感的上限，文献中通常以电感基波压降小于 0.1 倍电网电压作为电感量的上限[44, 45]。

对于电感的上限，还需要满足变流器工作在额定电流时，直流电压要高于并网电压的峰值，一般情况下这个条件要比基波压降的限定宽得多，这里以基波压降为上限条件，可得电感值的上限如式(5.21)所示：

$$L_{\max} \leqslant \frac{0.1U_{\mathrm{s}}^2}{2\pi f_0 P} \tag{5.21}$$

式中，U_{s} 为相电压有效值；f_0 为电网频率；P 为变流器额定功率。

目前国内、国际标准对分布式系统并网变流器输出的并网电流波形的谐波有了较严格的要求[47, 48]。并网电流的谐波主要有两个部分组成，一是变流器开关过程中产生的开关频率或开关频率倍频次谐波；二是电网电压背景谐波形成的低次电流谐波。其中，由于高次谐波的频率远大于控制器的带宽，所以变流器系统对开关过程中产生的高次电压谐波主要通过滤波器进行衰减，控制策略或者控制器类型不同对此影响很小。而低次电流谐波的来源是电网电压背景谐波，要满足标准要求，需要变流器系统输出阻抗足够大，这样就与滤波器及控制器有关。一般而言，在相同的控制器情况下，总电感越大，系统输出阻抗越大，从这种意义上来说，低次谐波标准限值了电感的另一个下限。

分析并网电流高次谐波标准下的电感设计，如果假定电网电压谐波成分为零，变流器桥臂输出电压各次谐波幅值为 $u(h)$，并网电流各次谐波幅值限制在 $i(h)$ (h 为谐波次数)，则电感 L 需要满足如式(5.22)所示的条件：

$$L \geqslant \max \frac{u(h)\sigma}{2\pi f_0 h i(h)}, \quad h=2,3,\cdots \tag{5.22}$$

式中，σ 为谐波衰减比；$i(h)$ 由相应的谐波标准确定；$u(h)$ 的值与变流器调制方式、采样方式及调制比等参数有关，可以通过对变流器桥臂输出电压进行傅里叶分析得到各次谐波的含量，具体表达式见下节。

根据式(5.22)得到的电感值下限是在忽略电网电压谐波的条件下得到的，实际上电网电压存在低次谐波，即使是加上了电网电压前馈控制的并网控制器，由于数字控制的延迟等问题，不可能完全消除低次谐波的影响，所以对电感值的大小具有一定的限值。并网电流谐波标准 IEC61727-2004 及电网电压谐波标准 EN50160，对各次电网电压谐波和电流谐波进行了规定对于并网变流器而言，要在电网电压谐波标准 EN50160 的恶劣电网条件下，达到并网电流谐波标准，并网变流器的输出阻抗的表达式如式(5.23)所示。

$$Z_{\text{out}}(h) \geqslant Z_{\text{om}}(h) = \rho_{\text{h}} R_{\text{om}} = \rho_{\text{h}} \frac{U_{\text{s}}^2}{P}, \; h=2,3,\cdots,19 \tag{5.23}$$

式中，ρ_{h} 为阻抗限制比；U_{s} 为相电压有效值；P 为变流器额定功率。

其具体大小如图 5.53 所示。

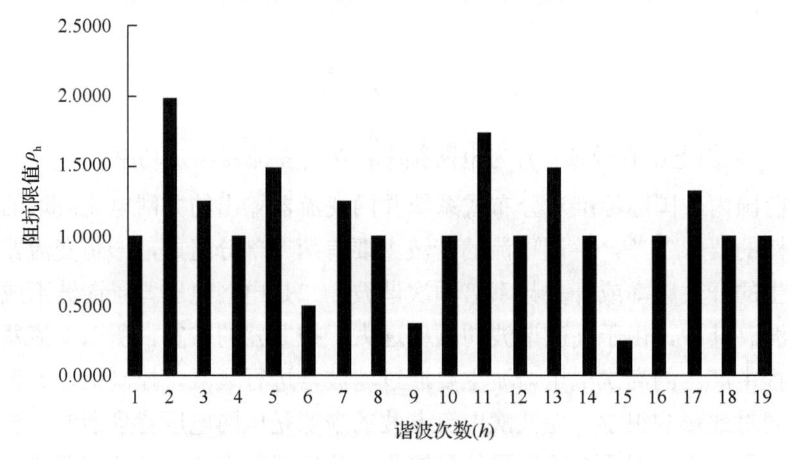

图 5.53　各次谐波阻抗最小值

如果忽略死区等因素，变流器桥臂输出电压的谐波含量与调制方式有关，其具体表达式可以采用载波角频率为基准展开傅里叶分析得到[49]。

采用双极性调制的单相变流器输出电压的各次谐波表达式如式(5.24)所示：

$$
\begin{aligned}
A_{ab} = \sum_{n=1}^{\infty}\frac{4U_{dc}}{n\pi}\Bigg\{&2\sum_{l=1}^{\infty}J_{2l-1}\left(\frac{n\pi M}{2}\right)\sin[(2l-1)(\omega_0 t+\varphi)]\cos\frac{n\pi}{2} \\
&-\left[J_0\left(\frac{n\pi M}{2}\right)+2\sum_{l=1}^{\infty}J_{2l}\left(\frac{n\pi M}{2}\right)\cos[(2l(\omega_0 t+\varphi)]\right]\sin\frac{n\pi}{2}\Bigg\}\cos n\omega_s t
\end{aligned}
\tag{5.24}
$$

式中，ω_s 为载的角频率；ω_0 为正弦调制波的角频率；U_{dc} 为直流母线电压；M 为调制比。

将式(5.24)中的 n 分奇偶进行讨论如下。

(1) n=1, 3, 5, …，l=1, 2, 3, …, 则

$$
\begin{aligned}
A_{ab} = \sum_{n=1}^{\infty}(-1)^{\frac{n+1}{2}}\frac{4U_{dc}}{n\pi}\Bigg\{&J_0\left(\frac{n\pi M}{2}\right)\cos n\omega_s t+\sum_{l=1}^{\infty}J_{2l}\left(\frac{n\pi M}{2}\right)[\cos[(n\omega_s+2l\omega_0)t+2l\varphi] \\
&+\cos[(n\omega_s-2l\omega_0)t-2l\varphi]]\Bigg\}
\end{aligned}
\tag{5.25}
$$

(2) n=2, 4, 6, …，l=1, 2, 3, …, 则

$$
\begin{aligned}
A_{ab} = \sum_{n=1}^{\infty}(-1)^{\frac{n}{2}}\frac{4U_{dc}}{n\pi}\sum_{l=1}^{\infty}J_{2l-1}\left(\frac{n\pi M}{2}\right)\{&\sin[[n\omega_s+(2l-1)\omega_0]t+(2l-1)\varphi] \\
&+\sin[[n\omega_s-(2l-1)\omega_0]t-(2l-1)\varphi]\}
\end{aligned}
\tag{5.26}
$$

由式(5.26)可知，单相半桥双极性 SPWM 控制输出的电压谐波的特点如下。

①谐波分量为($n\omega_s \pm k\omega_0$)，振幅为 $\frac{4U_{dc}}{n\pi}J_k\left(\frac{n\pi M}{2}\right)$；其中，$n$=1, 3, 5, … 时 k=0, 2, 4, …；n=2, 4, 6, … 时 k=1, 3, 5, … 。

②存在载波频率 ω_s 的奇数倍次数的谐波。

③每组以载波为 $n\omega_s$ 中心，变频$\pm k\omega_0$ 分布其两侧，其幅度两侧对称衰减。

采用单极倍频的 SPWM 调制的全桥变流器由于调制信号互成 180°，有的谐波成分相互抵消了，采用单极性倍频调制的单相变流器输出电压的各次谐波表达式如下所示。

(1) n=1, 3, 5, …，l=1, 2, 3, …, 则

$$
A_{ab} = \sum_{n=1}^{\infty}
\begin{aligned}
&(-1)^{\frac{n+1}{2}}\frac{8}{n\pi}\sum_{l=1}^{\infty}J_{2l}\left(\frac{n\pi M}{2}\right)\Bigg\{\sin\left[(n\omega_s+2l\omega_0)t+2l\left(\varphi+\frac{\pi}{2}\right)\right] \\
&-\sin\left[(n\omega_s-2l\omega_0)t-2l\left(\varphi+\frac{\pi}{2}\right)\right]\Bigg\}\sin\frac{2l\pi}{2}
\end{aligned}
=0
\tag{5.27}
$$

(2) n=2, 4, 6, …， l=1, 2, 3, …, 则

$$A_{\mathrm{ab}}=\sum_{n=1}^{\infty}(-1)^{\frac{n}{2}}\frac{8}{n\pi}\sum_{l=1}^{\infty}(-1)^{2l-1}J_{2l-1}\left(\frac{n\pi M}{2}\right)\left\{\cos\left[[n\omega_{\mathrm{s}}+(2l-1)\omega_0]t+(2l-1)\left(\varphi+\frac{\pi}{2}\right)\right]\right.$$
$$\left.-\cos\left[[n\omega_{\mathrm{s}}-(2l-1)\omega_0]t-(2l-1)\left(\varphi+\frac{\pi}{2}\right)\right]\right\} \tag{5.28}$$

由式(5.28)可知，单相全桥单极倍频 SPWM 控制输出电压谐波的特点如下。

①谐波分量为（$n\omega_{\mathrm{s}}\pm k\omega_0$），振幅为$\frac{4U_{\mathrm{dc}}}{n\pi}J_{\mathrm{k}}\left(\frac{n\pi M}{2}\right)$；其中，$n$=2, 4, 6, …时 k=1, 3, 5, …。

②不存在载波频率 ω_{s} 奇数倍次数的谐波，不存在基波的偶次谐波。

③每组以载波 $n\omega_{\mathrm{s}}$ 为中心，边频$\pm k\omega_0$ 分布其两侧，其幅度两侧对称衰减。

若三相电网电压平衡，且滤波器三相平衡，则三相变流器的滤波器设计也可基于单相变流器展开。三相变流器输出电压的各次谐波表达式如下所示。

(1) n=1, 3, 5, …， l=1, 2, 3, …, 则

$$A_{\mathrm{an}}=\sum_{n=1}^{\infty}(-1)^{\frac{n-1}{2}}\frac{4U_{\mathrm{dc}}}{\sqrt{3}n\pi}\sum_{l=1}^{\infty}J_{2l}\left(\frac{n\pi M}{2}\right)\left\{\sin\left[(n\omega_{\mathrm{s}}+2l\omega_0)t+2l\left(\varphi-\frac{\pi}{3}\right)-(-1)^{\mathrm{mod}_3(l)}\frac{\pi}{6}\right]\right.$$
$$\left.-\sin\left[(n\omega_{\mathrm{s}}-2l\omega_0)t-2l\left(\varphi-\frac{\pi}{3}\right)+(-1)^{\mathrm{mod}_3(l)}\frac{\pi}{6}\right]\right\}\sin\left(\frac{2l}{3}\pi\right) \tag{5.29}$$

(2) n=2, 4, 6, …， l=1, 2, 3, …, 则

$$A_{\mathrm{an}}=\sum_{n=1}^{\infty}(-1)^{\frac{n}{2}}\frac{4U_{\mathrm{dc}}}{\sqrt{3}n\pi}\sum_{l=1}^{\infty}J_{2l-1}\left(\frac{n\pi M}{2}\right)\left\{\cos\left[[n\omega_{\mathrm{s}}+(2l-1)\omega_0]t+(2l-1)\left(\varphi-\frac{\pi}{3}\right)-(-1)^{\mathrm{mod}_3(l)}\frac{\pi}{6}\right]\right.$$
$$\left.-\cos\left[[n\omega_{\mathrm{s}}-(2l-1)\omega_0]t-(2l-1)\left(\varphi-\frac{\pi}{3}\right)-(-1)^{\mathrm{mod}_3(l)}\frac{\pi}{6}\right]\right\}\sin\left(\frac{2l-1}{3}\pi\right) \tag{5.30}$$

由式(5.30)可知，三相全桥 SPWM 控制输出的电压谐波的特点如下。

①谐波分量为($n\omega_{\mathrm{s}}\pm k\omega_0$)，振幅为$\frac{2U_{\mathrm{dc}}}{n\pi}J_{\mathrm{k}}\left(\frac{n\pi M}{2}\right)$；其中，$n$=1, 3, 5, …时，$k$=2，4, 8, 10, …即 k=3 (2m−1) ±1，m=1, 2, 3, … n=2, 4, 6, …时 k=1, 5, 7, 11, …即

k=1, 3×2m±1，m=1, 2, 3, ⋯

②不存在载波频率 ω_s 整数倍次数的谐波，不存在基波频率 3 的倍数次的谐波。

③每组以载波 $n\omega_s$ 为中心，边频±$k\omega_0$ 分布其两侧，其幅度两侧对称衰减。

进一步讨论，当 n 为偶数时，由于 k 是奇数，输出电压谐波中不含偶次谐波；而当 n 为奇数时，k 是偶数，如果要确保输出电压谐波中不包含偶次谐波，需要使载波比 $F=\omega_s/\omega_0$ 为奇数，因此三相变流器通常采用奇数倍的载波比。

2. LC 型滤波器的设计方法

当具有 LC 滤波器输出的集中变流模块连接到强电网时，电网阻抗非常小，可当作零，此时与 LC 中的 C 无滤波效果，集中变流模块的输出电流纹波和只有 L 时相同，即此时 LC 型滤波器可等效为 L 型滤波器。为了保证采用 LC 滤波器的集中变流模块在接入电网中任意点和独立运行模式下均有满意的滤波效果，可先不考虑 C 参数，单独设计 L 参数使并网电流纹波满足要求，再根据独立运行时输出电压 THD 的要求设计 C 参数。

本节使用衰减倍数来表征滤波器的滤波效果，即如果变流器桥臂交流侧电压的主导谐波成分被 LC 滤波器衰减到原始值的一定的倍数(比如小于 4.5%)，则变流器输出电压的 THD(比如小于 5%)即可满足要求[50]。假设现在已经得到了滤波电感 L 的值，下面给出滤波电容 C 的计算方法。

设 LC 滤波器中的电感和电容均为理想器件，则其输出电压 U_o 相对于输入电压 U_{br} 的衰减倍数可表示为

$$\left|\frac{U_o(j\omega)}{U_{br}(j\omega)}\right| = \frac{1}{\left|1-\omega^2 LC\right|} = \frac{1}{\left|n^2\omega_b^2 LC-1\right|} \tag{5.31}$$

式中，n 为谐波次数；ω_b 为输出电压基波角频率。为了满足输出电压 THD 的要求，LC 参数必须满足

$$\frac{1}{\left|n_L^2\omega_b^2 LC-1\right|} \leqslant \mathrm{DF_h} \tag{5.32}$$

式中，$\mathrm{DF_h}$ 为 LC 滤波器的谐波衰减系数。由于 L 参数已经确定，式(5.32)可写为

$$C \geqslant \frac{(1+DF_h)T_S^2 T^2}{4\pi^2 DF_h L(T-3T_S)^2} \tag{5.33}$$

在确定输出电压 THD 的要求后，合理选择谐波衰减系数 $\mathrm{DF_h}$(一般略小于要求的 THD 的数值)，即可依据式设计 C 的参数。

3. LCL 滤波器设计方法

基于谐振频率优化的LCL 滤波器设计方法，可在 L 型滤波器的设计的基础上进一步得到。首先根据控制策略选取合适的谐振频率 ω_r，确定LCL 滤波器的谐波电流衰减比；其次根据变流器并网电流标准设计总电感值；再次根据变流器侧谐波限值、抑制电网背景谐波及成本、体积等因素确定前后电感比，从而得到LCL 的电感、电容值；最后按照滤波电容吸收无功功率的限值确定电容 C 的上限进行复核，如果不满足重新设计前后电感比或者总电感值，直至满足要求。

下面对每个步骤进行具体说明。

1) 谐波电流衰减比 σ

相对于 L 滤波器言，LCL 滤波器一个显著的优势就是对高次谐波的衰减能力强。由电路分析可知，变流器侧的谐波电流经过电容 C 分流后，流入并网侧的谐波电流大大减小了，从而更容易满足标准中对谐波注入的要求。如图 5.54 所示为 LCL 滤波器在高频处(频率高于谐振频率)的等效电路图，图中假定电网无高次谐波。

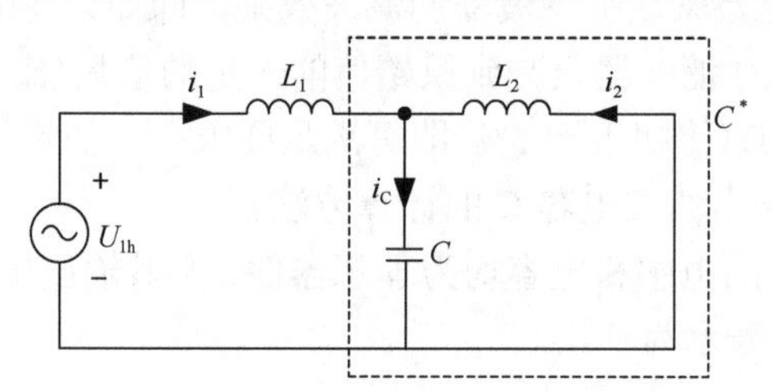

图 5.54　LCL 滤波器高频等效电路图

由于LCL 的谐振频率低于开关频率，且变流器桥臂电压谐波成分的频率主要是开关频率或者开关频率的倍频，所以对于最主要的谐波频率，LCL 的等效电感是低于单电感 L 的，本书中定义谐波电流衰减率为LCL 滤波器并网电流的谐波与等效总电感值的单电感 L 情况下的谐波之比，即谐波电流衰减比 σ，其表达式为：

$$\sigma=\frac{\dfrac{U_{1h}}{Z_{L1}+Z_{L2}//Z_C}\dfrac{Z_C}{Z_{L2}+Z_C}}{\dfrac{U_{1h}}{Z_L}}=\frac{1}{\left(\dfrac{\omega_h}{\omega_r}\right)^2-1}=\frac{1}{\left(\dfrac{\omega_h T}{\omega_r T}\right)^2-1} \tag{5.34}$$

由式(5.34)可知，在确定谐振频率的情况下，衰减系数比为常数，且衰减系数比与谐波次数的平方近似反比关系。在已知衰减系数比的情况下，LCL 并网电流的谐波幅值 $i(h)$ 就可以在原来 L 滤波器的基础上放宽 $1/\sigma$ 倍，从而体现出 LCL 滤波器对 L 滤波器在滤除高次谐波上的优势。

2) 总电感的设计

总电感的设计与单 L 滤波器的设计原则一致，在此不再赘述。

3) 前后电感比的设计

前后电感比是非常关键的参数，需要考虑到滤波器对电流谐波的衰减、变流器侧谐波电流大小和系统对电网电压背景谐波的抑制能力等。设前后电感比 $k=L_1/L_2$，电感比的确定与以下因素相关。

(1) 电流谐波衰减比。经过上节分析，由式(5.34)可知，当确定了谐振频率比 $\omega_r T$ 后，衰减系数 σ 为常数，与前后电感比 k 无关。

(2) 变流器侧谐波电流。变流器侧谐波电流大小影响电感的铁芯损耗和主开关管的电压电流应力，如果变流器侧开关次谐波电流太大会使内电感饱和，增大温升，减小效率，故希望越小越好。变流器侧谐波电流的表达式为

$$i_{1\text{sh}}=\frac{V_{1\text{h}}}{Z_{\text{L}1}+Z_{\text{L}2}//Z_{\text{C}}}=\frac{U_{1\text{h}}\left[\left(1+\dfrac{1}{k}\right)\left(\dfrac{\omega_{\text{h}}}{\omega_{\text{r}}}\right)^2-1\right]}{\omega_{\text{h}}L\left[\left(\dfrac{\omega_{\text{h}}}{\omega_{\text{r}}}\right)^2-1\right]}\approx\left(1+\frac{1}{k}\right)\frac{U_{1\text{h}}}{\omega_{\text{h}}L} \tag{5.35}$$

由式(5.35)可知，在谐振频率确定的情况下，前后电感比 k 越大，变流器侧的谐波电流越小。在单极倍频情况下，由于只存在开关频率 2 倍频边频带的谐波电流，图 5.55 为变流器侧 h 次谐波电流与前后电感比 k 之间的关系曲线。由图 5.55 可知，LCL 滤波器内电感的谐波电流要大于等效总电感值情况下单 L 滤波器的谐波电流；随着 k 的增大，变流器侧谐波电流减小，但是当 k>2 后，谐波电流变化不明显。

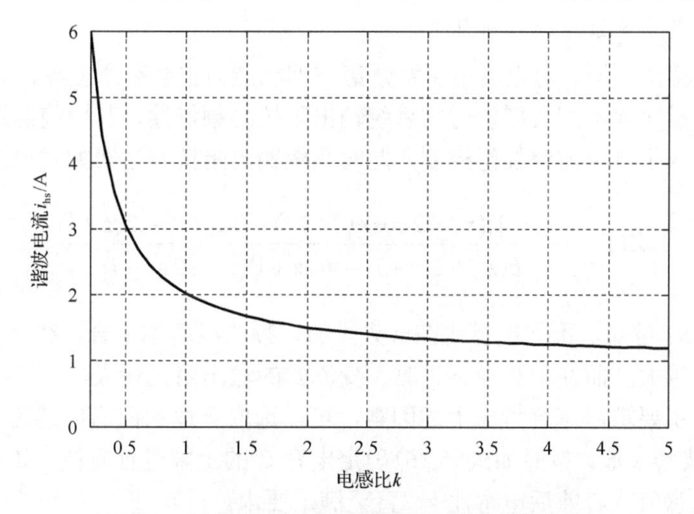

图 5.55 前后电感比 k 与变流器侧谐波电流的关系

4) 滤波电容 C 的限值

为了避免变流器的功率因素降低，一般限制滤波电容吸收的基波无功功率不大于系统额定功率的 5%。由此推出电容 C 的限值如式(5.36)所示。

$$C \leqslant \frac{0.05P}{2\pi f_0 U_s^2} \tag{5.36}$$

如图 5.56 所示为在固定谐振频率的情况下，前后电感比 k 与滤波电容取值之间的关系。由图 5.56 可知，滤波电容取值随着 k 的增加先增大后减小，在 k=1 时取得最小值。

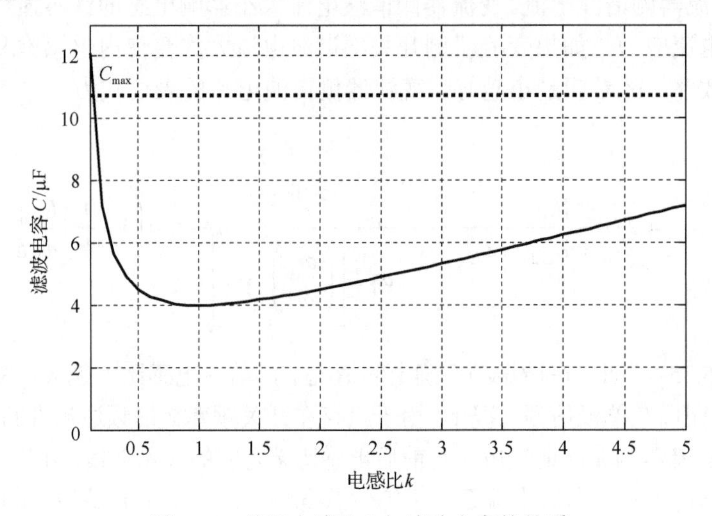

图 5.56　前后电感比 k 与滤波电容的关系

5) 电网电压背景谐波抑制能力

前后电感比不同，对电网电压背景谐波抑制能力也会有所差异，如图 5.57 所示为前后电感比取不同典型值时的系统输出阻抗幅频特性，其中控制器采用 P 控制，同时加入了单位前馈补偿控制，此时系统输出阻抗表达式如式(5.37)所示。

$$Z(z) = \frac{z(z-1)(z^2 - 2\cos\omega_r Tz + 1) + bK_P(z^2 + 2cz + 1)}{b(z^2 + 2cz + 1) - fz(z+1)(z^2 - 2gz + 1)} \tag{5.37}$$

由图 5.57 可知，不同电感比在低频段的幅频曲线基本重合，在高频段 k 值越小输出阻抗越大，而在中频段 k=1 时，变流器的输出阻抗最大。

根据系统要求，综合考虑上述因素，可以选取合适的前后电感比 k，从而得到 LCL 滤波器参数，按照如式(5.36)确定电容 C 的上限进行复核，如果不满足重新设计总电感值或者前后电感比 k，直至满足要求。

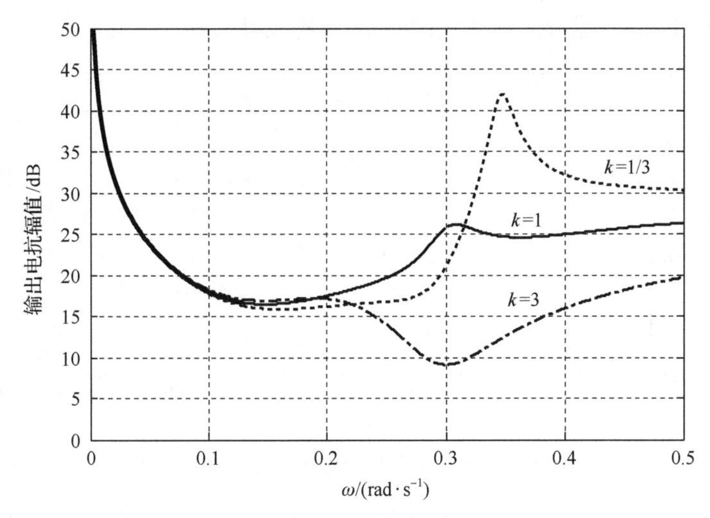

图 5.57　前后电感比 k 与变流器输出阻抗的关系

5.4.2　考虑变流器运行特性的磁粉芯电感滤波器设计

电感的磁芯材质有很多种，比如硅钢片、非晶态合金、铁氧体、磁粉芯等[51]。硅钢片的饱和磁通密度相对比较高，设计得到的电感体积小，但是其涡流损耗随着工作频率的升高而增大，一般适用于低频场合[52-54]。非晶态合金有铁镍基、铁基、微晶等，材质不同，应用场合也不同，一般价格比较昂贵[55]。磁粉芯相比铁氧体具有更高的饱和磁通，相比硅钢片其高频损耗更低，适合作为高开关频率下变流器滤波电感的磁芯材质[56]。相比铁氧体材质，磁粉芯具有比较高的饱和磁通密度和软饱和特性曲线，此外磁导率对温度变化不敏感，其气隙均匀分布比较适合20k～100kHz 工作频率下的应用[57,58]。磁粉芯材质分为铁粉芯、铁硅铝(Kool Mu)、铁镍磁粉芯(High Flux)和钼坡莫合金等。根据对性能、价格的不同需求，可以选择不同的材质。

1. 电流纹波的影响分析

磁粉芯有着软饱和特性，不同于铁氧体的饱和特性，其磁导率会随着磁场强度的增大缓慢地下降。如图 5.58 所示，为美磁公司生产的 Kool Mu 的磁导率关于磁场强度的曲线。根据该曲线，可以看出 Kool Mu 磁导率随磁场强度的变大，会有明显的降额。对于磁粉芯其他材质的材料，如 MPP、high flux 等也有类似的曲线。由于软饱和特性的存在，电感感值会随着电流的大小变化而变化。在三相交流变流器中，电流大小会在一个工频周期内发生变化，那么电感的感值也会相应地有着变化，影响变流器的性能。本节针对磁粉芯软饱和特性，分析了其对变流器电流纹波和谐波的影响，并提出改进的电感设计方法。

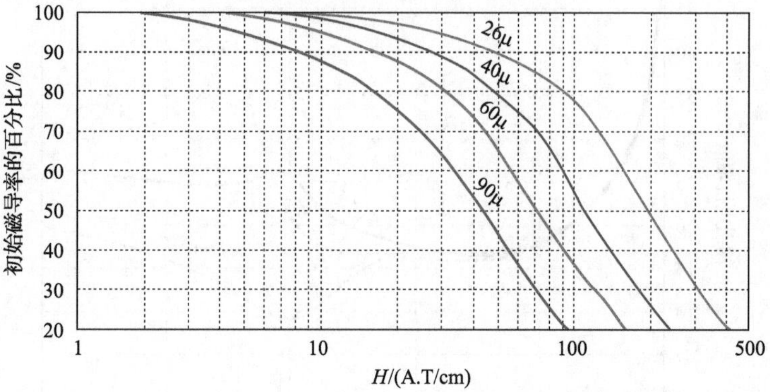

图 5.58　磁导率关于直流偏置的曲线(Kool Mu)

先考虑独立的变流器。为了便于分析，假定电网为理想电网，其谐波电压均忽略，只考虑工频基波电压，并且变流器的输出功率因数为 1，其调制波与电网电压的相位差异忽略。首先变流器的三相电流是对称的，只需要考察其中一相的电流纹波变化规律即可。在本节中，将以 A 相电流纹波为例展开分析。由于变流器的输出电流在工频周期内变化，则其电流纹波也是周期变化的，电流激励出的磁场强度大小只与电流大小相关，而与电流方向无关。因此电流正半波时的纹波变化规律与电流负半波时的纹波变化规律一致，只需要考察电流正半波时的电流纹波变化规律即可。进一步可以发现，电流正半波是对称的，即电流由零增加到峰值和电流由峰值降到零时，磁场强度变化是对称，那么若要分析电感对电流纹波的影响，只需要分析电流从零上升到峰值时的情况，就可以将结论推广到整个变流器三相电流整个工频周期。为了分析纹波规律，首先建立三相变流器的等效电路图，如图 5.59 所示。

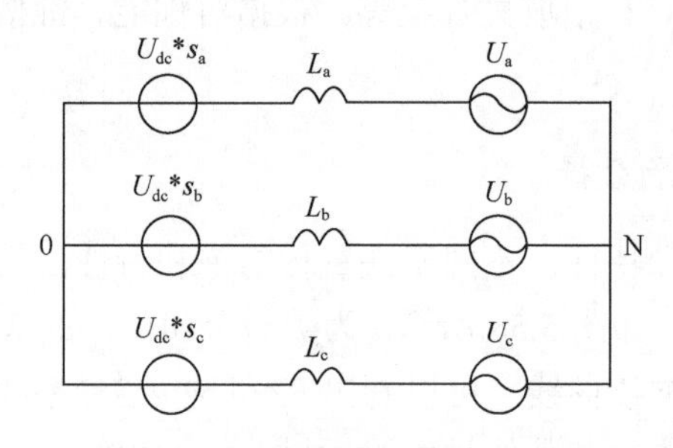

图 5.59　三相变流器等效电路图

选择直流母线电压的负端作为参考零电压。三相桥臂的输出电压用一个关于开关函数的电压源表示，即 $i = a, b, c$。$S_{\rm i} = 1$ 代表桥臂上管开通，下管关断，输出直流母线电压；$S_i=0$ 代表桥臂上管关断，下管开通，输出零电压。L_a、L_b、L_c 为三相的电感，三相电感值并不为恒定值，而是随着各自电流的大小变化。但是三相的电感被认为具有相同的设计值，其最大感值和其随电流变化的规律保持一致。U_a、U_b、U_c 为电网的三相相电压。N 点为三相电压的中点。根据等效电路图，首先求解 N 点电压。根据基尔霍夫电流定律(KCL)，N 点的电流之和为零，那么满足下式：

$$\frac{U_{dc}s_a-U_a-U_N}{L_a}+\frac{U_{dc}s_b-U_b-U_N}{L_b}+\frac{U_{dc}s_c-U_c-U_N}{L_c}=0 \tag{5.38}$$

求解式(5.38)可以得到 N 点的电压为

$$U_N=\frac{L_bL_cU_{dc}s_a+L_aL_cU_{dc}s_b+L_aL_bU_{dc}s_c}{L_bL_c+L_aL_c+L_aL_b}-\frac{L_bL_cU_a+L_aL_cU_b+L_aL_bU_c}{L_bL_c+L_aL_c+L_aL_b} \tag{5.39}$$

根据式(5.39)，可以发现，N 点的电压是一个关于三相电感 L_a、L_b、L_c 和桥臂输出电压 $U_{dc}s_i$ 的函数。在常规分析中，三个电感感值一致，N 点的电压为三个桥臂输出电压的平均值，即

$$U_N=\frac{U_{dc}s_a+U_{dc}s_b+U_{dc}s_c}{3} \tag{5.40}$$

比较式(5.39)和式(5.40)，可以发现，考虑了电感的软饱和特性后，N 点电压出现了巨大差异，这也是常规设计方法计算结果不准确的重要因素。为了求解电流纹波，考虑 A 相回路，根据基尔霍夫电压定律(KVL)，回路电压之和为零，那么满足下式：

$$U_{dc}s_a=L_a\frac{di_a}{dt}+U_a+U_N \tag{5.41}$$

只要将开关函数 s_a、s_b、s_c 代入即可求解式(5.41)，得到电流的变化量。需要注意的是，不同调制方式下，开关函数的分布规律不同，所得的纹波结果会略有差异。本书以最常见的调制方式之一 SPWM 方式为例计算电流纹波。首先根据调制过程，绘制所有的开关模态。如图 5.60 所示为区域 1 和区域 2 的开关模态。根据三相开关函数的组合，区域 1 的开关模态被划分为 4 种情形，分别用Ⅰ、Ⅱ、Ⅲ、Ⅴ表示；而区域 2 同样也被划分为 4 种情形，分别用Ⅰ、Ⅱ、Ⅳ、Ⅴ表示。

将每个情形下的开关函数代入到式(5.39)和式(5.41)，可以求解出每个情形下电流的变化大小，对于情形Ⅰ，$s_a=1$，$s_b=1$，$s_c=1$，电流的变化为

$$\left|\Delta i_{\mathrm{a}}\right|=\left|\frac{T_1}{L_{\mathrm{a}}}\left(\frac{(L_{\mathrm{b}}L_{\mathrm{c}}U_{\mathrm{a}}+L_{\mathrm{a}}L_{\mathrm{c}}U_{\mathrm{b}}+L_{\mathrm{a}}L_{\mathrm{b}}U_{\mathrm{c}})}{L_{\mathrm{b}}L_{\mathrm{c}}+L_{\mathrm{a}}L_{\mathrm{c}}+L_{\mathrm{a}}L_{\mathrm{b}}}-U_{\mathrm{a}}\right)\right| \tag{5.42}$$

对于情形Ⅱ，$s_{\mathrm{a}}=1$，$s_{\mathrm{b}}=0$，$s_{\mathrm{c}}=1$，电流的变化为

$$\left|\Delta i_{\mathrm{a}}\right|=\left|\frac{T_2}{L_{\mathrm{a}}}\left(\frac{(L_{\mathrm{b}}L_{\mathrm{c}}U_{\mathrm{a}}+L_{\mathrm{a}}L_{\mathrm{c}}U_{\mathrm{b}}+L_{\mathrm{a}}L_{\mathrm{b}}U_{\mathrm{c}})+U_{\mathrm{dc}}L_{\mathrm{a}}L_{\mathrm{c}}}{L_{\mathrm{b}}L_{\mathrm{c}}+L_{\mathrm{a}}L_{\mathrm{c}}+L_{\mathrm{a}}L_{\mathrm{b}}}-U_{\mathrm{a}}\right)\right| \tag{5.43}$$

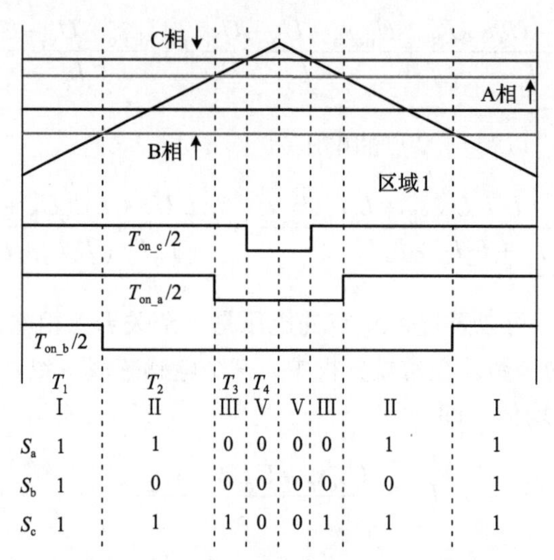

(a) 区域Ⅰ的开关模态

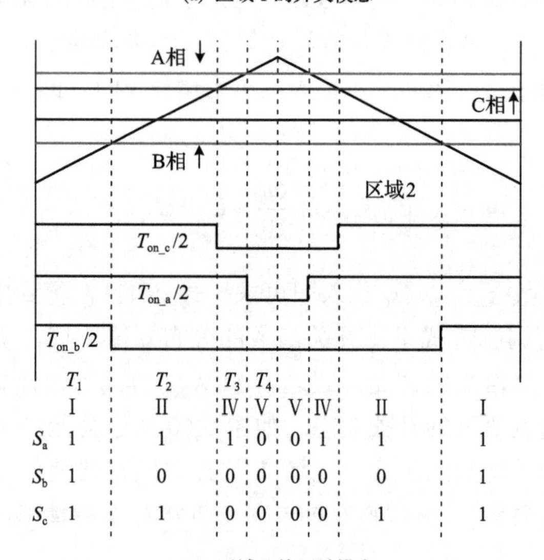

(b) 区域Ⅱ的开关模态

图 5.60　SPWM 调制方式下的开关模态

对于情形Ⅲ，$s_a=0$，$s_b=0$，$s_c=1$，电流的变化为

$$\left|\Delta i_a\right|=\left|\frac{T_3}{L_a}\left(\frac{(L_bL_cU_a+L_aL_cU_b+L_aL_bU_c)-U_{dc}L_aL_b}{L_bL_c+L_aL_c+L_aL_b}-U_a\right)\right| \tag{5.44}$$

对于情形Ⅳ，$s_a=1$，$s_b=0$，$s_c=0$，电流的变化为

$$\left|\Delta i_a\right|=\left|\frac{T_3}{L_a}\left(\frac{(L_bL_cU_a+L_aL_cU_b+L_aL_bU_c)+V_{dc}(L_aL_c+L_aL_b)}{L_bL_c+L_aL_c+L_aL_b}-U_a\right)\right| \tag{5.45}$$

对于情形Ⅴ，$s_a=0$，$s_b=0$，$s_c=0$，电流的变化为

$$\left|\Delta i_a\right|=\left|\frac{T_4}{L_a}\left[\frac{(L_bL_cU_a+L_aL_cU_b+L_aL_bU_c)}{L_bL_c+L_aL_c+L_aL_b}-U_a\right]\right| \tag{5.46}$$

每个情形的持续时间 T_1、T_2、T_3、T_4 的表达式也可以求解出，如下：

$$\begin{cases}T_1=T_{on\_b}/2\\ T_2=\begin{cases}(T_{on\_a}-T_{on\_b})/2，\text{区域1}\\(T_{on\_c}-T_{on\_b})/2，\text{区域2}\end{cases}\\ T_3=\begin{cases}(T_{on\_c}-T_{on\_a})/2，\text{区域1}\\(T_{on\_a}-T_{on\_c})/2，\text{区域2}\end{cases}\\ T_4=\begin{cases}(T-T_{on\_c})/2，\text{区域1}\\(T-T_{on\_a})/2，\text{区域2}\end{cases}\end{cases} \tag{5.47}$$

式中，T 为变流器的控制周期，根据前文的假设，调制波为纯正弦，则每个桥臂的上管开通时间可以按照调制波的比例计算如下：

$$\begin{cases}T_{on\_a}=\left[0.5+0.5m_e\sin(\omega t)\right]T\\T_{on\_b}=[0.5+0.5m_e\sin(\omega t-120°)]T\\T_{on\_c}=[0.5+0.5m_e\sin(\omega t+120°)]T\end{cases} \tag{5.48}$$

式中，T_{on_a}、T_{on_b}、T_{on_c} 分别为 A、B、C 桥臂上管开通持续时间；m_e 为调制波归一化后的幅值；ω 为电网的角频率。

为了便于分析，将Ⅰ、Ⅱ、Ⅲ、Ⅳ、Ⅴ 5 种情形下计算得到的电流变化趋势列在表 5.2 中。

表 5.2　电流变化趋势

			区域 1					
情形	Ⅰ	Ⅱ	Ⅲ	Ⅴ	Ⅴ	Ⅲ	Ⅱ	Ⅰ
Δi_a	↓	↑	↓	↓	↓	↓	↑	↓
			区域 2					
情形	Ⅰ	Ⅱ	Ⅳ	Ⅴ	Ⅴ	Ⅳ	Ⅱ	Ⅰ
Δi_a	↓	↑	↑	↓	↓	↑	↑	↓

可以看出，不管是在区域 1 中还是区域 2 中，在一个开关周期内，A 相电流有增有减，这里将电流连续增加或者连续减小的最大值作为纹波。根据表 5.2，在区域 1 中，情形Ⅲ和情形Ⅴ中，电流连续减小，在持续时间内，电流连续减小的累计值构成区域 1 的输出电流纹波；而在区域 2 中，情形Ⅰ和情形Ⅴ中，电流均连续减小，那么，电流连续减小的累计值较大的一个作为区域 2 的输出电流纹波。根据对电流纹波的定义，可以求解出，每个电流角度下的电流纹波大小，该关系曲线绘制在图 5.61 中。由图中可以看到，A 相电流的纹波从过零点附近开始递减，到达 60°后开始递增，一直持续到峰值处。

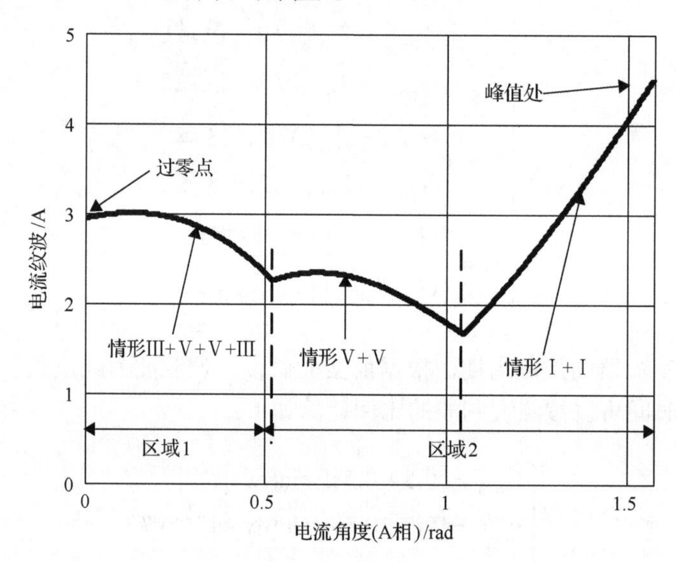

图 5.61　电流纹波关于电流角度的关系曲线

在电感设计时，最大电流纹波才是需要关注的。在工程应用中，最大电流纹波通常被限制到某一数值。图 5.61 所示的电流纹波关于电流角度的关系曲线虽然是一个特例，但是所呈现的纹波变化趋势具有代表性。进一步推导也可以证明，电流的极大值可能出现在电流过零点附近或者电流峰值处，那么可以分别求解出对应的电感设计原则。

在电流过零点附近，根据纹波求解公式，可以得到电感值满足

$$2*L(i_\mathrm{a})\Big|_{i_\mathrm{a}=0}+L(i_\mathrm{a})\Big|_{i_\mathrm{a}=i_\mathrm{m}\sin(60°)}>\frac{\sqrt{3}}{2}\frac{U_\mathrm{g}T}{\Delta i} \tag{5.49}$$

式中，i_m 为电流的幅值；U_g 为电网相电压幅值。

类似地，在电流峰值处。根据纹波求解公式，可以得到电感值满足

$$2*L(i_\mathrm{a})\Big|_{i_\mathrm{a}=i_\mathrm{m}}+L(i_\mathrm{a})\Big|_{i_\mathrm{a}=i_\mathrm{m}\sin(30°)}>\frac{3U_\mathrm{g}T}{\Delta i}\frac{U_\mathrm{dc}-U_\mathrm{g}}{2U_\mathrm{dc}} \tag{5.50}$$

比较式(5.49)和式(5.50)，可以发现，当电网电压满足 $U_\mathrm{g}=0.42U_\mathrm{dc}$ 时，两式的右侧部分相等。但是需要注意的是，由于磁粉芯的软饱和特性，电感值随着电流的增大而下降，电流为零时的电感值可能数倍于电流峰值处的感值。因此，当式(5.50)满足要求时，式(5.49)一般也能满足要求。根据电流峰值处的纹波关系得到的电感设计原则，即式(5.50)可以作为磁粉芯电感感值的设计原则。

在常规方法中，电感值是固定不变的，若按照静态电感(电流为零时的电感值)设计，显然无法满足纹波要求。因此对常规方法做一些简单的调整，在设计时便考虑电感值会随电流下降，那么按照电流峰值处的最小电感能满足纹波关系，则有

$$3*L(i_\mathrm{a})\Big|_{i_\mathrm{a}=i_\mathrm{m}}>\frac{3U_\mathrm{g}T}{\Delta i}\frac{U_\mathrm{dc}-U_\mathrm{g}}{2U_\mathrm{dc}} \tag{5.51}$$

比较式(5.50)和式(5.51)，可以发现，前者所需的电感值($L(i_\mathrm{a}=i_\mathrm{m})$)要小于后者。在本案例中，前者得到的结果为 0.4mH，而后者需要 0.5mH。因此采用了所提电感设计原则后，电感值可以减小 20%，这样电感的体积和重量也能减小。

磁粉芯电感的软饱和特性作用下，电感的感值会随着电流的变化而变化。A 相的电流纹波除受到 A 相电感值的影响外，还受到 B 相与 C 相电感值影响，其作用关系可以由式(5.39)和式(5.41)描述。该结论可以推广到多相交错并联变流器的电感设计中。

2. 谐波特性的影响分析

磁粉芯的软饱和特性决定用该材质设计的电感值会随着电流的变化而变化，电流越大，电感值越小。而在三相变流器中，输出电流为交流，其电流在工频周期内近乎正弦波地发生变化，这使电感值以两倍的工频发生变化，影响变流器的输出电流谐波。在文献[59]中，用有限元分析方法建立磁粉芯电感的模型。在文献[60]中，用描述函数法分析非线性电感。本节为了分析软饱和特性对变流器的

影响，首先建立电感的模型。为了便于分析，先考虑 A 相输出电流的基波，即 $i_a = I_m \sin\omega t$。由于电流是一个奇对称函数，根据电感值与电流大小的关系，电感值是一个偶对称函数，电感与电流的波形关系如图 5.62 所示。

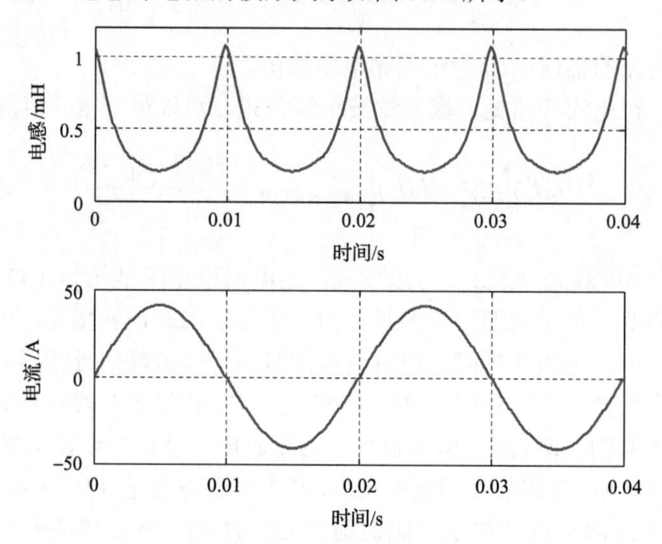

图 5.62　电感值随电流变化曲线

进一步地根据傅里叶级数展开，电感值的函数可以展开成以下形式：

$$L(\omega t)=L_0 + \sum_{n=1}^{\infty} L_n \cos(n\omega t) \tag{5.52}$$

想要得到式(5.52)右边的各项展开式，首先要得到左边电感的表达式。通常厂商会提供一个磁粉芯电感磁导率关于磁场强度的通用拟合函数，本书便根据磁芯手册中提供的磁导率拟合函数对电感进行线性拟合。这种拟合的误差可以接受，在后续的实验中也可以验证这种拟合的准确性。具体的拟合函数如下：

$$u = a + bH + cH^2 + dH^3 + eH^4 \tag{5.53}$$

式中，u 为磁粉芯的磁导率；H 为磁场强度；a、b、c、d、e 为常数，在本实验平台中，$a = 1$，$b = -4.445\text{e-}3$，$c = -8.762\text{e-}5$，$d = 9.446\text{e-}7$，$e = 2.616\text{e-}9$。由于输出电流中，基波电流是主要部分，谐波电流对电感值的变化影响可以忽略。因此根据式(5.53)，可以变换得到电感的线性拟合表达式为

$$\begin{aligned} L(\omega t) = L_{\max}(a + bm_{ei}\left|I_m \sin\omega t\right| + cm_{ei}^{\ 2}\left|I_m \sin\omega t\right|^2 \\ + dm_{ei}^{\ 3}\left|I_m \sin\omega t\right|^3 + em_{ei}^{\ 4}\left|I_m \sin\omega t\right|^4) \end{aligned} \tag{5.54}$$

式中，L_{max} 为静态电感值，代表电流为零时，电感的最大感值；m_{ei} 为常量，等于电感匝数 N 与磁路长度 l_e 的比值。在式中，只考虑了基波电流 $I_m\sin\omega t$ 所激励出的磁场强度。

显然，式(5.54)是一个关于电流的高次函数，非常复杂，给系统分析和控制器设计带来困难。这里借鉴了傅里叶级数，综合式(5.52)和式(5.54)，可以得到电感的模型为

$$L(\omega t)=L_0+\sum_{n=1}^{\infty}L_{2n}\cos 2n\omega t \tag{5.55}$$

式中，右边的各项系数为

$$\begin{aligned}
L_0&=L_{max}\left(a+\frac{2}{\pi}bm_{ei}I_m+\frac{1}{2}cm_{ei}{}^2I_m{}^2+\frac{4}{3\pi}dm_{ei}{}^3I_m{}^3+\frac{3}{8}em_{ei}{}^4I_m{}^4\right)\\
L_2&=L_{max}\left(-\frac{4}{3\pi}bm_{ei}I_m-\frac{1}{2}cm_{ei}{}^2I_m{}^2-\frac{8}{5\pi}dm_{ei}{}^3I_m{}^3-\frac{1}{2}em_{ei}{}^4I_m{}^4\right)\\
L_4&=L_{max}\left(-\frac{4}{15\pi}bm_{ei}I_m+\frac{8}{35\pi}dm_{ei}{}^3I_m{}^3+\frac{1}{8}em_{ei}{}^4I_m{}^4\right)\\
L_{2n}&=L_{max}\left(\begin{aligned}&-\frac{4}{(2n-1)(2n+1)\pi}bm_{ei}I_m\\&+\frac{24dm_{ei}{}^3I_m{}^3}{(2n-3)(2n-1)(2n+1)(2n+3)\pi}\end{aligned}\right),\quad n>2
\end{aligned} \tag{5.56}$$

式(5.55)中，高次的电感模型被分解成两个部分，其中包含电感值的平均值 L_0 和其他展开项 $L_{2n}\cos 2n\omega t$。为了描述方便，这里约定将电感的平均值 L_0 称为等效电感，将其他展开项 $L_{2n}\cos 2n\omega t$ 称为电感的波动量。

为了分析磁粉芯电感对变流器谐波特性的影响，先分析三相电感在任意次谐波电流作用下的电感电压。考虑三相电流的表达式如下：

$$\begin{cases}
i_a=I_m\sin(m\omega t)\\
i_b=I_m\sin\left(m\omega t-\dfrac{2\pi}{3}\right)\\
i_c=I_m\sin\left(m\omega t+\dfrac{2\pi}{3}\right)
\end{cases} \tag{5.57}$$

可以得到三相电感的电压表达式如下：

$$\begin{cases} U_{L_a} = L_a \dfrac{\mathrm{d}i_a}{\mathrm{d}t} = m\omega L_0 I_m \cos(m\omega t) + \dfrac{m\omega I_m}{2}\sum\limits_{n=1}^{\infty} L_{2n}\left[\cos(2n+m)\omega t + \cos(2n-m)\omega t\right] \\ U_{L_b} = L_b \dfrac{\mathrm{d}i_b}{\mathrm{d}t} = m\omega L_0 I_m \cos\left(m\omega t - \dfrac{2\pi}{3}\right) \\ +\dfrac{m\omega I_m}{2}\sum\limits_{n=1}^{\infty} L_{2n}\left\{\cos\left[(2n+m)\omega t + (-2n-1)\dfrac{2\pi}{3}\right] + \cos\left[(2n-m)\omega t + (-2n+1)\dfrac{2\pi}{3}\right]\right\} \\ U_{L_c} = L_c \dfrac{\mathrm{d}i_c}{\mathrm{d}t} = m\omega L_0 I_m \cos\left(m\omega t + \dfrac{2\pi}{3}\right) \\ +\dfrac{m\omega I_m}{2}\sum\limits_{n=1}^{\infty} L_{2n}\left\{\cos\left[(2n+m)\omega t + (2n+1)\dfrac{2\pi}{3}\right] + \cos\left[(2n-m)\omega t + (2n-1)\dfrac{2\pi}{3}\right]\right\} \end{cases} \tag{5.58}$$

式中，U_{L_a}、U_{L_b}、U_{L_c} 分别为 A、B、C 三相电感两端的电压。

根据式(5.58)，在等效电感 L_0 的作用下，m 次的谐波电流在电感两端参数 m 次的谐波电压，并且电压的大小为电流的 $m\omega L_0$ 倍，这与常规的电感作用效果一致，也就是说，电感的平均值可以等效为正常电感的感值。与之相反，在电感的波动量 $L_{2n}\cos 2n\omega t$ 的作用下，m 次谐波电流会在电感两端激励出 $(2n+m)$ 和 $(2n-m)$ 次的谐波电压，这是磁粉芯电感和常规电感的重要区别之一。在一个正常工作的三相变流器中，基波占主要成分，根据式(5.58)，基波电流会在电感两端激励出 $(2n-1)$ 次和 $(2n+1)$ 次的谐波电压，而三相之间存在相位差，$(2n+1)$ 次的谐波将会进一步地将相位差放大形成 $(6n+1)$ 次的谐波。将 A、B、C 三相的基波电流产生的电感两端电压罗列在表 5.3 中。

表 5.3 基波电流作用下的电感电压谐波的相位关系

	A 相	B 相	C 相	次数	相序
$n=3k$	$\cos[(6k+1)\omega t]$	$\cos[(6k+1)\omega t+(-6k-1)\times 2\pi/3]$	$\cos[(6k+1)\omega t+(6k+1)\times 2\pi/3]$	$6k+1$	正序
	$\cos[(6k-1)\omega t]$	$\cos[(6k-1)\omega t+(-6k+1)\times 2\pi/3]$	$\cos[(6k-1)\omega t+(6k-1)\times 2\pi/3]$	$6k-1$	负序
$n=3k+1$	$\cos[(6k+3)\omega t]$	$\cos[(6k+3)\omega t+(-6k-3)\times 2\pi/3]$	$\cos[(6k+3)\omega t+(6k+3)\times 2\pi/3]$	$6k+3$	零序
	$\cos[(6k+1)\omega t]$	$\cos[(6k+1)\omega t+(-6k-1)\times 2\pi/3]$	$\cos[(6k+1)\omega t+(6k+1)\times 2\pi/3]$	$6k+1$	正序
$n=3k-1$	$\cos[(6k-1)\omega t]$	$\cos[(6k-1)\omega t+(-6k+1)\times 2\pi/3]$	$\cos[(6k-1)\omega t+(6k-1)\times 2\pi/3]$	$6k-1$	负序
	$\cos[(6k-3)\omega t]$	$\cos[(6k-3)\omega t+(-6k+3)\times 2\pi/3]$	$\cos[(6k-3)\omega t+(6k-3)\times 2\pi/3]$	$6k-3$	零序

根据表 5.3，基波电流在磁粉芯电感波动量的作用下，产生的电压包含了 3、5、7、9 等奇数次谐波。其中，$(6k+1)$ 次谐波为正序谐波，$(6k-1)$ 次谐波为负序谐波，$(6k-3)$ 次谐波为零序谐波。与变流器死区效应及电网非理想等因素引起的谐波不同，这种磁粉芯软饱和特性引起的谐波含量更大，若仅采用常规的 PI 控制器，变流器的波形会出现明显的畸变，其中 5、7、11 次谐波为主要谐波。

3. 考虑电感软饱和特性的补偿控制策略

考虑磁粉芯电感的软饱和特性，电感值会随着电流的大小发生变化，导致控制器的带宽受影响，这样变流器的性能也会受到影响。若以整个电感作为对象考察，由于电感值在时刻变化，这样变流器的带宽非常难以确定，所以需要借助前文建立的电感模型。

根据式(5.58)，只有等效电感(电感的平均值)的作用下，相同频率的电流才会产生相同频率的电压，而电感的波动量的作用下，m 次的电流产生的是$(2n+m)$和$(2n-m)$次的电压。在线性控制器设计中，输入信号与输出信号的幅值与相位可能发生变化，但是频率是保持一致的。根据这个特性，等效电感是决定控制器频率的电感量，而电感的波动量的作用效果是引入谐波。根据上述推导，可以将变流器的等效控制框图绘制出，如图 5.63 所示。在等效控制框图中，输入电流 I_a 通过电感的波动量后，会产生各个频率的谐波，每个频率的谐波含量均可通过式(5.58)计算得到，但是谐波含量不会改变控制器的带宽，但是会影响变流器的输出稳态时的波形质量。

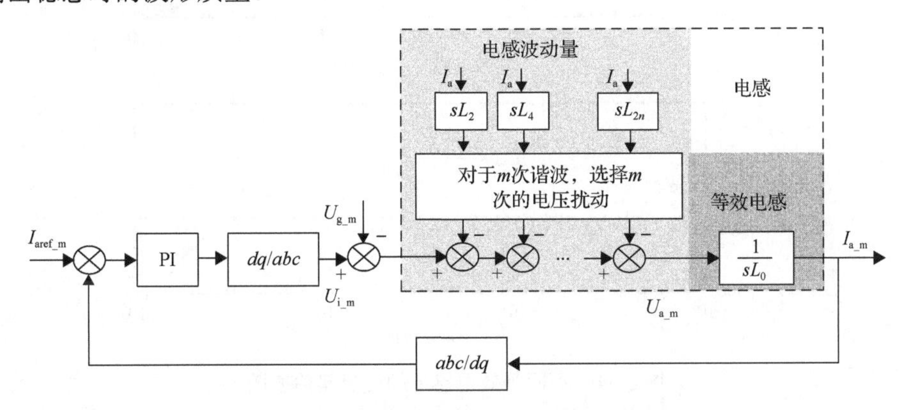

图 5.63　采用磁粉芯滤波电感的变流器等效控制框图

显然等效电感是分析磁粉芯材质电感对变流器带宽影响的关键。这里重新将等效电感的函数列写如下：

$$\begin{cases} L_0 = L_{\max} f(I_\text{m}) \\ f(I_\text{m}) = a + \dfrac{2}{\pi} b m_\text{ei} I_\text{m} + \dfrac{1}{2} c {m_\text{ei}}^2 {I_\text{m}}^2 + \dfrac{4}{3\pi} d {m_\text{ei}}^3 {I_\text{m}}^3 + \dfrac{3}{8} e {m_\text{ei}}^4 {I_\text{m}}^4 \end{cases} \tag{5.59}$$

式中，$f(I_\text{m})$是电感关于电流幅值变化的函数，注意 a、b、c、d、e、m_ei 均为常量，因此等效电感只受电流的幅值而变化。通过等效电感，原本随着电流时刻变化的感值被一个仅受电流幅值而变化的感值取代，这样对于一个确定的输出功率，变流器的带宽也能确定下来。但是需要注意的是，控制器的带宽与常规的设计结果不同，其带宽并非恒定不变的。当输出功率较小时，电流的幅值比较小，相应的等效电感比较大，控制器的带宽会比较小；而当输出功率较大时，电流的幅值比较大，相应的等效电感比较小，控制器的带宽会比较大。变流器在不同输出功率(电流幅值不同)下，即 $f(I_{\mathrm{m}})$ 不同时的伯德图如图 5.64 所示。该控制器建立在 dq 旋转坐标下，由 PI 控制器和一个 6 次谐振(R)控制器及一个 12 次的 PR 控制器并联组成。由图 5.64 可知，当等效电感较大时，控制器的带宽非常接近 PR 控制的谐振频率，这会导致该处附近的相位角非常接近–180°，其稳态波形中会出现非常明显的谐波。相反，当等效电感较小时，控制器的带宽增大，其动态特性增强，但是若带宽过大，控制器的相位裕度会受数字控制延时的影响而迅速降低，甚至会变得不稳定。

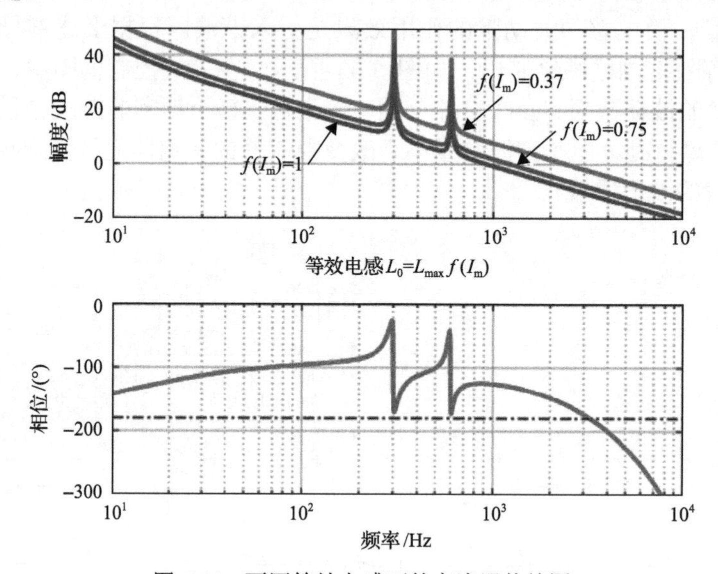

图 5.64 不同等效电感下的变流器伯德图

对于多相交错并联变流器而言，若采用磁粉芯材质的滤波器，就会面临谐波特性受影响及动态和稳态特性受影响的问题，因此有必要采取对应的补偿控制策略来解决这些问题。由于磁粉芯电感的软饱和特性，会给变流器引入$(6k+1)$次的正序谐波和$(6k-1)$次的负序谐波，而这些谐波当中，随着频率的增高，谐波含量会降低，所以变流器的输出波形中最主要的谐波还是 5、7、11、13 次谐波。在 dq 旋转坐标系下，这些谐波会转换成为 6 次及 12 次谐波，因此可以采用 PI 控制器与 6 次谐振控制及 12 次谐振控制器并联的控制器结构，来改善变流器的输出电流波形质量，其控制框图如图 5.65 所示。

由于磁粉芯电感的等效电感值会随着输出电流的幅值而变化，最终会影响控制器的带宽，所以在控制器设计时，需要格外注意选择合适的控制带宽。如图 5.66(a)所示设计的控制器，在变流器额定功率运行时，等效电感为 0.5mH，控

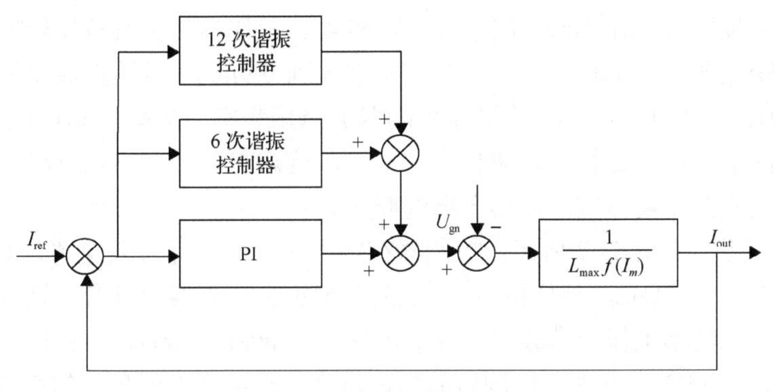

图 5.65　变流器控制框图

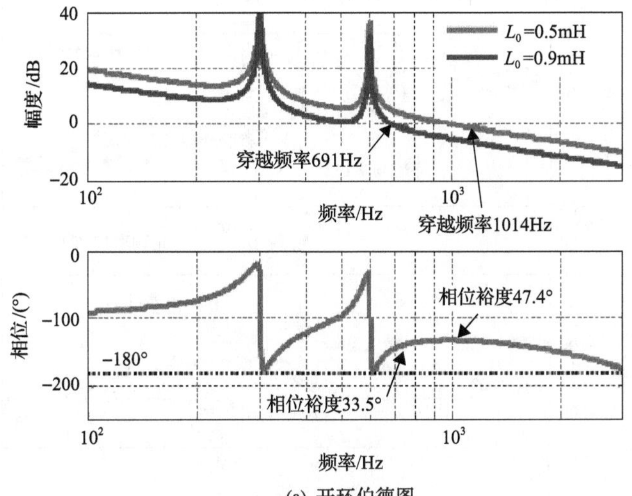

(a) 开环伯德图

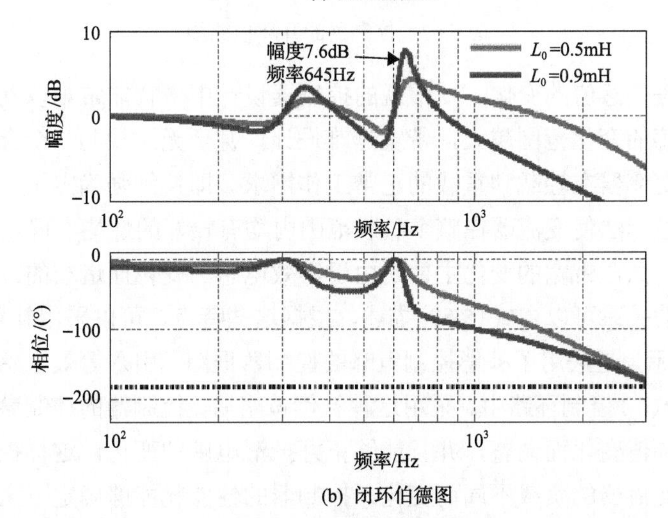

(b) 闭环伯德图

图 5.66　控制器的伯德图

制器的穿越频率为 1014Hz，相位裕度为 47.4°，控制器应当具有比较好的性能。但是，当变流器工作于轻载时，等效电感增大到 0.9mH，导致控制器的穿越频率降低到 691Hz，非常接近 12 次谐振控制器的谐振频率。从图 5.66(b) 中可以看到闭环伯德图中出现了谐振峰，幅值有 7.6dB，这意味着，在该频率附近的谐波会被放大，变流器的输出电流波形会出现畸变。

另一方面，如图 5.67 所示，控制器在输出轻载时，即等效电感为 0.9mH 时，其穿越频率为 1521Hz，相位裕度为 45.5°，理论上变流器会具有比较好的性能表现。但是当变流器工作于满载时，等效电感值降低到 0.5mH，致使控制器的穿越频率增大到 2735Hz。此时，控制器的相位裕度由于数字控制延时的影响，已经降低到 14.3°，系统的稳定性很差，无法正常工作。

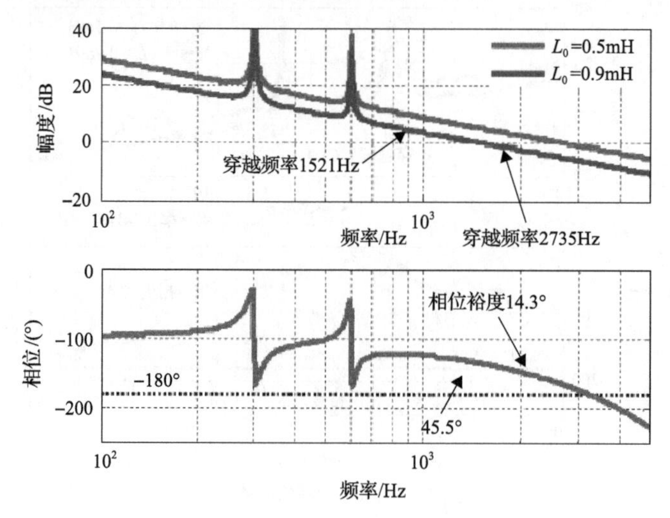

图 5.67　控制器的开环伯德图

磁粉芯等效感值的变化，使常规的控制器设计中带宽非常难以确定，而且磁粉芯等效电感的变化范围越大，带宽越难设计，甚至无法找到一个合适的带宽能够同时满足变流器在轻载和重载的正常工作需求。即使勉强确定了一个可用的带宽，也会往往无法使变流器在整个负载范围内均有较好的性能表现。

注意到一点，带宽的变化主要是由于等效电感的变化而造成的，而等效电感随电流变化的关系可以由式(5.59)描述，根据这些特点，可以采用补偿控制策略。如图 5.68 所示，是采用了补偿控制策略的控制器框图，引入等效电感随电流幅值的变化函数 $f(I_{\mathrm{m}})$ 控制环路中。采用这种补偿策略后，控制器的控制参数也会随着输出电流的幅值变化而调整，并且能够正好抵消电感的变化，这样控制器的带宽就不再随着变流器的负载不同而变化，控制器的性能就能够确定下来，这种补偿设置也方便了整个控制器的设计。

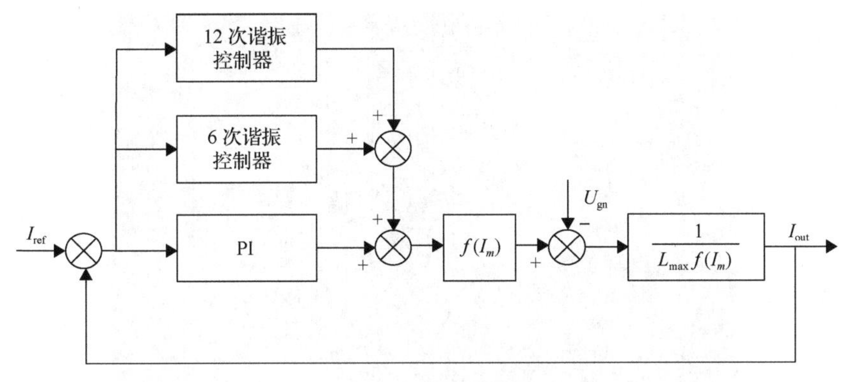

图 5.68　补偿控制器框图

4. 实验验证

上文的分析结果不仅适用于多相交错并联变流器，也同样适用于其他采用了磁粉芯电感的变流器，因此，这里在一台 TMS320F28335 控制的三相变流器台架上进行实验验证。系统参数如表 5.4 所示，实验平台如图 5.69 所示，电路图如图 5.70 所示。

1) 磁粉芯软饱和特性验证

验证磁粉芯电感的软饱和特性，设计采用图 5.71 所示的电路。该电路由电阻、磁粉芯电感直接串联到电网中，由于电阻远大于感抗，所以电流基本上为纯正弦电流。测试磁粉芯电感的两端电压波形，若电感值恒定，则电压波形应当为正弦波，若电感值随电流变化，则电压波形会畸变。

表 5.4　系统参数

符号	参数	值
L	电感	0.4～1.06mH
f_s	开关频率	20kHz
f_o	基波频率	50Hz
U_{dc}	直流母线	400V
f_{ctrl}	控制频率	20kHz
T_{delay}	等效控制延时	$1.5T$
U_g	相电压幅值	127V
P	额定功率	6.6kW
n	变压器变比	380∶220
r	等效阻抗	0.2
R	负载电阻	24

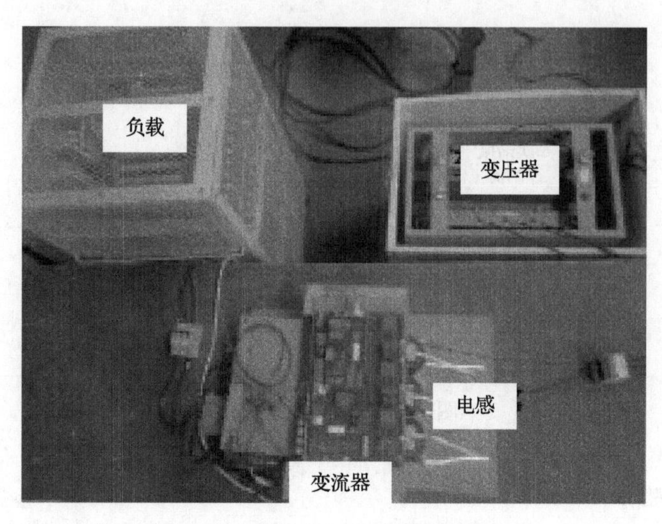

图 5.69　磁粉芯特性验证实验平台

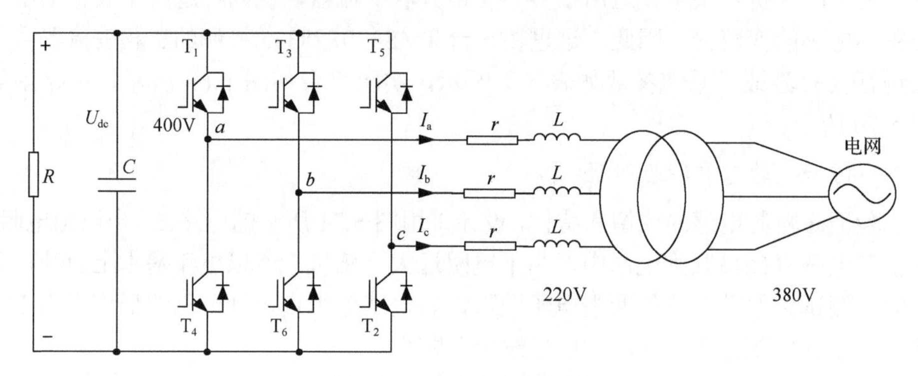

图 5.70　实验台架电路图

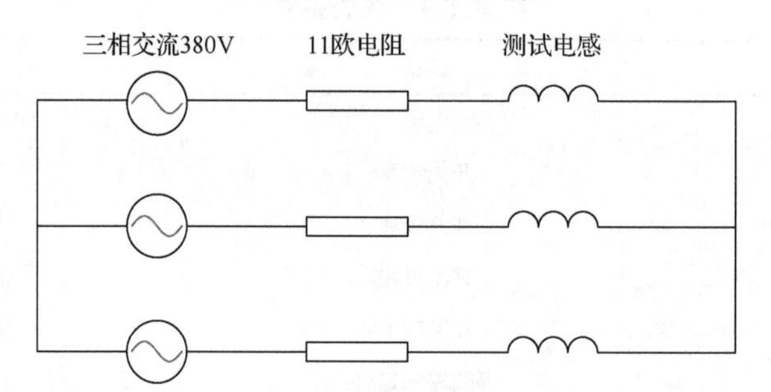

图 5.71　软饱和特性测试电路

实验结果如图 5.72 所示，图中，电感电压出现畸变，而非正弦波形。另外根据厂商提供的通用磁导率拟合函数所建立的模型，也可以计算出理论的电压波形。两者对照，可以验证磁粉芯的软饱和特性，也证明了拟合方法的准确性。

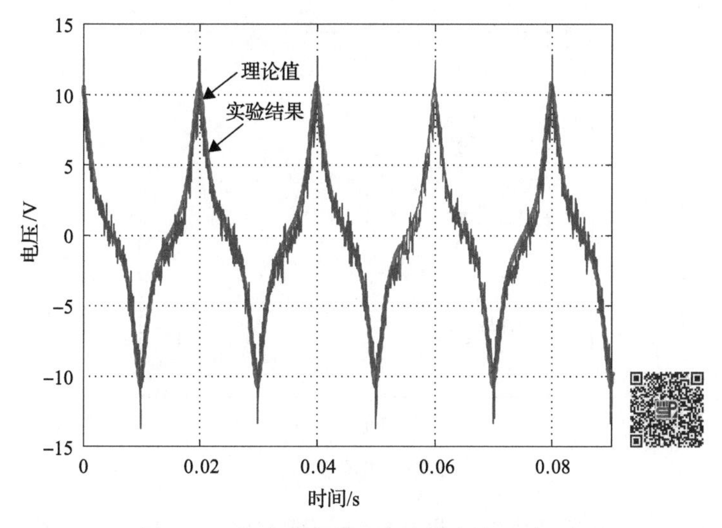

图 5.72　电感两端电压波形(彩图扫二维码)

2)磁粉芯电感对电流纹波的影响验证

在上文的分析中，磁粉芯电感会影响输出电流纹波。在图 5.61 中绘制出了电流纹波关于电流角度的曲线，这里通过实验验证纹波分析结果的准确性。如图 5.73 所示，为在电流过零点，电流峰值处，以及纹波最小时的电流波形。在电流过零点，纹波的理论值为 2.9A，实测为 2.6A；在电流峰值处，理论值为 4.5A，实测为 3.9A；最小纹波理论为 1.7A，实测为 1.8A。可以看到，估算的结果非常接近实验结果。其中的误差可能由以下原因造成：①电感系数存在容差，比如美磁的磁粉芯有 8%的电感系数容差；②电流尖刺的存在导致的测量误差；③测试在弱网下进行，电网感抗也会影响测量结果。

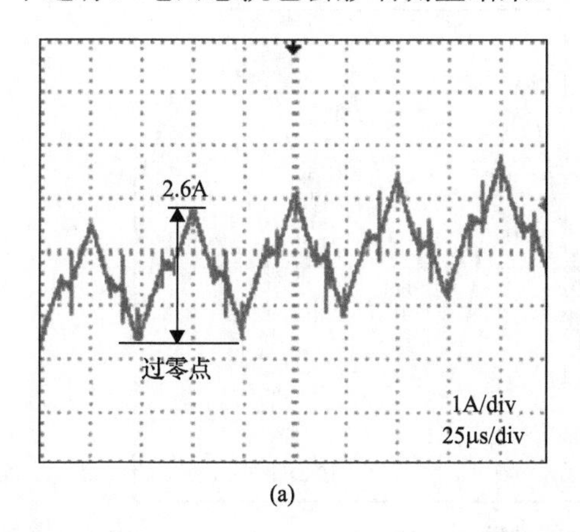

(a)

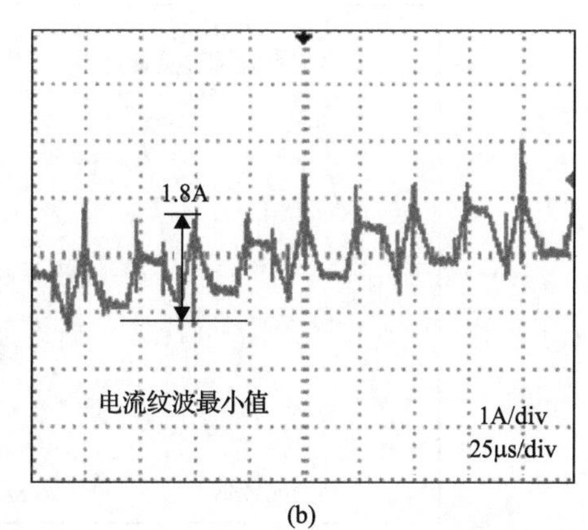

(b)

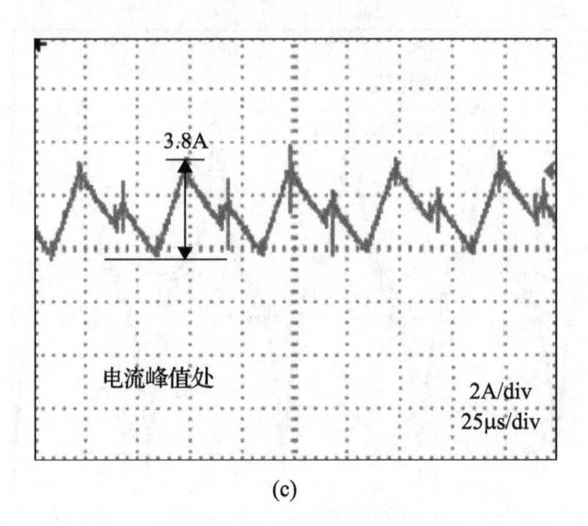

(c)

图 5.73　电流纹波波形

首先验证等效电感的影响，设计让变流器在轻载下工作。如图 5.66 所示的控制器，只采用 PIR 控制器而不做等效电感补偿。当变流器输出功率为 1.67kW，即负载较小时，带宽非常靠近 12 次谐振控制器的谐振频率，则理论上变流器的波形会畸变。实验结果如图 5.74 所示，可以看到电流波形出现明显的畸变，根据 THD 分析结果，主要谐波为 11 次和 13 次谐波，正好在谐振频率附近，与理论分析结果相符。

设计让变流器在重载下工作，其控制器采用 PIR 控制器，为验证效果，将 PI 参数增大到 1.5 倍，伯德图如图 5.67 所示。理论上变流器在重载时，带宽增大，相位裕度严重不足，稳定性非常差。实验结果如图 5.75 所示，在投入负载后，变流器在很短的时间内，波形开始发散，最后触发过流保护。

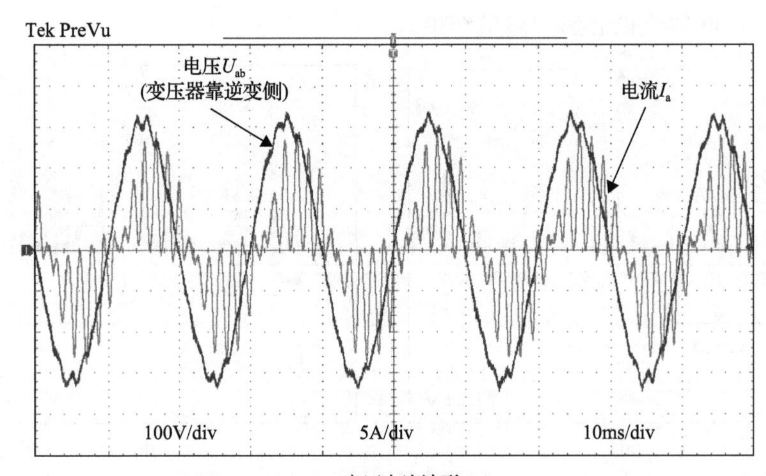

(a) 电压电流波形

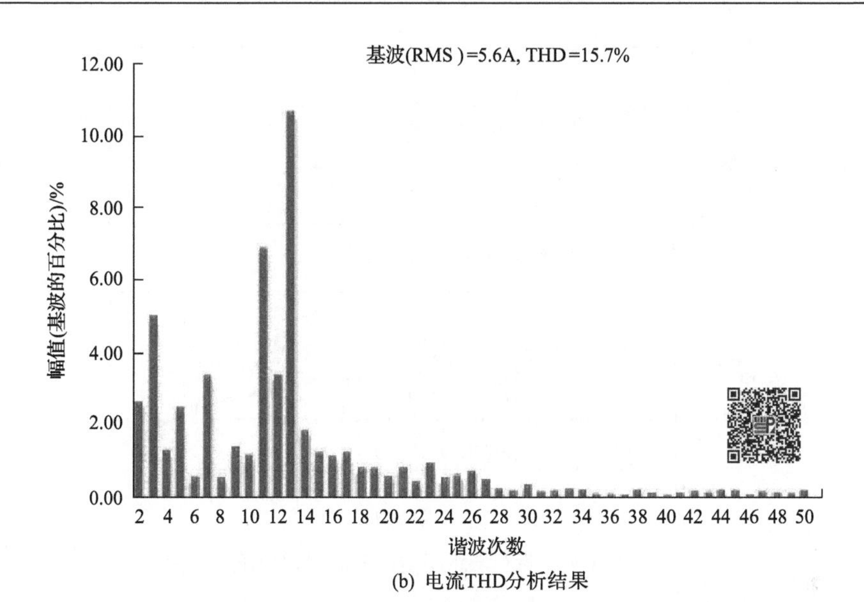

(b) 电流THD分析结果

图 5.74　输出功率 1.67kW 时的电流波形(彩图扫二维码)

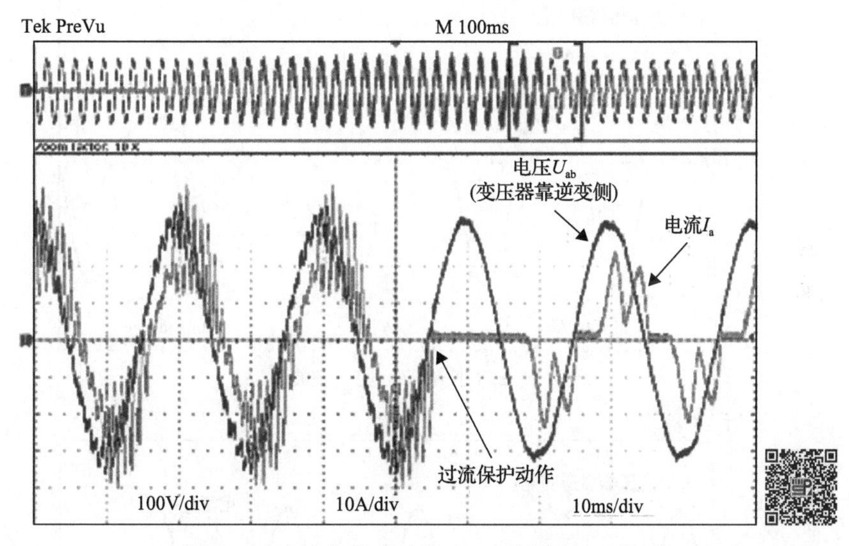

图 5.75　变流器输出功率 6.6kW(彩图扫二维码)

理论上加入补偿控制器带宽不再受电感变化的影响，设计控制器的开环伯德图如图 5.76 所示，设计控制器的穿越频率 1100Hz，相位裕度 53°。

为了验证电感的波动量对变流器输出电流波形质量的影响，设计对照实验，控制器均采用补偿策略，等效电感对带宽的影响被抵消。设计一组采用 PI 控制器，另一组采用 PIR 控制，其实验结果如图 5.77～图 5.79 和所示。根据实验结果，当仅采用 PI 控制器时，输出电流波形发生畸变，其主要谐波为 5、7、13 次谐波。

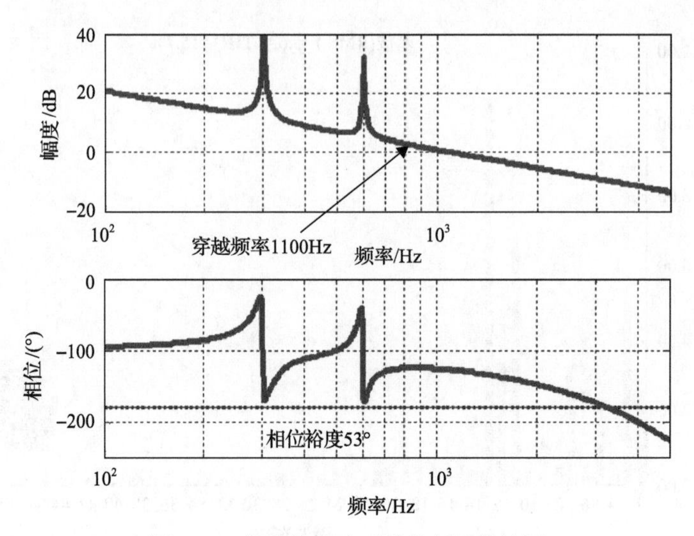

图 5.76　带补偿策略后的控制器伯德图

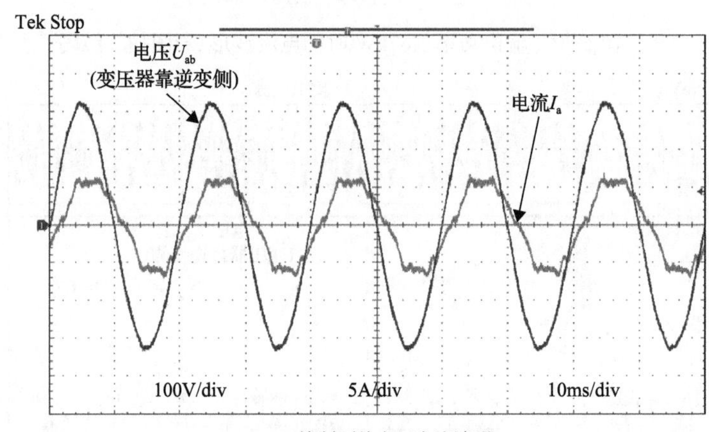

(a) PI控制下的电压电流波形

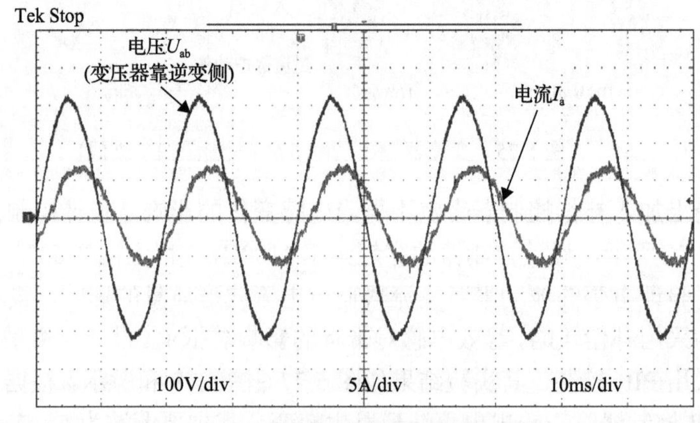

(b) PIR控制器下的电压电流波形

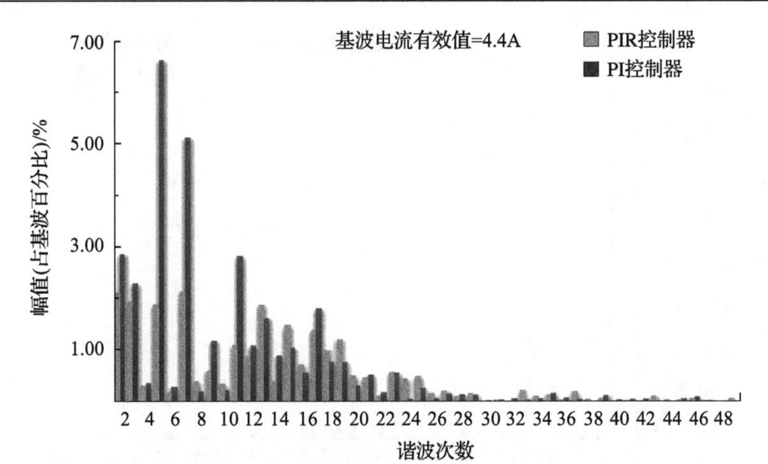

(c) 两种控制器下的电流THD分析结果

图 5.77　变流器轻载下的实验结果

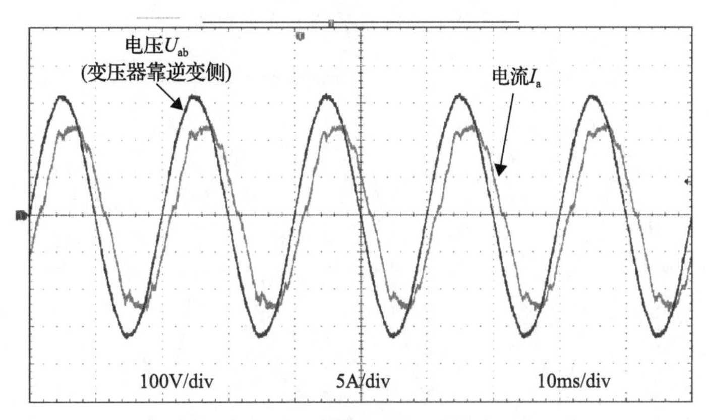

(a) PI控制下的电压电流波形

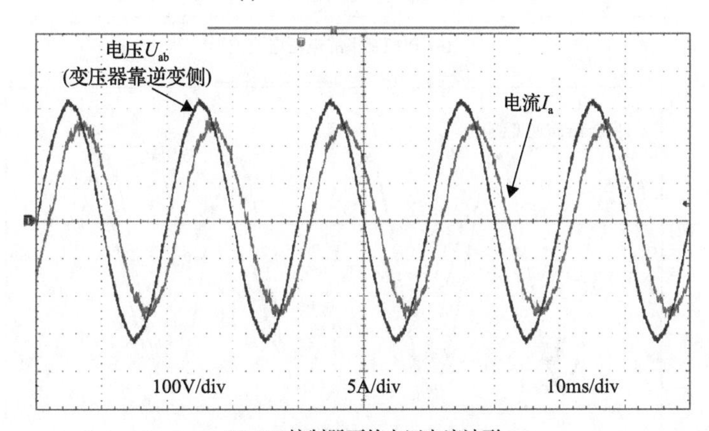

(b) PIR控制器下的电压电流波形

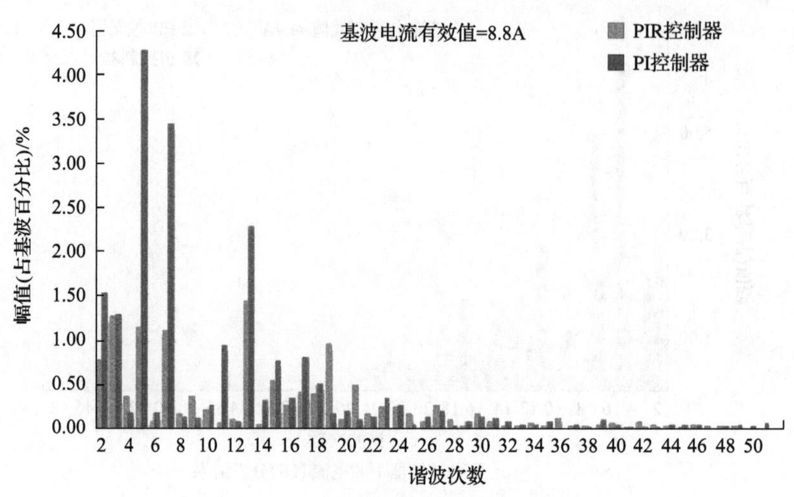

(c) 两种控制器下的电流THD分析结果

图 5.78　变流器半载下的实验结果

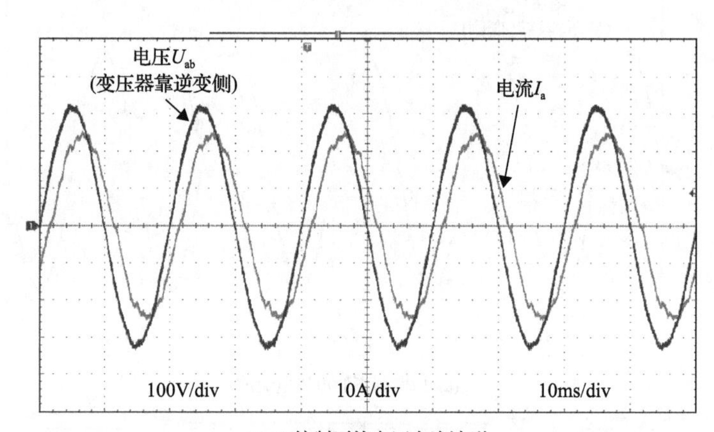

(a) PI控制下的电压电流波形

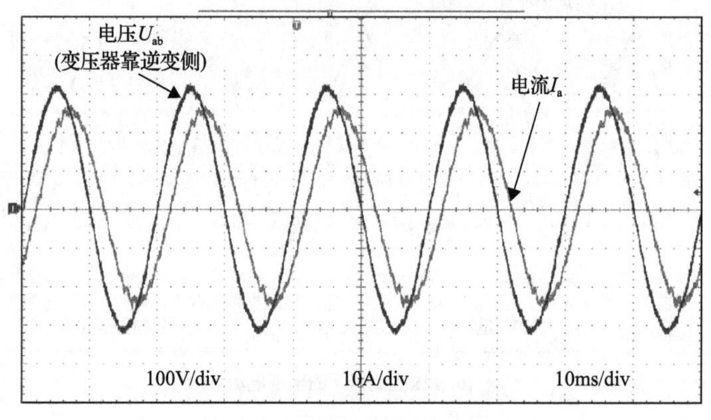

(b) PIR控制器下的电压电流波形

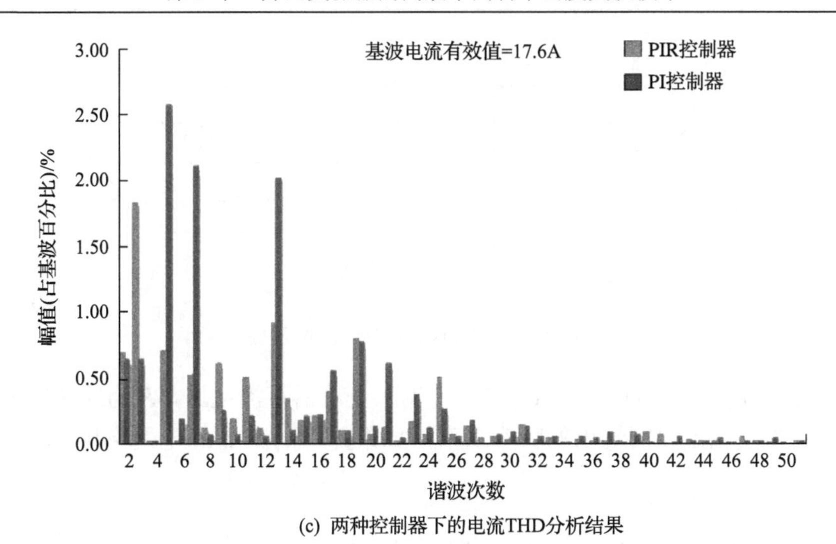

(c) 两种控制器下的电流THD分析结果

图 5.79　变流器满载下的实验结果

采用 PIR 控制器后，电流波形质量提升，轻载时，THD 由 10.3%下降到 5.7%；半载时，THD 由 6.5%下降到 3.1%；满载时，电流 THD 由 4.2%下降到 2.7%。这个实验验证了传统 PI 控制器无法有效抑制电感软饱和特性引入的谐波，通过设计的新的控制方法能够改善波形质量。

5.5　高功率密度并网变流器电容元件优化及其控制技术

为了减小纹波功率带来的负面影响及实现高功率密度优化设计，本节将从减小无源元件容量以及开关管数量的角度出发，研究几种并网变流器直流侧低频纹波的抑制措施。

5.5.1　单相并网变流器直流侧低频纹波分析

1. 单相并网变流器低频纹波分析

如图 5.80 所示，在并网变流器中，直流端的电解电容 C_{dc} 对输入直流模块和电网间的功率解耦，在稳定工作时直流侧输入功率基本不变，而变流器输出瞬时功率却时刻在变。为了能将输入平稳的直流功率转化为并网所需的交流功率，直流功率和交流功率的转化需要一个耦合环节，这就要求在变流器中设置一个较大的储能装置，以实现二者之间的解耦，C_{dc} 便起到这个作用，以下以单相并网变流器为例对直流母线的低频纹波展开分析。

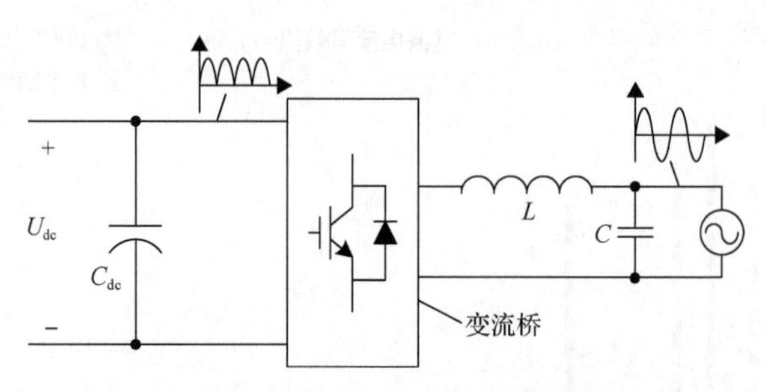

图 5.80 变流模块低频纹波的形成

设 ΔU 为直流电压的变化值，U_{dc} 为输入变流器直流电压，P 为前级输入平均功率，P 为变流器并网输出的瞬时功率，如果并网电流 i_0 和电网电压 u_{net} 同频同相，则

$$P = u_{\text{net}} \times i_0 = \sqrt{2}U_{\text{net}} \cos \omega t \times \sqrt{2}I_0 \cos \omega t = U_{\text{net}} I_0 (1 - \cos 2\omega t) \tag{5.60}$$

$$\overline{P} = U_{\text{net}} \cdot I_0 \tag{5.61}$$

并网功率中的交流成分为 $\tilde{P} = U_{\text{net}} \cdot I_0 \cos 2\omega t$ ，该角频率为 2ω 的交流成分将使得电压 U_{dc} 产生波动 ΔU，由电路结构可以列出方程式为

$$C_{\text{dc}} \frac{\mathrm{d}U_{\text{dc}}}{\mathrm{d}t} = \frac{\tilde{P}}{U_{\text{dc}}} \tag{5.62}$$

波动电压可以由下面的方程来表示：

$$\Delta U = \frac{1}{C_{\text{dc}}} \int \frac{\tilde{P}}{U_{\text{dc}}} \mathrm{d}t = \frac{U_{\text{net}} I_{\text{o}}}{2\omega C_{\text{dc}} U_{\text{dc}}} \cdot \sin 2\omega t = \frac{\overline{P}}{2\omega C_{\text{dc}} U_{\text{dc}}} \cdot \sin 2\omega t \tag{5.63}$$

由式(5.63)可以看出，由于单相变流器直流母线必定存在二次脉动，且电容取值越大，直流侧电压波动越小，所以，为了减小直流母线二次脉动，需要增加直流母线电容容值。同理，流入集中变流模块的电流为两倍于电网电压或输出电压频率的直流正弦半波电流，其形成可以理解为变流桥的反向整流效应。由于电解电容容量有限，依然有大量低频纹波电流通过直流母线传输直流输入模块中。

2. 低频纹波抑制方法

在包含大容量储能电容的并网系统中，根据上一节的分析，由于功率守恒，变流器在交流电网中产生的瞬时纹波功率会通过变流器传递到直流侧，从而带来多方面的问题。首先，纹波功率在直流侧产生纹波电压和纹波电流，在例如光伏储能系统中影响最大功率跟踪；其次，直流侧的纹波电压也会影响并网变流器的输出功率的调控，在并网变流器的交流输出侧引入谐波电流，恶化变流器的并网电能质量；再次，纹波功率所产生的纹波电压会干扰直流侧的电压控制。

针对上述问题，目前主要解决的方法有三种：①通过增加大容量无源器件的功率解耦方法能够一定程度上带来改善，但系统体积和成本的增加不利于高功率密度的实现，且常规的电解电容在高温下的寿命只有 3000h，这大大制约了设备的使用寿命。②采用变流器本身的特点，并结合改进的控制策略，实现解耦功率的功能[61-71]。③用有源滤波装置补偿纹波功率，达到功率解耦的目的[72-77]。

在上述几种方法中，最简单的方法就是在直流电源及子模块 H 桥之间加入一个无源滤波网络，即低通滤波器或谐振频率位于二倍频的谐振电路，以削弱流入直流电源的低频纹波电流。

此外，在 H 桥与直流电源之间引入一级如图 5.81 所示的 DC/DC 变换器[68, 69]，这样每个子模块相当于一个两级式单相变流电路，通过合理的控制策略迫使直流母线电容承担几乎所有的二倍频脉动功率 P_{2nd}，减小输入电流纹波，保证只有恒定功率 P_{dc} 流向直流电源。此类方法的输入电流纹波抑制效果显著，同时也避免了大量无源滤波器的引入。

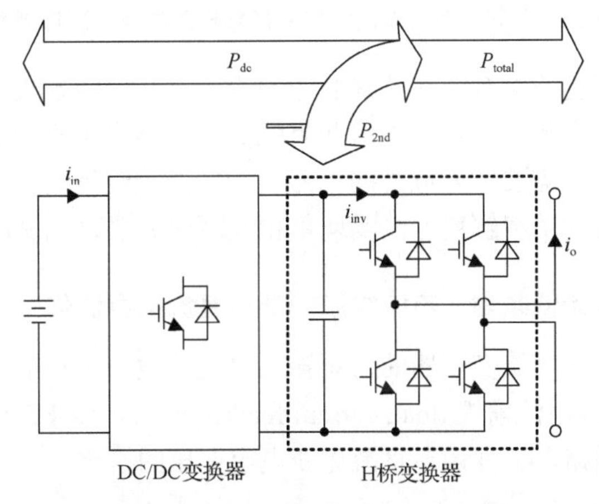

图 5.81　基于引入前级 DC/DC 变换器的低频输入纹波电流抑制方法

有源功率解耦方案是通过加入直流有源滤波器来补偿低频纹波功率，保持流经直流电网的电流恒定，从而减小直流侧的电压纹波。适用于直流有源滤波器的拓扑较多，比如全桥变流拓扑、Buck-Boost 电路、Boost 变换器等。根据直流侧有源滤波器的具体接入方式，此类方法可具体分为两种形式：①图 5.82(a)所示为基于并联型直流侧有源滤波器的低频输入纹波抑制方法[76]，直流侧有源滤波器的输出并联接入 H 桥的直流端口，控制直流侧有源滤波器的输出电流以抵消掉 H 桥直流侧电流中的低频纹波，从而保证直流电源仅输出恒定的直流电流；②图 5.82(b)

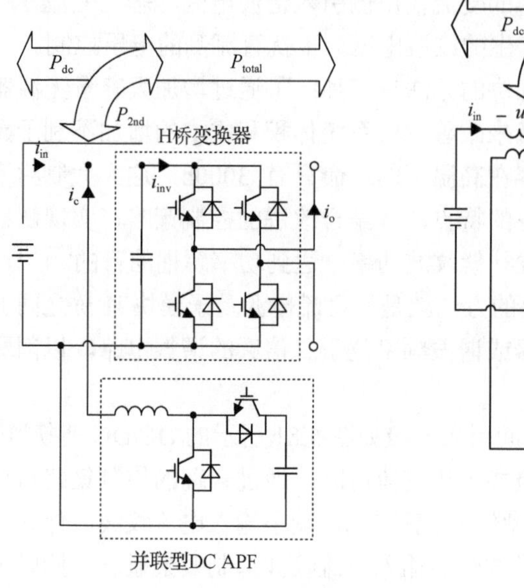

(a) 并联型直流侧有源滤波器接入方式

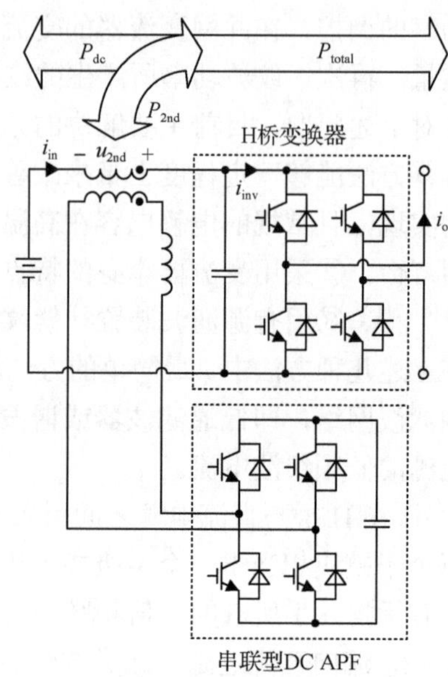

(b) 串联型直流侧有源滤波器接入方式

图 5.82　基于直流有源滤波器的低频输入纹波电流抑制方法

所示为基于串联型直流侧有源滤波器的低频输入纹波抑制方法[77]。与基于变流器本身的功率解耦方案相比，加入直流侧有源滤波器的方案不受具体变流器拓扑的限制，通用性高，但需要加入额外的电路和相应的控制策略。下面将介绍在不同场合下、运用不同的功率解耦方法实现单相并网变流器直流侧低频纹波的抑制。

5.5.2　两级式变流器低频输入电流纹波抑制与直流电容优化

为抑制两级式子模块变流器的低频输入电流纹波，本小节提出了一种基于前级 DC/DC 环节负载电流前馈(load current feed-forward，LCFF)的控制策略。该策略通过引入前馈回路，合理调节直流母线电容电压的给定。

1. 基于负载前馈的低频输入纹波抑制策略

如图 5.83 所示为前级 Buck 型 DC/DC 环节的常规电压模式单环控制策略示意图，其中，L 和 R_L 为直流滤波电感及其等效串联电阻(equivalent series resistor，ESR)；C_{bus} 及 R_C 为中间直流母线电容及其 ESR；L_f 和 C_f 构成交流输出滤波器；Z_{load} 表示交流输出负载；G_v 表示电压环控制器，采样开关、一拍滞后及 ZOH 可整体等效为一个 1.5 拍的延迟环节 $G_d(s)$。

如图 5.84 所示为常规电压模式控制下的前级 DC/DC 环节的小信号模型。带载运行时，DC/DC 环节的负载电流 $\hat{i}_{inv}$ 会含有大量的二次和高频谐波。显然，二

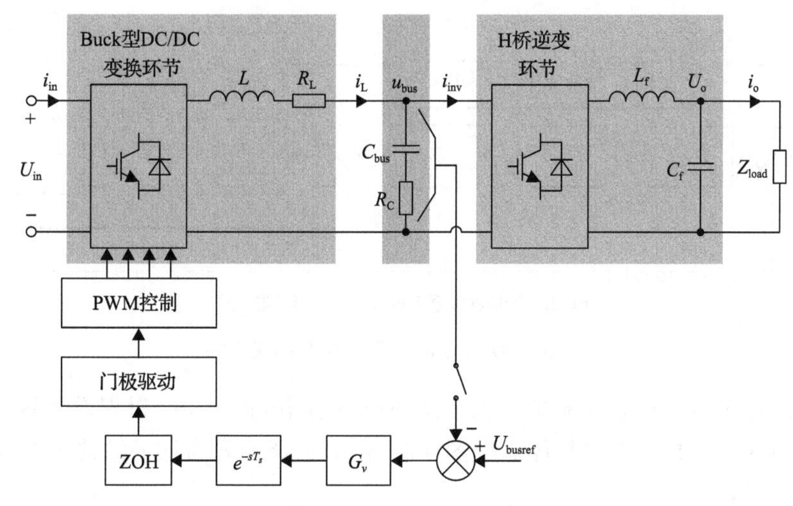

图 5.83　前级 Buck 型 DC/DC 环节的常规电压模式单环控制框图

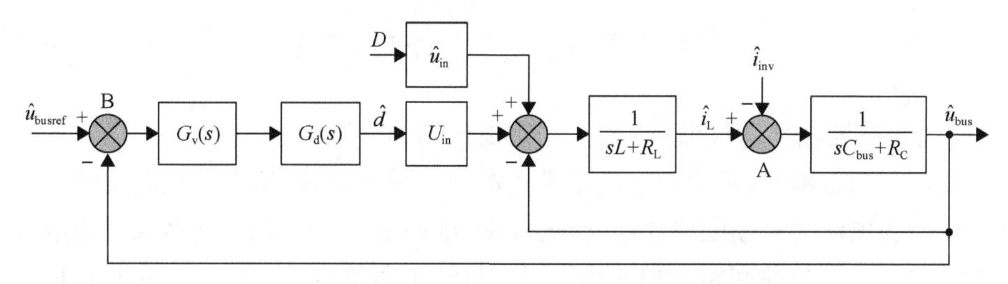

图 5.84　前级 Buck 型 DC/DC 环节的小信号模型

次谐波成分会由 $\hat{i}_{inv}$ 从 A 点引入，并进一步出现在电感电流 $\hat{i}_L$ 及输入电流 $\hat{i}_{in}$。

消除 $\hat{i}_{inv}$ 扰动作用的最直接有效的方法就是在相应位置(即 A 点)引入一个大小相同、符号相反的成分(即 $-\hat{i}_{inv}$)，来抵消掉原有 $\hat{i}_{inv}$ 的影响。通过框图等效变换，将 $-\hat{i}_{inv}$ 的馈入点从 $1/(sL+R_L)$ 的输出端移动到闭环系统的输入端，即从 A 点移动到 B 点，从而得到图 5.85(a)所示的等效框图。由于仅关注负载电流 i_{inv} 中的二倍频分量，而实际 i_{inv} 中还含有直流成分及开关频率附近谐波，所以引入一个特

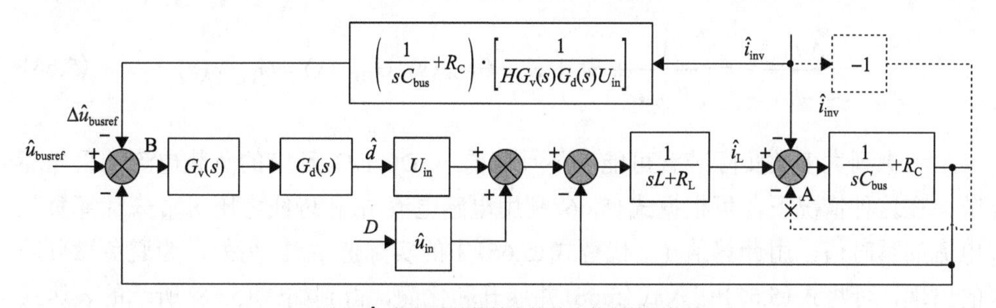

(a) 引入 $-\hat{i}_{inv}$ 信号及其等效变换的小信号控制框图

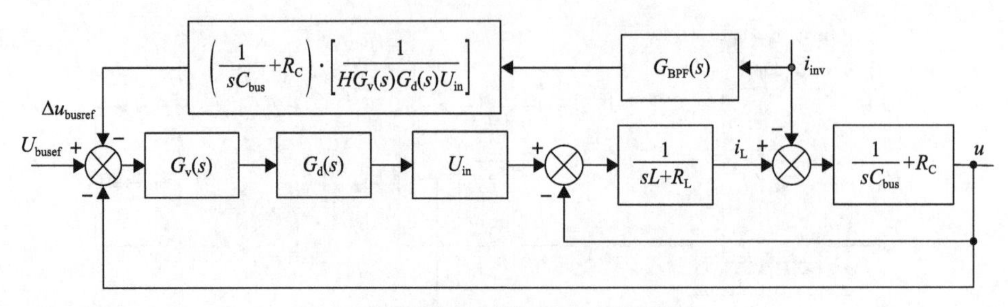

(b) 引入带通滤波器后的等效大信号控制框图

图 5.85　实现纹波抑制的控制框图推导

征频率设置在两倍基频处的带通滤波器(bandpass filter，BPF)以提取负载电流 i_{inv} 中二倍频分量，等效大信号控制框图如图 5.85(b)所示。带通滤波器 BPF 的表达式 $G_{BPF}(s)$ 为

$$G_{BPF}(s)=\frac{(2\pi f_b)s}{s^2+(2\pi f_b)s+(2\pi\cdot 2f_o)^2} \tag{5.64}$$

式中，f_o 为交流输出基波频率；f_b 为带通滤波器的带宽。

相较于图 5.84 所示的常规电压模式控制，图 5.85(b)所示的控制框图多了一条关于负载电流的前馈回路(load current feedforward，LCFF)，其馈入点为电压环的输入端口。该前馈回路的加入相当于对母线电压给定进行微调，即此时母线电压的给定不再是单纯的恒定量 U_{busref}，而由直流成分 U_{busref} 与二次脉动成分 Δu_{busref} 共同构成，因而当前的负载电流前馈控制器的表达式为

$$\frac{\Delta u_{busref}}{i_{inv}}=\left(\frac{1}{sC_{bus}}+R_C\right)\cdot G_{BPF}(s)\cdot\left[1+\frac{1}{G_v(s)G_d(s)U_{in}}\right]=G_{LCFF0}(s) \tag{5.65}$$

然而，式(5.65)所示负载电流前馈控制器实际并不易实现，因此对负载电流前馈控制器表达式进行如下简化：

$$\frac{\Delta u_{busref}}{i_{inv}}=\left(\frac{1}{sC_{bus}}+R_C\right)\cdot K_v\cdot G_{BPF}(s)\cdot G_{HPF}(s)=G_{LCFF}(s) \tag{5.66}$$

考虑到大多数实际装置可能并不具备前级 DC/DC 环节的负载电流的采样环节，在这种情况下，可根据式(5.66)利用电感电流 i_L 和母线电压 u_{bus} 来计算负载电流的瞬时值，用计算值 i'_{inv} 代替式(5.66)中的实际值 i_{inv}。另外，为避免微分项的出现，可将式(5.67)代入式(5.66)并展开和化简，得到如式(5.68)所示的表达式及如图 5.86 所示的基于负载电流前馈的纹波抑制方法的实现框图。

$$i'_{\mathrm{inv}} = i_{\mathrm{L}} - \frac{1}{1/(sC_{\mathrm{bus}}) + R_{\mathrm{C}}} U_{\mathrm{bus}} \tag{5.67}$$

$$\Delta u_{\mathrm{busref}} = \left[i_{\mathrm{L}} \cdot G_{\mathrm{BPF}}(s) \cdot \left(\frac{1}{sC_{\mathrm{bus}}} + R_{\mathrm{C}} \right) - U_{\mathrm{bus}} \cdot G_{\mathrm{BPF}}(s) \right] \cdot K_{\mathrm{v}} \cdot G_{\mathrm{HPF}}(s) \tag{5.68}$$

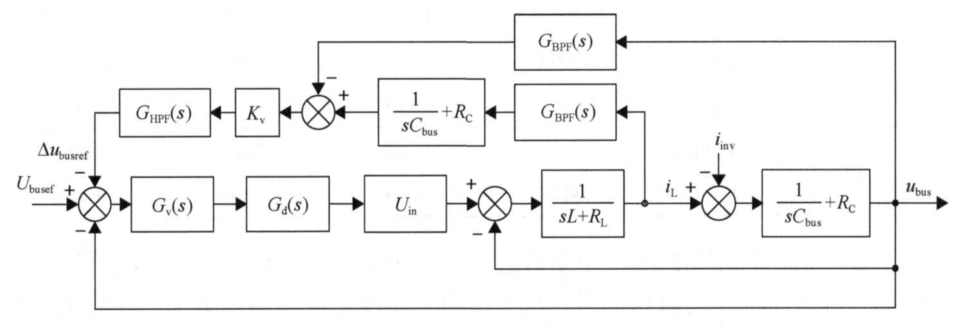

图 5.86　基于负载电流前馈的纹波抑制法的实现框图

负载电流前馈法通过引入一条前馈回路，实现对电压给定的调整。这就相当于主动将电容电压控制成二次脉动的，并使直流母线电容恰好提供几乎所有的脉动电流，进而间接地抑制了纹波电流流入前级 DC/DC 变换环节。

2. 实验验证

如图 5.87 所示为 2.5kW 输出功率下，加入基于负载电流前馈的纹波抑制策略之前和之后两级式单相变流系统的关键波形。其中，U_{bus} 为中间直流母线电压；i_{L} 为前级 DC/DC 环节电感电流；i_{in} 为直流输入电流；i_{o} 为交流输出电流；u_{o} 为交

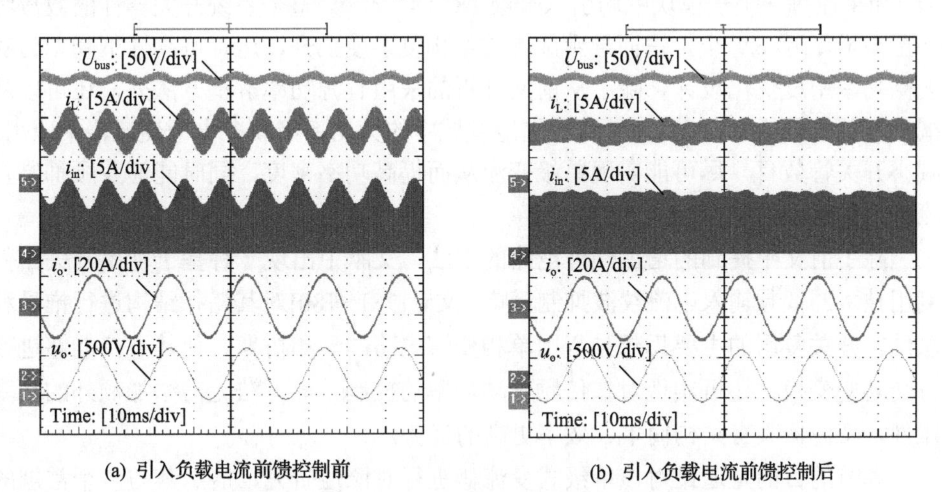

(a) 引入负载电流前馈控制前　　(b) 引入负载电流前馈控制后

图 5.87　输出功率 2.5kW 时的稳态实验波形

流输出电压。提取实验波形中的关键谐波成分含量，并与对应理论预测值进行比较，结果如表 5.5 所示。

表 5.5　输出功率 2.5kW 下前馈控制加入前后系统的理论和实验条件下的关键谐波含量比较

参数		直流母线电压 U_{bus}		直流输入电流 i_{in}	
		直流分量/V	二倍频含量/%	直流分量/A	二倍频含量/%
加入前馈控制之前	实验数据	399.8	0.84	3.73	27.35
	理论分析	400.0	0.83	3.61	29.14
加入前馈控制之后	实验数据	399.6	0.68	3.83	1.83
	理论分析	400.0	0.64	3.61	1.05

在如表 5.5 所示的 2.5kW 功率等级下，对于中间直流母线电压 U_{bus} 而言，引入负载电流前馈控制之前和之后，U_{bus} 中的直流成分保持基本不变，其稳态跟踪误差小于 1%，这证明加入高通滤波器的负载电流前馈控制不会在母线电压的控制中产生稳态误差。另外，加入前馈控制后 U_{bus} 中的二倍频分量从 0.84%下降到 0.68%。对于直流输入电流 i_{in} 而言，其直流成分在纹波抑制前后保持基本不变，说明负载电流前馈控制不会影响功率的传递。稳态实验波形能够很好地证明本书所提出的控制方法的纹波抑制能力及上述理论分析的正确性。

5.5.3　单级式变流器低频输入电流纹波抑制与直流电容优化

通过拓扑与控制方法来抑制直流侧低频纹波，减小大容量储能电容的使用，保障了直流母线的电能质量，提高功率密度。但对一些大容量的储能系统应用领域，如果在每一个子模块中均引入一级 DC/DC 环节，整个系统开关器件的数量将会至少增加近 6*N* 个，进而导致成本与结构复杂度上升，运行可靠性下降。为实现高功率密度优化设计，除了从前文分析的采用有源功率解耦方法外，还可以从减小开关管数量方面出发，针对在储能领域中的大功率级联多电平变流器中应用，减小开关管数目，尽可能实现单级变流从而提高功率密度，同时能够兼顾抑制直流侧低频纹波的能力。

除了前文中提到的增加额外电路的方法，文献中出现一种基于功率开关器件复用技术的低频输入电流纹波抑制策略，文献[78]～[80]对其拓扑结构进行推导和总结。开关复用的主要思想是复用单相变流电路的一相桥臂，使其不仅能够进行直交功率变换，还可实现对二倍频脉动功率的控制。该方法无需添加额外的功率器件，变流器具有结构简单、效率更高的优势，

本节的目的是通过对该单级式变流器进行对照性研究，展示其与一个常规的两级式变流器在电路器件额定上的相似性及控制策略上的等效性。

1. 单级式单相变流子模块与两级式变流子模块对比分析

图 5.88 中为本书研究的单级式单相变流电路图，U_{in} 为直流输入电压，L_{in} 和 I_{in} 分别为直流滤波电感及其上的输入电流，C_{bus} 和 u_C 为直流母线电容及其上的直流电压，u_o 和 i_o 分别为交流输出电压和电流，L_o 和 C_o 构成交流输出滤波器，i_L 为流经电感 L_o 的交流电流。该拓扑的交流输出可并网或接负载，即该电路可并网或独立运行。由 S_1 和 S_2 组成的桥臂可实现直流输入的升压变换，下文称为 DC/DC 变换桥臂，而由 S_3 和 S_4 组成的桥臂在 DC/DC 变换桥臂的配合下可输出所需的交流电压，称为 DC/AC 变换桥臂。

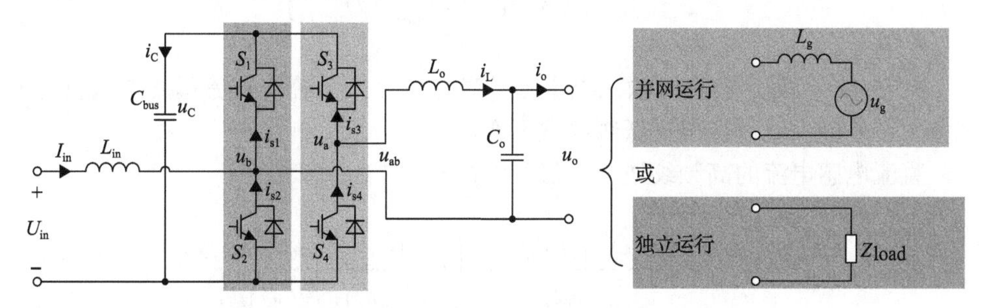

图 5.88　单级式单相变流电路

一般情况下，单级式系统的电路参数设计原则如下。

(1) 将直流母线电容电压中二倍频纹波的峰值的比重设计为 $p\%$，即有 $U_{C2}/U_{C0}=p\%$。

(2) 将直流滤波电感电流中高频纹波峰峰值的比重设计为 $q\%$，即有 $\Delta i_{in}/I_{in}=q\%$。

(3) 将 DC/AC 变换环节的调制比设置为 M_{max}，M_{max} 正比于变流器输出与输入电压的比值。

为便于简化和论述，这里约定下标含有“2*s*”的表示两级式系统中的变量，而下标含有“1*s*”的表示单级式系统中的变量，如 U_{in_2s} 和 U_{in_1s} 分别表示两级式和单级式系统的直流输入电压。

基于上述设计原则，单级式变流器的电路参数设计过程如下。基于其工作原理，单级式系统的直流输入电压和母线电容电压分别计算为

$$\begin{cases}U_{in\_1s}\cdot M_{max}\geqslant U_{ab}\\(U_{C0\_1s}-U_{in\_1s})\cdot M_{max}=U_{ab}\end{cases}\Rightarrow\begin{cases}U_{in\_1s}\geqslant U_{ab}/M_{max}\\U_{C0\_1s}=U_{ab}/M_{max}+U_{in\_1s}\end{cases}\tag{5.69}$$

这样，单级式系统的开关管电压应力为

$$U_{\mathrm{SW\_1s}} = (1+p\%)U_{\mathrm{C0\_1s}} = (1+p\%)\cdot(U_{\mathrm{ab}}/M_{\max}+U_{\mathrm{in\_1s}}) \tag{5.70}$$

由于将直流母线电容电压的低频纹波峰值设置为 $p\%$，可得

$$\frac{U_{\mathrm{C2\_1s}}}{U_{\mathrm{C0\_1s}}} = \frac{U_{\mathrm{ab}}I_{\mathrm{L}}}{4\omega C_{\mathrm{bus\_1s}}U_{\mathrm{C0\_1s}}^2} = p\% \tag{5.71}$$

所以，单级式系统的直流母线电容的取值需为

$$C_{\mathrm{bus\_1s}} = \frac{I_L}{4\omega p\%}\cdot\frac{U_{\mathrm{ab}}}{(U_{\mathrm{ab}}/M_{\max}+U_{\mathrm{in\_1s}})^2} \tag{5.72}$$

式(5.72)表明，当直流输入电压上升时，单级式系统的直流母线电压也需随之增大，才能保证母线电压低频纹波不变。

直流电感电流的高频纹波峰峰值可以按式(5.73)计算

$$\Delta i_{\mathrm{in\_1s}} = \frac{(1-D_{\mathrm{1\_1s}})U_{\mathrm{in\_1s}}}{L_{\mathrm{in\_1s}}f_{\mathrm{s}}} = \left(1-\frac{U_{\mathrm{in\_1s}}}{U_{\mathrm{C0\_1s}}}\right)\cdot\frac{U_{\mathrm{in\_1s}}}{L_{\mathrm{in\_1s}}f_{\mathrm{s}}} \tag{5.73}$$

$$I_{\mathrm{in}} = \frac{U_{\mathrm{o}}I_{\mathrm{o}}\cos\varphi}{2U_{\mathrm{in}}} \tag{5.74}$$

若按照 $\Delta i_{\mathrm{in_1s}}/I_{\mathrm{in_1s}}=q\%$来进行设计，则基于式(5.74)和式(5.73)可计算出直流输入电感感值 $L_{\mathrm{in\_1s}}$ 为

$$\begin{aligned} L_{\mathrm{in\_1s}} &= \frac{2}{q\%U_{\mathrm{o}}I_{\mathrm{o}}f_{\mathrm{s}}\cos\varphi}\cdot\left(1-\frac{U_{\mathrm{in\_1s}}}{U_{\mathrm{C0\_1s}}}\right)\cdot U_{\mathrm{in}}^2 \\ &= \frac{2}{q\%U_{\mathrm{o}}I_{\mathrm{o}}f_{\mathrm{s}}\cos\varphi}\cdot\frac{U_{\mathrm{ab}}U_{\mathrm{in\_1s}}^2}{U_{\mathrm{ab}}+M_{\max}U_{\mathrm{in\_1s}}} \end{aligned} \tag{5.75}$$

这样，根据式(5.74)和式(5.75)可求得直流电感所存储的能量 $E_{\mathrm{L\_1s}}$ 为

$$E_{\mathrm{L\_1s}} = \frac{1}{2}L_{\mathrm{in\_1s}}I_{\mathrm{in\_1s}}^2 = \frac{U_{\mathrm{o}}I_{\mathrm{o}}\cos\varphi}{4q\%f_{\mathrm{s}}}\cdot\frac{U_{\mathrm{ab}}}{U_{\mathrm{ab}}+M_{\max}U_{\mathrm{in\_1s}}} \tag{5.76}$$

根据常规的电感选型 AP 法可知，boost 电感磁芯的体积与其存储的能量呈正比，而在整个设备的体积中电感体积占的比重很大，因此对电感储能的计算能够帮助对照电感磁芯体积。

忽略开关次谐波成分，可基于开关管 S_3 的电流表达式(5.77)，依次推导出流经每个开关管的电流的表达式(5.78)。

$$i_{S3}=D_3\cdot i_L=\underbrace{\frac{U_oI_o\cos\varphi}{2U_{C0}}}_{I_{dc}}+\underbrace{\frac{U_{in}I_L}{U_{C0}}\sin(\omega_o t-\alpha)}_{i_{S3\_1st}}-\underbrace{\frac{U_{ab}I_L}{2U_{C0}}\cos(2\omega_o t-\alpha+\beta)}_{i_{2nd}} \tag{5.77}$$

$$i_{S1}=i_C+i_{S3}=\underbrace{\frac{U_oI_o\cos\varphi}{2U_{C0}}}_{i_{S1\_dc}}+\underbrace{\frac{U_{in}I_L}{U_{C0}}\sin(\omega_o t-\alpha)}_{i_{S1\_1st}} \tag{5.78}$$

根据式(5.77)和式(5.78)，可求出流经 DC/AC 桥臂及 DC/DC 桥臂开关管的电流的最大有效值，分别为式(5.79)和式(5.80)。

$$I_{Sdc/ac,rms\_1s}=\frac{I_L}{2\sqrt{2}(U_{in\_1s}+U_{ab}/M_{max})}\sqrt{U_{ab}^2\left[2\cos^2(\alpha+\beta)+1\right]+4U_{in\_1s}^2} \tag{5.79}$$

$$I_{Sdc/dc,rms\_1s}=\frac{I_L}{2\sqrt{2}(U_{in\_1s}+U_{ab}/M_{max})}\sqrt{2U_{ab}^2\cos^2(\alpha+\beta)+4U_{in\_1s}^2} \tag{5.80}$$

观察发现有 $I_{Sdc/ac,rms\_1s}$ 大于 $I_{Sdc/dc,rms\_1s}$，即 DC/AC 桥臂将会承受更大的电流。这是因为，两个桥臂都会流经相同的直流及基频电流，但 DC/AC 桥臂还要额外承受二倍频脉动电流，所以 DC/AC 桥臂开关管的电流应力会更大。

考虑到与单级式变流器的相似性，两级式变流器的具体参数设计步骤这里就不再展开了，其直流母线电容电压、直流电感感值及其存储的能量分别为

$$U_{C0\_2s}\cdot M_{max}=U_{ab}\Leftrightarrow U_{C0\_2s}=U_{ab}/M_{max} \tag{5.81}$$

$$L_{in\_2s}=\frac{2}{q\%U_oI_of_s\cos\varphi}\cdot\left(1-M_{max}\frac{U_{in\_2s}}{U_{ab}}\right)U_{in\_2s}^2 \tag{5.82}$$

$$E_{L\_2s}=\frac{1}{2}L_{in\_2s}I_{in\_2s}^2=\frac{U_oI_o\cos\varphi}{4q\%f_s}\cdot\left(1-M_{max}\frac{U_{in\_2s}}{U_{ab}}\right) \tag{5.83}$$

对于两级式系统，其 DC/DC 变换环节的开关管 S_6 的占空比一般会设计得小于 0.5，即满足 $U_{in\_2s}\geqslant U_{C0\_2s}/2$。当 $U_{in\_2s}=U_{C0\_2s}/2$ 时，式(5.83)所示两级式系统的电感储能将会达到最大值。在这种情况下，直流电感感值及其储能分别为

$$L_{\mathrm{inmax\_2s}} = \frac{2}{q\% U_{\mathrm{o}} I_{\mathrm{o}} f_{\mathrm{s}} \cos\varphi} \cdot \frac{U_{\mathrm{ab}}^2}{8M_{\max}^2} \tag{5.84}$$

$$E_{\mathrm{Lmax\_2s}} = \frac{1}{2} L_{\mathrm{in\_2s}} I_{\mathrm{in\_2s}}^2 = \frac{U_{\mathrm{o}} I_{\mathrm{o}} \cos\varphi}{4q\% f_{\mathrm{s}}} \cdot \frac{1}{2} \tag{5.85}$$

忽略高频谐波，可推导出图 5.88 中的流经开关管 S_3 的电流表达式为

$$i_{\mathrm{S3\_2s}} = \frac{U_{\mathrm{o}} I_{\mathrm{o}} \cos\varphi}{4U_{\mathrm{C0\_2s}}} + \frac{I_{\mathrm{L}}}{2} \sin(\omega t - \alpha) - \frac{U_{\mathrm{ab}} I_{\mathrm{L}}}{4U_{\mathrm{C0\_2s}}} \cos(2\omega t - \alpha + \beta) \tag{5.86}$$

由式(5.86)可推导出两级式系统中 DC/AC 环节开关管电流有效值为

$$I_{\mathrm{Sdc/ac,rms\_2s}} = \frac{I_L}{4\sqrt{2} U_{C0\_2s}} \sqrt{U_{\mathrm{ab}}^2 \left[2\cos^2(\alpha + \beta) + 1 + \frac{4}{M_{\max}^2} \right]} \tag{5.87}$$

基于上述分析，表 5.6 总结了两种拓扑的主要电路参数。为了使两个电路的对照更为直观，利用两级式电路的参数对单级式变流器的参数进行标幺化：

$$U_{\mathrm{SW\_1s}}^* = \frac{U_{\mathrm{SW\_1s}}}{U_{\mathrm{SW\_2s}}} = 1 + \gamma \tag{5.88}$$

$$C_{\mathrm{bus\_1s}}^* = \frac{C_{\mathrm{bus\_1s}}}{C_{\mathrm{bus\_2s}}} = \left(\frac{1}{1+\gamma} \right)^2 \tag{5.89}$$

$$L_{\mathrm{in\_1s}}^* = \frac{L_{\mathrm{in\_1s}}}{L_{\mathrm{inmax\_2s}}} = 8 \cdot \frac{\gamma^2}{\gamma + 1} \tag{5.90}$$

$$E_{\mathrm{L\_1s}}^* = \frac{E_{\mathrm{L\_1s}}}{E_{\mathrm{Lmax\_2s}}} = \frac{2}{1+\gamma} \tag{5.91}$$

$$I_{\mathrm{S,rms\_1s}}^* = \frac{I_{\mathrm{Sdc/ac,rms\_1s}}}{I_{\mathrm{Sdc/ac,rms\_2s}}} = \frac{2}{1+\gamma} \sqrt{\frac{A + 4\gamma^2}{A + 4}} \tag{5.92}$$

式中，系数 $\gamma = M_{\max} U_{\mathrm{in\_1s}} / U_{\mathrm{ab}}$；$A = M_{\max}^2 \left[2\cos^2(\alpha + \beta) + 1 \right]$。

表 5.6　两种拓扑的主要电路参数对照

参数	两级式变流器	单级式变流器
开关管电压应力 U_{sw}	$(1+p\%)\cdot U_{ab}/M_{max}$	$(1+p\%)\cdot(U_{ab}/M_{max}+U_{in\_1s})$
直流母线电容 C_{bus}	$\dfrac{I_L}{4\omega p\%}\cdot\dfrac{U_{ab}}{(U_{ab}/M_{max})^2}$	$\dfrac{I_L}{4\omega p\%}\cdot\dfrac{U_{ab}}{(U_{ab}/M_{max}+U_{in\_1s})^2}$
直流输入电感 L_{in}	$\dfrac{2}{q\%U_oI_of_s\cos\varphi}\cdot\dfrac{U_{ab}^2}{8M_{max}^2}$	$\dfrac{2}{q\%U_oI_of_s\cos\varphi}\cdot\dfrac{U_{ab}U_{in\_1s}^2}{U_{ab}+M_{max}U_{in\_1s}}$
直流输入电感的储能 E_L	$E_{Lmax\_2s}=\dfrac{U_oI_o\cos\varphi}{4q\%f_s}\cdot\dfrac{1}{2}$	$\dfrac{U_oI_o\cos\varphi}{4q\%f_s}\cdot\dfrac{U_{ab}}{U_{ab}+M_{max}U_{in\_1s}}$
开关管电流的最大有效值 $I_{S,rms}$	$\dfrac{I_L}{4\sqrt{2}U_{ab}/M_{max}}\cdot\sqrt{U_{ab}^2\left[1+\dfrac{4}{M_{max}^2}+2\cos^2(\alpha+\beta)\right]}$	$\dfrac{I_L}{2\sqrt{2}(U_{in\_1s}+U_{ab}/M_{max})}\cdot\sqrt{U_{ab}^2\left[2\cos^2(\alpha+\beta)+1\right]+4U_{in\_1s}^2}$

基于式(5.92)，做出如图 5.89 所示的单级式变流器主要电路参数标幺值与系数 γ 的关系曲线。图 5.89 说明，当系数 γ 为 1、两个系统输出工况相同且采用相同的参数设计原则时，相较于两级式系统，单级式系统的直流母线电容容值 C_{bus_1s} 仅有前者的 25%，其开关管电流应力 I_{S_1s} 和直流电感储能 E_{L_1s}(或者说电感磁芯体积)与两级式的基本相同，此外，当两种变流器工作在相同的交流输出电压和功率等级上时，其直流母线电容需要处理等量的低频脉动功率，由于单级式变流器的直流母线电压更高，所以其直流电容容值会更小。

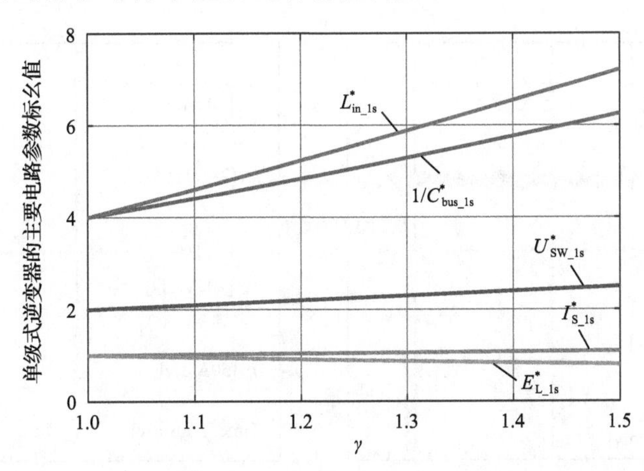

图 5.89　单级式变流器主要电路参数标幺值-系数 γ 的关系曲线

单级式变流器的部分功率开关管功能被复用，可以在不引入额外开关器件的条件下便可实现低频输入电流纹波抑制的功能；但是作为代价，部分电路器件的额定值上升了。因此，需要根据实际需求以与应用背景，在开关数量及器件额定之间做折中。基于以上分析，这种单级式单相变流电路非常适用于对开关器件数量及低频输入电流纹波敏感的场合，可以考虑将其用作级联多电平功率变流器的子模块结构。

2. 实验验证

图 5.90 及图 5.91 分别展示了两种变流器在 1600W 时的稳态实验波形，并且该波形中的关键谐波成分及其含量也被提取出，结果如图 5-92 所示。另外，图 5.92 展示了两个系统在不同功率等级下的效率。

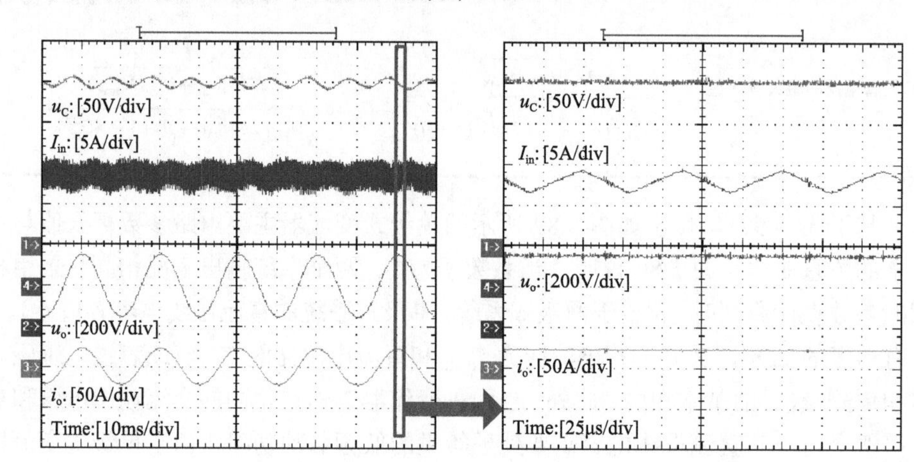

图 5.90　输出功率 1600W 下两级式单相变流系统的稳态输出波形

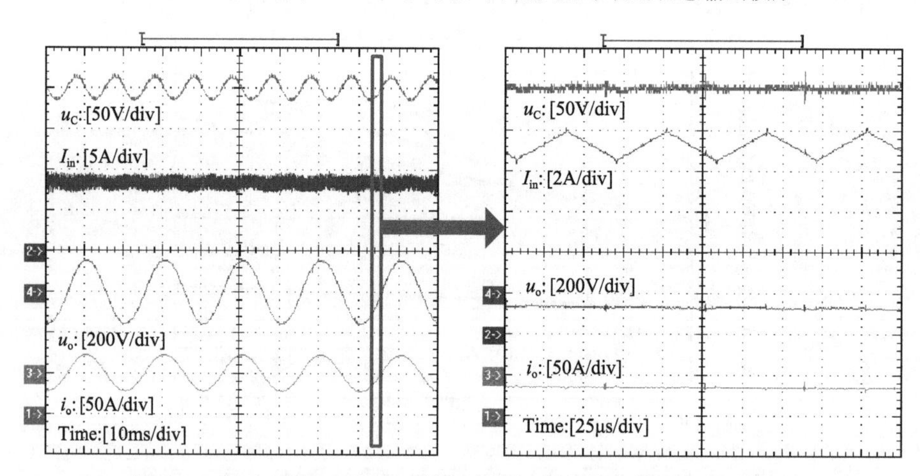

图 5.91　输出功率 1600W 下单级式单相变流系统的稳态输出波形

以上两个系统在相同输出电压和功率等级下的稳态实验结果可说明：

(1)在表 5.7 中，两种变流器的直流电容电压中的二倍频成分幅值比重基本相同，分别为 3.4%及 3.5%，与表 5.6 中的 p%值基本一致；然而单级式变流器的直流电容仅为 570μF，而两级式的直流电容要高达 2280μF。这说明，在相同的直流电容电压二倍频含量时，单级式变流器的直流电容仅为两级式的 25%。这主要是因为，当输出交流电压相同时，单级式变流器的直流母线电压需比两级式的更高。

(2)两种拓扑的输入电流 I_{in} 中的高频开关次谐波含量基本相同，分别为 19.5%及 19.9%，与表 5.6 中的 q%值非常接近。如表 5.7 所示，单级式变流器的输入滤波电感感值为 4mH，为两级式变流器直流滤波电感(即 1mH)的 4 倍；然而，单级式变流器输入电流 I_{in} 的直流成分为 8.5A，将近两级式输入电流(18.0A)的 50%。通过计算可发现，两个系统中直流滤波电感的储能基本一致，此时单级式变流器直流电感的磁芯体积能够设计得与两级式的相同。

(3)在功率较高的情况下，单级式变流器的效率更高。例如在图 5.92 中 1600W 的功率等级下，单级式变流器的效率为 91.2%，比两级式的高出近 4%；当输出功率低于 700W 时，单级式变流器的效率会更低。

表 5.7　两个系统稳态波形中关键谐波参数对照

参数		两级式系统	单级式系统
直流母线电压 u_C	直流成分	200.2 V	400.7 V
	二倍频成分	3.4%	3.5%
直流输入电流 I_{in}	直流成分	18.0 A	8.5 A
	二倍频成分	3.2%	3.3%
	高频成分	19.5%	19.9%

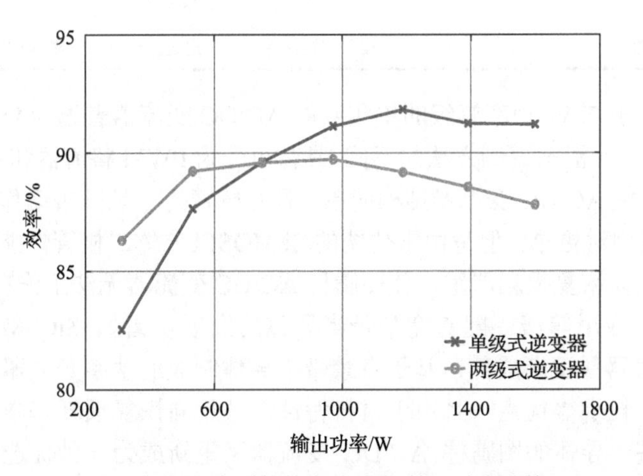

图 5.92　两个系统的实验效率-输出功率曲线

5.6　高效率高功率密度并网变流器研制

基于高效率高功率密度的并网变流器设计需求，本节给出了一例单相双向AC/DC并网变流器设计实例，以高变换效率为设计目标，通过对器件和拓扑方案的对比分析，对器件和拓扑进行了优选，从而在器件和拓扑选择上保证了高变换效率，然后对所选择的拓扑进行电路原理分析和工作特性分析。基于分析结果，给出主电路中各元器件的详细设计流程和选型结果，所给出的设计方法也可用于指导其他功率等级下的变流器参数设计。针对数字控制的并网变流器，为了最大化利用数字控制的优势，提出了一套完整的数字控制策略，可以有效减小输入电流THD，提高变流器动态响应，减小输入电流过零干扰等。

5.6.1　拓扑选择

本节所提单相双向高效率高功率密度AC/DC并网变流器技术指标如表5.8所示。

表5.8　单相高效率高功率密度AC/DC并网变流器技术指标

输入电压范围	175 V AC-265 V AC	高压：220V AC 额定输出功率：7000W
	85 V AC-135 V AC	低压：110V AC 额定输出功率：3500W
功率因素(PF)	＞0.99	
输入电流(THD)	＜5%	
最大输入电流	32A	
输出电压范围	390V±5%	
额定输出	390V/18A	
效率	＞98%	
保护功能	输入欠过压保护、输出过压保护、过温保护	

目前应用于7kW功率等级的单相双向AC/DC变流器普遍为全桥结构，其拓扑如图5.93所示，根据调制方法的不同，具体可分为PWM整流器和图腾柱AC/DC变流器。图腾柱AC/DC变流器结构简单，且有桥臂为工频开关动作，使其损耗更小，共模干扰相对更小，但是由于传统的Si MOSFET体二极管性能较差，反向恢复时间长，反向恢复损耗严重，使图腾柱AC/DC变流器无法工作在CCM模式，限制了其功率应用等级。随着宽禁带半导体的发展，诸如SiC MOSFET、GaN HEMT等功率器件逐渐成熟，基于宽禁带半导体制成的功率开关器件具有开关速度快，导通损耗小等优点，且由于材料特性，其反向恢复损耗基本可以忽略，所以基于宽禁带半导体的图腾柱AC/DC变流器又重新成为一种优选的并网变流器拓扑。

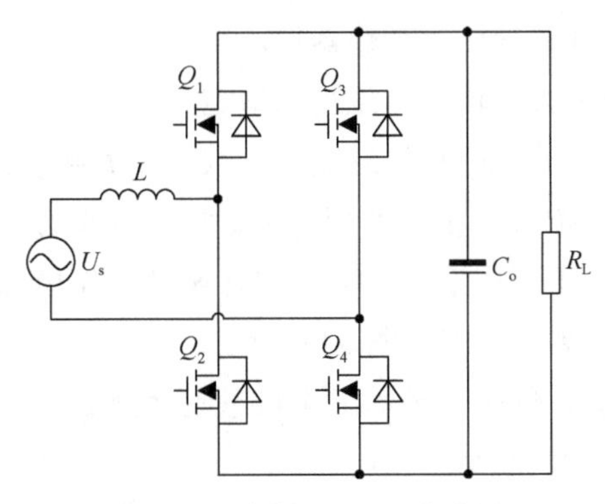

图 5.93　全桥 AC-DC 变流器

为了进一步实现高效率和高功率密度，考虑采用交错并联技术。一方面，通过交错并联，单相电流应力减小一半，利于开关器件的选取，同时可以有效降低开关管导通损耗，提高变换效率；另一方面，当采用交错并联之后，总电感体积可以减小。以两相交错并联为例，电感体积与电感所需要处理的能量有关，与电感值和电感电流的平方呈正相关，虽然交错并联后电感数量增加为原来的两倍，但是对于单个电感而言，其流过电感的电流减少为原来的一半，在电感值不变的情况下，理论上单个电感的体积减小为原来的四分之一，总电感体积可减小为原来的一半，进一步提高了功率密度。除此之外，交错并联还可以减小输入电流纹波，每相电感电流纹波一定程度上可以相互抵消，从而减小了 EMI 滤波器的设计要求。根据以上分析，结合设计指标，所选取的拓扑方案为基于 GaN HEMT 的交错并联图腾柱双向 AC/DC 变流器，其拓扑如图 5.94 所示。

5.6.2　工作原理与特性分析

由于变流器整流运行和变流运行时工作特性相似，所以以下电路原理及特性分析均在其工作在整流模式下进行，电路原理分析的假设前提如下。

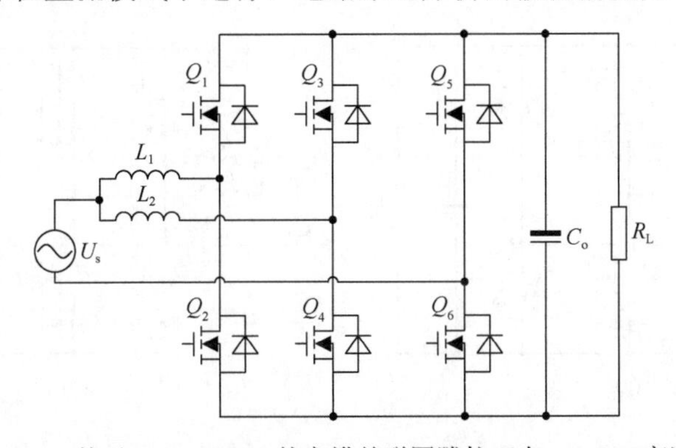

图 5.94　基于 GaN HEMT 的交错并联图腾柱双向 AC-DC 变流器

(1)所有二极管、开关管均为理想器件。

(2)输出滤波电容很大，输出电压视为恒定。

(3)输入电压为正弦波，两相电感完全一致，即 L_1=L_2=L。

变流器工作在 CCM 模式下，两相开关管均有通断时刻，根据开关管的通断状态组合可知，在一个工频周期内，电路共有 8 种工作模态，且正负半周对称，其正负半周模态图分别如图 5.95、图 5.96 所示。由于正负半周对称，其在不同半周内的特性与状态相似，仅对正半周工作状态进行分析。

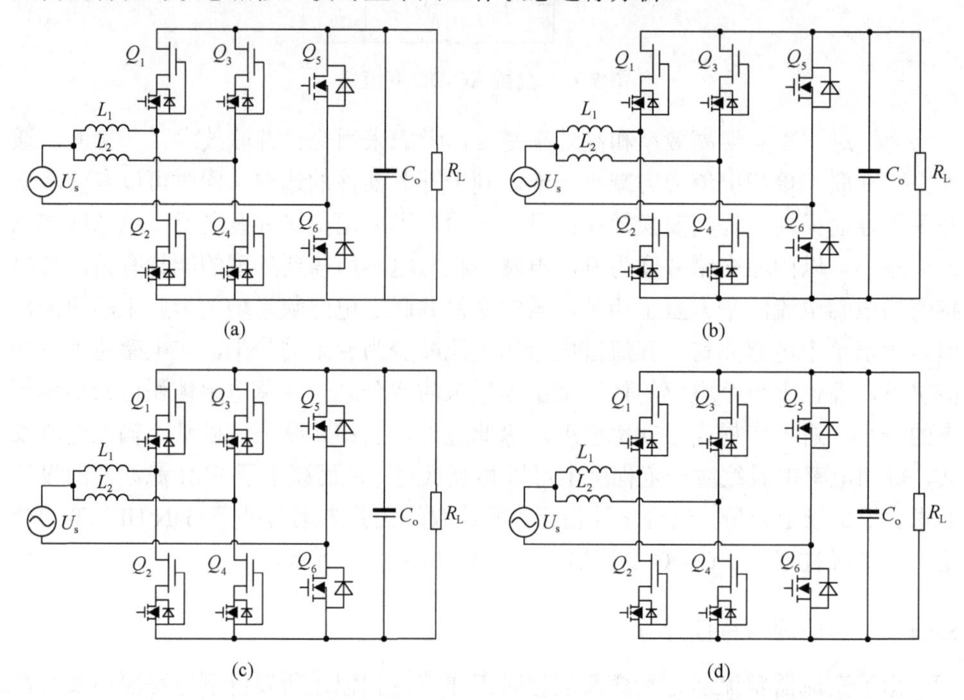

图 5.95　交错并联图腾柱双向 AC/DC 变流器正半周模态图

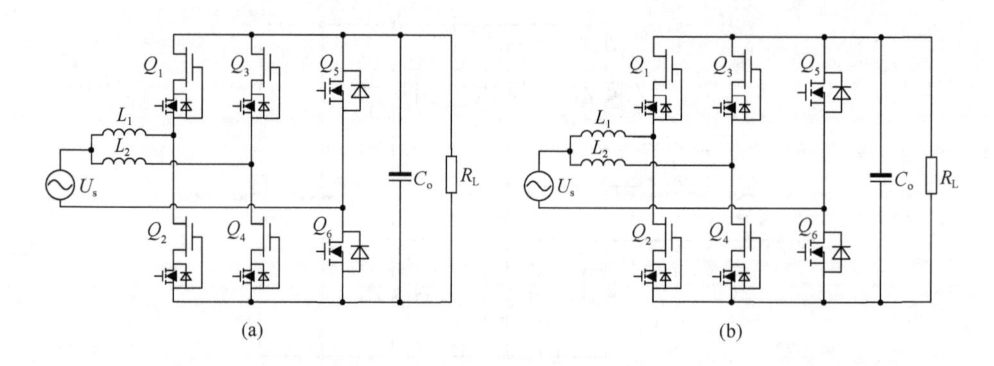

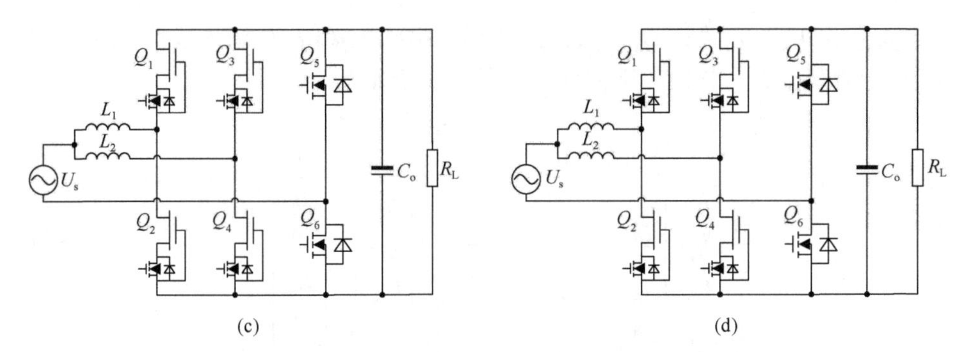

图 5.96　交错并联图腾柱双向 AC/DC 变流器负半周模态图

(1) 状态 I：开关管 Q_2、Q_4、Q_6 导通，电感 L_1 和 L_2 电流均线性上升，此时负载能量由输出电容提供，该阶段下的状态方程可表示如下：

$$\frac{\mathrm{d}}{\mathrm{d}t}\begin{bmatrix} i_{L1} \\ i_{L2} \\ U_C \end{bmatrix}=\begin{bmatrix} 0 & 0 & 0 \\ 0 & 0 & 0 \\ 0 & 0 & -\dfrac{1}{R_L}C \end{bmatrix}\times\begin{bmatrix} i_{L1} \\ i_{L2} \\ U_C \end{bmatrix}+\begin{bmatrix} \dfrac{1}{L_1} \\ \dfrac{1}{L_2} \\ 0 \end{bmatrix}\times U_g \tag{5.93}$$

(2) 状态 II：开关管 Q1、Q4、Q6 导通，电感 L1 电流下降，电感 L2 电流上升，负载能量由输出电容和流经电感 L1 的电流共同提供，该阶段下的状态方程可表示如下：

$$\frac{\mathrm{d}}{\mathrm{d}t}\begin{bmatrix} i_{L1} \\ i_{L2} \\ U_C \end{bmatrix}=\begin{bmatrix} 0 & 0 & -\dfrac{1}{L_1} \\ 0 & 0 & 0 \\ \dfrac{1}{C} & 0 & -\dfrac{1}{R_L}C \end{bmatrix}\times\begin{bmatrix} i_{L1} \\ i_{L2} \\ U_C \end{bmatrix}+\begin{bmatrix} \dfrac{1}{L_1} \\ \dfrac{1}{L_2} \\ 0 \end{bmatrix}\times U_g \tag{5.94}$$

(3) 状态 III：开关管 Q_2、Q_3、Q_6 导通，电感 L_1 电流上升，电感 L_2 电流下降，负载能量由输出电容和流经电感 L_2 的电流共同提供，该阶段下的状态方程可表示如下：

$$\frac{\mathrm{d}}{\mathrm{d}t}\begin{bmatrix} i_{L1} \\ i_{L2} \\ U_C \end{bmatrix}=\begin{bmatrix} 0 & 0 & 0 \\ 0 & 0 & -\dfrac{1}{L_2} \\ 0 & \dfrac{1}{C} & -\dfrac{1}{R_L}C \end{bmatrix}\times\begin{bmatrix} i_{L1} \\ i_{L2} \\ U_C \end{bmatrix}+\begin{bmatrix} \dfrac{1}{L_1} \\ \dfrac{1}{L_2} \\ 0 \end{bmatrix}\times U_g \tag{5.95}$$

(4)状态 IV：开关管 Q_1、Q_3、Q_6 导通，电感 L_1 和 L_2 电流均线性下降，此时输出电容存储能量，该阶段下的状态方程可表示如下：

$$\frac{\mathrm{d}}{\mathrm{d}t}\begin{bmatrix} i_{\mathrm{L}1} \\ i_{\mathrm{L}2} \\ U_{\mathrm{C}} \end{bmatrix} = \begin{bmatrix} 0 & 0 & -\dfrac{1}{L_1} \\ 0 & 0 & -\dfrac{1}{L_2} \\ \dfrac{1}{C} & \dfrac{1}{C} & -\dfrac{1}{R_{\mathrm{L}}}C \end{bmatrix} \times \begin{bmatrix} i_{\mathrm{L}1} \\ i_{\mathrm{L}2} \\ U_{\mathrm{C}} \end{bmatrix} + \begin{bmatrix} \dfrac{1}{L_1} \\ \dfrac{1}{L_2} \\ 0 \end{bmatrix} \times U_{\mathrm{g}} \tag{5.96}$$

在一个工频周期内，开关管占空比变化范围很大，然而在任意一个开关周期内，以上 4 种状态不可能都出现。图 5.97 和图 5.98 分别给出了占空比 D 在 $0<D<0.5$ 时和 $0.5<D<1$ 时的两相电感电流波形。从图中不难看出，在 $0<D<0.5$ 时，一个开关周期内只会出现 I、II、III 三种状态；在 $0.5<D<1$ 时，一个开关周期内只会出现 II、III、IV 三种状态。

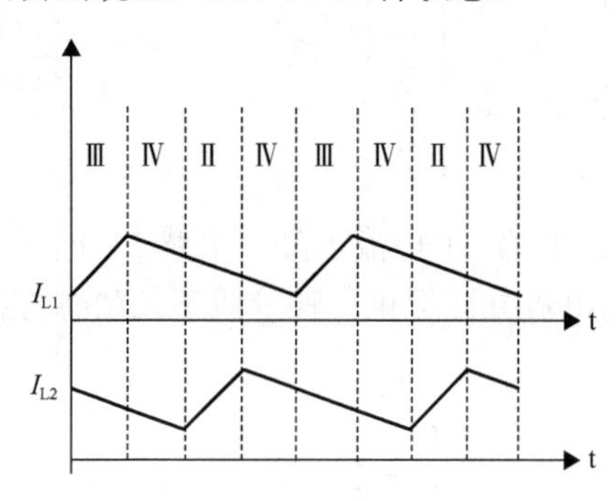

图 5.97　电感电流波形($0<D<0.5$)

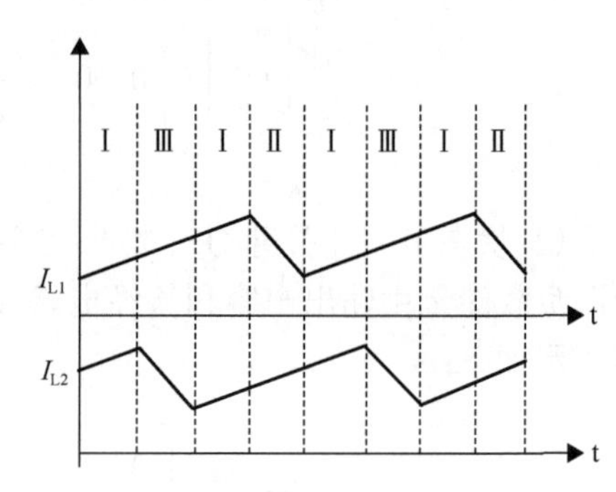

图 5.98　电感电流波形($0.5<D<1$)

交错并联图腾柱双向 AC/DC 变流器每相电感电流交错 180°，因此输入电流纹波会得到有效减小，但是减小程度随占空比变化而变化。定义变流器总输入电流纹波 Δi 与每相电感电流 Δi_L 比值为纹波系数 K，则对于交错并联图腾柱双向 AC-DC 变流器，占空比与电流纹波比 K 之间的关系为

$$K = \begin{cases} \dfrac{1-2D}{1-D} & D<0.5 \\ \dfrac{2D-1}{D} & D \geqslant 0.5 \end{cases} \tag{5.97}$$

从式(5.97)可以看出，在全占空比范围内，K 始终小于 1，即输入电流纹波始终比任一相电感电流纹波小。画出 K 随占空比变化的曲线，如图 5.99 所示。从图中可以看出，当 D=0.5 时，两相电感电流纹波刚好抵消；当 $D>0.5$ 时，K 随 D

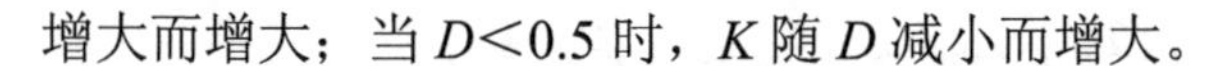
增大而增大；当 $D<0.5$ 时，K 随 D 减小而增大。

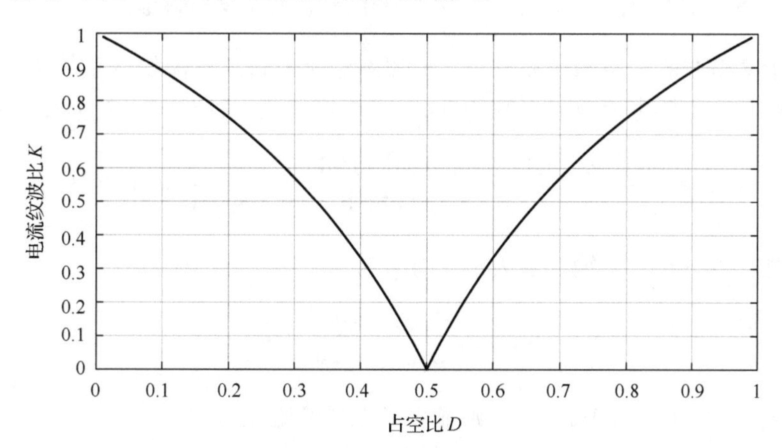

图 5.99　K 随占空比变化曲线图

5.6.3　参数设计

1. 电感计算与选值

当图腾柱双向 AC/DC 变流器的电感工作于连续模式时，一个周期内电感端电压的平均值为零，即 $D\cdot U_{\mathrm{g}}=(1-D)\cdot(U_{\mathrm{o}}-U_{\mathrm{g}})$，其中 $U_{\mathrm{g}}=\sqrt{2}U_{\mathrm{rms}}\left|\sin\omega t\right|$。

得到占空比的表达式为

$$D=\frac{U_{\mathrm{o}}-\sqrt{2}U_{\mathrm{rms}}}{U_{\mathrm{o}}} \tag{5.98}$$

在输入电压峰值处电感电流纹波为

$$\Delta I_{\mathrm{L}}=\frac{\sqrt{2}U_{\mathrm{rms}}}{L}\cdot\frac{U_{\mathrm{o}}-\sqrt{2}U_{\mathrm{rms}}}{U_{\mathrm{o}}}\cdot\frac{1}{f_{\mathrm{s}}} \tag{5.99}$$

在线电压最高时输入电感平均电流为

$$I_{\mathrm{LAVG}}=\frac{\sqrt{2}P_{\mathrm{o}}}{U_{\mathrm{rms}}\cdot\eta} \tag{5.100}$$

定义纹波系数 K_{RP} 为电感电流纹波与电感平均电流的比值，则电流纹波系数可表示为

$$K_{\mathrm{RP}}=\frac{\Delta I_{\mathrm{L}}}{I_{\mathrm{LAVG}}}=\frac{\eta\cdot U_{\mathrm{rms}}{}^{2}}{P_{\mathrm{o}}\cdot L}\cdot\frac{U_{\mathrm{o}}-\sqrt{2}U_{\mathrm{rms}}}{U_{\mathrm{o}}}\cdot\frac{1}{f_{\mathrm{s}}} \tag{5.101}$$

由式(5.101)可知，当$U_{\rm rms}=\dfrac{\sqrt{2}U_{\rm o}}{3}$时电感电流纹波系数最大。

由于交错并联后电感纹波减半，所以在给定总输入电流纹波系数 0.2 时，设定单相运行时电感电流纹波系数为 0.4，则交错并联运行时输入电感最小值为

$$L \geqslant \frac{2{U_{\rm o}}^2\cdot\eta}{K_{\rm RP}\cdot P_{\rm o}}\cdot\frac{1}{27\cdot f_{\rm s}}=\frac{2\cdot 390^2\cdot 0.98}{0.4\cdot 7000}\cdot\frac{1}{27\cdot 65\cdot 10^3}=60.7\mu{\rm H} \tag{5.102}$$

通过计算可知，总输入最大电流有效值为

$$I_{\rm inmax}=\frac{P_{\rm inmax}}{U_{\rm rms}}=\frac{7000}{220}{=}32{\rm A} \tag{5.103}$$

考虑总输入电流 20%纹波，则输入最大峰值电流为

$$I_{\rm pkmax}=\sqrt{2}I_{\rm rms}\left(1+\frac{\Delta i_{\rm L}}{2}\right)=1.1\cdot\sqrt{2}\cdot 32=49.78{\rm A} \tag{5.104}$$

考虑实际电感的非线性和直流降额，单相输入电感静态电感取 180μH，单相输入电流有效值$I_{\rm rms}=16{\rm A}$，单相输入电流峰峰值$I_{\rm pk}=0.4\cdot\sqrt{2}I_{\rm rms}=9{\rm A}$，考虑单相 40%电流纹波，单相输入电感电流最大值为$I_{\rm pmax}=\sqrt{2}I_{\rm rms}\left(1+\dfrac{\Delta i_{\rm L}}{2}\right)=27.1{\rm A}$。

2. 高速开关管与工频整流开关管的选取

由于输入采用交错并联结构，由两相交错并联的开关桥臂与共用的工频整流桥组成，每相开关桥臂只承担一半的输入功率，工频开关管需要流过全部的输入电流，所以开关管理论电压应力最大为输出电压 390V，考虑一定的电路寄生参数与开关尖峰，选取 600V 耐压，流过开关管有效值电流为 16A，电流应力为 27.1A，最终选取 Transphorm 公司的 TPH3207WS(650V/51A)。

工频开关管与输出相连，承受的最大电压应力理论为输出电压 390V，流过电流的最大有效值为 32A，电流应力为 50A，选用两支 Infineon 的 IPW65R019C7(700V/75A)并联。

3. 母线滤波电容的选取

输出母线滤波电容设计主要考虑两点：维持时间和输出电压纹波。

根据电容能量守恒可以得到

$$\frac{1}{2}C_{\rm o}{U_{\rm o}}^2-\frac{1}{2}C_{\rm o}(\alpha {U_{\rm o}}^2)^2=P_{\rm o}\times\Delta t \tag{5.105}$$

式中，Δt为维持时间；α为输出电压维持系数。

取 Δt=20 ms，α=0.25，即在输入掉电 20ms 内输出电压跌落至 25%，得到

$$C_{\mathrm{o}} \geqslant \frac{2P_{\mathrm{o}} \times \Delta t}{U_{\mathrm{o}}{}^{2}-(\alpha U_{\mathrm{o}}{}^{2})}=\frac{2\times 7000\times 20\times 10^{-3}}{390^{2}-(0.25\times 390)^{2}}=1963\mu\mathrm{F} \tag{5.106}$$

稳态工作时，假定输入电流完全正弦，整流器效率为 1，且忽略电路损耗对瞬时输入和输出功率的相位关系，将后级看成恒功率负载，可以得到整流器流过母线电容支路的瞬时功率为 $P_{\mathrm{c}}=P_{\mathrm{o}}\cos(2\omega t)$，在计算电容支路电流时忽略母线电压纹波，近似认为母线电压恒定为 U_{bus}，得到流过电容的电流为

$$i_{\mathrm{c}}=\frac{P_{\mathrm{o}}}{U_{\mathrm{bus}}}\cos(2\omega t) \tag{5.107}$$

对电容电流进行积分得到电荷变化的峰峰值，设定母线电压二次纹波峰峰值小于 5%母线电压，进而求解得到所需要的母线电容值：

$$C_{\mathrm{o}} \geqslant \frac{\Delta Q}{\Delta U_{\mathrm{bus}}}=\frac{P_{o}}{2\pi f\times 0.05U^{2}{}_{\mathrm{bus}}}=\frac{7000}{2\pi\times 50\times 0.05\times 390^{2}}=2930\mu\mathrm{F} \tag{5.108}$$

综上所述，考虑一定余量，输出母线滤波电容取为 3240μF，选用 12 个 450V/270μF 并联(25mm*35mm)。

5.6.4 控制策略

基于以上对交错并联图腾柱双向 AC/DC 变流器的分析，所采用的控制策略框图如图 5.100 所示。变流器工作在 CCM 模式，控制方式采用平均电流控制，即电压外环与电流内环。相较于峰值电流控制、滞环控制等控制方式，平均电流控制

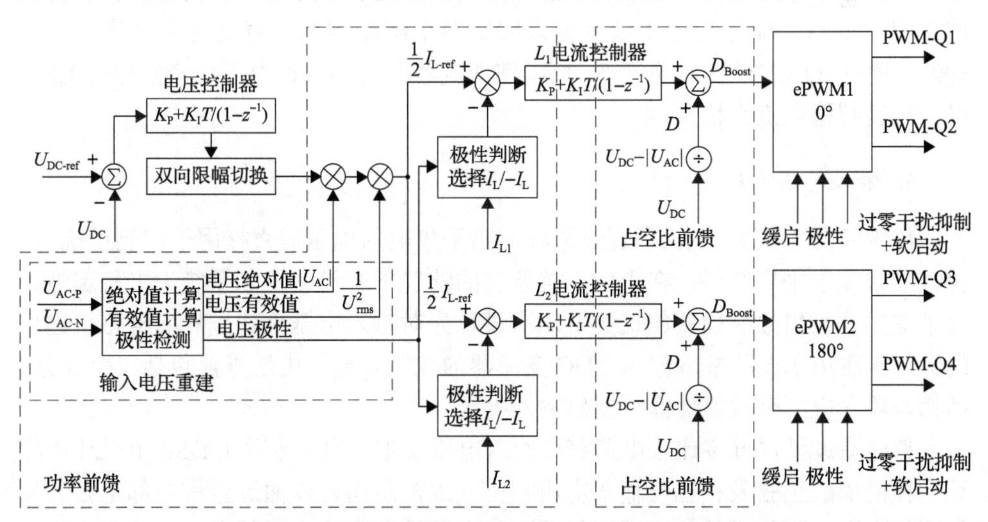

图 5.100　交错并联图腾柱双向 AC/DC 变流器控制系统框图

实现简单，电磁特性好，输入电流畸变小。平均电流控制系统由以下几部分组成：双向限幅切换、软启动、输入电压重建、占空比前馈、功率前馈、过零干扰抑制。

1. 双向限幅切换

图腾柱双向 AC/DC 变流器在运行过程中会因为工况的变化而进行运行状态的切换。一种状态切换方式是通过接收上位机指令进行，当接收到状态切换指令后，由 DSP 内部直接更改变流器相关的控制参数，从而实现切换，该切换方式可称为模式切换，需由上位机控制，无法实现能量自然双向流动。另一种状态切换方式则是由控制器自行控制能量流动方向，由控制框图可知，电压外环的输出指令实际上为网侧流动的功率大小，当电压外环输出指令为正时，则代表变流器工作在 AC/DC 状态，当电压外环输出指令为负时，则代表变流器工作在 DC/AC 状态，电压外环的控制目标是保持直流母线电压稳定，假如当前变流器工作在 AC/DC 状态，若由于工况变化，能量需要向网侧流动，则直流母线电压会增加，从而通过电压外环调节使电压外环输出指令逐渐从正转换为负，就完成了从 AC/DC 到 DC/AC 的状态切换，因此，只需要合理地设置变流器在两种不同状态下的功率限幅值和电压外环的控制参数，即可实现图腾柱双向 AC/DC 变流器的能量自然双向流动。

2. 软启动

变流器工作在 AC/DC 模式下，接入电源后，通过系统缓启电阻给输出滤波电容充电，待稳定后，切除缓启电阻，此时由不控整流原理可知，当输入电压为 220Vrms 时，为使变流器输出电压设定为 390V，当控制系统开始工作时，采用斜坡软启动策略，即输出电压指令值以固定斜率缓慢增加，直到达到最终设定值 390V。通过采用这种软启动策略，可以使变流器在启动过程中不会产生冲击电流，平稳过渡到稳定工作状态。

3. 输入电压重建

传统双向 AC/DC 变流器通过采样电路采集输入电压后直接用于控制系统，这种方法依赖于采样结果，在电磁干扰恶劣的情况下容易使控制系统失去稳定性。为了更好地利用数字控制的优势，本次设计先对输入电压重建，然后再将重建后的输入电压用于图腾柱双向 AC/DC 变流器的控制。输入电压重建包括三个部分：锁相、输入电压有效值计算、重建输入电压。

首先通过硬件过零比较电路获取输入电压过零信息，然后在 DSP 中设计锁相环，使内部的正弦表相位与输入电压相位一致，从而可以通过查询内部正弦表相位获得实际相位值。然后根据锁相获取的当前输入电压实际频率，对输入电压进行累加计算，根据正弦波平均值与有效值的关系式从而得到输入电压有效值。最后将计算得到的输入电压有效值与通过内部正弦表查询得到的输入电压相位信息相乘得到重建后的输入电压。通过这种方式可以使即使在某些时刻输入电压采样值受到了干扰，也不会对控制系统造成严重的影响，从而提高了控制系统的稳定性。

4. 占空比前馈

前馈应用于控制系统中一般是用于抵消系统中的某些扰动，从而提高动态效果。在图腾柱双向 AC/DC 变流器控制系统中，采用了双环控制，内环电流环为 PI 控制，内环电流环目的是使输入电流能够跟踪输入电压的波形，其性能将极大地影响输入电流的畸变程度，然而由于输入电压为正弦波，电流内环的指令相应地也为正弦波的形式，由自控理论中的内模原理可知，对正弦指令，PI 控制器设有良好的跟踪能力，为了改善输入电流波形，采用了占空比前馈。由 Boost 电路的输入输出关系可知：

$$d=\frac{1-U_{\mathrm{in}}}{U_{\mathrm{o}}} \tag{5.109}$$

式中，d 为占空比；U_{in} 为输入电压；U_{o} 为输出电压。

将输入电压和输出电压视为扰动，则可以通过加入如上述关系式的前馈通道，使电流内环不再需要跟踪正弦信号，从而改善了控制效果。

5. 功率前馈

图腾柱双向 AC/DC 变流器一般是作为前端变流器使用，后级可能接入其他变流器或者各种类型的负载，如电阻、电池等。由于在不同工况下，负载所需要的功率可能会不同，所以需要图腾柱双向 AC/DC 变流器对输出功率进行调节。然而在负载突变的情况下，由于其外环带宽较低，使其对负载突变的响应能力很差，即如果突增负载，则输出电压可能会跌落较多，如果突减负载，输出电压可能会升高很多，这一方面不利于变流器的运行，另一方面也不利于负载的工作，因此需要相应的控制策略提高变流器的功率突变的响应能力。由控制框图可以发现，外环电压环的输出其实为相应的输入功率指令，通过除以输入电压有效值从而获得电流指令。基于这种分析，可以采用功率前馈的方式来解决这个问题，即采集输出电压和负载电流，当负载突变时，负载电流也会立即突变，通过输出电压和输出电流计算当前的负载功率，若与前一拍的功率差值达到一定阈值，则可以认为负载发生了突变，将这个差值与电压外环的输出进行叠加得到新的输入功率指令，从而可以迅速改变输入电流指令，而无需经过电压外环，提高了变流器的负载突变响应能力。

6. 过零干扰抑制

图腾柱双向 AC-DC 变流器在输入交流过零的时候由于工频桥臂中点的电位突变，以及开关管桥臂的占空比会突变，会产生很大的共模干扰。这种干扰一方面会影响锁相的精确度，另一方面会影响控制系统的稳定性，需要采取相应的措施对过零干扰进行抑制。相对实现较为简单的方式是在输入电压过零附近关闭开关管驱动信号，等待其完成过零后再重新开启。具体实现方式是利用前述的锁相，当查询到输入电压相位后，计算其是否在过零点附近，如果是，则封锁驱动信号，直到过零完成后再开启驱动信号。

5.6.5 开发研制

基于以上对图腾柱双向 AC/DC 变流器的工作原理分析和参数设计，搭建了一台基于 GaN HEMT 的 7kW 交错并联图腾柱双向 AC-DC 变流器，样机参数如表 5.9 所示，样机实物图如图 5.101 所示。针对所搭建实验平台在不同工况下进行了实验，其中，在 DC/AC 状态下，交流电压 110V、输出 390V 时满载实验波形如图 5.102 所示，交流电压 220VAC、输出 390V 时满载实验波形如图 5.103 所示，带阻性负载下测得变流器的效率曲线如图 5.104 所示，变流器峰值效率大于 99%，满载效率大于 98.5%。变流器工作在 AC/DC 状态下时，交流电压 220V，输出电压 390V，其在 4800W、7000W 下的实验波形分别如图 5.105 和图 5.106 所示，测得变流器随负载变化的效率曲线如图 5.107 所示，从图中可知，工作在 AC/DC 状态下，变流器满载变换效率仍然大于 98%，完全满足设计要求。通过采用占空比前馈和输入电压重建的方式，极大地改善了输入电流质量，使即使在电网电压有谐波的情况下依然能保证低输入电流 THD，从稳态实验波形可以看到，在工频过零附近，开关管完全关断，由于关断时间短，其对输入电流 THD 影响较小，通过这种方式解决了变流器在工频过零时的干扰问题，防止了其由于锁相偏差带来的电流尖峰。

表 5.9　交错并联图腾柱双向 AC-DC 变流器参数

参数	值
输入滤波电感	180uH@0A
母线电容	3240uF
高频开关管	TPH3207WS
工频开关管	IPW65R019C7
控制器	TMS320F28069
驱动器	1EDI60N12AF
通讯方式	CAN 通讯

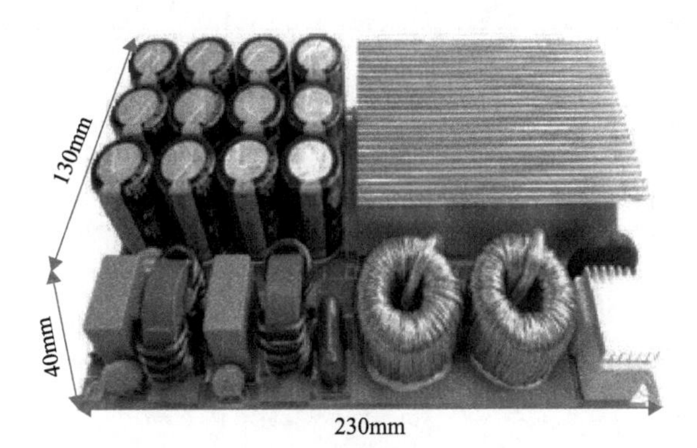

图 5.101　实验样机图

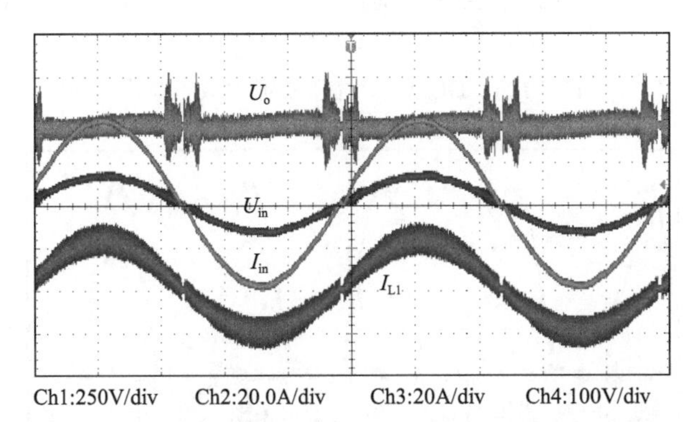

图 5.102　实验波形(U_{in}: 110VAC, U_o: 390VDC, P_o: 3500W)

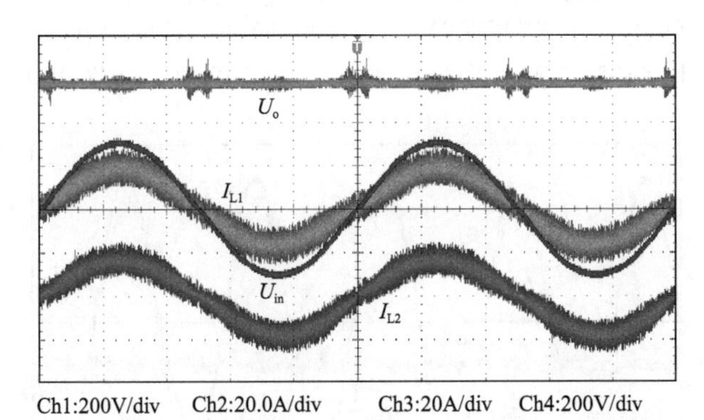

图 5.103　实验波形(U_{in}: 220VAC, U_o: 390VDC, P_o: 7000W)

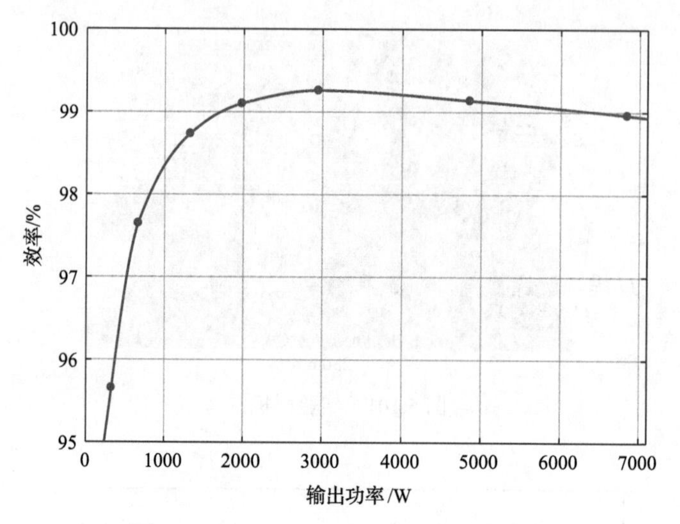

图 5.104　DC/AC 状态下变流器效率曲线

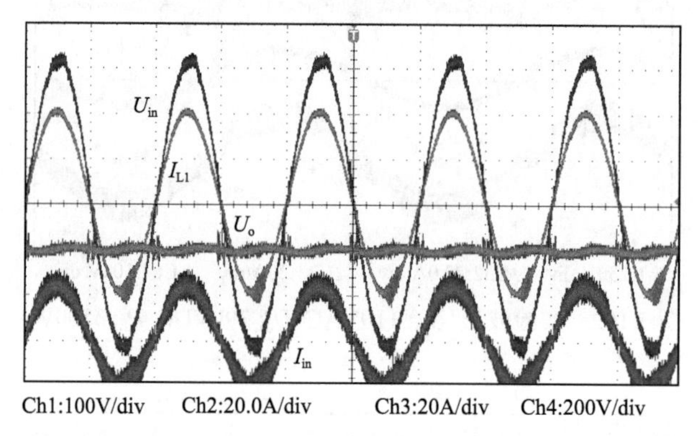

图 5.105　实验波形(U_{in}: 220VAC, U_o: 390VDC, P_o: 4800W)

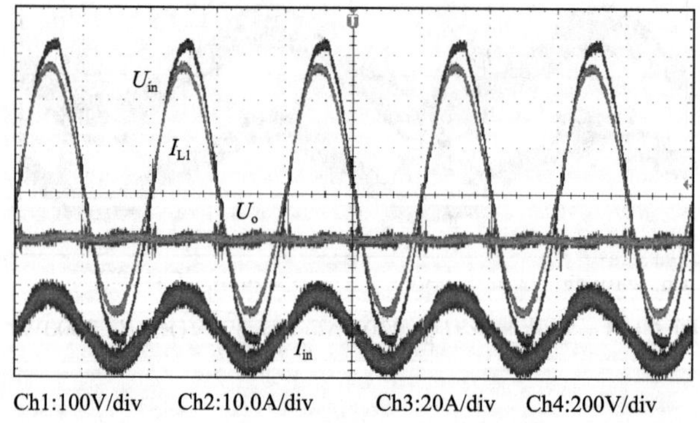

图 5.106　实验波形(U_{in}: 220VAC, U_o: 390VDC, P_o: 7000W)

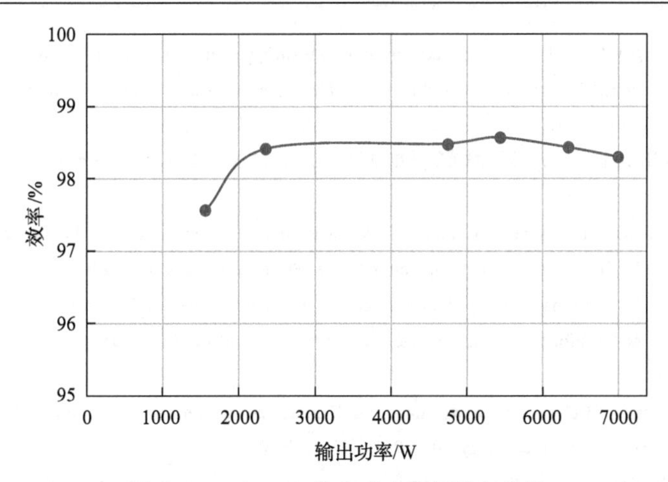

图 5.107　AC/DC 状态下变流器效率曲线

参 考 文 献

[1] 朱梓悦, 秦海鸿, 董耀文,等. 宽禁带半导体器件研究现状与展望[J]. 电气工程学报, 2016, 11(1): 1-11.

[2] Rohm. SiC 功率器件使用手册(13103CAY01)[J/OL]. Science, 2013. http: //rohmfs.rohm.com/cn/products/databook/applinote/discrete/sic/common/sic_appli-c.pdf.

[3] GaN Systems. 基于GaN增强型HEMT的GN001应用指南设计[J/OL]. Science, 2018. https://gansystems.com/wp-content/uploads/2018/04/GN001-Design_with_GaN_EHEMT_180412.pdf.

[4] Huang X, Liu Z, Li Q, et al. Evaluation and application of 600 V GaN HEMT in cascode structure[J]. IEEE Transactions on Power Electronics, 2014, 29(5): 2453-2461.

[5] Jones E A, Wang F F, Costinett D. Review of commercial GaN power devices and GaN-based converter design challenges[J]. IEEE Journal of Emerging and Selected Topics in Power Electronics, 2016, 4(3): 707-719.

[6] Zhang Z, Wang F, Tolbert L M, et al. Active gate driver for crosstalk suppression of SiC devices in a phase-leg configuration[J]. IEEE Transactions on Power Electronics, 2013, 29(4): 1986-1997.

[7] Zhang Z, Dix J, Wang F F, et al. Intelligent gate drive for fast switching and crosstalk suppression of SiC devices[J]. IEEE Transactions on Power Electronics, 2017, 32(12): 9319-9332.

[8] Okamoto M, Ishibashi T, Yamada H, et al. Resonant gate driver for a normally on GaN HEMT[J]. IEEE Journal of Emerging and Selected Topics in Power Electronics, 2016, 4(3): 926-934.

[9] Wang B, Riva M, Bakos J D, et al. Integrated circuit implementation for a GaN HFET driver circuit[J]. IEEE Transactions on Industry Applications, 2010, 46(5): 2056-2067.

[10] GaN Systems. Application Note GN001: Design with GaN Enhancement mode HEMT. 2018.

[11] Bruckner T, Bernet S. The active NPC converter for medium-voltage applications[C]// Conference Record of the 2005 Industry Applications Conference.Hong Kong, 2005.

[12] Ma L, Sun K, Jin X. A transformation method from conventional three phases full-bridge topology to conergy NPC topology[C]//2011 International Conference on Electrical Machines and Systems. IEEE, 2011: 1-5.

[13] Araújo S V, Zacharias P, Mallwitz R. Highly efficient single-phase transformerless inverters for grid-connected photovoltaic systems[J]. IEEE Transactions on Industrial Electronics, 2009, 57(9): 3118-3128.

[14] Yu W, Lai J S, Qian H, et al. High-efficiency Inverter with H6-type configuration for Photovoltaic Non-isolated Ac Module Applications[C]// 2010 Twenty-Fifth Annual IEEE Applied Power Electronics Conference and Exposition (APEC). Palm Springs, 2010.

[15] 刘邦银. 无变压器型并网光伏发电系统的漏电流分析与抑制技术研究[博士后出站研究报告]. 武汉: 华中科技大学, 2010.

[16] Kerekes T, Teodorescu R, Liserre M. Common mode voltage in case of transformerless PV inverters connected to the grid[C]//2008 IEEE International Symposium on Industrial Electronics. Cambridge, 2008.

[17] Hava A M, Ün E. Performance analysis of reduced common-mode voltage PWM methods and comparison with standard PWM methods for three-phase voltage-source inverters[J]. IEEE Transactions on Power Electronics, 2009, 24(1): 241-252.

[18] Panda B, Bagarty D P, Behera S. Soft-switching DC-AC converters: a brief literature review[J]. International Journal of Engineering Science and Technology, 2010, 2(12): 7004-7020.

[19] Divan D M. The resonant DC link converter-a new concept in static power conversion[J]. IEEE Transactions on Industry Applications, 1989, 25(2): 317-325.

[20] Cavalcanti M C, Silva E R, Jacobina C B, et al. Comparative evaluation of losses in soft and hard-switched inverters[C]//38th IAS Annual Meeting on Conference Record of the Industry Applications Conference. Salt Lake City, 2003.

[21] Lee K M , Chen C, Lo S T. Resonant pole inverter to drive the data electrodes of AC plasma display panel[J]. IEEE Transactions on Industrial Electronics, 2003, 50(3): 554-559.

[22] Pan S, Pan J. A Novel Zero-Voltage Switching Resonant Pole Inverter[C]// 2006 CES/IEEE 5th International Power Electronics and Motion Control Conference, Shanghai, 2006.

[23] Zhou W, Yuan X, Laird I. Performance Comparison of the Auxiliary Resonant Commutated Pole Inverter (ARCPI) using SiC MOSFETs or Si IGBTs[C]//2019 IEEE Energy Conversion Congress and Exposition (ECCE), Baltimore, 2019.

[24] 崔文峰. 具有共模漏电流抑制能力的单相无变压器型光伏变流技术研究[D]. 杭州: 浙江大学, 2014.

[25] Lopez O, Teodorescu R, Freijedo F, et al. Leakage current evaluation of a singlephase transformerless PV inverter connected to the grid[C]//APEC 07-Twenty-Second Annual IEEE Applied Power Electronics Conference and Exposition. Anaheim, 2007.

[26] Gonzalez R, Lopez J, Sanchis P, et al. High-efficiency transformerless single-phase photovoltaic inverter[C]//2006 12th International Power Electronics and Motion Control Conference. IEEE, 2006: 1895-1900.

[27] Lopez O, Teodorescu R, Doval-Gandoy J. Multilevel transformerless topologies for single-phase grid-connected converters[C]//IECON 2006-32nd annual conference on IEEE industrial electronics. Paris, 2006.

[28] Lopez O, Teodorescu R, Freijedo F, et al. Eliminating ground current in a transformerless photovoltaic application[C]//2007 IEEE Power Engineering Society General Meeting. Tampa, 2007: 1-5.

[29] 刘邦银. 建筑集成光伏系统的能量变换与控制技术研究[D]. 武汉: 华中科技大学, 2008.

[30] Chen Y, Xu D, Xi J. Common-mode filter design for a transformerless ZVS full-bridge inverter[J]. IEEE Journal of Emerging and Selected Topics in Power Electronics, 2015, 4(2): 405-413.

[31] Barater D, Buticchi G, Lorenzani E, et al. Active common-mode filter for ground leakage current reduction in grid-connected PV converters operating with arbitrary power factor[J]. IEEE Transactions on Industrial Electronics, 2013, 61(8): 3940-3950.

[32] Tang Y, Yao W, Loh P C, et al. Highly reliable transformerless photovoltaic inverters with leakage current and pulsating power elimination[J]. IEEE Transactions on Industrial Electronics, 2015, 63(2): 1016-1026.

[33] Dong D, Luo F, Boroyevich D, et al. Leakage current reduction in a single-phase bidirectional AC–DC full-bridge inverter[J]. IEEE Transactions on Power Electronics, 2012, 27(10): 4281-4291.

[34] Zhou Y, Li H. Analysis and suppression of leakage current in cascaded-multilevel-inverter-based PV systems[J]. IEEE Transactions on Power Electronics, 2013, 29(10): 5265-5277.

[35] 高强，徐殿国. PWM 逆变器输出端共模与差模电压 dv/dt 滤波器设计[J]. 电工技术学报, 2007, 22(1): 79-84.

[36] 陈希有，徐殿国. 兼有共模电压抑制作用的逆变器输出无源滤波器[J]. 电工技术学报, 2002, 17(6): 38-42.

[37] 任康乐，张兴，王付胜，等. 中压三电平并网逆变器断续脉宽调制策略及其输出滤波器优化设计[J]. 中国电机工程学报, 2015, 35(17): 4494-4504.

[38] 魏琪康. 多相交错并联变流器耦合特性分析与容错运行方法[D]. 武汉：华中科技大学, 2018.

[39] Zhang D, Wang F, Burgos R, et al. Impact of interleaving on AC passive components of paralleled three-phase voltage-source converters[J]. IEEE Transactions on Industry Applications, 2010, 46(3): 1042-1054.

[40] González R, Lopez J, Sanchis P, et al. Transformerless inverter for single-phase photovoltaic systems[J]. IEEE Transactions on Power Electronics, 2007, 22(2): 693-697.

[41] Kerekes T, Teodorescu R, Rodríguez P, et al. A new high-efficiency single-phase transformerless PV inverter topology[J]. IEEE Transactions on industrial electronics, 2009, 58(1): 184-191.

[42] Xiao H, Xie S, Chen Y, et al. An optimized transformerless photovoltaic grid-connected inverter[J]. IEEE Transactions on Industrial Electronics, 2010, 58(5): 1887-1895.

[43] Guo X, Xu D, Wu B. Three-phase DC-bypass topologies with reduced leakage current for transformerless PV systems[C]//2015 IEEE Energy Conversion Congress and Exposition (ECCE). Montreal, 2015.

[44] Wang T C, Ye Z, Sinha G, et al. Output filter design for a grid-interconnected three-phase inverter[C]//IEEE 34th Annual Conference on Power Electronics Specialist, Mexico, 2003.

[45] Liserre M, Blaabjerg F, Hansen S. Design and control of an LCL-filter-based three-phase active rectifier[J]. IEEE Transactions on industry applications, 2005, 41(5): 1281-1291.

[46] Magnetics. Magnetics Powder Core Catalog [J/OL]. 2015. https://www.mag-inc.com/design/technical-documents/powder-core-documents.

[47] IEEE. IEEE recommended practice for utility interface of photovoltaic (PV) systems[M]. IEEE, 2000.

[48] F II I. IEEE recommended practices and requirements for harmonic control in electrical power systems[J]. New York, NY, USA, 1993.

[49] Holmes D G, Lipo T A. Pulse width modulation for power converters: principles and practice[M]. John Wiley & Sons, 2003.

[50] Dewan S B, Ziogas P D. Optimum filter design for a single-phase solid-state UPS system[J]. IEEE Transactions on Industry Applications, 1979 (6): 664-669.

[51] 朱龙飞，朱建国，佟文明，等. 非晶合金永磁同步电机空载损耗[J]. Electric Machines & Control/Dianji Yu Kongzhi Xuebao, 2015, 19(7): 21-26.

[52] 张俊杰，李琳，刘兰荣，等. 进入硅钢叠片内的漏磁通和附加损耗的模拟实验与仿真[J]. 电工技术学报, 2013, 28(5): 148-153.

[53] Bottesi O, Calligaro S, Alberti L. Investigation on the frequency effects on iron losses in laminations[C]//2017 IEEE Energy Conversion Congress and Exposition (ECCE). Cincinnati, 2017.

[54] Dems M, Komeza K. Performance characteristics of a high-speed energy-saving induction motor with an amorphous stator core[J]. IEEE Transactions on Industrial Electronics, 2013, 61(6): 3046-3055.

[55] 徐泽玮. 大功率磁性技术近期来发展回顾与分析:(一) 软磁材料[J]. 磁性材料及器件, 2017, 48(4): 63-66.

[56] Xia Y, Roy J, Ayyanar R. Optimal variable switching frequency scheme for grid connected full bridge inverters with bipolar modulation scheme[C]//2017 IEEE Energy Conversion Congress and Exposition (ECCE). Cincinnati, 2017.

[57] Bernacki K, Rymarski Z. Selecting the coil core powder material for the output filter of a voltage source inverter[J]. Electronics Letters, 2017, 53(15): 1068-1069.

[58] Matsumori H, Shimizu T, Takano K, et al. Iron Loss Calculation of AC Filter Inductor for Three - Phase PWM Inverters[J]. Electrical Engineering in Japan, 2015, 190(2): 57-71.

[59] Jayalath S, Ongayo D, Hanif M. Modelling powder core inductors for passive filters in inverters using finite element analysis[J]. Electronics Letters, 2016, 53(3): 179-181.

[60] Mastromauro R A, Liserre M, Dell'Aquila A. Study of the effects of inductor nonlinear behavior on the performance of current controllers for single-phase PV grid converters[J]. IEEE Transactions on Industrial Electronics, 2008, 55(5): 2043-2052.

[61] Liu C, Lai J S. Low frequency current ripple reduction technique with active control in a fuel cell power system with inverter load[C]//2005 IEEE 36th Power Electronics Specialists Conference. Recife, 2005.

[62] Huber M, Amrhein W, Silber S, et al. Ripple current reduction of DC link electrolytic capacitors by switching pattern optimisation[C]//2005 IEEE 36th Power Electronics Specialists Conference. Recife, 2005.

[63] Itoh J, Hayashi F. Ripple current reduction of a fuel cell for a single-phase isolated converter using a DC active filter with a center tap[J]. IEEE Transactions on Power Electronics, 2009, 25(3): 550-556.

[64] Kwon J M, Kim E H, Kwon B H, et al. High-efficiency fuel cell power conditioning system with input current ripple reduction[J]. IEEE Transactions on Industrial Electronics, 2008, 56(3): 826-834.

[65] Fukushima K, Norigoe I, Shoyama M, et al. Input current-ripple consideration for the pulse-link DC-AC converter for fuel cells by small series LC circuit[C]//2009 Twenty-Fourth Annual IEEE Applied Power Electronics Conference and Exposition. IEEE, 2009: 447-451.

[66] 董妍, 谭光慧, 纪延超. 具有改善功率解耦的单相光伏并网变流器[J]. 电气应用, 2008 (1): 61-64.

[67] 李朵. 一种应用于光伏并网微型变流器的功率解耦技术[D]. 杭州: 浙江大学, 2012.

[68] 王翀. 两级式光伏并网变流器及其功率解耦研究[D]. 南京: 南京航空航天大学, 2010.

[69] 王建华, 卢旭倩, 张方华, 等. 两级式单相变流器输入电流低频纹波分析及抑制[J]. 中国电机工程学报, 2012, 32(6): 10-16.

[70] Fan S, Xue Y, Zhang K. A novel active power decoupling method for single-phase photovoltaic or energy storage applications[C]//2012 IEEE Energy Conversion Congress and Exposition (ECCE). Raleigh, 2012.

[71] Wai R J, Lin C Y. Development of active low-frequency current ripple control for clean-energy power conditioner[C]//2010 5th IEEE Conference on Industrial Electronics and Applications. Taichung, 2010.

[72] Wai R J, Lin C Y. Active low-frequency ripple control for clean-energy power-conditioning mechanism[J]. IEEE Transactions on Industrial Electronics, 2010, 57(11): 3780-3792.

[73] Kyritsis A C, Papanikolaou N P, Tatakis E C. A novel parallel active filter for current pulsation smoothing on single stage grid-connected AC-PV modules[C]//2007 European Conference on Power Electronics and Applications. Aalborg, 2007.

[74] Palma L. An active power filter for low frequency ripple current reduction in fuel cell applications[C]//SPEEDAM 2010. Pisa, 2010.

[75] Mazumder S K, Burra R K, Acharya K. A ripple-mitigating and energy-efficient fuel cell power-conditioning system[J]. IEEE Transactions on Power Electronics, 2007, 22(4): 1437-1452.

[76] 丁明, 陈中, 程旭东. 级联储能变换器直流链纹波电流的抑制策略[J]. 电工技术学报, 2014, 29(2): 46-54.

[77] 史晏君. 级联多电平 STATCOM/BESS 的关键控制技术研究[D]. 武汉: 华中科技大学, 2012.

[78] Cai W, Yi F. Topology simplification method based on switch multiplexing technique to deliver DC-DC-AC converters for microgrid applications[C]//2015 IEEE Energy Conversion Congress and Exposition (ECCE). Montreal, 2015.

[79] Sun Y, Liu Y, Su M, et al. Review of active power decoupling topologies in single-phase systems[J]. IEEE Transactions on Power Electronics, 2015, 31(7): 4778-4794.

[80] Cai W, Yi F. An integrated multiport power converter with small capacitance requirement for switched reluctance motor drive[J]. IEEE transactions on power electronics, 2015, 31(4): 3016-3026.

第 6 章　即插即用的分布式电源测控保护技术

大规模分布式电源通常接入中低压配电网，电网公司难以进行有效监控和管理，会产生电网末端电压偏高、功率实时控制难等系列问题，因此需要对分布式发电实现优化测控，实现对电网、设备进行有效保护和控制，保证电网和设备的安全稳定高效运行。本章主要针对电网接入的功率较小但数量众多的分布式电源，研究集群接入的测控保护技术，同时根据电网调度需要在多个分布式电源之间进行功率分配和协调控制，以提高电网可再生能源的消纳能力，解决电压越限等问题；同时，研发具备功率优化调度、就地电压控制、防孤岛保护等功能的即插即用智能测控保护装置。

6.1　智能测控保护装置应用场景

大规模分布电源并网，易对电网形成冲击，影响电网安全稳定运行。将分布式电源进行物理和逻辑控制上的聚合，构成集群，实现就地优化控制与高效消纳，以 10kV 配电变压器与 10kV 线路为基本划分单元，对包含各类负荷、不同分布式电源的配电网划分为三个集群，如图 6.1 所示。

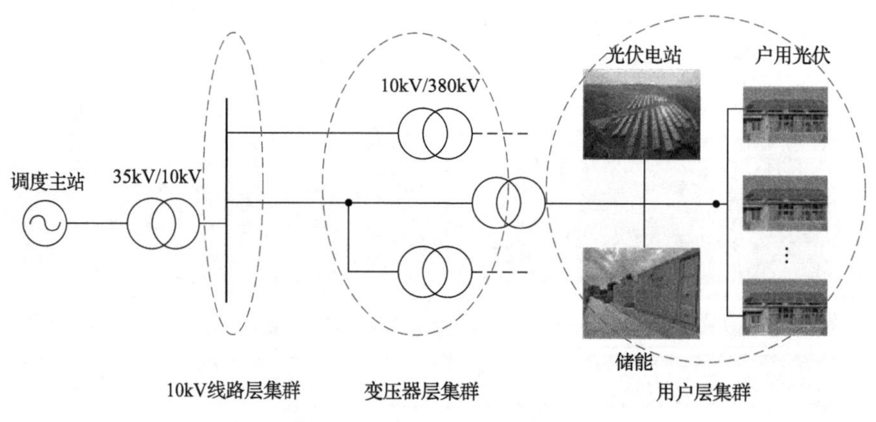

图 6.1　配电网线路集群划分

(1) 第一级集群：线路层集群。以同一变电站下的所有出线形成线路层集群。该级能量调度主要依托电网调度系统完成。

(2) 第二级集群：中压集群。如果线路较短及考虑到控制时可用的无功容量，可以 10kV 该线路整体作为一个集群。该级能量调度可以依托配电自动化系统完成。

(3) 第三级集群：用户层集群。一个配电台区下的所有分布式电源作为一个集群，通过通信实现集群内的自治控制，使得台区整体运行稳定和能量就地消纳，减少功率倒送，降低网损，提高供电可靠性和电能质量。该级能量调度主要由智能测控保护装置完成。

智能测控保护装置主要应用于用户层集群，一般安装在 10kV/380V 变压器的低压侧，可采集电压、电流、功率、频率等本地数据；通过 RS485 或低压电力线载波通信等方式获取台区内光伏电站、户用光伏、储能系统、电能质量监测装置、负荷等多种电参量及气象信息等；同时通过光纤通信与上一级主站交换数据，主站在设定时间内与智能测控保护装置完成一次通信数据的传递与调度指令的下发，实现用户层集群的有效调度。

智能测控保护装置所处的整个系统拓扑关系如图 6.2 所示。智能测控保护装

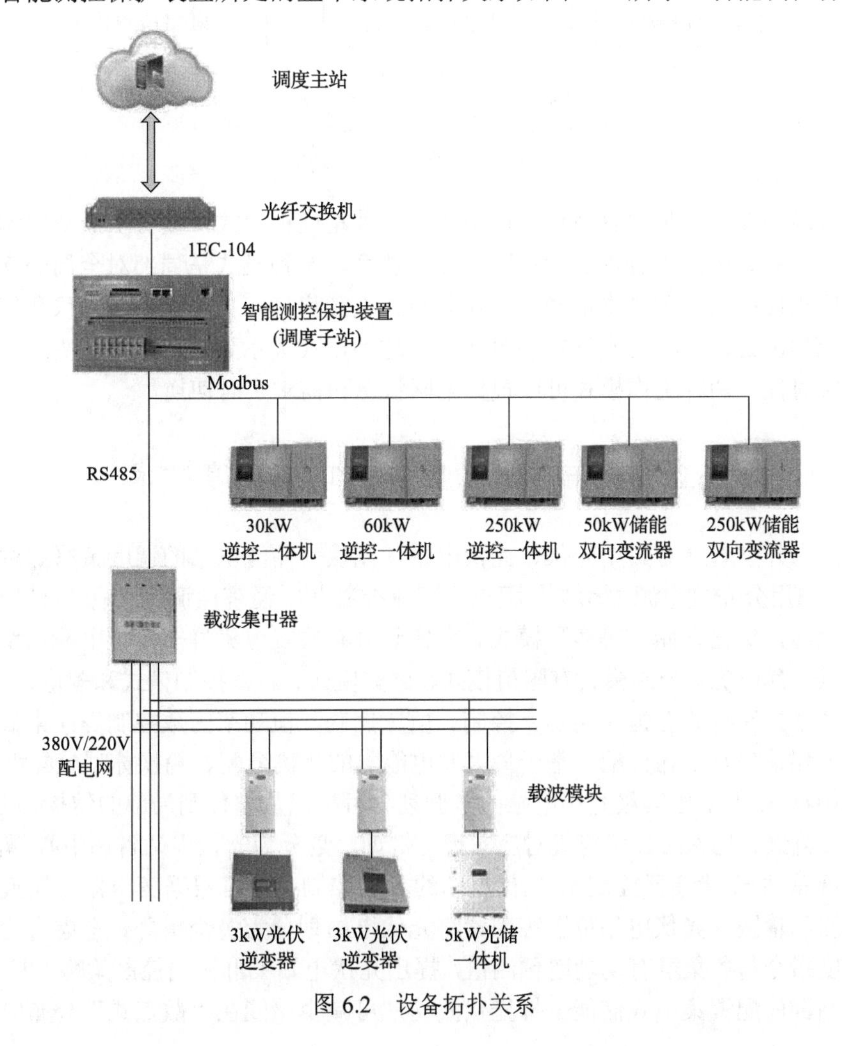

图 6.2　设备拓扑关系

置支持多种通信接口、多种通信方式和多种通信规约，在示范工程中主要通过光纤通信线路以 104 规约向上连接主站，通过电力线载波和 RS485 等方式以 Modbus 规约向下连接分布式电源集群内的光伏电站、分布式发电、储能等装置。

智能测控保护装置功能如图 6.3 所示，具有分布式电源集群的通信管理、保护和控制功能，在工程现场为减小设备体积通常将智能测控保护和防孤岛保护功能集成到一个装置中。

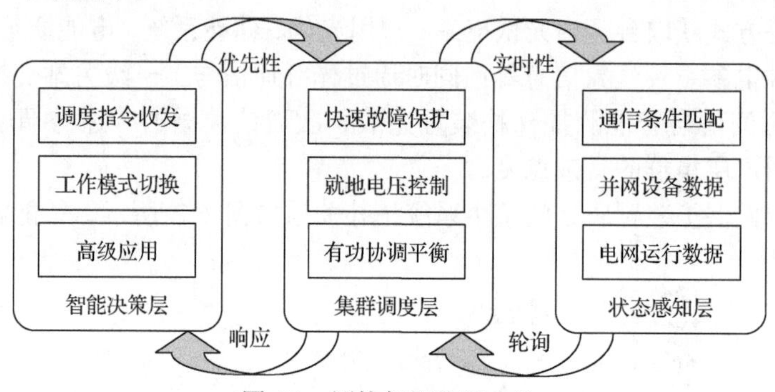

图 6.3　测控保护装置功能

智能测控保护装置有两种工作模式，一种是远程模式，接受上级功率调度指令，在分布式电源集群内进行功率分配与调度，这种模式是局部对全局的支持，具有优先性；另一种是本地模式，在分布式电源集群内自主调整各光伏和储能的有功无功出力，以满足电压控制等要求，这种模式关系到局部电压的快速控制，具有实时性。两种工作模式可以根据电网状态和需求实时切换。

6.2　分布式电源集群的功率调度技术

国内外学者针对户用光伏、光伏电站、光伏—储能电站的调度策略都进行了研究。户用分布式电源主动参与配电网潮流控制[1,2]，经济性调度具有“自发自用，余电上网，优化存储”等多种模式。考虑到分布式发电集群需接受电网功率调度的场景，有功功率控制模式有限值模式、调整模式、斜率控制模式和差值模式等；无功功率控制模式有恒无功功率控制、恒压控制、恒功率因数控制等；集群内部功率分配策略有平均分配、基于最大发电能力的比例分配、轮换休眠分配[3]。

10kV 以上电压等级光伏电站的集群划分可按照从整体到局部的结构，以系统级、集群级、场站级、机组级对应实现，例如，划分为光伏电站省调中心-光伏集群地调总站-光伏集群控制站-光伏电站的分层控制；也可根据变压器与换流器电压等级和辖区、光伏电站位置等因素将光伏电站划分为多个集群。考虑有功功率总调度指令与各集群有功功率预测值，提出光伏电站集群协调控制策略[3-5]。在光伏电站群内配置集中式储能平抑光伏波动，可减少储能在“散点式”分布时“此充彼放”的对冲效应，能有效提高电网对分布式电源的接纳能力[6,7]。

目前电网对于 35kV 以上光伏电站(集群)的功率调度策略研究和应用较多，但由于通信等客观条件限制，对于 380V 电压等级并网设备很少进行调度控制。本节提出一种适应电网对 380V 低压光伏并网系统的功率调度策略，响应上级功率调度指令，在集群内光伏和储能装置间合理进行功率分配。

6.2.1　功率调度场景

本节给出 380V 电压等级的含光伏、储能的集群的功率调度策略，以适应我国分布式电源快速发展，尤其光伏扶贫背景下的户用光伏大量接入，满足规模化分布式电源接入需求，提高电网可控性和可靠性，增加发电量。

户用光伏功率较小，一般功率为 3k～5kW，电压为单相 220V。实际工程中考虑到经济性往往不进行远程控制。分布式光伏电站一般位于 10kV/380V 变压器低压侧附近，为实现光伏发电的效益最大化，运行于 MPPT 模式的发电量将全额上网，因此光伏电站有功功率一般也不进行控制，其无功功率具备两象限运行能力，通过输出或吸收感性无功改善线路电压，额定容量为数十至数百千瓦。

同一 10kV 馈线内可能建设一至多个分布式光伏电站。各光伏电站实时有功功率为 P_{si}，实时无功功率为 Q_{si}，额定视在功率为 S_{sri} (i=1,2,3,⋯)。

储能变流器在 PQ 控制模式下实现双向变流，即 PQ 四象限运行，额定容量为数十至数百千瓦。可平抑光伏出力波动，提高光伏就地消纳能力，分布式储能站建设在分布式光伏电站附近，减少电压波动。同一 10kV 馈线内可能配置多个额定容量不同的分布式储能电站。

设定各储能变流器实时有功功率 P_{ei}、额定视在功率 S_{eri}、实时无功功率为 Q_{ei}、荷电状态 SOC_i、电池容量 W_i(单位 kW·h)。根据各储能变流器容量对荷电状态进行标幺化计算可得标幺化系数 $\omega_i = \dfrac{W_i}{100\text{kW}\cdot\text{h}}$。受储能设备电池管理系统的控制及电池寿命等因素影响，储能变流器不能按照额定有功功率进行输出，需要设置额定指标。各储能变流器有功功率范围 $[-\alpha_{\text{lower}} * S_{eri}, \alpha_{\text{upper}} * S_{eri}]$，无功功率范围 $[-\beta_{\text{lower}} * S_{eri}, \beta_{\text{upper}} * S_{eri}]$，其中 α、β 参数值选 (0,1]。

储能变流器运行限制条件为

$$
\begin{cases}
\text{SOC}_{\text{down}} \leqslant \text{SOC}_i \leqslant \text{SOC}_{\text{up}} \\
-\alpha_{\text{lower}} \times S_{eri} \leqslant P_{ei} \leqslant \alpha_{\text{upper}} \times S_{eri} \\
-\beta_{\text{lower}} \times S_{eri} \leqslant Q_{ei} \leqslant \beta_{\text{upper}} \times S_{eri} \\
\Delta Q_{ei} = \sqrt{S_{eri}{}^2 - P_{ei}{}^2} - Q_{ei} \\
\delta Q_{ei} = \left| -\sqrt{S_{eri}{}^2 - P_{ei}{}^2} - Q_{ei} \right|
\end{cases}
$$

式中，当 $SOC_i < SOC_{down}$ 时，储能不具备输出有功功率的能力；当 $SOC_i > SOC_{up}$ 时，储能不具备吸收有功功率的能力；ΔQ_{ei}、δQ_{ei} 分别为各储能无功余量最大增加量及最大减少量。

光伏逆变器运行限制条件为

$$\begin{cases} \Delta Q_{si} = \sqrt{{S_{sri}}^2 - {P_{si}}^2} - Q_{si} \\ \delta Q_{si} = \left| -\sqrt{{S_{sri}}^2 - {P_{si}}^2} - Q_{si} \right| \end{cases}$$

式中，ΔQ_{si}、δQ_{si} 分别为各分布式光伏电站无功余量最大增加量及最大减少量。

6.2.2 功率调度策略

功率调度初始化数据处理如下：

主站下发针对台区并网点的功率调度指令 $P_{control}$、$Q_{control}$，并网点实时功率分别为 P_{pcc}、Q_{pcc}。为避免储能变流器调节过程中出现调度值异号的情况，对有功功率调度指令 P 进行符号同向处理，$P = P_{control} + \sum P_{ei} - P_{pcc}$。

当 $P>0$ 时，各储能有功功率调度指令为 $\lambda P_{ei} = P \times \dfrac{\omega_i \times SOC_i}{\sum(\omega_i \times SOC_i)}$。

当 $P<0$ 时，各储能有功功率调度指令为 $\lambda P_{ei} = P \times \dfrac{\omega_i \times (1-SOC_i)}{\sum[\omega_i \times (1-SOC_i)]}$。

无功功率调度过程中，储能的无功功率计算如下：

最大余量增量为 $\Delta Q_{ei} = \sqrt{{S_{eri}}^2 - \lambda {P_{ei}}^2} - Q_{ei}$。

最大余量减量为 $\delta Q_{ei} = \left| -\sqrt{{S_{eri}}^2 - \lambda {P_{ei}}^2} - Q_{ei} \right|$。

光伏电站无功功率：

最大余量增量为 $\Delta Q_{si} = \sqrt{{S_{sri}}^2 - {P_{si}}^2} - Q_{si}$。

最大余量减量为 $\delta Q_{si} = \left| -\sqrt{{S_{sri}}^2 - {P_{si}}^2} - Q_{si} \right|$。

无功功率调度按照余量占比分配方式：

储能无功功率可调最大值为 $Q_{ess} = \begin{cases} \sum \Delta Q_{ei}(\text{增功率}) \\ \sum \delta Q_{ei}(\text{减功率}) \end{cases}$。

光伏电站无功功率可调最大值为 $Q_{pv} = \begin{cases} \sum \Delta Q_{si}(\text{增功率}) \\ \sum \delta Q_{si}(\text{减功率}) \end{cases}$。

无功功率调度指令 $Q = Q_{\text{control}} - Q_{\text{pcc}}$，典型计算公式为

$$\begin{cases} Q'_{xi} = Q_{xi} + Q \times \dfrac{\Delta Q_{xi}}{\Sigma \Delta Q_{xi}} (\text{升功率}) \\ Q'_{xi} = Q_{xi} + Q \times \dfrac{\delta Q_{xi}}{\sum \delta Q_{xi}} (\text{降功率}) \end{cases}$$ 。

有功功率调度以跟随上级下发的并网点出力指令为目标，仅考虑储能设备，步骤如下。

(1) 初始化网络参数及调度设备电参量。判断 P 值正负，根据 SOC 实时测量值剔除不可控储能设备。

(2) 计算各设备预下发调度值 λP_{ei}，调度值在区间 $[-\alpha_{\text{lower}} * S_{eri}, \alpha_{\text{upper}} * S_{eri}]$ 之外的，按照区间最值下发调度指令，剔除此部分设备后重新计算得到新的 P 值，再次计算得到下发调度值 $\lambda P_{ei}'$；调度值在区间之内的，按照计算值 λP_{ei} 下发调度指令。

(3) 等待下一周期的调度指令。

无功功率调度按照先储能后光伏的顺序，减少光伏无功受有功波动的影响，同时最大限度利用无功功率改善电压质量，步骤如下。

(1) 判断 Q 值正负，确定功率变动方向。

(2) 判断储能余量能否满足要求，是则进行功率计算，并通过功率再分配避免设备之间功率异号，形成对冲效应；否则储能按照最大能力输出。

(3) 判断光伏余量能否满足要求，后续与步骤 (2) 同理。

6.2.3　功率调度仿真

仿真模型选择配置两台光伏逆变器与两台储能变流器，拓扑如图 6.4 所示；硬件仿真平台如图 6.5 所示，可模拟多台设备组网运行与控制；储能与光伏初值设置如表 6.1 和表 6.2 所示。

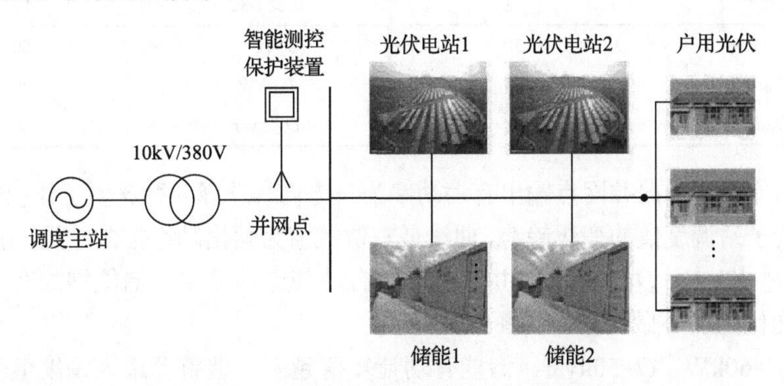

图 6.4　光伏储能集群系统仿真示意图

图 6.5　硬件仿真平台

表 6.1　储能初值

仿真参数	值	仿真参数	值
S_{er1}/kW	50	S_{er2}/kW	100
W_1/kWh	100	W_2/kWh	200
ω_1	1	ω_2	2
SOC_1	0.8	SOC_2	0.8
α_{upper}	0.3	α_{lower}	0.3
β_{upper}	1	β_{lower}	1
P_{e1}/kW	10	P_{e2}/kW	20
Q_{e1}/kvar	5	Q_{e2}/kvar	5
SOC_{up}	0.95	SOC_{down}	0.60

表 6.2　可控光伏初值

仿真参数	值	仿真参数	值
S_{sr1}/kW	30	S_{sr2}/kW	50
P_{s1}/kW	15	P_{s2}/kW	20
Q_{s1}/kvar	2	Q_{s2}/kvar	2

以储能变流器向并网点输出有功功率为正方向，选择 6 种典型工作模式，曲线代表调度子站调度值的变化趋势，曲线最右侧数值为输出功率控制结果，分析如下。

(1) P=40kW，Q=50kvar，并网点增加有功与无功输出。储能增加有功及无功输出，光伏无功不做调整，如图 6.6 所示。

(2) P=60kW，Q=50kvar，储能有功计算值越限，调整至最大调度值输出，提升储能无功，光伏无功不做调整，如图 6.7 所示。

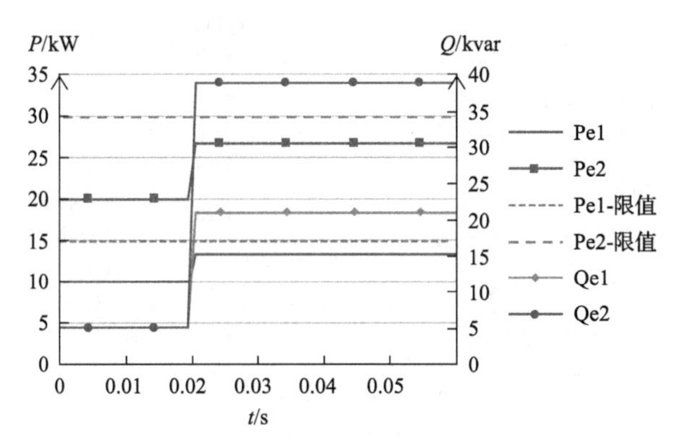

图 6.6　工作状态 1

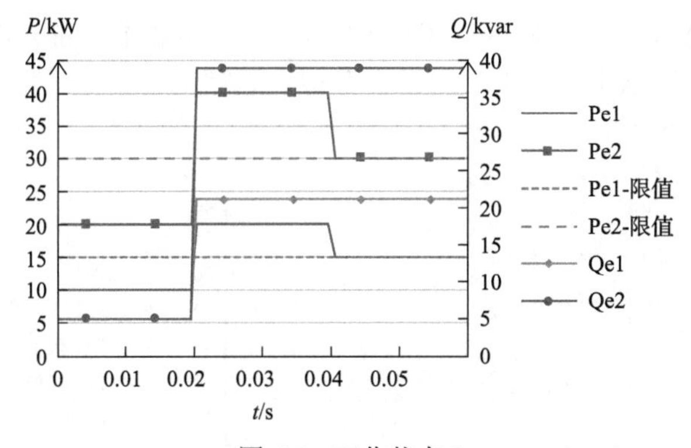

图 6.7　工作状态 2

(3) P=40kW，Q=150kvar，使用储能全部无功能力，剩余部分交由光伏进行调整，如图 6.8 所示。

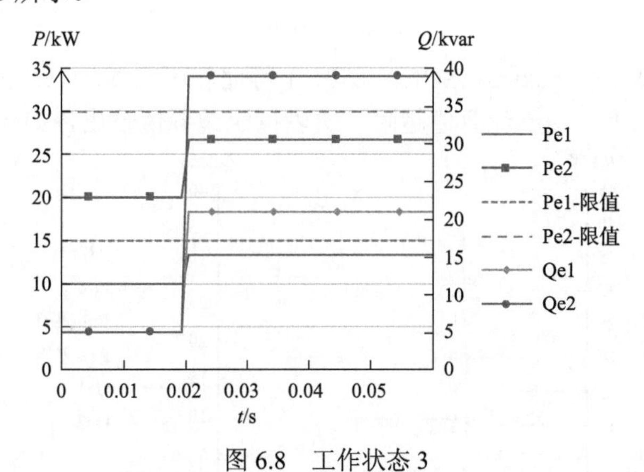

图 6.8　工作状态 3

(4) P=20kW，Q=50kvar，SOC_1=0.96，SOC 越上限但储能仍具备有功输出能力，如图 6.9 所示。

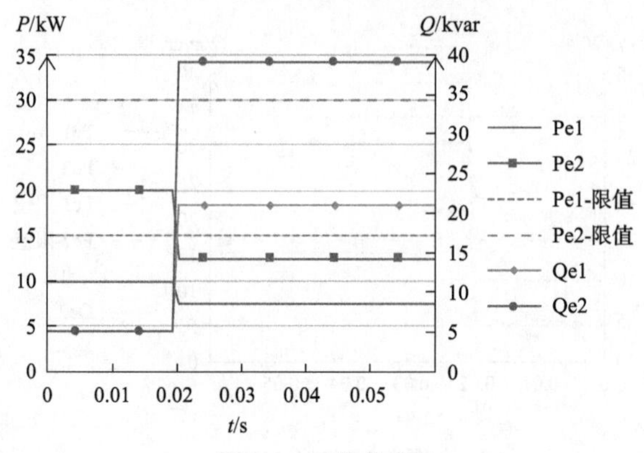

图 6.9　工作状态 4

(5) P=–10kW，Q=–12kvar，SOC_1=0.96，1 号储能不具备充电能力，有功调整任务由 2 号储能承担，从用户层吸收有功；储能无功进行正负值符号修正避免对冲，如图 6.10 所示。

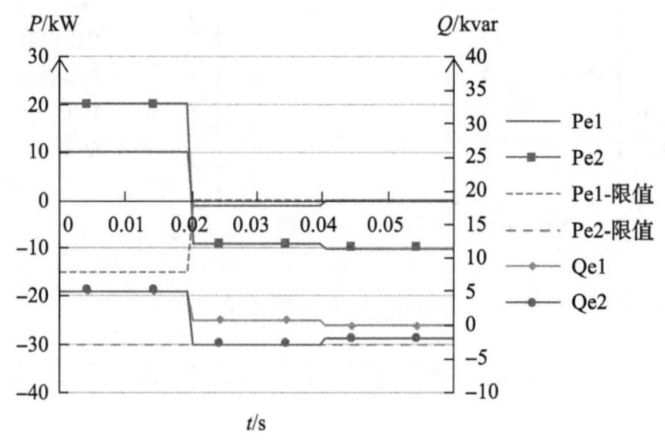

图 6.10　工作状态 5

(6) P=40kW，Q=50kvar，SOC_1=0.59，1 号储能不具备放电能力，增加有功出力由 2 号储能承担，由于计算值越限，所以按照边界值输出，如图 6.11 所示。

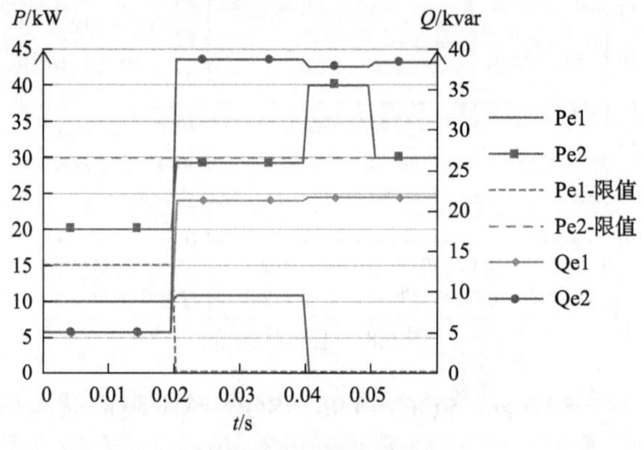

图 6.11　工作状态 6

6.3　分布式电源集群的电压控制技术

规模化分布式电源的接入使配电网出现末端节点电压越限问题，这在电网网架薄弱、家庭用电负荷很小的户用光伏扶贫工程中尤为突出[8,9]，因此，配电网电压控制成为分布式发电规模化发展的重大挑战之一[10]。本节研究分布式电源集群的电压控制技术，合理优化光伏和储能设备，改善馈线电能质量，提高电网运行安全性和接纳能力，以应对大规模分布式电源并网输出功率。

6.3.1　含分布式电源的低压配电网电压调控模型

传统辐射状配电网系统中电压由线路首端节点到末端节点逐渐降低。分布式电源接入使潮流双向流动，电压分布复杂多变，对电压估算方法的数学模型如下。

如图 6.12 所示，假设 1、3 节点处接有分布式电源，2 为纯负荷节点。U_1、U_2、U_3 分别为节点 1、2、3 的节点电压，P_1、Q_1 和 P_3、Q_3 分别为 DG1 和 DG2 的输出功率，其正方向如图所示，P_2、Q_2 为负荷吸收功率。两段线路类型相同，线路长度分别为 l_1 和 l_3，单位阻抗为 $r_0 + \mathrm{j}x_0$。

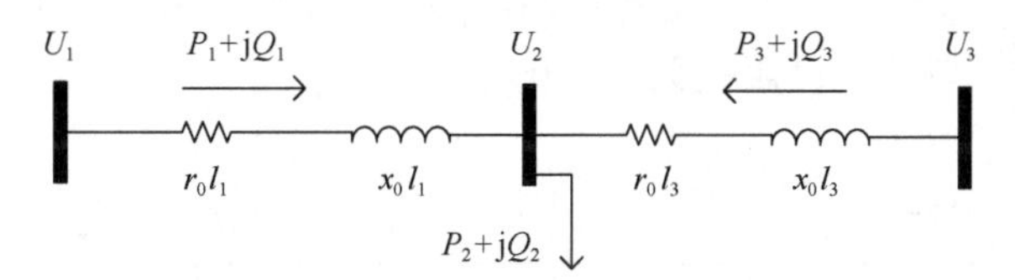

图 6.12　三节点双电源馈线

1. 电压越上限

假设负荷节点电压大于两侧 DG 节点电压，则由电压降落公式可得

$$U_1 - U_2 = \frac{(P_1 r_0 + Q_1 x_0) l_1}{U_1} < 0 \tag{6.1}$$

$$U_3 - U_2 = \frac{(P_3 r_0 + Q_3 x_0) l_3}{U_3} < 0 \tag{6.2}$$

由于 r_0 和 x_0 均大于 0，所以 P_1 和 Q_1、P_3 和 Q_3 不能同时大于 0；且负荷节点不能输出功率，因而不能同时小于 0。只有两种情况满足上述条件：①$P_1>0$，$Q_1<0$，$P_3<0$，$Q_3>0$；②$P_1<0$，$Q_1>0$，$P_3>0$，$Q_3<0$。

以第 1 种情况为例，则式(6.1)、式(6.2)可更改为

$$U_1 - U_2 = \frac{(P_1 r_0 - Q_1 x_0) l_1}{U_1} < 0 \tag{6.3}$$

$$U_3 - U_2 = \frac{(Q_3 x_0 - P_3 r_0) l_3}{U_3} < 0 \tag{6.4}$$

由式(6.3)和式(6.4)可得

$$\frac{P_1 Q_3}{P_3 Q_1} < 1 \tag{6.5}$$

又根据功率流向，可得 $P_1 > P_3$，$Q_1 < Q_3$，所以

$$\frac{P_1 Q_3}{P_3 Q_1} > 1 \tag{6.6}$$

式(6.5)和式(6.6)相互矛盾，所以电压越上限节点不可能为纯负荷节点，只能是电源或分布式电源并网点。

2. 电压越下限

如图 6.13 所示为一双电源馈线，两电源分别由节点 0、N 向馈线注入功率，馈线总长度为 l，单位长度阻抗为 $r_0 + \mathrm{j}x_0$。

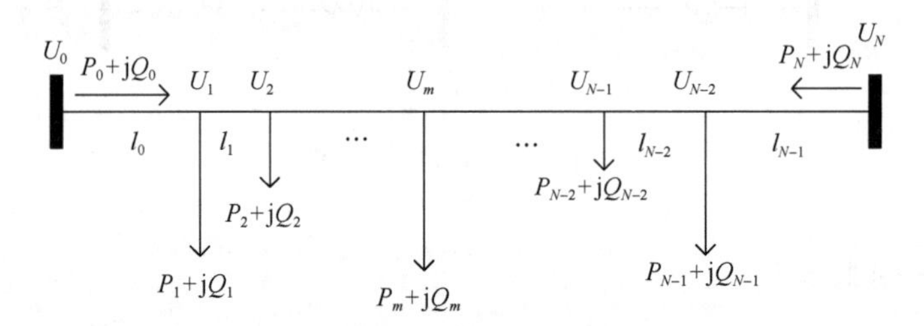

图 6.13　N 节点双电源馈线

忽略线路损耗情况下，中间任一负荷节点 m 的电压为

$$U_m = \begin{cases} U_0 - \dfrac{(P_0 r_0 + Q_0 x_0) l_0}{U_0}, & m = 1 \\ U_1 - \sum_{i=1}^{m-1} \dfrac{\left[\left(P_0 - \sum_{j=i}^{i} P_j\right) r_0 + \left(Q_0 - \sum_{j=i}^{i} Q_j\right) x_0\right] l_i}{U_i}, & m > 1 \end{cases} \tag{6.7}$$

由于各负荷节点功率未知，可将所有负荷节点集中于一点对模型进行简化，则式(6.7)可简化为

$$U_m = U_0 - \frac{(P_0 r_0 + Q_0 x_0)\sum_{i=0}^{m-1} l_0}{U_0} \tag{6.8}$$

比较可得，式(6.8)所得电压与实际电压接近，以此模型对电压最小值进行估算，可有效防止电压出现越下限情况。

将馈线分成若干个区域，每个区域以分支点或分布式电源节点为边界。若两端节点仅满足式(6.9)中的一个条件，则该区域电压分布呈单调性，电压最低值点位于端点处；若同时满足，则可对最低点电压进行估算。

$$\begin{cases} P_0 r_0 + Q_0 x_0 > 0 \\ P_N r_0 + Q_N x_0 > 0 \end{cases} \tag{6.9}$$

假设电压最低点 m 距节点 0 为 l_m，则

$$\begin{aligned} U_m &= U_0 - \frac{(P_0 r_0 + Q_0 x_0) l_m}{U_0} \\ &= U_{\mathrm{N}} - \frac{(P_{\mathrm{N}} r_0 + Q_{\mathrm{N}} x_0)(l - l_m)}{U_{\mathrm{N}}} \end{aligned} \tag{6.10}$$

令 $A = P_0 r_0 + Q_0 x_0$， $B = P_{\mathrm{N}} r_0 + Q_{\mathrm{N}} x_0$，则 l_m 为

$$l_m = \frac{U_0 - U_{\mathrm{N}} + \dfrac{B}{U_{\mathrm{N}}} l}{\dfrac{B}{U_{\mathrm{N}}} + \dfrac{A}{U_0}} \tag{6.11}$$

将式(6.11)代入式(6.10)可得最低点电压值为

$$U_m = \frac{A U_{\mathrm{N}}^2 + B U_0^2 - ABl}{A U_{\mathrm{N}} + B U_0} \tag{6.12}$$

6.3.2　含分布式电源集群的电压调控策略

任意节点的有功功率或无功功率变化均可导致该节点或其他节点电压改变。低压配电网中，$r > x$，调节节点有功功率能够更加有效地对电压进行控制，但是削减光伏并网有功降低了能源利用率和经济性，因此可以利用储能装置对节点有功功率进行调节，最大化消纳发电。当储能装置裕度不足时，利用光伏逆变器无功裕度进行调节，当逆变器无功调节容量达到极限时且电压越限，则开始削减光伏有功功率，并进一步利用光伏有功削减所释放的无功容量对电压进行控制。

1. 装置容量约束

储能装置由蓄电池和变流器组成，可以与电网进行有功功率和无功功率双向交换。由于有功调节更有效，所以本节只考虑有功调节。蓄电池容量有限，其充放电能力由荷电状态 SOC 表示，SOC=0 表示完全放电，SOC=1 表示完全充电。为简化储能装置模型，对充放电功率不加以限制，假设只要蓄电池容量未达到极限，便可根据电压控制要求进行功率吸收和释放，也即满足

$$\begin{cases} P_{\text{charge}} = 0, & \text{SOC} = 1 \\ P_{\text{charge}} * P_{\text{discharge}} \neq 0, & 0 < \text{SOC} < 1 \\ P_{\text{discharge}} = 0, & \text{SOC} = 0 \end{cases} \tag{6.13}$$

式中，P_{charge} 和 $P_{\text{discharge}}$ 分别为储能装置的充电功率和放电功率。

光伏逆变器可调无功容量与其额定容量的关系为

$$Q_{\max} - Q_{\text{pv}} = \sqrt{S_{\text{N}}^2 - P_{\text{pv}}^2} \tag{6.14}$$

式中，$Q_{\max}$ 为光伏逆变器的无功裕度；S_{N} 为逆变器的额定容量；P_{pv} 为光伏的实时有功；Q_{pv} 为光伏的实时无功。

2. 灵敏度计算

文献[11]对灵敏度进行了详细的推导，所得电压灵敏度公式为

$$\begin{cases} \dfrac{\partial U_m}{\partial P_n} = -\sum_{i \in (W_m \cap W_n)} \dfrac{R_i}{U_{i-1}} \\ \dfrac{\partial U_m}{\partial Q_n} = -\sum_{i \in (W_m \cap W_n)} \dfrac{X_i}{U_{i-1}} \end{cases} \tag{6.15}$$

式中，$W_m \cap W_n$ 为节点 0 到节点 m 与节点 0 到节点 n 之间线路和节点的交集。

由式(6.15)可得，电压-有功/无功灵敏度分别与电阻、电抗直接相关，电阻或电抗越大，灵敏度也就越高。

这样，当某一节点 n 处的功率变化时，任一节点 m 处的电压变化为

$$\Delta U_m = \frac{\partial U_m}{\partial P_n} \Delta P_n + \frac{\partial U_m}{\partial Q_n} \Delta Q_n \tag{6.16}$$

3. 基于灵敏度的电压调控策略

根据国家标准 GB/T 12325《电能质量供电电压偏差》规定，20kV 及以下三相供电电压偏差为标称电压±7%。若电压越下限，则需要通过储能输出有功功率-

逆变器输出感性无功功率以抬升电压；若电压越上限，则需要通过储能吸收有功功率、逆变器吸收感性无功功率、逆变器削减有功功率以降低电压。电压调控步骤如图 6.14 所示。

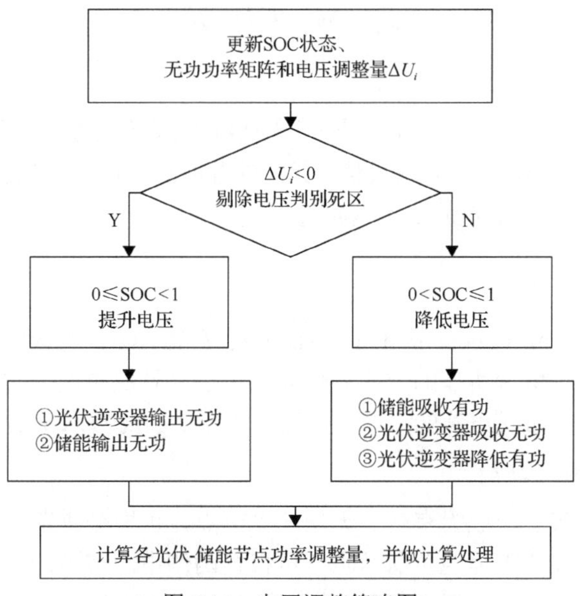

图 6.14　电压调整策略图

1) 数据采集与处理

配电网级 Agent 采集并生成异常节点的电压调整矩阵、所有储能装置的 SOC 状态矩阵和所有逆变器的实时功率矩阵。线路级 Agent 或区域级 Agent 计算电压调整标幺值的公式为

$$\Delta U_i = \frac{U_i - U_{\mathrm{N}}}{U_{\mathrm{N}}} \tag{6.17}$$

式中，U_{N} 为额定电压；U_i 为节点 i 的测量电压。

2) 分类

判断电压调整标幺值 ΔU_i 的正负性，将异常节点分为升压组和降压组。

类似地，将储能装置分为升压组和降压组，其中，SOC=0 的储能属于降压组，SOC=1 的储能属于升压组，0<SOC<1 的储能兼具升降压能力。

分别计算升压组和降压组关联节点的逆变器和储能装置的电压-有功灵敏度和电压-无功灵敏度。

3) 功率调整量的计算

升压组：根据式(6.19)依次计算逆变器和储能装置的无功功率调整量。

降压组：根据式(6.16)和式(6.19)依次计算储能装置的有功调整量，逆变器的无功调整量和逆变器的有功调整量。

$$\Delta P_n = \Delta U_i / (\partial U_i / \partial P_n) \tag{6.18}$$

$$\Delta Q_n = \Delta U_i / (\partial U_i / \partial Q_n) \tag{6.19}$$

4) 有功/无功计算值

针对待优化的每个电压异常节点，各光伏-储能节点可获得多组有功/无功计算值，计算值做如下处理：同号取最值，异号的各取绝对值最大的正负值进行求和，即可获取各光伏-储能节点的功率调整量。

4. 多级 Agent 系统

多代理系统(multi-agent system，MAS)是多个 Agent 组成的集合，可感知环境变化，通过单元协调协作的方式处理问题，适合解决空间分布的、需要并行协作的问题。在含分布式电源的系统中，可以采用 Agent 技术来实现分级调控。

1) Agent 配置及功能

电压越上限节点一般为有功、无功汇入节点，也即分支节点或分布式电源并网点；电压越下限节点为纯负荷节点，可根据两侧电源节点的功率和电压情况进行评估。因此，Agent 主要安装于分支节点和分布式电源并网点，并按照电压感知范围分为区域级、线路级和配电网级。Agent 配置情况如图 6.15 所示。

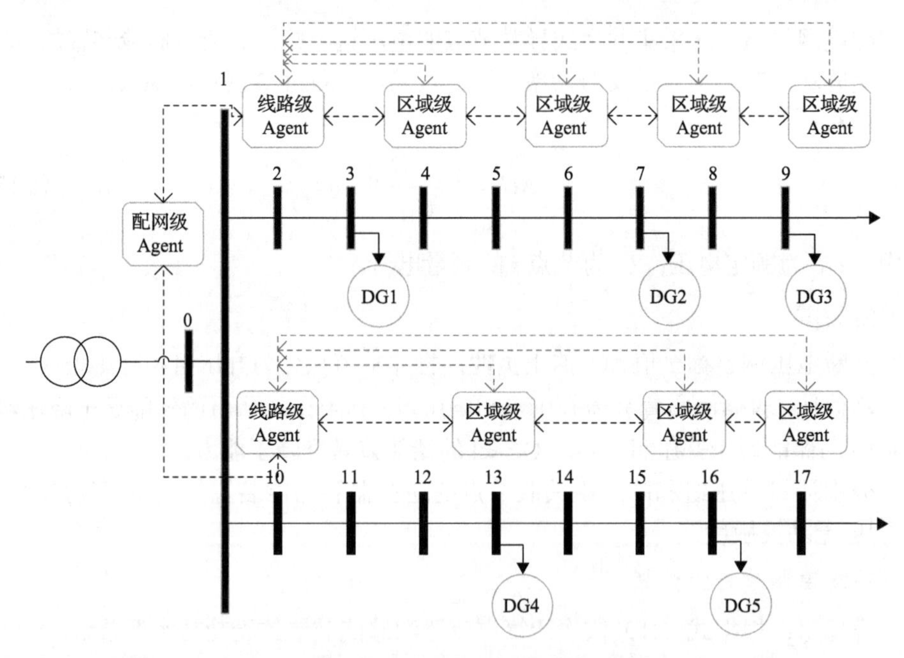

图 6.15　多级 Agent 架构图

(1)区域级 Agent：测量本地信息，包括安装点的节点电压、节点注入功率或输出功率；根据下游 Agent 量测信息估算区域电压最小值，判断区域是否存在电压越限节点，并将结果汇报至线路级 Agent；根据线路级 Agent 指令，进行电压调控。

(2)线路级 Agent：汇总线路电压越限情况，并汇报至配电网级 Agent；接受配电网级 Agent 命令，并将调控命令下传至区域级 Agent；具有区域级 Agent 电压异常点估算功能，当区域级 Agent 之间通信失败时，可作为冗余备用。

(3)配网级 Agent：汇总各线路电压越限情况，根据分支点灵敏度制定电压调控策略，下传至线路级 Agent。

2)Agent 通信结构

为保证通信可靠性，Agent 系统通信信息不仅可以根据配电网络结构进行逐级传递，各级 Agent 与线路级 Agent 之间还可直接通信。当某一条区域级 Agent 链路失效时，通信信息可直接上传至线路级 Agent，由其完成电压感知估算。

6.3.3　电压调控仿真

基于 MATLAB 平台搭建 10kV 配电网仿真模型。低压配电馈线系统包含一台 10kV/380V 配变和 2 条馈线，共 18 个节点，其中节点 3、7、9、13、16 装有光伏和储能装置。节点 9 的光伏逆变器额定容量为 50kV·A，其余为 20kV·A。线路均采用架空线，线路参数为 r_0=0.65Ω/km，x_0=0.412Ω/km，各节点间距 100m。

1)电压感知算法验证

设定光伏逆变器均以单位功率因数运行，其中节点 7、9、16 输出功率为 5kW，节点 3 和 13 输出功率为 20kW，所有储能装置不工作。各节点电压运行结果如图 6.16、图 6.17 所示，在节点 2、4 和 14 处存在 3 个最小电压。相对误差如表 6.3 所示，电压估计的最大相对误差为 0.992%，验证了电压感知算法的有效性。

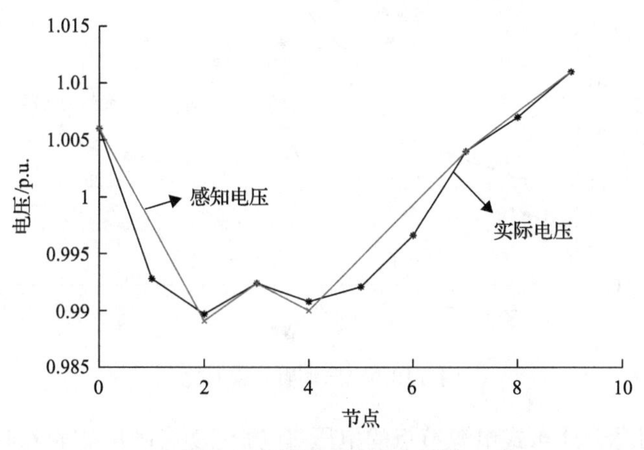

图 6.16　馈线 1 节点电压图

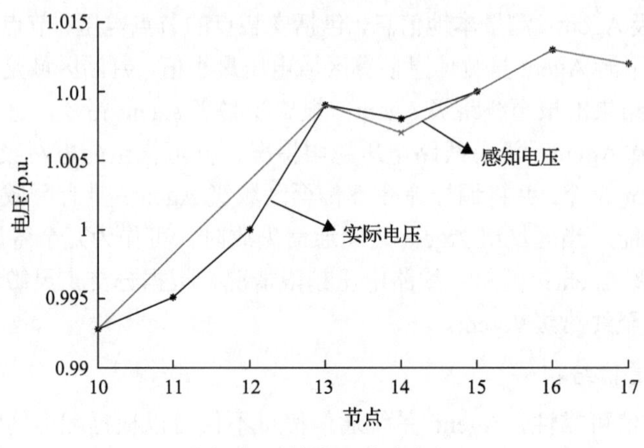

图 6.17　馈线 2 节点电压

表 6.3　电压相对误差

节点	实际电压/p.u.	感知电压/p.u.	相对误差/%
2	0.9897	0.9891	0.0707
4	0.9908	0.990	0.0807
14	1.008	1.007	0.0992

2) 电压调控策略验证

在上一步的基础上，将所有光伏逆变器功率增加到最大值，并且每个储能的 SOC 为 20%，能够正常输出或吸收有功功率。如图 6.18 所示，可以看到，节点 9 的电压上升到 1.051p.u.，电压所需调整量最大，因此优先对节点 9 进行调整。

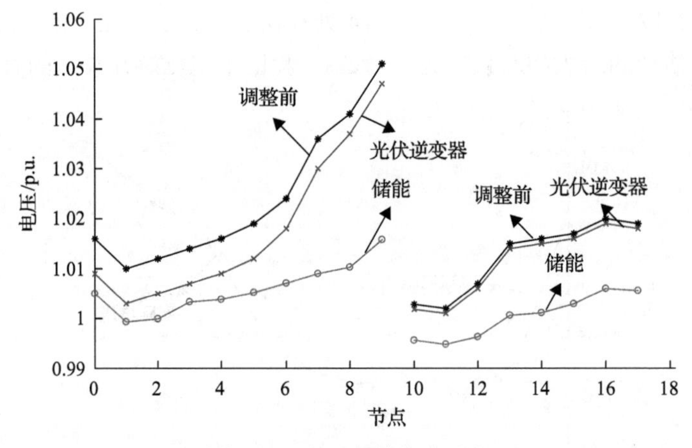

图 6.18　电压调整结果对比

节点 9 相对于分布式电源节点的电压-有功/无功灵敏度如表 6.4 所示。在灵敏度相同的情况下，优先选择与节点 9 相近的装置。功率的调整顺序为储能的有功功率、逆变器的无功功率，最后是逆变器的有功功率，具体调整由灵敏度决定。

表 6.4　节点 9 电压灵敏度

节点	电压-有功灵敏度/$\times 10^{-4}$	电压-无功灵敏度/$\times 10^{-4}$
3	5.13	3.25
7	1.20	7.59
9	1.54	9.76
13	1.71	1.08
16	1.71	1.08

从图 6.18 中可以看到，通过所提出方法协调控制储能和光伏逆变器的功率可以改善电压调节效果，验证了所提策略的有效性。

本节基于储能装置及光伏逆变器无功调节能力，提出含分布式光伏/储能的配电网电压控制策略，完成电压感知估算，并基于电压灵敏度对电压越限点进行调控。通过在 MATLAB 中的建模仿真，验证了本策略的可行性和实用性。

该方法的优势主要有以下两点。

(1) 电压感知算法可有效减少低压配电网电力监测设备，降低建设成本与维护费用。同时，兼顾欠压、过压两种情况，保证监测的全面性。

(2) 充分利用储能装置的功率调节能力和光伏逆变器的无功调节能力，减少或避免光伏有功功率的削减。

6.4　含分布式电源的配电网保护技术

分布式电源接入配电网后，在负荷侧出现电源，且光伏风电等分布式电源具有间歇性和随机性，导致配电网的故障特征发生改变，例如电流和功率的大小方向均发生变化，影响继电保护的选择性和可靠性，可能导致传统继电保护装置误动或拒动。本书针对含分布式电源的配电网，研究分布式电源的运行特性，分析分布式电源对故障特征的影响，提出适用于含分布式电源的配电网保护技术，主要包括两种线路保护技术和一种站域集中保护技术。

6.4.1　基于电流正序故障分量相位差的含分布式电源配电网保护技术

1. 基于电流正序故障分量相位差的保护原理

分相差动保护所需交互的信息量较大，而正序分量具有存在于各种故障类型的优良特性，因此本节提出基于电流正序故障分量相位差的保护原理，能够适应含分布式电源的配电网发生的各种故障类型。

如图 6.19 所示的为含分布式电源配电网的示意图，取线路 AB 作为研究对象，将其等效为如图 6.20 所示的双端电源供电网络，E_s 为系统电源，E_{DG} 为分布式电源的等效电源，F_1 代表区内故障，F_2 代表区外故障。

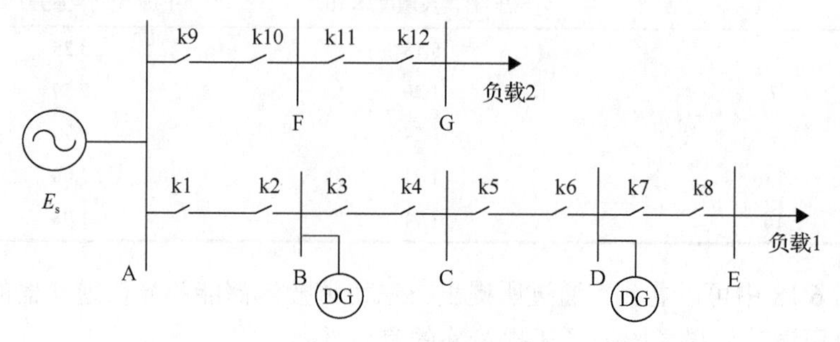

图 6.19　含 DG 的配电网

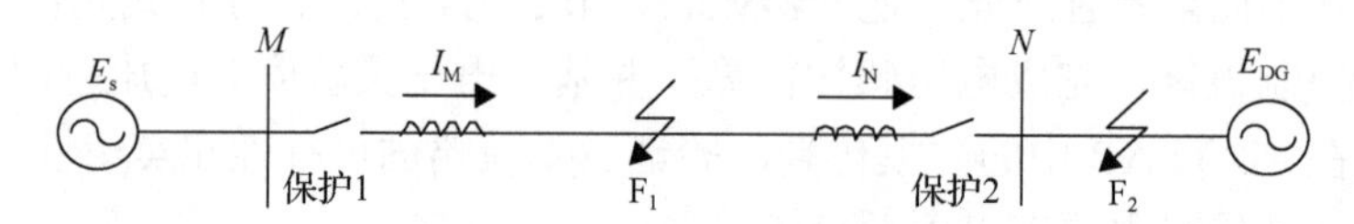

图 6.20　10kV 双电源供电系统

1) 区内故障分析

对于如图 6.21 所示的双电源供电系统，当 F_1 点发生区内故障时，可将系统分解为正常运行状态和区内故障附加状态。

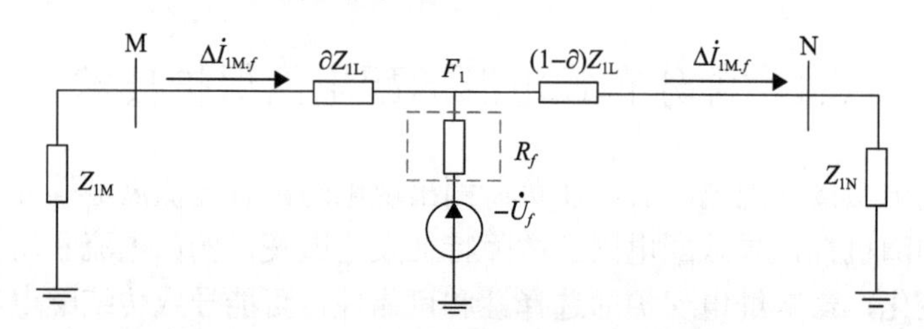

图 6.21　区内故障时故障附加状态电路图

图中，U_f 为故障点处的电压，由故障前该点电压及故障边界条件决定，Z_{1M} 为系统侧正序等效阻抗，Z_{1N} 为分布式电源侧正序等效阻抗，Z_{1L} 为线路正序阻抗，∂ 为点 M 到故障点 F_1 的距离占线路 MN 总长的比例$(0<\partial<1)$。其中 $\Delta I_{1M.f}$、$\Delta I_{1N.f}$ 分别为线路 MN 两侧的电流正序故障分量，规定 M 侧电流参考方向为由母线流入线路，N 侧参考方向为由线路流向母线。

当区内发生金属性故障$(R_f=0)$，流过线路 MN 两侧的电流正序故障分量分别为

$$\Delta\dot{I}_{1\mathrm{M}.f}=-\frac{-\dot{U}_f}{Z_{1\mathrm{M}}+\partial Z_{1\mathrm{L}}}\tag{6.20}$$

$$\Delta\dot{I}_{1\mathrm{N}.f}=\frac{-\dot{U}_f}{Z_{1\mathrm{N}}+(1-\partial)Z_{1\mathrm{L}}}\tag{6.21}$$

流过线路 MN 两侧的电流正序故障分量相位差为

$$\begin{aligned}\theta_{\mathrm{in}.f}&=\arg\frac{\Delta\dot{I}_{1\mathrm{M}.f}}{\Delta\dot{I}_{1\mathrm{N}.f}}=\arg\frac{\dfrac{\dot{U}_f}{Z_{1\mathrm{M}}}+\partial Z_{1\mathrm{L}}}{\dfrac{-\dot{U}_f}{Z_{1\mathrm{N}}}+(1-\partial)Z_{1\mathrm{L}}}\\&=\arg\left[-\frac{Z_{1\mathrm{N}}+(1-\partial)Z_{1\mathrm{L}}}{Z_{1\mathrm{M}}+\partial Z_{1\mathrm{L}}}\right]\end{aligned}\tag{6.22}$$

当区内发生非金属性故障($R_f\neq0$)，流过线路 MN 两侧的电流正序故障分量分别为

$$\Delta\dot{I}_{1\mathrm{M}.R_f}=-\frac{-\dot{U}_f}{R_f+(Z_{1\mathrm{M}}+\partial Z_{1\mathrm{L}})//[Z_{1\mathrm{N}}+(1-\partial)Z_{1\mathrm{L}}]}\cdot\frac{[Z_{1\mathrm{N}}+(1-\partial)Z_{1\mathrm{L}}]}{(Z_{1\mathrm{M}}+Z_{1\mathrm{N}}+Z_{1\mathrm{L}})}\tag{6.23}$$

$$\Delta\dot{I}_{1\mathrm{N}.R_f}=\frac{-\dot{U}_f}{R_f+(Z_{1\mathrm{M}}+\partial Z_{1\mathrm{L}})//[Z_{1\mathrm{N}}+(1-\partial)Z_{1\mathrm{L}}]}\cdot\frac{(Z_{1\mathrm{M}}+\partial Z_{1\mathrm{L}})}{(Z_{1\mathrm{M}}+Z_{1\mathrm{N}}+Z_{1\mathrm{L}})}\tag{6.24}$$

流过线路 MN 两侧的电流正序故障分量相位差为

$$\theta_{\mathrm{in}.R_f}=\arg\frac{\Delta\dot{I}_{1\mathrm{M}.R_f}}{\Delta\dot{I}_{1\mathrm{N}.R_f}}=\arg\left[-\frac{Z_{1\mathrm{N}}+(1-\partial)Z_{1\mathrm{L}}}{Z_{1\mathrm{M}}+\partial Z_{1\mathrm{L}}}\right]\tag{6.25}$$

对比式(6.22)和式(6.25)可知，无论区内发生金属性故障还是非金属性故障，流过线路 MN 两侧的电流正序故障分量相位差公式相同，仅仅受线路两端电源的正序等效阻抗和线路正序阻抗的影响，且均不受线路负荷电流及过渡电阻的影响。下面先假设系统电源和线路阻抗的相位角均为 90°。同时从上节内容分析可知，当逆变型分布式电源在故障时刻电压跌落到大于 $0.2U_{\mathrm{N}}$ 的范围内时，输出电流的相位滞后于电压 0°～31°。因此重点分析在两种极端情况下时，被保护线路两端电流正序故障分量相位差的输出范围。

(1) 当故障点位于被保护线路末端时(即 $\partial=1$)，线路两端电流正序故障分量相位差公式变为

$$\theta_{\mathrm{in}}=180°+\arg[Z_{1\mathrm{N}}]-\arg[Z_{1\mathrm{M}}+Z_{1\mathrm{L}}]\tag{6.26}$$

式中，逆变型分布式电源的等效阻抗角 $\arg[Z_{1N}]\in(0°, 31°)$，式第三项 $\arg[Z_{1M}+Z_{1L}]=90°$，则线路两端电流正序故障分量相位差 $\theta_{in}\in(90°, 120°)$。

(2)当故障点位于被保护线路始端时(即 $\partial=0$ 时)，线路两端电流正序故障分量相位差公式变为

$$\theta_{in}=180°+\arg[Z_{1N}+Z_{1L}]-\arg[Z_{1M}] \tag{6.27}$$

式中，系统电源的等效阻抗角为纯感性，$Z_{1N}+Z_{1L}$ 的合成相位则必夹在 Z_{1N} 和 Z_{1L} 相位之间，因此 $\arg[Z_{1N}+Z_{1L}]\in(0°, 90°)$，所以线路两端电流正序故障分量相位差 $\theta_{in}\in(90°, 180°)$。

综上所述，当线路发生区内故障时，故障线路两端电流正序故障分量相位差 $\theta_{in}\in(90°, 180°)$。但是在实际情况中，线路阻抗并不是纯感性，其阻抗角会小于 90°，因此在基于这层因素的分析下，故障线路两端电流正序故障分量相位差 θ_{in} 仍大于 90°，属于保护的动作范围内，能够正确切除故障线路。

2)区外故障分析

对于如图 6.22 所示的双端电源供电系统，当 F_2 点发生区外故障时，可将系统分解为正常运行和区外故障附加状态。

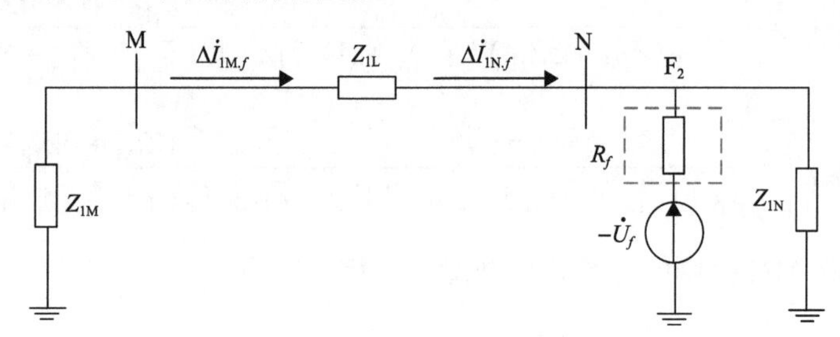

图 6.22 区外故障时故障附加状态电路图

当区外发生金属性故障($R_f=0$)时，流过线路 MN 两侧的电流正序故障分量为

$$\Delta\dot{I}_{1M.f}=-\frac{-\dot{U}_f}{Z_{1M}+Z_{1L}} \tag{6.28}$$

$$\Delta\dot{I}_{1N.f}=-\frac{-\dot{U}_f}{Z_{1M}+Z_{1L}} \tag{6.29}$$

则流过线路 MN 两侧的电流正序故障分量相位差为

$$\theta_{out.f}=\arg\frac{\Delta\dot{I}_{1M.f}}{\Delta\dot{I}_{1N.f}}=0° \tag{6.30}$$

当区外发生非金属性故障($R_f\neq0$)时，流过线路 MN 两侧的电流正序故障分量为

$$\Delta\dot{I}_{1\text{M}.R_f} = -\frac{-\dot{U}_f}{Z_{1\text{M}} + Z_{1\text{L}} + R_f} \tag{6.31}$$

$$\Delta\dot{I}_{1\text{N}.R_f} = -\frac{-\dot{U}_f}{Z_{1\text{M}} + Z_{1\text{L}} + R_f} \tag{6.32}$$

则流过线路 MN 两侧的电流正序故障分量相位差为

$$\theta_{\text{out.R}f} = \arg\frac{\Delta\dot{I}_{1\text{M}.R_f}}{\Delta\dot{I}_{1\text{N}.R_f}} = 0° \tag{6.33}$$

由式(6.30)和式(6.33)可以得出，无论区外发生金属性故障还是非金属性故障，线路两端的电流正序故障分量相位差 θ_{out} 为 0°。

3) 基于电流正序故障分量相位差的保护判据

通过对逆变型分布式电源的故障输出特性进行深入分析，推导出逆变型分布式电源输出电流滞后电压的角度范围与并网点电压跌落程度的关系式；同时，进一步利用故障分量原理，深入研究区内/区外故障时线路两端电流正序故障分量相位差，构造如下保护判据：

$$\begin{cases}\theta_{\text{in}.f} \in (90°, 180°) \\ \theta_{\text{out}.f} = 0°\end{cases} \tag{6.34}$$

由此可以得出，当线路两端电流正序故障分量相位差 $\theta_{\text{in}\cdot f}$ 在(90°, 180°)的范围内时，即可判断该线路发生区内故障。而被保护线路的双端电流正序故障分量相位差为 0°，则可判断该线路正常运行或者发生区外故障。该保护方案是在基于故障分量的基础上进行分析，不受负荷电流的影响，对过渡电阻具有良好的耐受性；同时利用正序分量的优势，能够适用于各种短路故障类型；只需电流信息，减少电压互感器的安装，具有良好的经济性。

2. 基于电流正序故障分量相位差的保护方案的配合

1) 保护启动判据

在实际配电网中，线路电容电流的影响以及电流互感器在检测过程的误差，可能导致保护装置在正常运行情况下误启动，因此需要配置保护的启动方案。一般保护启动方案通常以过电流保护作为启动判据，但是在含分布式电源的配电网系统中，由于限流限幅的控制策略的影响，在幅值方面上的差别并不明显，需要采用电流正序分量的相位变化率作为保护的启动判据，如式(6.35)所示：

$$\begin{cases} \varphi_{\mathrm{1M}}'(t) > \delta_{\mathrm{M}} \\ \varphi_{\mathrm{1N}}'(t) > k\left|\varphi(t) - (-1)^n \varphi\left(t - n\dfrac{T}{2}\right)\right| + \varphi_{\mathrm{dg\mu}} \end{cases} \tag{6.35}$$

式中，$\varphi_{\mathrm{1M}}'(t)$ 和 $\varphi_{\mathrm{1N}}'(t)$ 分别为系统侧和分布式电源侧的电流正序分量相位变化率；δ_{M} 为系统侧的启动阈值，受到非故障因素如测量装置的检测误差和通信装置的传递误差等引起的平缓变化，以及故障因素引起的瞬时变化；$\varphi(t)$ 为故障发生后的电流相位；k 为测量误差系数，而 $\varphi_{\mathrm{dg\mu}}$ 为受分布式电源的容量、控制策略、接入位置等因素影响的浮动门槛值。

通过故障仿真分析可知，系统侧相位变化率大于分布式电源侧，因此以系统侧作为主要的启动判据，即系统侧启动元件首先开放时，同时向分布式电源侧发送启动允许信号，保证线路两端的主保护均开放。但为了双端启动元件能够可靠开放，因此辅以分布式电源侧相位变化率构成该启动保护原理。

2) 保护方案的配合

基于电流正序故障分量相位差的保护方案如图 6.23 所示，分别采集线路两端的电流信号，利用对称分量法提取电流的正序分量并利用差分原理获取电流的故障分量；通过快速傅里叶分析(fast fourier transform，FFT)获得线路两端电流正序故障分量的相位信息。利用相位变化率作为保护的启动判据，开放线路两端的主保护，通过对比分析线路两端电流正序故障分量的相位信息，判别被保护线路是否发生故障。当检测到被保护线路发生区内故障时，则将动作信号向本线路两端断路器发送跳闸信号，同时向相邻线路的断路器发送闭锁信号，提高保护可靠性。

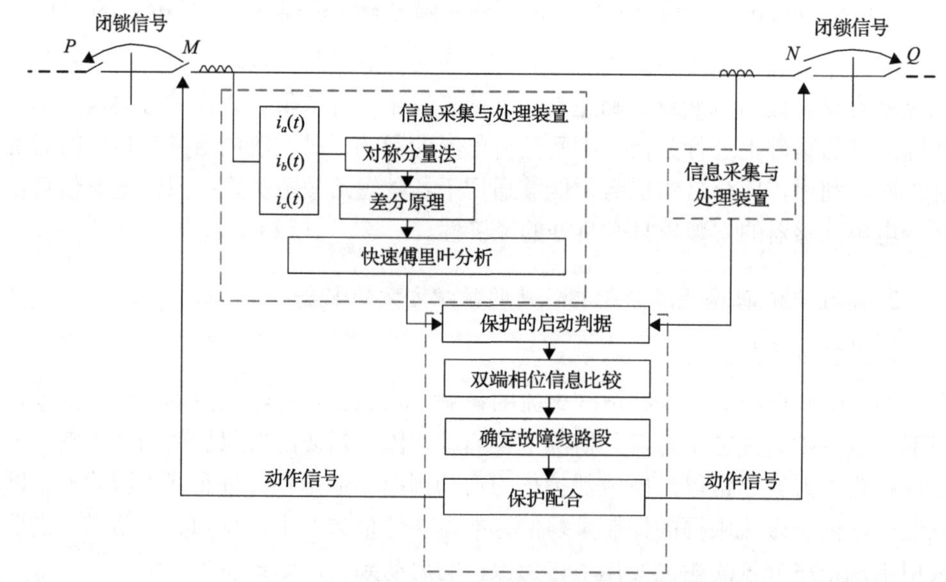

图 6.23　基于电流正序故障相位比较的保护原理

6.4.2　基于节点分支电流幅值比的改进型差动保护技术

1. 基于电流幅值比的差动保护判据

电流差动保护不仅受通信条件的影响，还受 CT 传变误差等因素的影响。本节提出基于正序电流幅值比的差动保护判据，利用电流幅值的传送弱化对通信的严格对时。同时考虑电流互感器暂稳态因素对差动保护的影响，量化制定保护门槛整定值。

电流互感器的误差主要分为稳态误差和暂态误差两种，然而目前大多数差动保护仅仅考虑了在稳态情况下的传变误差，忽略了当电流互感器发生暂态饱和时，非周期分量导致二次电流发生严重畸变的情况，进而导致区内故障保护延时动作，区外故障保护误动的情况发生。本节通过量化 CT 暂稳态传变误差对保护性能的影响，同时利用正序分量能够反映不同故障类型的特征，构建一种基于正序电流幅值比的差动保护动作判据，达到改善保护性能的目的，保护判据如下所示：

$$\xi = \frac{|\dot{I}_{N1}|}{|\dot{I}_{M1}|} \leqslant \sigma \tag{6.36}$$

式中，ξ 为被保护线路两端故障电流的幅值比；σ 为保护的整定门槛值。当满足上述条件时，即可判断线路发生故障。

保护判据整定门槛值 σ 的计算公式如下：

$$\sigma = \frac{1}{1+K} \tag{6.37}$$

$$K = K_{rel} K_{np} K_{ss} (\varepsilon_1 + \eta \varepsilon_2) \tag{6.38}$$

式中，K 为该保护原理的可靠因子，通过量化 CT 暂稳态因素纳入该可靠因子的整定；K_{rel} 为可靠系数，通常取为 1.2～1.3；K_{np} 为非周期分量系数，对于 5P 或者 10P 型的电流互感器，其非周期系数 K_{np}=1.5～2；对于 TP 型的电流互感器则 K_{np}=1；K_{ss} 为同型系数，当电流互感器型号相同时取 0.5，不同时则取 1；ε_1 为电流互感器的稳态误差系数，一般取为 0.1；ε_2 为电流互感器的暂态误差系数，一般取为 0.25；η 表征电流互感器的饱和程度，在通常情况下，谐波比 η 不会超过 1.5，本书的谐波比取 $\eta = 1.2$；由于中压配电网一般采用 P 型电流互感器，非周期系数 K_{np} 取 1.5，所以该保护的动作门槛值 σ 为 0.67。

2. 基于节点分支幅值比的差动保护辅助判据

重点针对分布式电源下游故障引起非故障线路保护误动的情况，利用分布式电源并网的三分支节点故障特性的不同，建立节点分支辅助判据，消除主判据盲区，提高保护可靠性。考虑配电网节点分支的配电网结构如图 6.24 所示，其中 A 为系统侧，D 为负荷侧；并用下标 up 和 dw 分别表示节点上游侧和下游侧的电流。

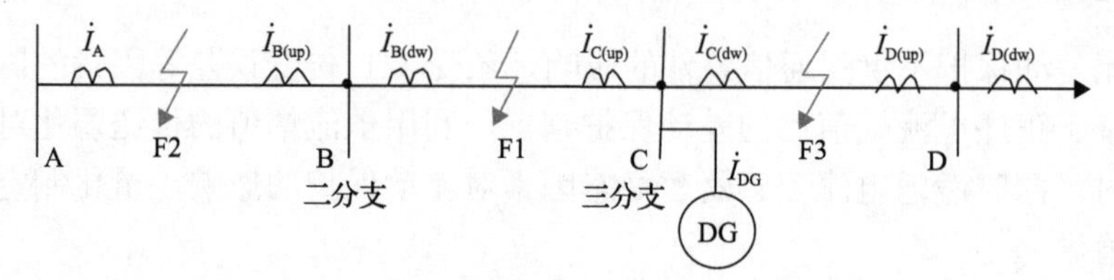

图 6.24 配电网中的节点分支

1) 分布式电源上游处发生故障

当位于分布式电源上游 F1 点处发生故障时，利用基尔霍夫电流定律分别对故障线路和非故障线路的末端节点处进行分析。

流过故障线路末端节点 C 处的电流情况为

$$|\dot{I}_{C(up)}|>|\dot{I}_{C(dw)}| \tag{6.39}$$

流过非故障线路末端节点 B、D 处电流情况为

$$\begin{cases}|\dot{I}_{B(up)}|=|\dot{I}_{B(dw)}| \\ |\dot{I}_{D(up)}|=|\dot{I}_{D(dw)}|\end{cases} \tag{6.40}$$

当位于分布式电源上游 F2 点处发生故障时，利用基尔霍夫电流定律分别对故障线路和非故障线路的末端节点处进行分析。

流过故障线路末端节点 B 处的电流情况为

$$|\dot{I}_{B(up)}|=|\dot{I}_{B(dw)}| \tag{6.41}$$

流过非故障线路末端节点 C、D 电流情况为

$$\begin{cases}|\dot{I}_{C(up)}|>|\dot{I}_{C(dw)}| \\ |\dot{I}_{D(up)}|=|\dot{I}_{D(dw)}|\end{cases} \tag{6.42}$$

根据对上述情况进行分析可知，当分布式电源上游某处发生故障时，无论对于故障线路还是非故障线路，线路末端节点电流均满足

$$|\dot{I}_{up}|\geqslant|\dot{I}_{dw}| \tag{6.43}$$

2) 分布式电源下游处发生故障

当位于分布式电源下游 F3 点处发生故障时，可得故障线路末端节点电流亦满

足式(6.43)，而对于非故障线路末端节点电流，$|\dot{I}_{up}| \leqslant |\dot{I}_{dw}|$。因此可利用此幅值特性，构建节点分支辅助判据为

$$\delta = \frac{|\dot{I}_{up1}|}{|\dot{I}_{dw1}|} \geqslant 1 \tag{6.44}$$

由此可以得出，该辅助判据不影响上述保护原理对分布式电源上游故障(即对应上节的前三种情况)的正确识别，同时能够有效避免分布式电源下游故障(即第四种情况)不可测分支导致非故障线路保护装置误动的发生。因此，将该节点分支辅助判据引入基于正序电流幅值比的差动保护判据，可得如下复合判据：

$$\begin{cases} \xi = \dfrac{|\dot{I}_{N1}|}{|\dot{I}_{M1}|} \leqslant \sigma \\ \delta = \dfrac{|\dot{I}_{up1}|}{|\dot{I}_{dw1}|} \geqslant 1 \end{cases} \tag{6.45}$$

只有当同时满足以上两个条件时，才能判断为区内故障。同时又由于二分支节点处电流输入输出幅值相等，即 $\delta = 1$，所以为了降低通信通道的传送压力，仅在分布式电源并网的三分支节点处测量 δ，其他情况均视为 1。

3. 保护动作原理

基于正序电流幅值比的保护判据和基于节点分支辅助判据相辅相成，前者通过计及分析 CT 暂稳态因素，通过量化纳入保护门槛值的制定，利用标量传输放松差动保护对通信误差的严格要求。后者通过分析上下游不可测分支对保护可靠性的影响，利用节点分支的故障特性建立节点分支辅助判据，消除主判据盲区，对配电网线路分布复杂的实际情况具有良好适用性。其保护原理的逻辑如下所示：

(1) 通过电流互感器提取线路两端的电流信息。

(2) 利用对称分量法提取相应的正序分量。

(3) 利用快速傅里叶分析提取电流正序分量的幅值信息。

(4) 按照式(6.36)计算本线路两端的电流幅值比 ξ，判断是否满足 $\xi \leqslant \sigma$，其中 σ 按照式(6.37)和式(6.38)进行整定。若满足，则按步骤(5)进行下一步判断。如不满足，则为正常运行或者区外故障，该条线路保护装置不动作。

(5) 判断被保护线路末端是否为三分支节点，如果是二分支节点，则 $\delta = 1$；如果是三分支节点，则按照式(6.44)计算分布式电源并网处三分支节点的电流幅值比 δ。判断是否满足 $\delta \geqslant 1$，若两者条件均满足，则为区内故障，切除故障线路；

若不满足，则为正常运行或者区外故障，该条线路保护装置不动作。

6.4.3　基于两步搜索的站域集中式保护技术

本节应用状态估计信息的支持优势，提出一种基于两步搜索的站域集中式保护算法，应用于主站集中式保护系统，解决配电网中分布式电源带来的继电保护问题。

1. 基于两步搜索的站域集中式保护原理

1）修正节点功率计算

当含有多种能源接入的复杂电网中发生短路故障时，故障电流总由各个电源向故障点供给。单端电流数据无法提供潮流方向信息，因此对于装设电压互感器的节点，同时利用电压、电流量数据能够较好反应故障方向及程度。

传统功率继电器以本地电流、电压信息为输入量计算节点注入功率，功率值变化与电流变化并不一致。以一个典型简化网络为例说明，如图 6.25 所示。节点 BUS1 装设有电压互感器，其两端支路分别装设有电流互感器。当系统发生短路故障时，节点电压相角一般变化不大，理想情况下可以看作常数。基于电压、电流量测数据，计算节点 BUS1 注入有功功率 P_1：

$$P_1 = U_{\mathrm{BUS1}} I \cos\theta = I(U\cos\theta - IR_{\mathrm{S}}) \tag{6.46}$$

式中，U 和 U_{BUS1} 为节点电压幅值；I 为支路电流幅值；θ 为 U、I 间相角差；R_{S} 为节点 BUS1 看向电源侧的戴维宁等效阻抗。

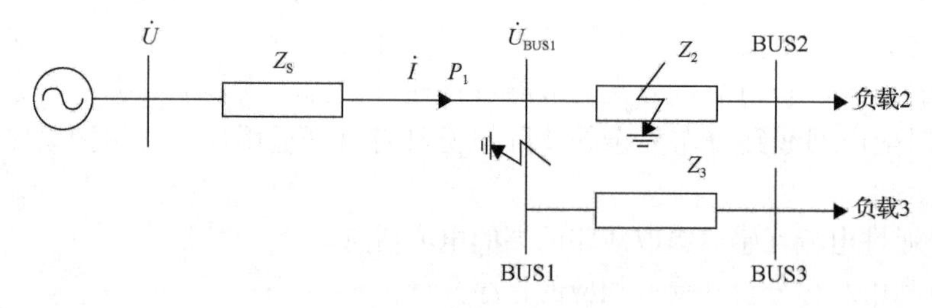

图 6.25　简化等效网络

由于 $U_{\mathrm{BUS1}} \geqslant 0$，所以 $(U\cos\theta - IR_{\mathrm{S}}) \geqslant 0$，可推导支路电流幅值的变化范围 $0 \leqslant I \leqslant (U\cos\theta / R_{\mathrm{S}})$。分析节点 BUS1 注入功率 P_1 变化情况，如图 6.26(a)所示。随着支路电流幅值的逐步增大，P_1 的值呈抛物线变化，因此，当节点 BUS1 后侧系统发生短路故障时，支路电流幅值 I 的增大并不与单调增大的 P_1 相对应。

为单调表征故障电流的上升，本书提出一种基于本地量测信息的节点注入有功功率计算方法：

$$P_1' = I(U_{\text{BUS1}}\cos\theta + 0.5IR_{\text{S}}) \tag{6.47}$$

式中，P_1' 为补偿后的节点注入有功功率。

分析 P_1' 随支路电流幅值的变化情况，如图 6.26(b)所示，P_1' 的值在抛物线前半周单调变化，因此，P_1' 的变化可以表征支路电流增大与否，进而表征节点后侧是否有短路故障发生。

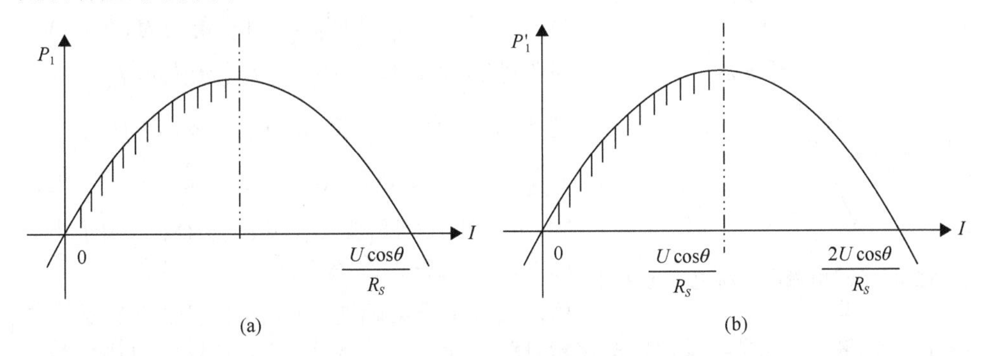

图 6.26　节点注入功率变化曲线

2) 双端电流相角变化值关系

对于没有装设电压互感器、仅有电流互感器量测设备的配电区域，电压量测量无法获得，致使功率方向元件无法工作。利用主站状态估计功能提供的系统正常运行时负荷电流信息，可以得到故障情况下电流相角的变化值，进而分析对故障区段的指示性。

以双侧电源网络接线为例，对电网任一电气元件而言，如图 6.27 中线路 1-2 和线路 3-4，系统正常运行时，负荷电流总是从线路的一侧流入而从另一侧流出。规定电流正方向为从母线流向被保护线路，按照规定的正方向，线路两端电流相位相反。当被保护线路以外发生短路故障时，由左侧电源供给的短路电流将流过线路 1-2，此时线路 1-2 两侧的电流相位仍然相反，其特征与系统正常运行时一致。当被保护线路 3-4 发生短路故障时，由线路两侧的电源分别向短路点供给短路电流，因此线路 3-4 两侧的电流都是由母线流向线路，且在理想情况下(两侧电动势相位相同且全系统的阻抗角相等)，两个电流相位相同。

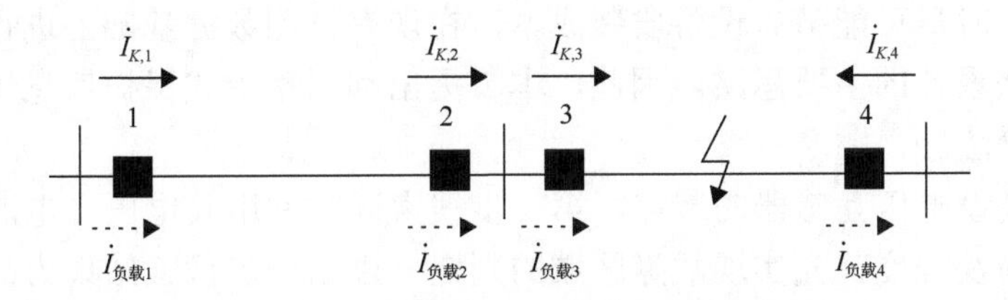

图 6.27　双侧电源网络故障电流流向图

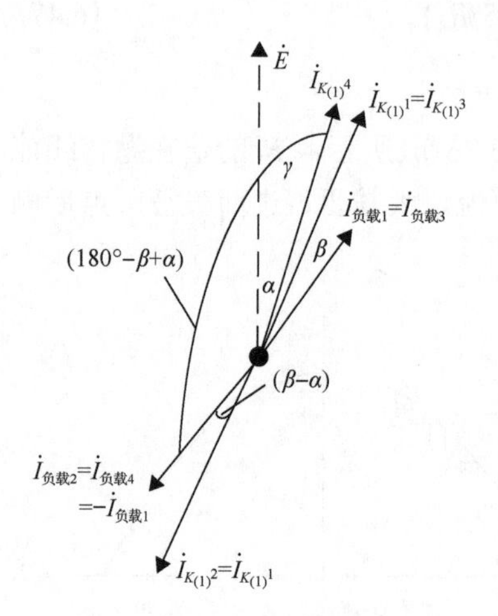

图 6.28　故障电流和负荷电流向量图

将线路各端负荷电流相位作为参考量，分析不同故障情况下电流相角变化量的关系。如图 6.28 所示，负荷电流向量$\dot{I}_{负载1}$和$\dot{I}_{负载3}$与电势$\dot{E}$间夹角为β。对图 6.27 中非故障线路 1-2，两端正序故障电流相量$\dot{I}_{K_{(1)}1}$和$\dot{I}_{K_{(1)}2}$，分别于负荷电流相量$\dot{I}_{负载1}$和$\dot{I}_{负载2}$间夹角均为$(\beta-\alpha)$。对于故障线路 3-4，正序故障电流向量$\dot{I}_{K_{(1)}3}$和负荷电流相量$\dot{I}_{负载3}$夹角为$(\beta-\alpha)$，而$\dot{I}_{K_{(1)}1}$与$\dot{I}_{负载3}$夹角为$(180°-\beta+\gamma)$。当$\alpha\approx\gamma$时，线路 3-4 两端电流相角变化量和约为 180°。由于电力网络线路元件的阻感性质，$(\alpha-\gamma)$为一个较小值，最大也不会超过 90°，所以任意短路故障情况下，线路 3-4 两端电流相角变化量$(180°+\gamma-\alpha)$均大于 90°，该结论可用于故障线路判断。

基于上述分析，本节提出双端电流相角变化比较判据(two terminal current phase comparison criterion，TCPC criterion)，实现复杂多电源网络的故障线路判别。

$$\left(\left|\arg\left(\frac{\dot{I}_{K_{(1)}},i}{\dot{I}_{\text{load}},i}\right)\right|+\left|\frac{\dot{I}_{K_{(1)}},j}{\dot{I}_{\text{load}},j}\right|\right)>180°\times K_{\text{rel}} \tag{6.48}$$

式中，K_{rel}为可靠系数，一般取K_{rel}=0.5～0.6。当线路两端电流相角满足 TCPC 判据，该线路即为故障线路。

2. 基于两步搜索的站域集中式保护算法搜索流程

主站集中式保护能够集成多子站数据源有效信息及状态估计信息，并对大量信息有效计算或融合分析，实现电力系统故障区段的可靠隔离。这种保护实现方案充分利用有效资源并实现共享，保证保护可靠性的基础上进一步提高保护性能，同时尽可能节省设备安装成本，在现有量测数据基础上进行故障分析判别是算法设计的主要思路。因此，本节提出利用集中式保护信息优势的两步搜索保护算法。

对于装设电压互感器的节点，第一步搜索同时利用其电压、电流量数据反应故障方向及程度，先实现故障区域的判定。以第一步搜索结果为故障区域根节点，进而进行第二步搜索。第二步搜索仅依据故障区域内电流量信息，实现故障元件识别和跳闸信息出口。由于第一步搜索先锁定较小的故障区域，该保护算法避免众多量测数据的分析和计算，可以提高配电网保护算法计算效率。同时，第二步搜索方法能够适应含多种能源接入的电力网络，且实现故障识别只依据电流量信息，可以避免加装方向元件、电压互感器等一次设备，从而降低运行成本。

1) 第一步搜索：基于禁忌搜索的故障区域判定

对于装设有电压互感器的节点，同时利用电压、电流量数据能够较好地反映故障方向及程度。第一步搜索以节点注入功率变化为目标函数，对装设电压、电流互感器的节点进行分析。目标节点即节点注入功率变化最大的节点，感受到最大程度的系统电流上升，表明其位于短路故障点上游，且位于系统阻抗较小的通路上。式(6.49)为目标函数Z_j^*的表达式：

$$\begin{aligned}&Z_j^* = Z_j(x^*) = \sum_i P'_{ij.负载} - \sum_i P'_{ij}\\&\text{s.t.}(P'_{ij} < 0)\,\&\,(P'_{ij.负载}) < 0\end{aligned} \tag{6.49}$$

式中，x^*为可行解，P'_{ij}为支路i-j注入节点j实时功率值，其计算方法采用计算式$P'_{ij} = I_{ij}(U_j \cos\theta + 0.5 I_{ij} R_{S.ij})$，$P'_{ij.负载}$为正常运行情况下支路$i$-$j$注入节点$j$功率值，$P'_{ij.负载} = I_{ij.负载}(U_{j.负载} \cos\theta + 0.5 I_{ij.负载} R_{S.ij})$。

为综合权衡搜索快速性和全局最优性之间的关系，本书在第一步搜索中采用禁忌搜索(tabu search，TS)思想。禁忌搜索算法是一种模拟人类思维的动态领域搜索法，其核心思想为对已搜索过的地方不会立即去搜索，而去其他地方搜索，若没找到需要的解，可再搜索已经去过的地方。为避免陷入局部最优，禁忌搜索采用“禁忌表”(tabulist)对已经进行的优化过程进行记录和选择，同时指导下一步搜索方向。同时，为了尽可能不错过最优解，禁忌搜索还采用“特赦准则”策略。第一步搜索关键参数设置如下。

(1) 初始解。禁忌搜索对初始解有较强的依赖性，且初始解好坏影响收敛速度的快慢。本算法为加快故障区域判定过程，对装设电压互感器的节点先进行电压排序，以升序排列结果为搜索序列，初始解即为序列第一点：

$$[\dot{U}_{1.m},\ \dot{U}_{2.m} \cdots \dot{U}_{k.m},\ \dot{U}_{1.\mathrm{DG}} \cdots \dot{U}_{p.\mathrm{DG}}] \tag{6.50}$$

式中，k为其中一般节点；p为有分布式电源接入的节点。

(2) 目标函数：Z_j^*。

(3) 邻域结构。邻域为每次搜索的可选集，沿用局部邻域搜索的思想，本文定义领域结构为参考解正、负方向两个位置的解集。

(4)禁忌表及其长度。从数据结构上讲，禁忌表式具有一定长度的先进先出的队列。禁忌表的设置体现了算法避免迂回搜索的特点，禁忌表禁止搜索曾经访问过的解，从而禁忌搜索的局部循环。

禁忌长度即禁忌对象在不考虑特赦准则的情况下不允许被选取的最大次数。本书算法中禁忌长度为 $n+p$，其中，n 为系统电源数量，p 为网络接入分布式电源的数量。

$$\text{TabuList}(y)=[y_{1.g},\ y_{2.g}\cdots y_{n.g};y_{1.\text{DG}},y_{2.\text{DG}}\cdots y_{p.\text{DG}}] \tag{6.51}$$

(5)特赦准则。在禁忌搜索过程中，可能会出现候选解全部被禁忌的情况，或存在一个优于“最优解”状态的禁忌候选解。为获得准确的搜索解，特赦准则将优于最优解的禁忌表中的状态解禁，以实现更高效的优化性能。该准则是对优良状态的奖励，是对禁忌策略的一种放松。

(6)终止准则。终止准则用于衡量是否结束算法搜索进程，本书给定最大迭代步数为终止准则 $c \geqslant (k+p)$ 或候选解集为空时结束搜索。

第一步搜索算法实施描述如下。

(1)完成数据读入及初始化后，形成搜索集。

(2)按照邻域结构生成邻域候选集。

(3)在候选集中选出最优解，并判断该解是否在禁忌表中。

(4)如是，则判断是否符合特赦准则，符合则转步骤(5)，如否，不符合则在候选集中去除该解并转步骤(3)。

(5)则更新解和禁忌表。

(6)判断是否满足搜索终止准则。

(7)如是则输出搜索结果，并开始第二步搜索；如否则转步骤(2)进行下一次搜索。

2)第二步搜索：基于电流相角变化量的故障判别

以第一步搜索结果为故障区域根节点，进一步实现第二步搜索，利用状态估计信息获取负荷电流相角值，仅依据电流量测数据实现故障元件的识别、隔离。

算法第二部搜索实施描述如下。

(1)依据低电压判据判断起始节点是否有故障，如果节点电压小于节点最大残余电压 U_{remax}，则起始节点为故障点，否则起始节非故障点，转步骤(2)。

(2)选择电流最大的线路为搜索对象。

(3)判断线路后端电流是否大于最大电流误差，如是则转步骤(3)，如否则该线路为故障元件。

(4)判断是否满足 TCPC 判据，如是则该线路为故障元件，如否转步骤(5)。

(5)依据母线差动原理判断线路后端节点是否有故障，如果节点电流矢量和幅值大于动作电流门槛值 I_{act}，则线路后端节点为故障点，否则转步骤(2)搜索下一对象。

6.5　分布式电源并网的防孤岛保护技术

分布式电源规模化接入给电力系统带来了许多新的问题，其中孤岛效应是主要问题之一。当电网因供电故障等原因使并网开关跳闸，停止对负载提供电能，各用户端的并网分布式发电设备不能即时检测出离网状态，导致逆变器未将自身从系统切离，形成由分布式电源与相关本地负载组成的自给供电的孤岛发电系统，这种现象通常被称为孤岛。计划孤岛运行能有效发挥分布式电源的积极作用，减少停电损失，提高供电质量和可靠性；非计划的孤岛运行却会给电网的安全稳定运行带来严重的问题，因此需要及时检测和发现孤岛并采取相应保护措施，这称为防孤岛保护。

目前并网逆变器都配置了防孤岛保护功能，但主要针对单个逆变器设计的，而对于含多个并网逆变器的集群，很可能存在“稀释效应”而导致孤岛检测失败。因此本节针对含光储一体机、逆控一体机、储能变流器等多种并网设备的发电集群，在分析孤岛检测基本方法基础上，研究集群防孤岛保护技术。

6.5.1　孤岛特征分析

分布式发电系统通常采用恒定电流源输出的控制方式。当电网断开，分布式发电系统会继续给并联负载 RLC 供电。记分布式发电系统输出功率为 $P_{\mathrm{inv}}+\mathrm{j}Q_{\mathrm{inv}}$，电网提供的功率为 $\Delta P+\mathrm{j}\Delta Q$，RLC 并联负载吸收的功率为 $P_{\mathrm{load}}+\mathrm{j}Q_{\mathrm{load}}$，其中 $P_{\mathrm{load}}=P_{\mathrm{inv}}+\Delta P$，$Q_{\mathrm{load}}=Q_{\mathrm{inv}}+\Delta Q$；分布式电源的输出电流为 $I_{\mathrm{inv}}=P_{\mathrm{inv}}/U_{\mathrm{PCC}}$。

1)有功功率失配在电网跳闸后对公共耦合点电压幅值的影响

分布式发电系统与本地负载有功功率匹配是指并网后本地负载所需有功功率均由逆变器提供，即 $\Delta P=0$。若 $\Delta P\neq 0$，则处于有功功率失配状态。正常情况下，本地负载 R 吸收的有功功率为

$$P_{\mathrm{load}}=P_{\mathrm{inv}}+\Delta P=\frac{U_{\mathrm{PCC}}^{2}}{R}\tag{6.52}$$

U_{PCC}为孤岛发生前公共耦合点的电压，R为本地负载等效电阻。当孤岛发生后，逆变器输出有功P_{inv}不变，此时本地负载吸收的有功功率为

$$P'_{load} = P_{inv} = \frac{U'^2_{PCC}}{R} \tag{6.53}$$

式中，U'_{PCC}为孤岛发生后公共耦合点电压有效值。

若$\Delta P > 0$，即并网时由电网向本地负载提供有功功率，则孤岛后 PCC 点电压会下降；若$\Delta P < 0$，即由逆变器提供本地负载的全部有功并向电网输送一部分有功功率，则孤岛后 PCC 点电压会上升；若$\Delta P=0$，逆变器输出功率与本地负载完全平衡，孤岛前后电压不变，即$U_{PCC}=U'_{PCC}$。孤岛发生后，可通过改变逆变器输出有功功率改变并网点电压，而在并网时，由于电网的钳制作用，改变逆变器输出有功对并网点电压影响较小[12]。

2) 无功功率失配在电网跳闸后对公共耦合点频率的影响

分布式发电系统与本地负载无功功率匹配是指并网后本地负载所需的全部无功功率均由逆变器提供，即$\Delta Q = 0$。反之，若$\Delta Q \neq 0$，则处于无功功率失配状态，且ΔQ越大，失配越严重。

假如逆变器工作于单位功率因数下，$Q_{inv} \approx 0$。若分布式发电系统与本地负载的无功功率失配，即$\Delta Q \neq 0$时，有

$$Q_{load} = \Delta Q = \frac{U^2_{PCC}}{\omega_{PCC}}(1-\omega^2_{PCC}LC) = \frac{U^2_{PCC}}{\omega_{PCC}}\left(1-\frac{\omega^2_{PCC}}{\omega^2_0}\right) \tag{6.54}$$

式中，ω_{PCC}为孤岛发生前公共耦合点电压角频率；ω_0为本地负载谐振角频率。

当无功功率不匹配时，$\Delta Q = Q_{load} \neq 0$，即$\omega_{PCC} \neq \omega_0$。孤岛发生后，逆变器输出无功不发生变化，且$\Delta Q = 0$，故负载吸收功率$Q'_{load} = 0$，且角频率变化是有过渡过程的，所以$\omega_{PCC}$会向$\omega_0$逐渐变化直到$\omega_{PCC}=\omega_0$，使分布式发电系统输出的无功功率与本地负载无功功率相配。

由分析可知，当分布式电源与本地负载有功和无功功率相匹配时，孤岛发生前后，公共耦合点的电压幅值和频率不会发生变化。而当有功和无功功率不匹配时，公共耦合点的电压幅值和频率会跟随不匹配程度发生变化。不匹配程度越大，电压幅值和频率变化的幅度也就越大。若近似匹配，则电压幅值和频率变化很小，不容易被检测出孤岛状态。

6.5.2 孤岛检测方法

孤岛检测方法主要分为电网端检测法(远程检测法)和逆变器端检测法(本地

检测法）两种，其中逆变器端检测法又可分为被动法与主动法[13]。

（1）电网端检测方法：主要检测电网中并网开关的开合状态[14]。信号从电网侧信号发生器传出，发送到安装在分布式电源侧的信号检测装置，信号检测装置会对其接收到的信号进行分析，从而判定是否发生了孤岛效应。该方法优点为无检测盲区，并提供准确可靠的检测结果；适用于多个逆变器场合，且逆变器数量越多，经济性越好。但是，远程法需要添加额外的通信设备，成本较高；且信号发生器通常装在电压等级较高的变电所中，其安装需要得到有关部门的认可。在实际应用中，由于成本问题，远程检测法并未得到广泛使用。

（2）逆变器端检测方法：主要依赖于分析分布式电源并网逆变器输出端 PCC 点处的电气量来确定是否发生孤岛效应，该方法不需要增加额外的电流互感器和测量设备。逆变器侧的检测方法可分为被动法和主动法两大类。

被动法（无源检测法）是通过检测逆变器输出的电压幅值、相位、频率、谐波等电量信号是否出现异常来判断孤岛效应。被动法实现起来较为容易，且经济性优良，对电能质量没有影响，只需对现有的检测参数进行评估，无需额外的硬件电路。该方法缺点为动作阈值难以设定，阈值设定过大会使检测盲区变大，过小则会引起系统保护误动作且；逆变器输出功率与负载消耗功率匹配程度较高时，公共耦合点处电气量变化小，致使被动法检测失效。

主动法（有源检测法）是基于扰动量注入检测孤岛效应的，通过向分布式电源的并网逆变器控制变量中注入一些小的电气量信号，这些电气量对公共耦合点的电压、频率、功率等产生小扰动。系统正常运行时，主网系统容量大，干扰信号不能起到明显的作用[15]。但是，孤岛发生时这种干扰的影响是非常明显的。该方法可以有效减小因逆变器输出功率、负载吸收功率平衡而导致的检测盲区，但如果引入的扰动过大，将会对系统的电能质量产生不利影响；在分布式发电系统含有逆变器集群的情况下，如果各逆变器注入扰动不一致，可能会导致扰动量相互抵消，即稀释效应，稀释效应会使检测效率降低甚至检测失败。

目前，孤岛检测方法已有大量研究，常见孤岛检测方法的总结分类如图 6.29 所示。

6.5.3　防孤岛保护检测算法

1. 无源检测法盲区分析

无源检测法的基础方法为过/欠电压法（OVP/UVP）和过/欠频率法（OFP/UFP）。

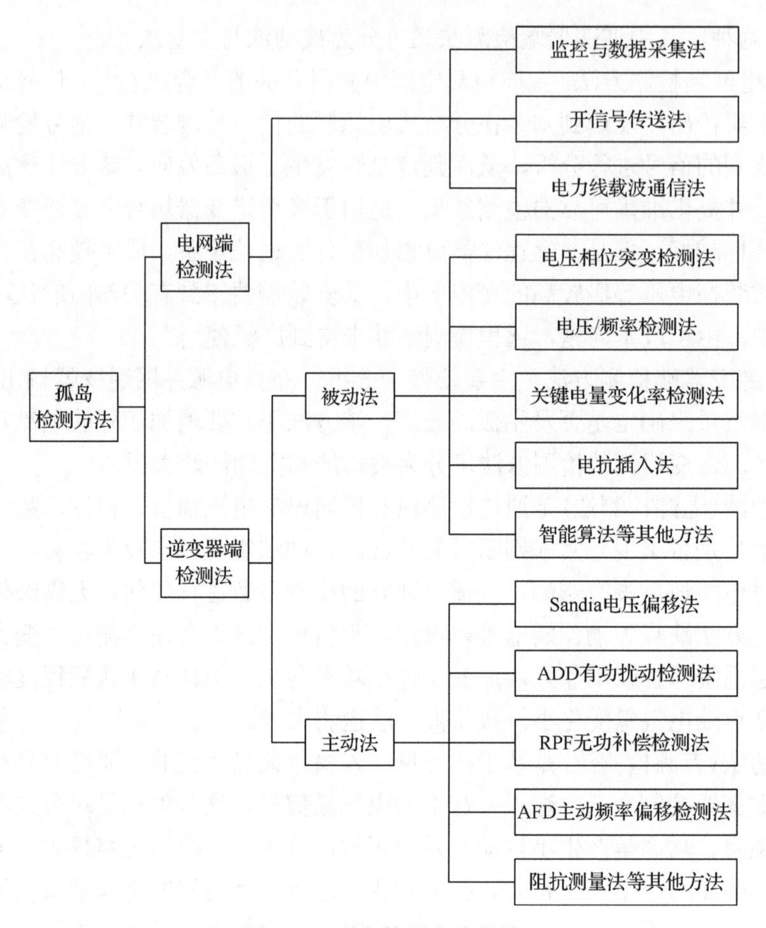

图 6.29　孤岛检测方法总结

1) OVP/UVP 检测盲区分析

OVP/UVP 是通过检测公共耦合点电压有效值越限来判断孤岛效应的发生。分布式发电系统孤岛前后负载功率变化如式(6.52)和式(6.53)所示，将两式相除得

$$\frac{P_{\text{inv}} + \Delta P}{P_{\text{inv}}} = \frac{U_{\text{PCC}}^2 / R}{U_{\text{PCC}}'^2 / R} \tag{6.55}$$

整理得

$$\frac{\Delta P}{P_{\text{inv}}} = \left(\frac{U_{\text{PCC}}}{U'_{\text{PCC}}}\right)^2 - 1 \tag{6.56}$$

设孤岛后电压边界值为$U_{\max}$、$U_{\min}$，则 OVP/UVP 的检测盲区为

$$\left(\frac{U_{\text{PCC}}}{U_{\max}}\right)^2-1\leqslant\frac{\Delta P}{P_{\text{inv}}}\leqslant\left(\frac{U_{\text{PCC}}}{U_{\min}}\right)^2-1 \tag{6.57}$$

根据国家标准 GB/T19939-2005，异常电压分闸时间如表 6.5 所示。

表 6.5　异常电压的响应

电压(电网接口处)	最大分闸时间*
U<0.5U 正常	0.1s
50%U 正常≤U<85%U 正常	2.0s
85%U 正常≤U≤110%U 正常	继续运行
110%U 正常<U≤135%U 正常	2.0s
110%U 正常≤U	0.05s

*最大分闸时间是指异常状态发生到逆变器停止向电网送电的时间，主控与监测电路应切实保持与电网的连接，从而继续监视电网的状态。

根据表 6.5 数据，设定电压边界值为$U_{\max}=110\%U_{\text{N}}$，$U_{\min}=85\%U_{\text{N}}$，分布式发电系统电压$U_{\text{N}}$=380V。当孤岛前电网提供的有功功率与逆变器输出有功功率比值在式(6.58)所示范围中，OVP/UVP 法失效。

$$\left(\frac{U_{\text{PCC}}}{418}\right)^2-1\leqslant\frac{\Delta P}{P_{\text{inv}}}\leqslant\left(\frac{U_{\text{PCC}}}{323}\right)^2-1 \tag{6.58}$$

2) OFP/UFP 检测盲区分析

OFP/UFP 通过检测公共耦合点的频率值并与规定的频率阈值相比较从而判断孤岛。根据国家标准 GB/T 15945 所述，并网分布式发电系统应与电网同步运行，电网额定频率为 50Hz，分布式发电系统频率允许偏差为±0.5Hz，当电网接口处频率超出规定频率范围时，OFP/UFP 应动作将分布式发电系统与电网断开。

电网断开前 RLC 负载吸收的无功功率为

$$Q_{\text{load}}=\Delta Q=U_{\text{PCC}}^2\left(\frac{1}{2\pi fL}-2\pi fC\right) \tag{6.59}$$

由式(6.52)与式(6.59)相除可得

$$\frac{\Delta Q}{P_{\text{load}}}=\frac{U_{\text{PCC}}^2\left(\dfrac{1}{2\pi fL}-2\pi fC\right)}{U_{\text{PCC}}^2/R} \tag{6.60}$$

由于孤岛后P_{load}=P_{inv}，对式(6.60)进行变形得

$$\frac{\Delta Q}{P_{\text{inv}}}=R\sqrt{\frac{C}{L}}\left(\frac{1}{2\pi f\sqrt{LC}}-2\pi f\sqrt{LC}\right) \tag{6.61}$$

通过进一步计算得出 OFP/UFP 盲区为

$$Q_f\left(1-\frac{f^2}{f_{\min}{}^2}\right)\leqslant\frac{\Delta Q}{P_{\text{inv}}}\leqslant Q_f\left(1-\frac{f^2}{f_{\max}{}^2}\right) \tag{6.62}$$

由于在实际电网中，本地负荷的负载品质因数取值为 0～2.5。其中最不利于检测的负载品质因数为 2.5，故取 Q_f=2.5；在 GB/T15945-2008《电能质量电力系统频率偏差》中规定：电力系统正常运行条件下频率偏差限值为±0.2Hz，当系统容量较小时，偏差限值可放宽到±0.5Hz，容量分界线为 300 万 kW，故盲区计算中取 $f_{\min}=49.5\text{Hz}$、$f_{\max}=50.5\text{Hz}$。

以上述频率进行 OFP/UFP 盲区计算，式(6.63)可写为

$$\left(2.5-\frac{f^2}{980.1}\right)\leqslant\frac{\Delta Q}{P_{inv}}\leqslant\left(2.5-\frac{f^2}{1020.1}\right) \tag{6.63}$$

过/欠压、过/欠频法的检测盲区判别式为

$$\begin{cases}\left(\dfrac{U_{\text{PCC}}}{418}\right)^2-1\leqslant\dfrac{\Delta P}{P_{\text{inv}}}\leqslant\left(\dfrac{U_{\text{PCC}}}{323}\right)^2-1\\ \left(2.5-\dfrac{f^2}{980.1}\right)\leqslant\dfrac{\Delta Q}{P_{\text{inv}}}\leqslant\left(2.5-\dfrac{f^2}{1020.1}\right)\end{cases} \tag{6.64}$$

由式(6.64)可知孤岛发生后，当分布式电源提供的有功与负载所需有功不匹配时，负载端电压发生变化；分布式电源提供的无功和负载所需无功不匹配时，公共耦合点处的角频率发生变化，当两者的有功或无功不匹配程度较大时，可以通过简易的被动检测如过/欠压、过/欠频来实现孤岛的检测。但是，当不匹配程度很小时，甚至孤岛发生前后逆变器输出的有功、无功和负载所需有功、无功完全匹配时，即电网提供的有功功率(ΔP)、无功功率(ΔQ)很小，满足式(6.64)时，孤岛检测失败，进入检测盲区。针对此种情况，需要采取其他更有效的措施来检测孤岛。

2. 基于无功扰动的主动检测算法

在上述无源检测盲区的研究基础上，将电压/频率检测法与无功扰动算法进行配合，组成防孤岛保护装置的混合型孤岛检测算法。该无功扰动算法通过引入一

个与负载无功-频率特性相关的线性函数作为无功扰动的输入量，打破功率平衡情况下发生孤岛时所存在的孤岛稳定运行点；再将实时检测公共耦合点频率的偏差，引入到无功扰动的函数中形成正反馈回路，加速频率的偏移，使公共耦合点处频率超出限定阈值，从而实现孤岛检测。

该方法首先对负载和逆变器输出有功功率与无功功率进行匹配度计算，计算公式为式(6.64)。当计算值在限定的范围内，负载与逆变器输出功率匹配度较高，需要加入无功功率扰动；当计算值越过限定范围，无需加入功率扰动，仅依靠 OVP/UVP 和 OFP/UFP 检测法即可达到检测目的。

注入无功功率扰动量大小推导如下。

当并网开关断开时，负载所需无功功率仅由逆变器提供：

$$Q_{\text{inv}}=Q_{\text{load}}=U_{\text{PCC}}^2\left(\frac{1}{\omega L}-\omega C\right)=U_{\text{PCC}}^2\left(\frac{1}{2\pi fL}-2\pi fC\right) \tag{6.65}$$

对式(6.65)频率进行求导得

$$\frac{\mathrm{d}Q_{\text{inv}}}{\mathrm{d}f}\bigg|_{f=f_0}=U_{\text{PCC}}^2\left(\frac{-1}{2\pi f_0{}^2L}-2\pi C\right) \tag{6.66}$$

该导数为无功功率与频率曲线在负载谐振频率处的斜率，由此可以求得孤岛后逆变器无功变化与频率变化之间的关系为

$$\mathrm{d}Q_{\text{inv}}=U_{\text{PCC}}^2\left(\frac{-1}{2\pi f_0{}^2L}-2\pi C\right)(f-f_0) \tag{6.67}$$

因为 $f_0{}^2=1/4\pi^2LC$， $2\pi C=1/2\pi f_0{}^2L$，式(6.67)可变形为

$$\mathrm{d}Q_{\text{inv}}=-4\pi CU_{\text{PCC}}^2(f-f_0) \tag{6.68}$$

公共耦合点处电压有效值的平方为

$$U_{\text{PCC}}^2=P_{\text{load}}R=P_{\text{inv}}R \tag{6.69}$$

所以

$$\mathrm{d}Q_{\text{inv}}=-4\pi RCP_{\text{inv}}(f-f_0) \tag{6.70}$$

负载品质因数公式为 $Q_f=R\sqrt{C/L}=2\pi RCf_0$，所以式(6.70)可变形为

$$dQ_{\text{inv}}=-2\frac{P_{\text{inv}}Q_f}{f_0}(f-f_0) \tag{6.71}$$

当公共耦合点处频率 $f > f_0$ 时，无功扰动为负值，即在逆变器原输出无功的基础上减小无功出力，而无功不足又会导致频率的进一步上升，最终使 $f \geqslant f_{max}$，过频率检测孤岛生效；当 $f < f_0$ 时，无功扰动量为正值，即在逆变器原输出无功的基础上增加无功出力，而无功过剩又会导致频率的进一步下降，最终使 $f \leqslant f_{min}$，欠频率检测孤岛生效。

孤岛检测算法的具体流程如图 6.30 所示，其中，islanding 为防孤岛保护装置中的孤岛使能位，当 OVP/UVP 和 OFP/UFP 有任一算法检测出孤岛效应，侧 islanding=1；$\mathrm{d}Q_{inv}$ 用 Q_{ref} 表示。

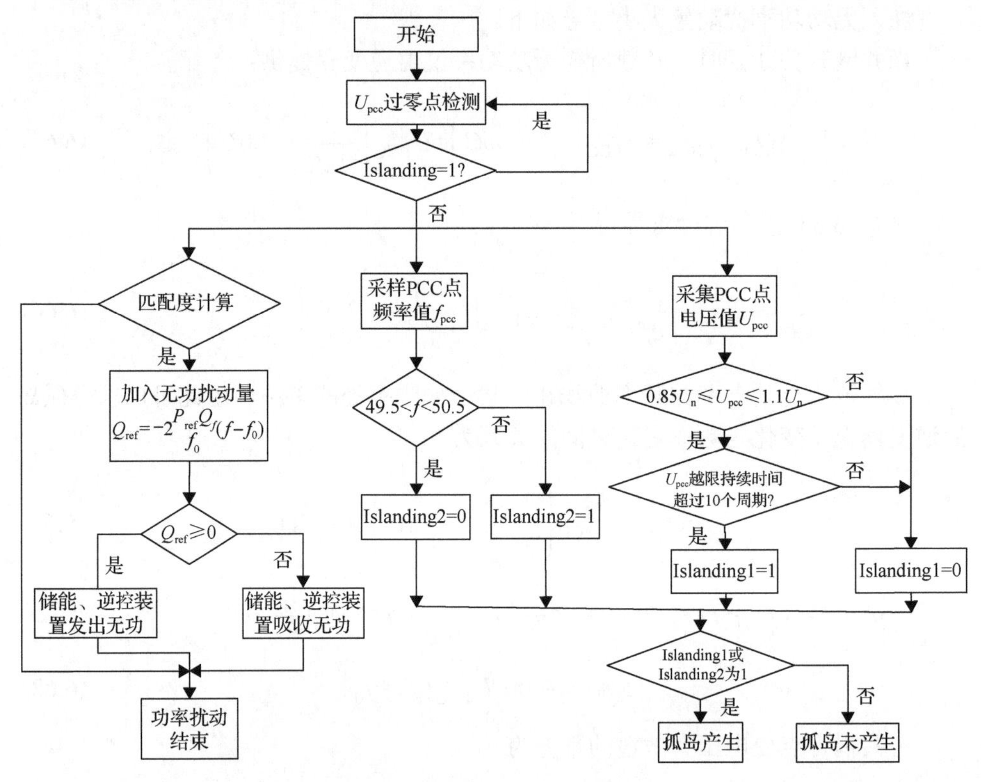

图 6.30　孤岛检测算法流程图

3. 防孤岛保护装置无功扰动分配算法

根据上述推导出的无功功率扰动量的分配遵从以下原则：首先调节储能装置无功，若 Q_{ref} 小于等于储能装置的最大可调量，则全部由储能装置提供；若 Q_{ref} 大于储能装置的最大可调量，则多于最大可调量的部分由逆控一体机调控。具体流程如图 6.31，其中，$\sum_{1}^{m} Q_{i储裕}$ 和 $\sum_{1}^{m} Q'_{i储裕}$ 分别为所有储能装置的正向无功可调裕度与反向无功可调裕度。

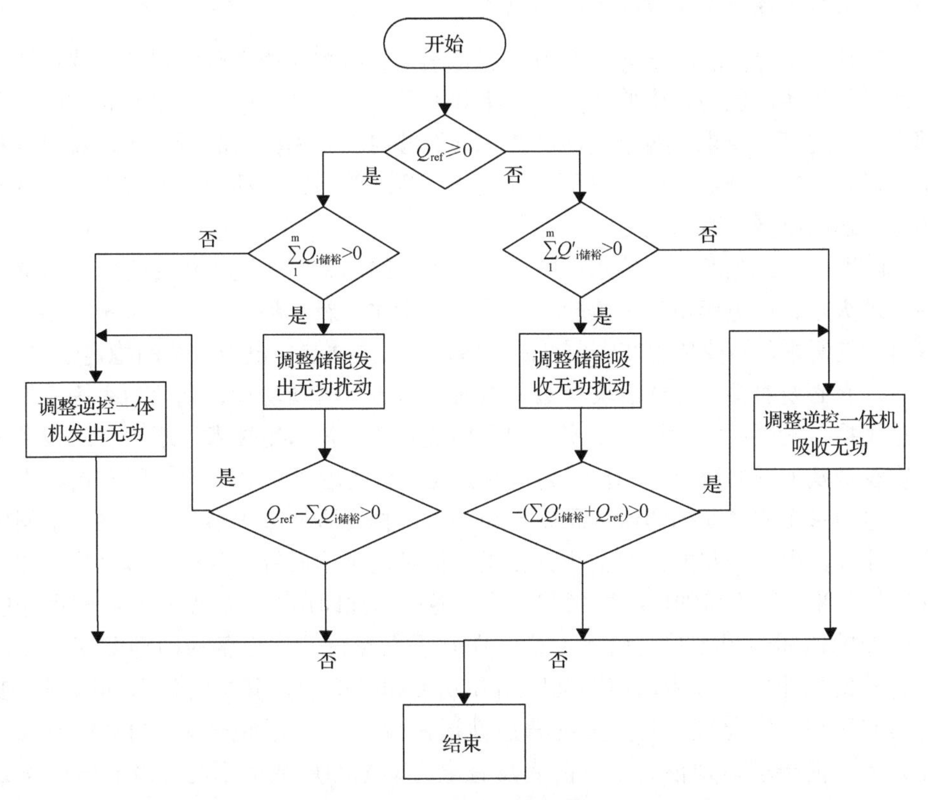

图 6.31　无功扰动调节流程

本节介绍了电压、频率检测与无功功率扰动法相结合的孤岛检测算法，并将该算法结合工程实际情况进行优化。

该防孤岛保护算法的主要优点为：加入匹配度计算公式优化无功功率扰动量的投入时间，可减小对对群控群调中心功率调度的影响；较小的无功扰动量即可获得一个较大的频率偏差值，对电能质量影响小，且正反馈策略的加入使得检测速度更快；经济性好，无需其他设备投入。

6.6　智能测控保护装置与防孤岛保护装置的研制与应用

在理论和算法研究基础上，根据工程现场需求，开发即插即用智能测控保护装置与防孤岛保护装置，提供灵活接口和协议，能够接入和管理多个分布式电源，提供集群测控和保护功能，提高光伏消纳能力和电网管理水平。本书作者团队所研发装置经测试和联调后，成功应用于示范工程现场，取得良好效果。

6.6.1 智能测控保护装置即插即用技术

即插即用(plug and play，PnP)原意是指计算机系统所拥有的自动配置扩展板以及其他设备的能力，借鉴此概念并将其引入电力系统当中，对电网和并网装置都提出了更高的要求。对于电网，要求其能够自动识别接入的新设备、获取设备实时运行状态并施加控制；对于并网装置，要求其能够自动识别所接入的电网并具备自适应电网环境的能力。

随着分布式电源大量接入电网，电力系统的形态正在发生新的变化。与电网中传统火电、水电等电源和感应电机等负荷相比，新形势下的电力系统控制方式有着新的需求，主要体现在需要“源、储、荷”主动参与电力系统的稳定性调控。因此，有必要对接入点的各类参数如电流、电压、有功功率、无功功率等进行监测与调控，发展研究适用于二次保护测控装置的即插即用技术，增强二次设备与一次设备及电网的协调与配合，为电网公司提供更便捷更高效的管理方式。

电力系统的“即插即用”思想已经提出，相关研究起步不久，虽然从不同角度和途径提出了一些即插即用研究成果，但是尚未形成统一共识。本书将“即插即用”分为一次设备的即插即用和二次设备的即插即用，一次设备即插即用即能量层面的即插即用在前文已有论述，在此重点探讨二次设备的即插即用。二次设备的即插即用可分为通信即插即用和功能即插即用，其中通信即插即用主要是指其采用标准化连接器，具备普适性通信规约；功能即插即用则根据不同具体设备功能要求差别很大。目前尚没有电力即插即用通信规约，现有研究都是基于已有通信规约进行分析，然后加以优化升级，使其具备即插即用特性。

1. 即插即用技术研究进展

1) 基于 USB 通用串行总线的即插即用技术

USB 技术是计算机领域最完善的即插即用系统，鉴于电力领域尚无成熟的自动识别即插即用技术，可以分析计算机领域的 USB 技术并参考借鉴。USB 系统主要依靠两大模块来实现即插即用功能，一是电源管理，二是数据传输。其中，电源管理是 USB 系统中一个中心控制单元，可以用于检测设备的接入，还可以触发操作系统的功能配置。操作系统必须要通过接入硬件设备的数据传输和 BIOS 控制过程，来自动识别接入设备的型号、驱动方式和运行信息。BIOS 还可以协助 USB 系统中的数据传输和校验。

2) 基于 IEC 61850 通信规约的即插即用技术

IEC 61850 通信规约在常规通信协议的基础上，对数据传输和数据交换做出了完整全面的规范，其核心内容是将应用功能分解成最小的单位逻辑节点之后，建立逻辑节点信息模型，并实现应用和通信相互独立，互不干扰。目前对基于 IEC 61850 实现变电站设备即插即用的研究和探讨比较多，但是 IEC 61850 规约在中低压配电网中应用不多，在微电网建设中亦有过尝试。

3) 基于 IEC 60870-5-104 规约的即插即用技术

在目前的变电站和终端通信中，经常使用 IEC 60870-5-104 通信协议，其优势在于对终端设备的信息配置过程中，在常规配置方法的基础上增加了设备对象的信息，这样使配置过程更加清晰直观。在 104 规约配置过程中，配电终端可以对二次设备监控的参数数据进行采集，并为采集的数据进行点号配置，从而在保证终端设备信息和控制中心配置信息一致的前提下，实现通信双方点号配置的自动化。

4) 基于 104 规约扩展的配电终端的即插即用技术

IEC 60870-5-104 规约主要是针对系统和已知设备的连接，其功能较为单一，只能发送采集、状态、测量、控制等数据信息，并没有涉及对配置信息的描述。而基于 IEC 60870-5-104 规约扩展的即插即用技术，参照 104 规约新增在线监测和远程维护这两个逻辑设备，实现终端设备的自描述功能。

5) 基于 IEC 61968 和 IEC 61970 规约的即插即用技术

IEC 61970 是国际电工委员会制定的《能量管理系统应用程序接口(EMS-API)》系列国际标准，对应国内的电力行业标准 DL890。该标准提出了 EMS 系统各应用程序间的接口规范，制定了电力行业的公共信息模型(common information model，CIM)。IEC 61968 标准是智能电网建设技术标准体系的核心标准之一，制定了电力企业系统中各主要应用系统之间的接口规范，在模型上继承和扩展了 IEC 61970 的 CIM，侧重于配电网应用。由于这两个标准是系统到系统的交互规约，并非面向单个设备到系统，所以应用这两种规约开展的即插即用技术研究很少。

6) 其他即插即用技术

其他即插即用技术还有很多种，例如：基于 JINI 分布式计算环境的即插即用技术、基于分布式系统的即插即用技术、基于设备服务网络框架(DPWS)的即插即用技术等。

2. 智能测控保护装置的通信即插即用技术研究

传统电力通信协议和 104 规约都不具备即插即用特性，而 IEC 61850 采用面向对象的数据建模新方法，将信息分为可以访问的逻辑信息组，进一步细分为逻辑节点，为实现即插即用提供了可能性。对应测控保护装置的各功能，建立各功能对应的逻辑节点信息模型如表 6.6 所示，据此形成装置自描述文件。

表 6.6　测控保护装置的信息模型

模块名称	逻辑节点	备注
测控功能模块	CSWI	开关控制器
	XSWI	隔离开关
	MMXU	测量
	TCTR	电流互感器
	TVTR	电压互感器
	GGIO	通用过程 I/O
保护功能模块	PTOC	过流保护
	PTEF	接地保护
	RDIR	方向元件

对应的通信即插即用具体实现过程如图 6.32 所示，装置通电后，首先与主站建立通信链接，然后将装置自描述文件发送给主站；主站配备对应自描述文件解析功能，了解该设备功能及相关信息，实现该设备自动识别；最后主站就可以与装置正常通信，完成各种保护和控制功能。

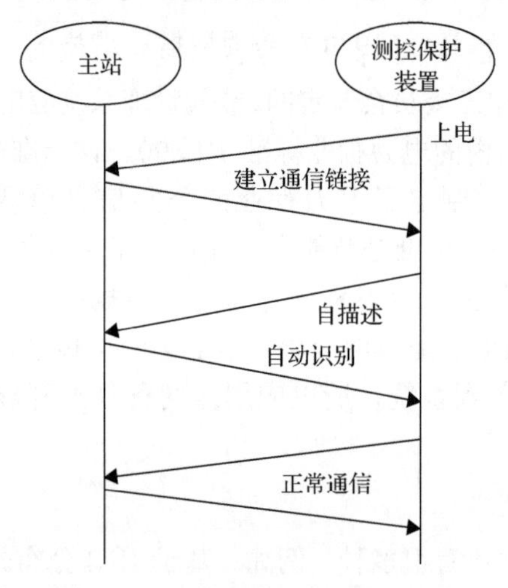

图 6.32　通信即插即用实现过程

3. 智能测控保护装置的功能即插即用技术研究

本书针对示范工程中大量分布式电源自由接入需求，使用现场变流器设备支持的 Modbus 通信规约，重点研究适用于分布式电源接入的测控保护装置的功能即插即用。功能即插即用，主要体现在其能实时识别各设备的状态，如投/退状态、有功/无功、储能容量/裕等，在此基础上根据上级调度指令并结合本地电网实时状态，对所管辖集群内的多种光伏逆变器、调控一体机、储能变流器等设备等进行有效的功率分配和电压控制，如图 6.33 所示，使这些一次设备在单机即插即用的基础上实现多机即插即用，统一纳入电网管理，相互协调与配合参与电网的控制和优化。

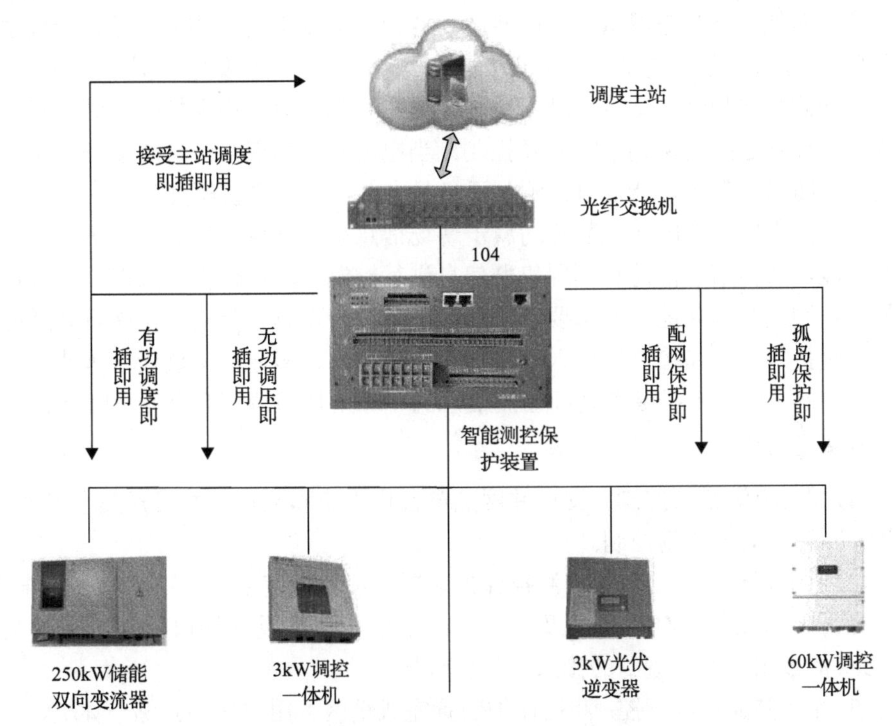

图 6.33　智能测控保护装置的功能即插即用

6.6.2　智能测控保护装置与防孤岛保护装置研制

为了实现分布式发电集群的并网高效消纳与优化控制，满足分布式可再生能源发电集群并网消纳关键技术及示范应用需要，本书作者所在团队研制新型智能测控保护装置和防孤岛保护装置(以下简称为“测控保护装置”)。装置设计遵循或参考了相关标准及规定:《光伏发电系统接入配电网技术规定》(GB/T 29319—2012)、《配电自动化系统技术规范》(DL/T 814—2013)、《国家电网关于印发分布式电源接入系统典型设计的通知》(国家电网发展〔2013〕625 号)等。

1. 装置基本功能

1) 装置定位

结合示范工程现场实际情况，基于高性价比通讯方式，实现智能化测控，解决分布式电源并网电压越限、损耗过大等问题，实现光伏储能集群的功率调度控制，提升电网对分布式电源的消纳能力。

测控保护装置一般安装于台区并网点，覆盖 10kV 以下全部电压等级。测控保护装置对接入电网的分布式电源的有功功率、无功功率、有功可调裕度、无功可调裕度、储能荷电状态等进行实时测量，并根据需要上传到调度主站。调度主站采用自治-协同的分布式发电分层分级群控群调方法，实现集群的灵活友好并网，经计算向测控保护装置下达有功指令、无功指令等信息，由测控保护装置对光伏变流器等设备进行功率调节或启停控制。当电力系统出现故障造成系统供电电源停电时，防孤岛保护功能及时检测到孤岛状态并自动与系统解列。

目前国内所生产的相似装置均属于现场信息采集设备，只具有单机测控和保护的功能，缺少信息汇总和利用集群信息进行控制和区域性保护功能。所设计的新装置在满足基本功能及技术要求的条件下，符合现场实际情况，能可靠适应多电压等级接入、多监控终端接入、多通信接口接入、多通信协议接入等特点，实现调度主站与测控保护装置之间监测信息的可靠上传与调度命令的及时下达。

2) 装置功能

(1) 并网点测量与控制：支持并网点电参量采集和测量、并网开关位置采集，以及并网开关的分合闸控制。

(2) 通信管理与规约转换：测控保护装置实现对调度主站、用户终端的连接，实现光纤、以太网、485 总线及多种无线通信模块的灵活接口；并可完成基于 Modbus 的多用户通信规约的接入与数据转换。

(3) 光伏储能集群管控：测控保护装置完成辖区各用户终端光储一体机、调控一体机、储能双向变流器等并网设备的通信控制管理，实现用户层集群的数据采集、汇总，并及时上传到调度主站。

(4) 功率协调控制：测控保护装置实时接受调度主站的指令，通过功率调度协调控制技术，完成对用户终端的有功调节、无功调节及相互之间的协调配合。

(5) 无功电压控制：测控保护装置具有本地控制模式，可实现对测控点以下光伏电站及集中式储能等并网设备的有功功率、无功功率的自主调节与电压的自主控制。

(6) 快速防孤岛保护：通过测量并网点的电参量，基于集群防孤岛保护算法，实现分布式电源集群孤岛状态的快速检测和保护。

2. 硬件设计方案

1) 硬件介绍

测控保护装置硬件平台主要由四块板卡构成，分别为核心板、采样板、IO 板和总线板。

(1)核心板：核心板由主 CPU、FPGA 及外围电路构成，实现了所有通信端口的扩展及高速 AD 的控制；其模板框图如图 6.34 所示。

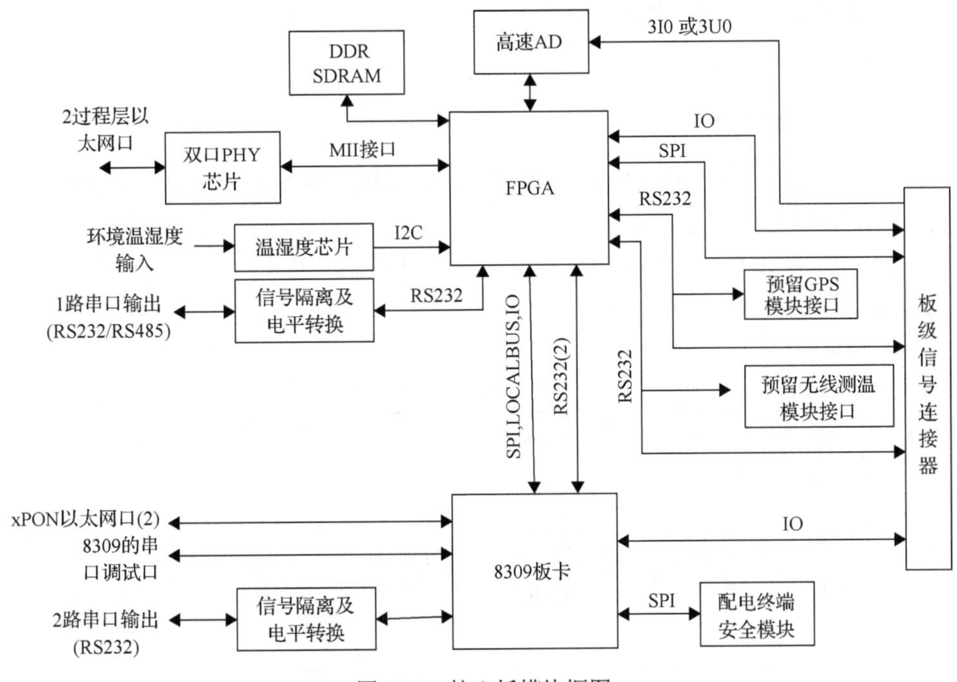

图 6.34　核心板模块框图

(2)采样板：采样板实现所有交流模拟量输入信号的调理、采集及隔离，并提供计量模块的输入信号，将转换结果输出至 CPU。

(3)IO 板：输入输出 IO 板实现 16 路开关量的采集与隔离，8 个开关量的继电器输出及 4 个状态指示灯的光耦隔离输出，同时完成 DC24V～DC5V 的转换。

(4)总线板：总线板主要实现各板卡之间的信号互连，总线板各插件之间主要通过 FPGA 扩展的 IO 口及串行总线连接。

2)系统接口及资源分配

(1)交流模拟量输入：可选配电子式互感器和常规互感器，采用常规互感器时，测量的量为电流 I_a、I_b、I_c 及电压 U_a、U_b、U_c。

(2)直流输入：2 路直流输入(可用于蓄电池电压采集)。

(3)开关量输入：16 路，开入电压为 24V。

(4)开关量输出：共计 8 路，继电器触点额定功率：交流 250V/5A 或交流 220V/10A，直流 80V/2A 或直流 110V/0.5A 的纯电阻负载。

(5)以太网口：xPON 以太网口 2 个，10/100M；过程层以太网口 2 个，10/100M。

(6)0 串口：4 路带隔离的串口，包括 2 路 RS232、2 路 RS232/RS485。

(7)调试口：RS232 口，非隔离。

(8)安全：安全加密芯片。

(9)对时：GPS 模块接入口。

(10)环境温湿度采集。

3. 软件设计方案

(1)调试工具：1.Vxworks 用于报文与指令监视；2.PMA 通信协议分析与仿真软件模拟通信主站指令下发。

(2)程序设计方案：软件运行流程如图 6.35 所示。

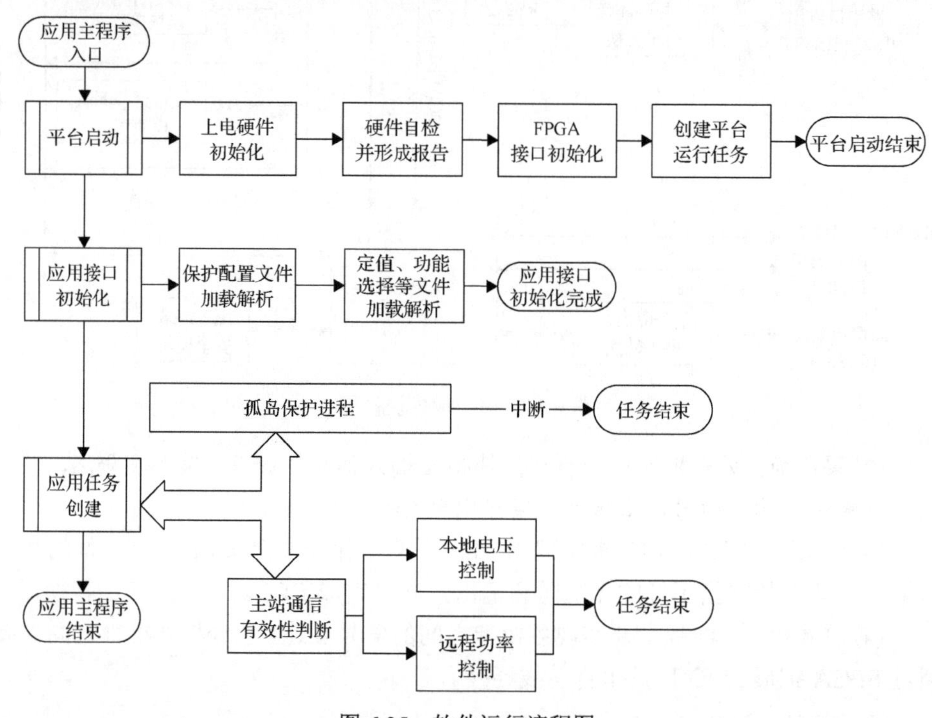

图 6.35 软件运行流程图

4. 结构设计方案

智能测控保护与防孤岛保护两个核心功能拟采用一体化装置设计思路，适应不同的功能要求，硬件要求满足多类型设备接入需求，同时实现复用，以适应多场景需求并降低系统成本。

装置采用插板式安装方式，箱后接线，采用防水、防尘、抗振动设计，外壳封闭，以适应安装于较为恶劣的现场运行。

6.6.3　智能测控保护装置与防孤岛保护装置的应用

根据分布式电源的集群划分情况，将测控保护装置安装于各台区的变压器低压侧并网点。该装置可以实现并网点电参量和状态量的采集，完成台区内各并网装置的“四遥”操作，将信息整合后通过光纤上传至调度主站；本装置也可以采集并网点的电参量，经内部算法判断台区孤岛状态并进行保护动作。

1. 测控保护装置的安装

测控保护装置的接线主要有：三相电压和三相电流的交流模拟量输入、24V 直流电源输入和通信线的接入。装置一般安装在配电网台区变压器附近。

向上与调度主站通过光纤通信。本装置留有两个以太网口，其中一个与光纤盒相连接，设置好该网口的 IP 地址即可与调度主站通信。

向下与各分布式并网装置通过 RS485 或者电力线低压载波通信。距离并网点较近的装置采用 RS485 线直连，较远的采用低压载波通信。

2. 测控保护装置的测试

测控保护装置安装后，按以下步骤进行测试。

(1) 接线的连接与校对：电源接线、电压电流输入信号线和通信线等的正确连接。

(2) 测控保护装置通信参数的配置与校对：测控保护装置的 IP 地址、MAC 地址等的正确设置，相同局域网网段内避免上述地址冲突。

(3) 测控保护装置其他参数的设置：如互感器变比、各种功能的投切使能。

(4) 各分布式并网装置的通信测试。并网装置类型较多，如储能双向变流器、逆变调控一体机，光伏储能一体机、户用光伏逆变器等，还有电能质量监测装置、电能质量治理装置、微气象站等，需分别测试其“四遥”通信功能。

(5) 与调度主站的“四遥”通信测试。

(6) 功能测试。

3. 测控保护装置的功能验证

测控保护装置内置多种算法，例如功率分配、电压控制与防孤岛保护等。通信测试正常后即可验证算法的有效性，以功率分配算法的验证为例：

(1) 在装置内设置功率分配功能相关的参数，如功能字的投入、功率可调的并网装置的数量与参数。

(2) 主站多次下发不同的并网点有功功率与无功功率设定值。

(3) 通过观察并网点功率是否达到或接近下发的设定值来判断算法的有效性。

4. 测控保护装置的闭环运行测试

闭环运行测试是检测整个系统稳定性的方法。经过长时间的独立运行，测控保护装置与调度主站和并网装置能够正常通信，并响应调度指令。

5. 测控保护装置的应用

智能测控保护装置接入(可支持 32 路)多路不同类型分布式电源变流器、气象监测装置及电能质量监测装置，具备防孤岛功能，测控保护装置与调度主站进行的闭环测试说明了其对调度指令准确响应的能力，同时反映了有功功率削峰填谷和无功功率电压支撑的效果。

装置的自适应电压功能可以在装置与上级调度主站通信断开的情况下，根据当前台区所接入的逆变器与储能的功率调节能力，协调控制其有功功率与无功功率防止馈线上的电压越限。不同通信条件下的控制结构如图 6.36 所示。

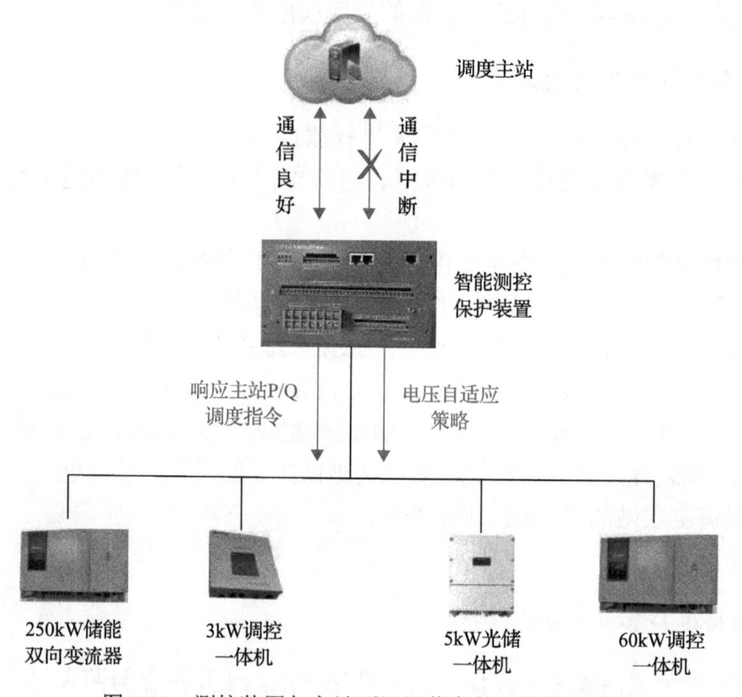

图 6.36　测控装置与主站不同通信条件下的控制策略

经过长时间的测试与优化改进，现场运行效果理想。电网公司通过测控保护装置实现了对低压各种功率并网设备的有效监测与管理，可以提高光伏消纳能力，同时改善各台区的电压越限情况。在示范工程的支持下，将研究成果落地测试并投入使用，有力推动即插即用智能测控保护装置形成可规模化推广应用。

参考文献

[1] 马霖, 张世荣. 分时电价/阶梯电价下家庭并网光伏发电系统运行优化调度[J]. 电网技术, 2016, 40(3): 819-825.

[2] Dall'Anese, Emiliano, Giannakis, et al. Decentralized Optimal dispatch of photovoltaic inverters in residential distribution systems[J]. IEEE Transactions on Energy Conversion, 2014, 29(4): 957-967.

[3] 李烨. 光伏电站有功功率控制策略研究[D]. 成都: 电子科技大学, 2013.

[4] 朱逸鹏. 光伏电站集群主动协调控制方法研究[D]. 沈阳: 沈阳工业大学, 2017.

[5] 柴园园, 刘一欣, 王成山, 等. 含不完全量测的分布式光伏发电集群电压协调控制[J]. 中国电机工程学报, 2019, 39(08): 2202-2212+3.

[6] 刘皓明, 陆丹, 杨波, 等. 可平抑高渗透分布式光伏发电功率波动的储能电站调度策略[J]. 高电压技术, 2015, 41(10): 3213-3223.

[7] 王阳, 李晓虎, 许士光, 等.大型集群风电有功智能控制系统监控软件设计[J]. 电力系统自动化, 2010, 34(24): 69-73.

[8] 陆秋瑜, 胡伟, 闵勇, 等. 集群风储联合系统广域协调优化控制[J]. 中国电机工程学报, 2014, 34(19): 3132-3140.

[9] Tonkoski R, Turcotte D, El-Fouly T H M. Impact of high PV penetration on voltage profiles in residential neighborhoods[J]. IEEE Transactions on Sustainable Energy, 2012, 3(3): 518-527.

[10] Liang C H, Duan X Z. Distributed generation and its impact on power system[J]. IEEE Transactions on Power System, 2001, 25(12): 53-56.

[11] 孙名扬, 高原, 严亚勤, 等.智能电网调度控制系统集群化技术[J]. 电力系统自动化, 2015, 39(01): 31-35.

[12] 贾科, 魏宏升, 李晨曦, 等. 基于 SVG 功率因数调节的光伏电站集中孤岛检测法[J]. 电力系统自动化, 2017, 41(06): 92-97+112.

[13] 刘为群, 吴小丹, 米高祥, 等. 基于无功扰动的三相光伏逆变器孤岛检测[J]. 电力电子技术, 2012, 46(7): 4-6.

[14] 赵峰, 蒽代其. 分布式电源并网系统远程孤岛检测方法的研究[J]. 电源技术, 2014, 38(3): 586-588+595.

[15] 赵景程. 基于间谐波阻抗的孤岛检测研究[D]. 北京: 北京交通大学, 2018.

第7章 总结与展望

7.1 总 结

全球可再生能源的开发利用引人瞩目，各个国家都希望摆脱对一次能源的依赖，而且更关注常规发电厂排放量的增加对环境造成的负面影响。可再生能源并网的研究工作将变得更加重要。

随着电力系统中分布式电源渗透率的进一步提高，将对电力系统的潮流及电压分布、电能质量、继电保护、供电可靠性等方面产生影响，这些影响会对电力系统安全稳定运行带来重大挑战，本书从并网技术与装备及测控保护角度探讨并研究解决上述问题。

本书的主要工作体现在分布式电源灵活并网、高功率密度高效变流、智能测控保护三个方面。

1) 分布式电源灵活并网方面

传统分布式电源并网装置缺乏状态感知及自适应调节能力，变流器设计仅从实用性和经济性角度实现自身内部控制功能和单位功率因数并网，不能实现与电网的灵活交互，同时电力电子器件本身的特性，造成并网装置惯性小、控制鲁棒性差，无法实现对电网的友好支撑。

本书研究了基于逆变调控一体机的并网点电压自适应控制技术、光储一体机的有功功率自调节技术、转动惯量和阻尼自寻优的虚拟同步发电机技术和模块化储能变流器技术，其中逆变调控一体机并网点电压自适应控制技术充分利用逆变器的功率裕度，根据并网点电压自适应调节无功功率输出，光储一体机的有功功率自调节技术利用储能电池的容量裕度，根据并网点电压使得光储一体机多种工作模式进行无缝切换，逆变调控一体机和光储一体机从无功和有功两个方面实现并网点过电压自调节，避免设备因过次压而脱网；转动惯量和阻尼自寻优的虚拟同步发电机技术从外特性和电磁特性上模拟传统发电机特性，解决常规变流器速度快、惯性低问题；同时，研究了模块化储能变流器技术，实现了储能系统的高效集成，既可平抑分布式电源的功率波动，也可提升电网对分布式电源的接纳能力。通过对分布式电源灵活并网技术研究，实现了分布式电源友好并网和分布式电源能量层面即插即用，有效保障高渗透率分布式电源并网条件下的电网优质运行。

2) 高功率密度高效变流方面

目前分布式电源并网装置一般仍采用以硅材料为基础的电力电子功率器件，难以满足并网装备的功率密度和并网效率进一步提升的需求。宽禁带半导体在电子迁移率、击穿场强及导热率等方面具有优势，可使功率器件实现更小体积、更高频率及更高效率，但如何充分利用新型功率半导体器件优良特性，同时克服高开关频率带来的 EMI 和绝缘等一系列问题，实现分布式电源并网装置高功率密度集成和高效率并网，是本书关注与解决的重点问题。

本书重点研究了并网拓扑构造与设计技术、滤波器优化技术、直流电容优化与控制技术等。其中，对于拓扑构造与设计技术，提出了三类具有漏电流抑制能力的并网逆变拓扑的构造原则和方法，提出了交错并联变流器耦合电感的设计原则，通过降低漏电流与环流等提高变流器效率。对于滤波器优化技术，分析了磁粉芯电感的非线性特性对并网变流器控制性能的影响，建立了新的磁粉芯电感设计原则有效提高了变流器效率与功率密度。对于直流电容优化与控制技术，提出了两级式变流器的前级负载电流前馈控制策略，提出了基于桥臂复用技术的单级式并网拓扑及其控制技术，最大化抑制直流电流纹波降低了直流电容的使用，提升了转换效率和功率密度。通过对上述技术的研究，实现了变流器高功率密度、高效率、高电能质量优质并网，推动了并网装备的产业升级，有力推动相关行业的进步。

3) 智能测控保护方面

随着分布式电源大规模接入，电网公司现有的监控手段无法对点多面广的分布式电源进行有效管控，无法实时监测分布式电源运行状态，也无法实现远程控制和集中统一调度。

本书重点研究了基于分布式电源集群并网的即插即用智能测控技术和防孤岛保护技术，对于智能测控技术在实现对分布式电源集群实时数据采集基础上，分析分布式电源对线路电压的影响及分布规律，提出了同一并网点下的多机功率分配和协调控制技术，实现多分布式电源并网功率的有序调节，改善馈线电压质量；研究分布式发电对现有继电保护的影响，提出基于电流正序故障分量和节点分支电流的线路保护方法、基于两步搜索的站域集中式保护算法，提高继电保护在含分布式电源系统中的选择性和可靠性；研究分布式电源集群的防孤岛保护技术，克服集群内多变流器孤岛检测时的稀释效应，提高防孤岛保护的可靠性。同时，对于智能测控即插即用技术，主要研究了实现设备自识别的通信即插即用技术和基于状态识别的功能即插即用技术。通过对智能测控保护、防孤岛保护技术研究，实现了对高渗透率分布式电源的实时监控保护和能量优化调度，提升了电网对分布式电源的消纳能力，有效支撑电网安全稳定运行。

在研究过程中，可得出如下结论。

(1)能够与电网友好交互对大规模分布式电源并网至关重要。

(2)装置本身的快速自适应功能尤为关键，可以有效提升对电网的支撑能力。

(3)逆变调控一体机、光储一体机、储能双向变流器、虚拟同步发电机等新型并网装备的合理使用，可以提升并网效率和电网电能质量。

(4)结合上述并网装置的性能和功能特点，通过规划布署，可优化区域内潮流/无功分布，显著提升电网对分布式电源的接纳能力。

(5)与传统硅器件相比，宽禁带半导体器件具有明显优势，在提高变流器功率密度和效率方面，效果显著，半导体器件技术推动着电力电子技术的发展。

(6)变流器拓扑结构及输出滤波器是影响变流器功率密度和效率的重要因素。

(7)在设计基于宽禁带半导体器件的高功率密度高效变流器时，应充分了解开关器件特性，有助于对变流器输出滤波器和散热器的设计。

(8)测控终端通信协议的自识别技术是支持多路多类型分布式电源接入和实现即插即用的关键。

(9)集群防孤岛保护方案能够避免每个变流器自行调整时可能出现的稀释效应，提高孤岛检测可靠性。

(10)即插即用的分布式电源集群本地功率优化协调控制策略，可实现区域内分布式电源的智能管控和优化调度，改善电压质量，提升电网运行稳定性和智能化水平。

分布式电源灵活并网与智能测控技术是构建智能电网与能源互联网的重要支撑技术，在技术突破和发展的同时，要同步完善分布式电源相关技术标准体系，积极推动相关标准的制定，有助于推动未来分布式电源规模化、标准化发展。

7.2 展　望

本书所论述的分布式电源灵活并网控制技术、并网变流器的高效高功率密度变换技术、即插即用的智能测控保护技术及系列装置在实际工程应用方面取得了一定效果，随着分布式电源的进一步规模化发展，结合我国智能电网发展的重大需求，在并网技术与装备及相关领域，还需要重点关注和有针对性地解决以下若干重大科技问题：

1)先进电工材料、器件与装备

随着电能传输向效率更高、功率和能量密度更大、容量更大发展，以及电能配送趋向融合分布式多能互补的智能发展和环保需求，先进电工材料与高性能功率变换装备日益成为瓶颈，也逐渐成为近年国际电气工程领域的研究热点。亟须通过开展新型材料的电荷效应、闪络放电机理与关键部件的数值建模与仿真计算等研究，实现功率变换装备更优异的电气与机械强度等性能。

2) 供需互动与融合优化

通过解决用户群体多能信息融合和深度挖掘、多元用户用能形态特征提取和建模等问题，实现用户侧和供给侧双向能源信息的交互行为精准分析与预测，并结合系统供需信息开展灵活高效调控，研究虚拟电厂等技术，实现“源-网-荷-储”互动，对于建立科学合理的电力能源市场模式、用户侧资源的充分利用和优化配置意义重大，是电力能源生产、消费和管理模式发生重大变革的重要支撑。

3) 含多种能源的微电网(群)优化与控制

当前微电网技术主要对局部分布式发电/储能和负荷进行电力/电量平衡和协调优化，受到其控制能力及供能类型的限制，难以满足大规模多类型分布式发电，以及冷、热、电等多能负荷接入后的优化管控与源、网灵活互动的需求。如何对含多能源的微电网(群)进行协同优化，以最优适应多类型能源接入系统，以及如何实现多能流的多时间尺度优化调控是未来微电网与综合能源系统面临的重要挑战。

4) 交直流混联电网重构与广域协同控制

随着我国大规模可再生能源基地和用电侧分布式发电、储能的飞速发展，直流输电、直流配电、柔性互联技术发展迅速，初步形成了交直流混联电网，由于电源侧调节能力不足，用电侧不确定性增加，输配电网协同需求与难度增大，交直流交互影响增大，网络安全威胁日益严峻，电网运行控制面临巨大挑战。突破全景信息融合的多级电网广域协同实时智能控制理论与技术，是保障智能电网安全稳定经济运行的关键。

高渗透率可再生能源并网涉及电力、控制、机械、材料、信息等多领域，在国际上受到高度关注，也是我国实现能源结构清洁化转型的关键。实现高渗透率可再生能源友好并网，形成从可再生能源单机并网、多机协调、集群控制到电网调控的全系统理论和技术解决方案，大幅提升我国可再生能源并网技术水平，助力解决我国可再生能源发展过程中遇到的并网运行控制和有效消纳问题，有利于大幅提升可再生能源在能源消费总量中的占比，将有力推动我国乃至世界能源生产和消费革命。